北京大学新技术规划教材

王思远 张华◎编著

区块链概论

Introduction to Blockchain

北京大学出版社
PEKING UNIVERSITY PRESS

<h1 style="text-align:center">内 容 简 介</h1>

本书是区块链技术与应用领域的基础性教材,分为认识区块链、区块链技术原理、区块链应用、区块链产业剖析四大板块,主要介绍区块链的概念、发展历史、技术基础、应用模式和产业发展,使读者能够掌握区块链构成及基本运行原理,熟悉区块链应用原则及应用模式,了解区块链产业各组成部分及相互联系。

本书以场景应用为导向,阐述区块链技术的应用模式与方法论;涉及区块链的众多应用场景,适用范围广泛;面向创新,注重思维、方法论的介绍与训练,旨在对读者形成启发;教学设计模块化,教师可根据需求灵活选择内容进行教学。

本书适合高等院校区块链相关专业本科生、硕士研究生作为区块链教材学习,还可供从事区块链研究、应用、管理等的专家学者、从业者和教师作为参考书使用。

图书在版编目(CIP)数据

区块链概论 / 王思远,张华编著. — 北京:北京大学出版社,2021.11
ISBN 978-7-301-32657-2

Ⅰ.①区… Ⅱ.①王… ②张… Ⅲ.①区块链技术Ⅳ.①TP311.135.9

中国版本图书馆CIP数据核字(2021)第208324号

书　　　名	区块链概论	
	QUKUAILIAN GAI LUN	
著作责任者	王思远　张　华　编著	
责 任 编 辑	张云静 刘沈君	
标 准 书 号	ISBN 978-7-301-32657-2	
出 版 发 行	北京大学出版社	
地　　　址	北京市海淀区成府路205号　100871	
网　　　址	http://www.pup.cn　　　新浪微博:@北京大学出版社	
电 子 信 箱	pup7@ pup. cn	
电　　　话	邮购部 010-62752015　发行部 010-62750672　编辑部 010-62570390	
印 　刷　 者	河北滦县鑫华书刊印刷厂	
经 销 者	新华书店	
	787毫米×1092毫米　16开本　26.5印张　638千字	
	2021年11月第1版　2021年11月第1次印刷	
印　　　数	1-4000册	
定　　　价	89.00元	

前言
INTRODUCTION

当前,互联网处于从移动互联网到价值互联网转型的重要时期,新一轮科技革命和产业变革加速推进,区块链技术等新一代信息技术加速突破应用,在支撑数字经济、赋能实体经济、提升治理能力等方面呈现出巨大潜力和价值。为了促进区块链产业良性、有序发展,我国推出了一系列区块链相关政策助力区块链产业落地应用。2019年10月24日,中共中央政治局就区块链技术发展现状和趋势进行第十八次集体学习。中共中央总书记习近平主持学习时强调,区块链技术的集成应用在新的技术革新和产业变革中起着重要的作用。我们要把区块链作为核心技术自主创新的重要突破口,明确主攻方向,加大投入力度,着力攻克一批关键核心技术,加快推动区块链技术和产业创新发展。2020年4月20日,国家发展改革委宣布正式将区块链纳入新基建中的新型技术基础设施。区块链已经上升至国家战略,成为由国家意志推动的科技创新与产业应用。

区块链由于其去中心化、开放性、自动化、匿名性等特征,对经济社会发展、国家治理体系现代化等具有举足轻重的影响。

从历史发展的角度而言,区块链代表的是价值互联时代的到来。

在农耕文化时期,人们生产、生活活动一般局限于熟人社会关系网络,生产力受到很大程度的限制。随着社会生产力的发展,催生出以蒸汽机、电气为代表的两次工业革命。在大工业时代,以泰勒的科学管理理论、霍桑实验等为代表的西方管理学开始发展。工厂生产制度将社会分散的生产力集中,形成规模生产优势,以流程化的生产过程变革手工作坊生产模式,改善社会生产秩序,提升社会生产力。而随着互联网技术的诞生,全球经济社会进入数字经济时代,社会生产生活呈现即时点对点信息传输、共治共享、基于虚拟空间聚集的协作等特征,摆脱了地理空间及信息割裂对生产力的束缚。

但无论是信息互联网还是移动互联网都无法高效解决虚假信息、数据孤岛及建立在数据孤岛之上的价值孤岛难题,这些难题对生产力的进一步提升造成阻碍。而区块链基于多方协同、去中心化、可留痕等特征,能够有效保障链上数据可信流转,通过链上可信资产存证保障多方可信合作,极大地提高社会资源配置效率。同时使数据作为新型生产要素的价值得以发挥,参与生产与分配过程,最大程度释放生产潜力,优化社会分配体系,从而进一步扩大内需、推动国内大循环。

从社会发展的角度而言，区块链所代表的是以智治、信任为主旋律的社会进程。

从熟人社会到社会化大生产再到信任社会演变的过程中，人们生产、生活领域逐步扩大，特别是互联网技术彻底打通了世界各地交流渠道，传统熟人信任关系不再适用于现阶段的社会发展需求。虽然合同关系通过设置失信后的惩戒措施能在一定程度上缓解信任难题，但仍无法从源头保障信任关系。随着社会范围愈加广泛，社会发展对于信任的需求愈加强烈。

而区块链数据不可篡改、分布式存储等特征可有效保障链上的数据信息真实可信，特别是在社会数字化趋向完善的现阶段，链上数据的真实性可从源头上最大程度地保障社会信任关系，实现覆盖事前预估、事中监督及事后追查等全生命周期的信任关系，助力可信社会发展。

从国家发展的角度而言，区块链是推动治理能力现代化的重要驱动力。

传统社会管理模式过度追求秩序稳定，导致相关主体权益无法得到充分保证，难以发挥市场在资源配置中的有效作用。在国家秩序相对稳定的基础上，只有社会各主体充分参与到社会治理体系中才能实现社会福利最大化。

区块链数据的分布式实时共享、不可篡改，智能合约能够保证透明化、自动化，让社会管理的执行者的角色转变为社会治理规则的设计者，并由机器来保证实施，实现社会治理现代化，从而能够为供给侧和需求侧双侧改革提供强有力的抓手，实现经济社会的高质量发展。同时，区块链是为了促进社会公平，在公平的基础上提高效率，并减少人为干预，从而一定程度上促进社会管理向社会治理的转变。

因此，对于我国经济社会发展而言，要充分认识发展区块链技术的战略意义，抓住区块链技术发展机遇，有序推动区块链技术与产业创新发展、与经济社会融合发展，抢占未来发展制高点，赢得战略主动权。而要达到这样的目标，不仅需要加强前沿基础和共性理论研究、加强区块链人才队伍建设，为区块链应用技术研究提供更多源头活水，还需要在区块链底线思维的前提下，深化区块链技术在政务、金融、商务、城市管理、民生、公共安全等领域应用试点，进而推动区块链产业发展。

但现阶段，无论是产业应用还是学术研究，对于区块链的认识尚未形成共识。区块链是什么？区块链系统如何搭建？区块链如何赋能传统产业？区块链技术能否让现实经济体系产生颠覆性变革？区块链能否转变生产关系使之适应于现阶段生产力？因此，本书旨在通过对区块链理论、技术的深入研究，对区块链应用、产业的科学剖析，凝聚高度共识，形成具有权威性、系统性、前瞻性，以及理论与实践相结合的区块链知识体系。

本书主要从区块链的概念、技术、应用及产业4个方面具体阐述以上问题。

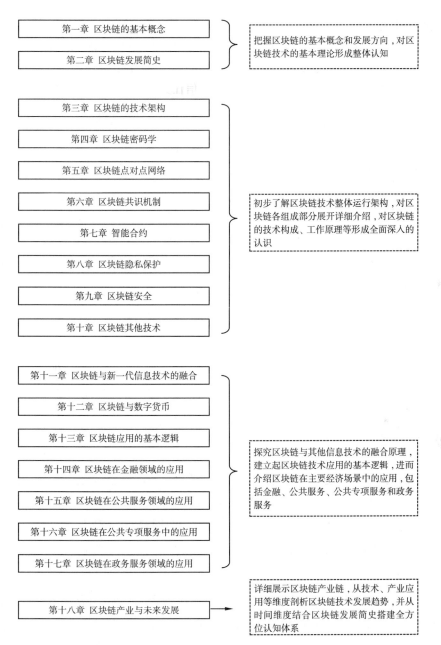

本书旨在通过以上对区块链4个维度的论述，使读者对区块链技术形成系统、完善的认知，为高校和各行各业的区块链人才培养提供参考，助推区块链产业发展。

本书由王思远、张华编著，参与编写者还包括王中伟、戴志颖、孙通成、张博文、胡悦阳、虎振兴、张劲松、刘宇航、马扬、张李航。

本书适用于高等院校区块链相关专业本科生、硕士研究生，以及从事区块链研究、应用、管理等的专家学者、企业员工和教师阅读、学习。

教学课时安排

本书综合了区块链的概念、技术、应用及产业等多个方面进行讲述,现给出本书教学的参考课时(共64个课时),主要包括教师讲授54课时和学生上机实训10课时两部分,具体课时分配如下表所示。

章节内容	课时分配	
	教师讲授	学生上机实训
第一章　区块链的基本概念	3	0
第二章　区块链发展简史	3	0
第三章　区块链的技术架构	3	0
第四章　区块链密码学	3	1
第五章　区块链点对点网络	3	2
第六章　区块链共识机制	3	2
第七章　智能合约	3	2
第八章　区块链隐私保护	3	1
第九章　区块链安全	3	1
第十章　区块链其他技术	3	0
第十一章　区块链与新一代信息技术的融合	3	1
第十二章　区块链与数字货币	3	0
第十三章　区块链应用的基本逻辑	3	0
第十四章　区块链在金融领域的应用	3	0
第十五章　区块链在公共服务领域的应用	3	0
第十六章　区块链在公共专项服务中的应用	3	0
第十七章　区块链在政务服务领域的应用	3	0
第十八章　区块链产业与未来发展	3	0
合计	54	10

最后,感谢中国人民大学区块链研究院执行院长、长江学者杨东教授,中国人民大学商学院况伟大教授,浙江省区块链专业标准化技术委员会专家委员、巴比特副总裁马千里先生,金链盟区块链战略合作联盟负责人鲍大伟先生,西安市区块链技术应用协会赵亮监事长等在区块链理论、历史及应用概述方面提供的帮助。

感谢BSN(区块链服务网络)发展联盟秘书长、中国移动设计院数字经济技术推进组组长谭敏女士,可信区块链推进计划农业农村工作组秘书长徐佳男先生等在区块链技术方面提供的帮助。

感谢中国人民银行长春中心支行付喜国行长,上海高级金融学院、美国联邦储备银行前高级经济学家胡捷教授,兴业银行长春分行王宏伟行长等在区块链金融领域应用方面提供的帮助。

感谢北京奕江科技有限公司市场总监郑立松先生,职链创始人陈晓峰先生等在区块链社会治理应用方面提供的帮助。

感谢北京大学出版社张黎明总编辑等对本书出版提供宝贵的指导与支持。

扫描封底"博雅读书社"微信公众号,关注公众号,输入本书77页的资源下载码,根据提示即可获取习题参考答案和期末考试题及答案,以及与书同步的PPT课件。

目 录
CONTENTS

第一章

区块链的基本概念

　　区块链是分布式数据存储、点对点传输、共识机制、加密算法等计算机技术的创新应用模式，其诞生是密码学、分布式技术、互联网治理与数字经济发展融合的必然结果。区块链不仅是一种技术方案、交易模式和商业逻辑，更是一种全新的运行机制，创造了坚实的信任基础和可靠的合作机制。人类发展已经从"身份社会"进入到了"契约社会"，而区块链有望帮助人类实现从"契约社会"到"智能合约社会"的过渡。掌握区块链的定义和基本特征对于理解区块链的社会价值至关重要。本章将从技术层面到战略层面等7个维度来全面介绍区块链技术，以及3种常见的区块链类型。通过本章的学习，一方面能够掌握区块链的四大特性和工作原理，另一方面对区块链技术是如何推动经济发展、社会进步有更加深入的了解。

《1.1 区块链的定义

区块链是分布式数据存储、点对点传输、共识机制、加密算法等计算机技术的创新应用模式。从定义来看,区块链是现有技术的融合创新,而不是一项全新的技术。分布式数据存储、点对点传输、共识机制、加密算法为区块链的4个核心技术。

其中,分布式数据存储作为一项数据存储技术,指的是通过数据网络,利用网络中每一节点计算机配置的存储磁盘的空间,形成一个虚拟存储设备,进而实现将数据分散在网络中每一个节点上的效果。

点对点传输又称对等互联网技术,是指不依赖于少数几台服务器而是依赖于各个网络参与者自身的计算能力和宽带的网络技术。

共识机制指的是基于全网特殊节点的投票,在较短的时间内实现对某一交易的验证与确认的算法机制。

加密算法是指对原有明文表示的文件及数据信息基于某一特定算法进行运算处理,只有输入相应密钥后才能读取原有文件或数据的技术。

区块链技术首次被提出是在2008年中本聪(Satoshi Nakamoto)的论文——《比特币:一种点对点的电子现金系统》[①]。经过多年的发展,区块链技术已经在以中国、美国为代表的科技强国中实现广泛应用。不同领域的从业者对区块链的认知不尽相同,各类定义难以全面解释区块链。通过对区块链本身的结构及全球观点的汇总,可以从技术层面到战略层面7个维度认知区块链。

从技术层面而言,区块链是一种由多方共同维护,使用密码学保证传输和访问安全,能够实现数据一致存储、难以篡改、防止抵赖的记账技术,也称为分布式账本技术(Distributed Ledger Technology)。

从应用层面而言,区块链具有去中心化、不可篡改、可以追溯、全程留痕、公开透明、集体维护等特点,为其丰富的应用场景奠定了技术基础。区块链可以应用于金融、商业、公共服务、智慧城市、城际互通等领域,有效解决数据孤岛等问题,以实现多主体之间的可信协同。

从经济层面而言,区块链经济是一种新的金融和治理模式,其运行本质就是对通证(Token)的运用,让每个个体、组织可以基于所拥有的劳动力、生产力发行通证,从而形成自金融范式。另外,区块链经济以通证为载体进行大规模群体协作,让每个创造价值的个体都能够公平地分享价值,充分调动参与动力,形成自组织形态。

从商业层面而言,区块链技术能够有效统一传统商业模式中的资金流、信息流和物流,形成分布式商业。所谓分布式商业是指建立在区块链技术和理念之上的商业,本质是一种由多个具有对等地位的商业利益共同体建立的新型生产关系,是按照提前设定好的透明规则进行职能分工、组织管理、价值交换、共同提供商品与服务并分享收益的新型经济活动行为。在分布式商业中,资金流、信息流和物流将归属于社区,代码成为信任锚。

从治理层面而言,区块链中的共识机制与智能合约(Smart Contract)能够创造透明信任、高效低费

---

① 李玮.区块链技术应用于统计调查的思考[N].中国信息报,2020-02-18(007).

的应用场景,构建数据共享、实时互联、联动协同的智能化机制,实现信息数据的共享,推动社会合约到智能合约的转化,运用智能化、自动化、机器化的手段实现社会治理现代化,从而打造"智治"模式①。

从思维层面而言,区块链对传统产业思维模式进行革新,依托于分布式账本、共识机制、加密算法等,在原有信息互联网和移动互联网中诞生的互联网思维的基础上,由互联网和传统信息技术难以解决的产业痛点共同作用催生出区块链思维,可细分为分布式思维、共识性思维与代码化思维。其中,分布式思维是指将原有一个产品、社群、联合体的运作指导力量,借助区块链技术,由单一性指导运作转换为联合共治、交互共享的一种新型思维与运作模式。共识性思维指的是运用区块链技术的共识机制突破实际产业中沟通不充分、协作不通畅的问题,典型的共识机制包括 PoW 工作量证明机制、PoS 权益证明机制、DPoS 委托权益证明机制等②,主要作用是确保所有参与者在添加新数据块后,能就其当前状态达成一致。简而言之,共识机制能有效确保链的正确性,并为贡献的参与者提供相应的激励措施。代码化思维是指,在区块链的世界中,代码即法律。借助智能合约,构建并运作背后的代码,从而用机器信任、自动执行,代替传统的个体信任、人为操作。

从战略层面而言,2019 年 10 月 24 日,中共中央政治局就区块链技术发展现状和未来趋势进行第十八次集体学习。中共中央总书记习近平在主持学习时强调,区块链技术的集成应用在新的技术革新和产业变革中起着重要作用,我们要把区块链作为核心技术自主创新的重要突破口,明确主攻方向,加大投入力度,着力攻克一批关键核心技术,加快推动区块链技术和产业创新发展。2020 年 4 月 20 日,国家发展改革委将区块链纳入新基建中的新型技术基础设施。由此可见,区块链已经上升至国家战略,成为由国家意志推动的科技创新与产业应用。

区块链也是一套治理模式。所谓的治理模式是指政府、企业等团体引导参与者实现某些目标的方式。区块链技术能够建立更完善、更全面的协同体系的需求,取消清算结算方的需求,通过机器建立信任的需求,以及保留更多信用需求的四类场景(这四类需求也是基于区块链的治理模式应当思考的主要问题),能够实现以下三方面转变。

(1)从控制到自治:分布式的特点能够帮助区块链做到有效弱化等级、控制、封闭等的威权价值,进而实现强化平等、协作、开放、共享等自治价值的作用③。

(2)从效率到公平:一般而言,传统互联网是由成本来驱动的,其根本目的是实现信息中介的效率最大化,进而实现经济利益最大化。而区块链能够促使互联网的根本目的改变为保护交易、创造价值,保证交易的正当性、公平性、隐私性和安全性,进而将公平和诚信作为其核心价值。

(3)从物质到关系:区块链将改变能源、电气主导的社会经济价值次序,开放性将替代渠道、产品、人员甚至知识产权成为组织成功的关键。

综上,从技术角度而言,区块链技术是一种由分布式数据存储、点对点传输、共识机制、加密算法

---

① 刘柳.如何让科技创新支撑公共舆论场[N].学习时报,2020.03.11.

② 郑敏,王虹,刘洪,等.区块链共识算法研究综述[J].信息网络安全,2019(07):8-24.

③ 赵金旭,孟天广.区块链时代的国家、政府与我们[J].中国中小企业,2019(12):26-29.

等计算机技术结合而成的新型应用模式;从应用和产业而言,区块链则是一套新型治理模式。

1.2 区块链的分类

由区块链的开放性出发,一般可将区块链分为公有链、联盟链、私有链三大类[1],如图1-1所示。

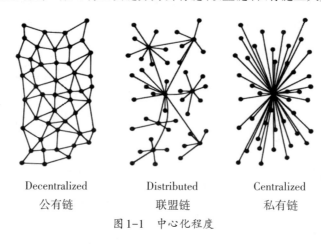

| Decentralized | Distributed | Centralized |
| 公有链 | 联盟链 | 私有链 |

图1-1 中心化程度

1.2.1 公有链(Public Chain)

公有链,是指用户无须注册就可以匿名参与、不需要授权就能访问的区块链。因此,公有链是所有区块均对外公开,任何人均可读取、发送交易并能获得有效确认的共识区块链。公有链通常被认为是完全去中心化的,在其上没有任何个人或机构可以控制或篡改数据。一般而言,公有链使用通证机制来鼓励参与者竞争记账,从而达到保证数据安全和系统运行的目的。

公有链的典型应用包括比特币、以太坊、企业操作系统(EOS)等。其中,比特币是世界上第一个公有链应用。

1.2.2 联盟链(Consortium Chain)

联盟链,是指针对特定群体成员或包含有限第三方的区块链,其内部基于一定的规则指定若干个节点为共识节点,随后每个区块的生成均由这几个节点基于共识机制共同决定,其余接入节点可以参与交易但无参与记账过程的权限,而至于其他第三方,可通过开放API(应用程序编程接口)基于给定权限进行查询。

在众多的应用中,联盟链由于具备交易成本低、节点链接效率高、安全性好、灵活性高、便于管理等优势,成为产业区块链的主要形态,广泛地应用于金融、政务、文创等场景中。

1.2.3 私有链(Private Chain)

私有链,是指对个别个体开放的区块链,仅允许在私有组织范围内使用,同时区块链读写权限、参

---

① 郭敏.数字化黄金对中国黄金市场体系和监管影响的研究[J].区域金融研究,2019(03):31-36.

与记账权限等均按私有组织内部自定规则实施。从应用层面而言,一般是企业内部的应用,如审计、数据库管理等,但也存在一些特殊场景,如政府一般自己登记、统计数据。私有链的应用价值体现在提供安全、不可篡改、可追溯、自动执行的运算平台,有效防范内外部安全攻击。虽然私有链交易成本低、交易速度快,并且安全性较高,但应当注意其并非真正的去中心化。公有链、联盟链和私有链的对比见表1-1。

表1-1 公有链、联盟链和私有链的对比

项目	公有链	联盟链	私有链
面向市场	To C	To B	To B
中心化程度	去中心化	多中心化	中心化
参与者	任何人	预先设定的人	中心控制者规定的成员
信任机制	PoW/PoS	共识机制	自行背书
记账者	所有参与者	部分参与者	自定
典型应用	比特币、以太坊	清算、供应链金融	内部研发测试等

1.3 区块链的特点

区块链主要有去中心化、开放性、自动化及匿名性四大特征。

1.3.1 去中心化

去中心化,是指对于中心化而言的新型网络内容生产过程。在区块链的分布式系统中,每个节点都具有高度自治的特征,节点之间可以相互自由连接,形成新的连接单元,同时任何一个节点都有可能成为某个阶段的中心,但节点并不具备强制性的中心控制功能,并且节点与节点之间的影响,会经由网络形成非线性因果关系。这种扁平化、开放式、平等性的系统现象或结构便是区块链的去中心化特征①。因此,区块链网络并不依赖于任何其他第三方管理机构,不存在中心化管制,任何一个节点权限与义务对等。去中心化特征在区块链应用中呈现出许多优势,可总结为以下3点。

(1)容错力:中心化网络一旦中心节点遇到困阻,便会导致全网瘫痪,而去中心化网络中任一节点权限与义务对等,不存在中心节点风险。

(2)抗攻击力:由于去中心化网络不存在中心节点,要攻陷区块链网络,必须实现对一定比例节点同时攻击。

(3)防勾结串通:去中心化网络参与者以牺牲其他参与者为代价而获利的可能性近乎零。

1.3.2 开放性

开放性,是指任何人均可自由加入区块链网络,除交易各方私有信息被予以加密外,区块链上其他数据对所有节点均公开。

---

① 魏玲玲,马小辉.创业教育时空思维方式及培养[J].教育评论,2019(04):71-77.

互联网本身具有开放性特征,只要拥有互联网接入设备(如手机、计算机等),任何人都可以随时随地获取相关信息。虽然互联网的开放性在很大程度上降低了信息不对称的可能性,但随着市场个别主体逐步形成信息垄断地位,这种情况将带来市场的信任不对等。

与互联网的信息开放性不同,区块链的开放性拓展至价值开放性,即任一区块链网络参与方可对任一数据信息进行审计核验,以保障信息真实可信,极大地消除互联网社会的信任不对等,建立合作可信的良好生态。

1.3.3　自动化

区块链网络可按照参与者之间协商一致的规范或协议,在不依赖其他任何第三方的情况下,自动安全地验证与交换数据。区块链在自动化这一方面最明显的一个基础实现就是智能合约。智能合约是指当系统基于不可篡改的可信的信息,数据自动化执行预先设定的条款和规则[①]。就原理层面而言,智能合约不一定是基于区块链技术实现的,传统计算机技术中也存在智能合约应用的场景,如信用卡自动还款服务。但区块链技术特征与智能合约执行完美契合:不可篡改特征保证合约内容的安全,高可靠性保障合约执行,去中心化支持复查与审计。

1.3.4　匿名性

匿名性是区块链技术的另一大特点,指的是区块链网络中的任何交易信息都是匿名加密的。这是由于区块链网络所有节点均能在去中心化环境中自动运行,各节点的身份信息无须公开或验证,信息可以匿名传递。但值得注意的是,匿名性并不代表交易不可查、不可追溯。区块链网络中每一笔交易的数据信息都可以查询,但无法获知交易双方的身份信息,从而最大程度保护区块链参与者的隐私。

《1.4　区块链运行机制

1.4.1　区块链工作原理

区块链的工作依赖于去中心化的分布式账本和共识机制来实现。首先基于去中心化的分布式账本技术构建一个分布式的节点网络,笼络众多的参与主体,而后通过共识机制进行网络治理,保证数据上传、流转等过程的可靠性、安全性,从而实现区块链的正常运行。

一、去中心化的分布式账本(Decentralized Distributed Ledger)

区块链技术基于去中心化的分布式账本运行,所有的操作记录均会通过区块链网络对外公开,该过程具有方向性,每个参与节点都保留一份完整的交易记录。若要更改账本,则需更改所有参与节点的交易记录,才能实现更改交易信息的目的。因此该分布式记账具有不可篡改性。

---

① 宫启生.基于区块链技术的高校图书馆创新服务模式研究[J].甘肃科技纵横,2019,48(10): 60,61-63.

二、共识机制(Consensus Mechanism)

共识机制设置所有共识节点之间达成共识的规则与方式,不仅能有效认定区块链信息,而且能最大程度防止篡改。共识机制具备"各节点平等"和"少数服从多数"的特点,当区块链网络节点达到一定规模时,能够有效降低造假的可能性。

1.4.2 区块链运行机制

作为分布式网络,区块链网络中存在众多节点,而每一节点均参与了数据的维护。一旦有新的数据信息加入该网络,则所有节点都会对这一新数据进行验证,只有区块链网络各个节点间对该数据处理结果达成一致才能实现将该数据录入各自维护的区块,保证区块链网络各个节点均拥有一套完整、可信、一致的数据记录账本。区块链运行机制大致可以分为以下4个步骤。

一、身份验证

区块链网络中不存在中心化机构对节点的信息认证。区块链运行的首要问题便是对节点的身份验证。在区块链系统中,可使用一对密钥来实现身份验证。在创建区块链网络节点时,系统会同时生成一个公钥(Public Key)和一个私钥(Private Key)。私钥用来进行数字签名,确认交易所有权;公钥是私钥基于区块链算法自动生成的。在节点使用公钥对数据进行加密后,只有使用相对应的私钥才能进行解密,而如果使用私钥进行加密,则只有使用相对应的公钥才能进行解密。因此,区块链系统基于这一对唯一匹配的公钥与私钥实现加解密及节点的身份验证,如图1-2所示。

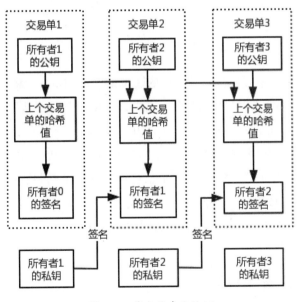

图1-2 节点的身份验证

二、交易确认

当区块链网络中某一个节点发起一笔交易时,该笔交易并不会立即被添加到区块链网络中。区块链系统首先会对节点交易余额进行校验,但是由于区块结构中并未记录节点账户余额,因此区块链

网络基于历史交易信息的验证实现余额核实,进而确认交易。

三、交易记录

当参与节点的交易被验证为共识结果时,参与节点获得记账权限,便会将相应数据信息纳入各自区块,在区块上加盖时间戳(Time Stamp)并记录到各自维护的区块链中,随后将该区块进行全网广播,其他节点接到广播后,也将区块记录到各自维护的区块链中,此时该笔交易信息被记录到区块链上,无法更改,如图1-3所示。值得注意的是,全网广播并非所有节点均接收到该数据信息,实际上只需要大部分节点接收到即可。一般而言,区块链网络提供相应的系统容错能力,针对那些未接收到信息的节点,可通过下载的方式获取缺失区块。

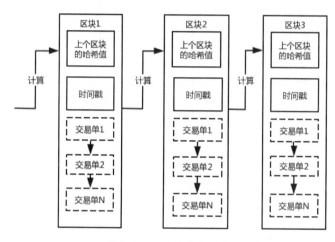

图1-3 区块链结构示意

四、区块延伸

当数据信息被记录在相应区块之后,该区块的区块头(Block Header)将被加盖时间戳,之后记录数据信息的区块与原区块基于时间戳实现串联。其中,时间戳一般是指从格林尼治时间的1970年01月01日00时00分00秒,即北京时间的1970年01月01日08时00分00秒起至现今的秒数之和,通常为一个字符序列,作为唯一标识区块时间。区块链网络中,每一个随后区块中的时间戳都会对前一个时间戳进行增强,形成一个时间递增的链条。因此,区块链包含自创世块(Genesis Block)以来的所有信息,若要篡改其中一笔交易数据,便需将该区块之后所有区块中的父区块时间戳等信息进行更改,如此大的运算量便保证了区块链技术的不可篡改,同时也使历史追溯与重现成为可能。

《1.5 区块链社会价值

1.5.1 区块链核心价值

区块链有4点核心价值。

(1)节约时间:区块链技术记录了所有的交易信息,且所有数据信息公开共享,在数据信息审计、复查等方面不需要花费过多时间去查找、复核①。

（2）降低成本：区块链技术具有去中心化特征，交易双方直接面对面，避免中介介入，能显著降低成本。

（3）降低风险：区块链是区块加链式的构造，通过同时应用哈希加密算法，可以避免数据篡改及数据信息造假的风险。

（4）增加信任：区块链技术具有公开、透明的特征，能够显著提升共享业务网络中所有参与方互相之间的信任度。

1.5.2 价值网络的升级

从传统意义而言，价值网络是一种业务模式，将参与者日益严苛的要求与灵活、高效、低成本的制造相连接，采用数据信息快速传输产品，避开代理费高昂的分销层，将合作的供应商连接在一起，以便交付定制化解决方案，将运价提升到战略水平，以适应不断发生的变化。而在价值网络这个动态的网络中并不存在固定的边界，也不存在固定的模式，网络中任一企业均根据各自客户的需求组织资源。一般而言，企业间存在两种关系：一种是各个企业处于平等的地位；另一种是存在一个"核心企业"，由一个企业或是企业联盟组成，而其他企业围绕核心企业来组织协调，具有核心企业的价值网络比较稳定。

区块链的应用使价值网络得以升级，改善互联网不能解决的问题，保证信息传递过程中价值不会受到损害。价值网络升级大致可概括为以下4个方面。

一、信用价值——基础价值

区块链本身特性能够高效地消除节点网络的信任问题。因其账本公开、不可篡改，每个"个体"的行为痕迹都会在区块链网络上记录，任何人都可以通过查看记录，了解该个体更多的数据信息，从而评判该节点的质量，判断是否选择与此节点发生信息或价值交换；并且，由于区块链网络是去中心化的，第三方机构角色被剔除，其带来的潜在风险也被间接消除。

二、价值承载——数据承载

更广泛的现实物体可被写在区块链网络上，如土地、房屋财产权记录，甚至个人信息，如学历、信用评级等数据，使这些数据能够被更高效地利用，从而发挥数据本身应有的价值，优化办事效率，创造更大价值。因此，区块链既能够使数据承载价值，又让价值以一种更高效的形式体现与使用。

三、价值体现——数据确权

决定价值高低的因素之一是物品的稀缺性。在区块链中，数据经过确权，相当于给数据盖上了私人戳，在一定程度上保护了数据的稀缺性。区块链让数据确权成为可能，价值可通过相应匹配的贡献得到应有体现。

四、价值传递——交易传递

在价值网络中，只要经过"确权"和"交换"便能实现交易的传递。而区块链技术能够高效地实现

---

① 袁文婧.区块链技术在供应链金融的创新应用研究[J].经济研究导刊,2020(03):85,95.

数据的确权及交换,保障交易传递,促进价值网络中价值的传递。

1.5.3　推动可信社会

区块链能够提供一种进行信息及价值传递、交换的机制与规则;基于数据可信,可以实现资产可信,进而实现合作可信;是构建未来价值互联网的基石,具有多维度应用价值。

从市场应用来看,区块链正逐步成为市场的一种工具,主要作用是减少中间环节,构建多方协同的机制,让传统的或高成本的中间机构成为过去式,进而降低流通成本。企业领域的应用是区块链应用落地的主战场,具有安全准入与控制机制的联盟链和私有链将成为区块链应用落地的主流趋势[1]。区块链也将促进企业现有业务模式重心的转移,加速现有企业规模、效益等的发展。同时,新型分布式协作公司也必将以更快的方式融入现有商业体系。

从底层技术来看,有望推进数据记录、数据传播和数据存储管理模式的转型。区块链本身更像一种互联网底层的开源协议,把信任机制加到这种协议里,将会是一个很重大的创新。在区块链应用方面,安全问题是不可忽略的,其严重性日渐凸显。安全防卫需从技术及管理的全局考虑,安全可信仍然是区块链的核心要求,区块链标准规范性日益重要。

从服务提供形式来看,云的开放性和云资源的易获得性及落地应用广泛,决定了公有云平台是当前区块链创新的最佳载体,利用云平台让基于区块链的应用快速进入市场,获得先发优势。区块链与云计算的结合越发紧密,有望成为公共信用的基础设施。

从社会结构来看,区块链技术有望将法律、经济、信息系统融为一体,优化原有社会的监督和管理模式,推动社会治理现代化进程,与此同时,社会组织形态也会因此发生一定变化。需要注意的是,区块链技术具备去中心化的特征,但这与中心化的社会管理、社会治理并不矛盾,区块链应当是一种去中心化的工具,去中心化本身不能成为目的,而是要通过打造多方参与与维护的协作机制来服务于社会治理。

延伸阅读:比特币运行机制

2019年10月28日,《人民日报》发文称,区块链不等于比特币,比特币只是区块链技术的一种应用。那么比特币的运行机制又是如何呢? 以 Alice 与 Bob 的交易为例。

一、特有技术

比特币哈希算法,指的是将任意长度的输入(如文本等信息),通过一定的规则加以运算,生成一个固定长度字符串,而输出的字符串便是该输入的哈希值。一般而言,成熟的哈希算法具备以下4个特征。

(1)正向快速,是指对于任一给定的数据,区块链哈希算法可以快速得到哈希值。

(2)输入敏感,是指区块链哈希算法对于输入信息的敏感性较强,即当输入信息发生任何微小变

① 袁文婧.区块链技术在供应链金融的创新应用研究[J].经济研究导刊,2020(03):85,95.

化,便会导致输出哈希值有巨大的差别。

（3）逆向困难,是指区块链哈希算法无法在相对短时间内实现根据哈希值求解原始输入值。

（4）强抗碰撞性,是指不同的输入值几乎不能计算出相同的哈希值。

比特币哈希运算运行原理能够有效保障区块链数据的不可篡改。比特币网络中任一区块数据信息经由哈希算法便能得到一个哈希值,而该哈希值无法快速推演出原始数据信息。因此,比特币哈希值能够唯一地、准确地识别每一区块,任何节点对于任一区块链信息进行哈希运算均可独立获取相应哈希值。另外,每一个区块头都包含上一个区块数据信息的哈希值,实现区块的串联即区块链,保证比特币的不可篡改。

二、运行过程

1. 身份验证

Alice 向 Bob 发送消息"Hello Bob",首先使用 Bob 提供的公钥对信息进行加密形成密文,Bob 使用自己的私钥对密文进行解密,解密后的结果如果是"Hello Bob",则证明这个消息是正确的。此外,区块链还提供了签名机制,Alice 可以用自己的私钥对消息进行签名,Bob 通过 Alice 提供的公钥进行验签,从而证明这个消息的发送者是 Alice,如图 1-4 所示。

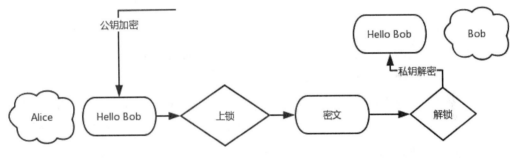

图 1-4　公私钥验证过程

2. 交易确认

在比特币交易网络中,货币的所有权是通过验证历史交易信息来核实的。例如,Alice 要发送 1 个BTC(比特币)给 Bob,Alice 必须援引之前收到这 1 个或更多比特币的历史交易信息,这些被援引的交易记录称作"进账"。Bob 会查看那些进账,以确保 Alice 是真正的接收者,并确保进账数额为 1 个 BTC或更多。一旦一笔交易被使用过一次,该笔交易会被认为是已消费,且不能被再次使用。

3. 交易记录

如果 Alice 的账户通过验证,则该笔交易为合法交易,Bob 会将交易信息保存在事务池(或内存池)中并广播给其他节点,其他节点接收到交易信息后也进行同样的校验操作。当某一个节点获得记账权后(基于加密哈希进行的随机猜测),它会将交易纳入区块,在区块上加盖时间戳并记录到自己维护的区块链中,然后将该区块进行全网广播;其他节点接到广播后,也将区块记录到各自维护的区块链中;此时 Alice 给 Bob 的转账完成,交易信息被记录到区块链上,无法更改。需要注意的是,我们所说的全网广播,实际上只要大部分节点能收到就可以了。区块链提供了系统的容错能力,那些没有收到的节点可以通过下载的方式获取到缺失的区块。

4.双重支付和分叉

Alice账户有1个未消费的BTC,Alice将这个BTC同时发送给了Bob和Tom,这被称为"双重支付"或"双花"。如果两笔交易被先后验证,例如,给Bob的交易通过验证,那么Tom的交易就会验证失败,反之亦然,验证失败的交易会被丢弃。如果两笔交易被同时验证,且都被认为是有效交易,那么在接入区块链时就会暂时出现分叉情况,如图1-5所示。

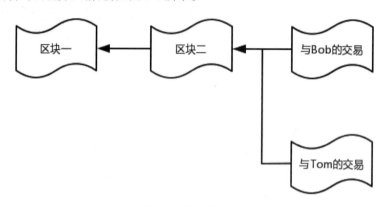

图1-5　区块链分叉

之后的区块如果认同哪一个区块,就会在哪一个区块后面延续。比特币规定选择最长的那条链进行扩展。所以当再有新的区块加入时会沿着最长的链延续,较短的那条链上的区块将被抛弃,对应的交易将失效,失效的交易将承担相应的损失。

为了避免这种情况发生,需要等待至少6个区块都承认此区块后,再确认交易完成。这主要是因为,如果经过6次确认之后再返回去修改之前已经被确认过的区块,则必须推翻之前6个区块的记录,这其实是很难的。因为获得确认数越多,就需要越多的算力去修改,因此也越难被修改。除非拥有全网51%以上的算力,否则这是不可能实现的。这也是比特币区块链交易形成的"等待六次确认"原则。

本章小结

本章基于区块链定义,从技术层面、应用层面、经济层面、商业层面、治理层面、思维层面及战略层面7个维度分别认知区块链技术、工作原理及运行机制,剖析得出区块链能够显著推动价值网络更新升级,助推可信社会建设。区块链技术对于经济社会的创新不可能是一蹴而就的,那么区块链技术如何一步步实现社会价值呢?这将在第二章进行具体剖析。

习题

一、思考题

1.区块链是一项新技术吗?区块链是什么?

2.区块链的类别及定义是什么?

3.区块链的特点是什么?

4. 区块链的工作原理及运行机制包括什么？

5. 区块链有什么社会价值？

二、思维训练

区块链是否具备颠覆性/革命性？如有,是如何体现的？

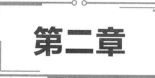

第二章

区块链发展简史

区块链自 2008 年诞生以来,经过多年的发展,逐步从小众"挖矿"技术变为广泛应用的新一代信息技术,并从公众认为的"投机""非法"的手段变为推动经济发展和社会进步的重要技术之一。在信任增强、效率提升、治理有效的趋势下,区块链不再是一项简单的工程技术,而是以共识、信任、共享为价值观的思维体系。区块链技术的创新进步经历了不同的发展阶段,每一个阶段都是对上一阶段的突破和超越。了解区块链的发展历程对于认识区块链、把握未来发展方向至关重要。本章将从区块链 4 个发展阶段分别阐述各个阶段区块链技术的特征及代表性应用。通过本章的学习可以对区块链的发展脉络有较为清晰的把握。

《2.1 区块链 1.0：可信公链与数字货币

2.1.1 概述

2008 年，美国金融危机的爆发引发了全球性的经济危机。这场金融危机席卷全球，风暴早期出现在美国次级房屋信贷市场，由于大批借贷者无法按时还款，从而引发了更加严重的流动性危机。这场金融危机暴露出传统中心化模式的致命缺点：由于交易双方之间缺乏信任，往往需要中心化机构进行担保，但这并不能保证双方都会履约，也无法保证中心化机构一定能发挥正面作用。为了解决以上问题，中本聪在 2008 年 11 月 1 日于 P2P foundation 网站上发布了比特币白皮书——《比特币：一种点对点式的电子现金系统》，较为详细地阐述了比特币的运作机制及构建目的。比特币主要解决了交易双方的信任问题，交易双方在不需要第三方机构的情况下也能正常进行比特币交易。由此，区块链逐步进入人们的视野。

比特币从诞生至今，已从最初的一文不值上升至现阶段的价格不菲，如图 2-1 所示。随着比特币市场价值的激增，美国、日本等国家在某些消费场景中已接受比特币成为新的支付工具。根据美国著名经济学家弗雷德里克·S.米什金（Frederic S. Mishkin）关于货币的定义，比特币充当被普遍接受的交易媒介，广泛应用于人们的生产、生活等环境中。但就货币本质而言，比特币具有可信账本，却不具有币值稳定性（市场上商品与货币之间的比例处于相对稳定的状态）。因此，比特币更应当被认为是一种全球性炒作的产品，有价格但没有价值。

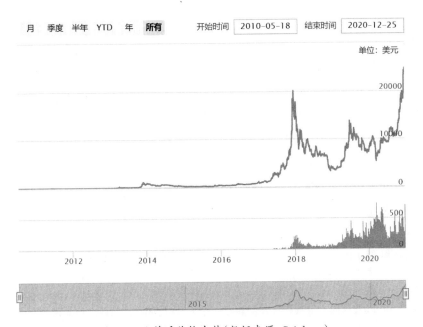

图 2-1　比特币价格走势（数据来源：Coinbase）

2.1.2　本质

区块链1.0是为了解决传统金融体系的痛点,本质为可编程货币,是与转账、汇款和数字化支付相关的密码学货币应用。数字货币是以区块链公有链为支撑的、去中心化的、电子形式的货币,它没有发行主体、总量固定且交易过程足够安全。就区块链技术层面而言,数字货币与可信公链联系极为密切,这是由数字货币的内在属性决定的。一般等价物的职能要求其具有广泛的应用人群,正如现阶段应用的法币。法币之所以成为法币,一方面来自国家公权力的保障,另一方面则是被广泛使用。而公有链技术允许所有人不经许可即可访问的特征,可保障数字货币被最为广泛地使用。随着网络规模的扩大,基于底层公有链的数字货币用户能从中获取更多的价值,需求得到更大的满足,主要表现为数字货币被更多的商家、组织、企业等接受,同时数字货币的广泛应用又会促进其他人群使用,形成良性循环,这便是公有链的网络效应。

公有链技术使数字货币具有可信特征,主要体现为数字货币使用、流转全程可追溯,能够有效避免传统纸币体系下货币流转不可追溯的弊端,如货币丢失、洗钱等问题,同时公有链技术数据分布式共享的特征能够有效解决"双花问题"①。

综上所述,区块链1.0的本质为构建基于可信公链的数字货币流通体系,进而搭建全球性的、公平的金融体系,其中比特币为区块链1.0最典型的代表。在区块链1.0中,可信公链与数字货币相互支撑、相互依赖。可信公链为数字货币提供网络基础,而数字货币则是打造全球性公平金融体系的核心工具。比特币的共识机制、挖矿行为等为整个网络提供动力,而其中最根本的原料则是电力资源(比特币挖矿中99%以上的成本来源于电费)。

2.1.3　特征

一、去中心化

去中心化作为区块链1.0的核心特征,指的是区块链1.0基于分布式存储等技术,不依赖第三方管理机构,也就不存在任何中心化管制,任何一个节点均具有相同的权限,不存在现有中心化系统的等级制度。因此,相比于中心化系统,去中心化的区块链网络更加难以被黑客攻击。在中心化系统中黑客仅需侵入中心节点或服务器便可入侵系统网络中任一用户的主机,获取用户信息,而在区块链1.0去中心化网络中,黑客只有入侵多数节点才能够实现对整个系统网络的入侵,这无论是从硬件层面还是从软件层面上来说都是难以完成的。

综上,区块链1.0去中心化的特征能够最大程度保障用户的隐私和安全,交易过程中无第三方介入,交易更加高效且不必担心信息泄露的隐患。

二、开放性

前文提到,区块链1.0系统是完全开放的,除交易各方的私有信息被加密处理外,区块链1.0系统

---

① 双花问题(Double Spending)即双重支付,是指一笔数字现金在交易中被重复使用的现象。一般地,数字现金的走向只能是线性的,即同一笔钱一次只能转给一个人,不能同时转给两个或者两个以上的人。一旦数字现金的走向发生了偏差,离开了线性轨道的约束,成为发散状态,那么双花问题就会出现。

上的所有数据对区块链网络上的所有人公开,任何人都可以通过公开的接口查询区块链数据和开发相关应用。因此整个系统信息高度透明。

三、自治性

区块链1.0系统采用基于特定共识机制,即协商一致的规范和协议(如一套公开透明的算法),使整个系统中的所有节点均得以在去信任的环境中自由且安全地交换数据[①],使对"人"的信任变成了对机器的信任[②],任何人为的干预对交易的进行均不起作用。

四、可靠性

在区块链1.0系统中,任一节点的信息一旦经过验证并添加至区块链网络中,便会被永久地存储,若要更改信息除非控制网络多数节点,否则单个节点上对数据库的修改是无效的。因此,存储于区块链1.0网络中的数据,稳定性和可靠性极高。

五、匿名性

由于区块链1.0网络中的节点之间遵循固定的算法进行交换,因而在其内进行的数据交互是无须信任的(区块链内置程序规则会自行判断活动是否有效)。交易双方无须通过公开身份的方式让对方对自己产生信任,一方面保障交易双方各自的隐私安全,另一方面促进用户信用的累积。

2.1.4　应用场景

区块链1.0的应用数字货币缺乏稳定性,无法很好地发挥货币价格尺度、价值储藏的职能。因此其作为货币本身而言是失败的,但仍有许多国家、行业接受区块链1.0数字货币支付方式。从实践层面而言,区块链1.0阶段的数字货币在众多交易场景中均有应用。

(1)支付:比特币作为点对点的数字货币系统,最重要的应用场景当属支付。目前,以微软、Overstock.com为代表的企业接受比特币作为付款方式。另外,截至2020年12月,全球比特币ATM机已超过10000台,比特币ATM机支持用户在设备上使用现金去买卖比特币、以太坊(ETH)等数字货币,大大提升了区块链1.0数字货币的流动性。

(2)跨境汇款:对比其他传统的跨境汇款渠道,比特币跨境汇款具有交易费用低、匿名性、快捷性、无数额及时间限制等优点。另外,传统跨境汇款流程烦琐,而在比特币中只需填写汇款数值及收款人的钱包地址即可。相关数据显示,比特币跨境汇款的手续费只有每字节8聪(Satoshis),相当于90000美元的交易仅产生了75美分的手续费。

但值得注意的是,区块链1.0的应用仅局限于金融行业中货币支付这一垂直领域,并未在其他领域加以应用,哪怕是金融行业除货币支付外的垂直领域也罕见区块链1.0的应用,如图2-2所示。其原因一方面来自公有链技术的不成熟,另一方面来自公有链完全去中心化的特征难以满足现有业务运行和优化的需求。即使是在货币支付领域,现有货币体系多要求公权力的支撑,而公权力的支撑不可避免地带来中心化的要求,这与区块链1.0的本质特征相悖,后者是区块链1.0技术难以在更广泛的

---

① 陈珊珊,钟燕.人工智能在证券交易系统应用中面临的问题及对策[J].现代信息科技,2019,3(07):134-136.

② 上海金融学会票据专业委员会课题组.区块链技术如何运用在票据领域[N].上海证券报,2016-04-23(006).

领域加以应用的本质原因。

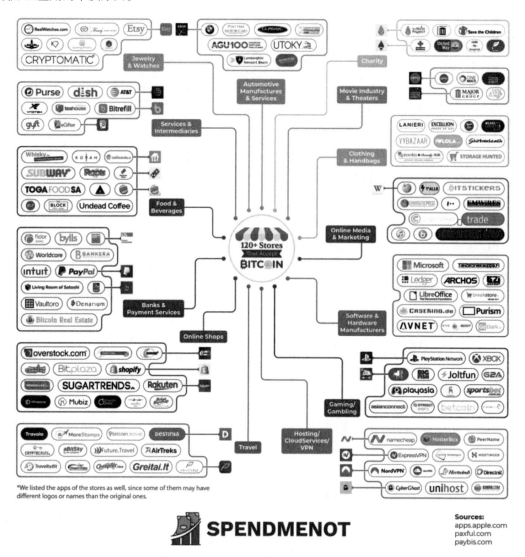

图 2-2　比特币应用场景(来源:Spendmenot)

2.1.5　代表性应用

一、比特币——区块链1.0的开端

比特币(Bitcoin)是区块链1.0最具代表性的应用。在比特币白皮书面世2个多月后,即2009年1月3日,比特币的创世区块生成。为了应对现有货币体系内在通货膨胀的必然属性及中心化货币系统的弊端,如人为制订的货币政策对货币运行机制的扰乱等,比特币不存在中心化的发行主体,而是由网络各个节点基于特定的运算生成,任何一个节点都可以参与比特币的制造过程,并且生产制造出的比特币均可在全世界流通,同时不受时间、空间的限制,任何一个用户可在任意一台接入互联网的计算机上进行交易买卖,用户可实现在任何时间、任何地点进行挖掘、购买、出售或收取比特币。

比特币密码学的属性,决定了其产生过程本质是方程组求特解,所谓特解指的是方程组所能求得的有限解中的一组。任何人都可以下载并运行比特币软件,参与比特币生产,这种生产模式模拟了贵金属黄金的生产过程,被形象地称为"挖矿"。挖矿的过程就是通过庞大的计算量不断地寻求方程组的特解,方程组被设计成了只有2100万个特解,故而比特币数量上限为2100万枚。

比特币的获取方式大致有3种:一是生产挖矿,在平台上基于一定的硬件设备条件进行运算求解,创造一个新的比特币区块,进而获得比特币;二是交易购买,在网络交易平台上基于一定的和议价格进行交易购买;三是捐赠获取,随着比特币的流行,一部分社会机构如基金会、档案室等接受比特币形式的捐赠。

经济学家对于比特币的态度各异。凯恩斯学派认为政府公权力应当积极利用对货币总量的调控,从而实现对经济适时适当的调控(如经济增速加速或刹车),而比特币总量固定的机制很大程度上牺牲了货币的可调控性,在生产力不断发展提升的背景下,将不可避免地导致通货紧缩,对经济运行体系造成不可挽回的损失。而自由经济学派的保罗·克鲁格曼则称比特币的设计理念及机制具有自由主义倾向,很大程度破坏了政府支持的既定金融体系的权威。另外,奥地利学派则认为货币独立于政府公权力,"自由发钞制度抑制通货膨胀",当政府对于货币的干预措施越少时,货币及经济运行将会变得更加有序正常,并且货币数量恒定不变所带来的通货紧缩并不必然导致经济衰退等问题,甚至在很多时候通货紧缩可以认为是社会进步、生产力发展的标志。

二、莱特币——比特币的升级版本

莱特币(Litecoin)是在比特币之后推出的改进版数字货币,其设计目的是提供一种能够在现存比特币硬件设备条件下,如比特币专用集成电路(ASIC),进行高效运行的算法。莱特币的技术原理与比特币无过多的差异甚至可以说是相同的,均是基于去中心化的架构搭建的,不受任何中心机构或节点的控制,交易过程及新币产生都是基于技术开源的加密算法等。但莱特币的设计是为了弥补比特币表现出的缺陷,如交易确认速率相比于用户需求过于缓慢、比特币总量较少易造成严重的通货紧缩问题、比特币生产发行较多的节点逐步形成"控制"的局面等。因此,与比特币相比,莱特币具有以下4点显著的优势:第一,莱特币区块链网络处理区块的速度由比特币的10分钟缩减至2.5分钟(150秒),交易确认速度提升了3倍;第二,莱特币预期发行量将达到8400万,比比特币2100万的发行总量提升了3倍;第三,莱特币网络对工作量证明算法设计进行完善,使其对于计算机等硬件设备要求显著降低;第四,莱特币网络机制细分单位,每一枚莱特币都被分为100,000,000个小单位,通过8位小数来界定,由此莱特币的现实应用将变得更加便利,这将提升莱特币的流通性。

2.1.6　意义与缺点

区块链1.0将数字货币带入现实社会,不仅诞生了市值规模最大的加密数字货币——比特币,更让区块链这一革新性的技术为人们所熟知。区块链1.0勾勒了一个美好蓝图,货币或许不需要依赖于各国发行,而是可以进行国际化统一发行,但从经济金融系统的运行逻辑来说,区块链1.0阶段所倡导的金融逻辑是无法落地的。

区块链1.0仍有很多局限性,更多体现为技术极客与市场投机者的游戏,并没有很好地与实体经济相结合,因而难以发挥其实用价值。

从技术层面而言,公有链"不可能三角"依然无法打破,即高性能、去中心化、安全性,这三者只有两者能同时满足,如比特币的去中心化程度和安全性有较高的水平,但是其高性能无法实现,时常发生比特币网络"瘫痪",即无法快速实现交易确认,甚至需要将近一日的时长。因此公有链技术虽然具有可信特征,但技术层面的难题仍然在一定程度上限制其落地应用。

从应用层面而言,区块链1.0完全去中心化的特征一方面促进了理论上可信金融生态的构建,创造出了一个理想化的金融系统,并直接促成了全球历史上第一个炒作市场;另一方面,以比特币为代表的区块链1.0阶段的应用虽然可以以较低的成本完成跨境支付等流程,但其没有实施监管,也就无法落地,因而其实用价值无法实现。

2.2 区块链 2.0:智能合约与通证经济

2.2.1 概述

以以太坊为代表的区块链2.0的出现,与比特币有着千丝万缕的关系。以太坊创始人 Vitalik Buterin[①]在打造以太坊之前是比特币的爱好者与推崇者。Vitalik 对区块链技术的认知与热情,正是来自比特币。2013年,Vitalik 从滑铁卢大学辍学,全职从事比特币研究工作。与其他比特币爱好者期望通过打造区块链2.0来获得比特币更多功能和性能不同,Vitalik 认为只有建立一个全新的编程语言才能最大程度促进比特币发展与应用,这也是比特币的当务之急。但是比特币源代码修改的工作并非易事。因此,当时年仅19岁的 Vitalik 决定重新撰写一套全新的白皮书,这便是《以太坊白皮书》的雏形,该书期望基于通用编程语言,实现各种应用的创建,如社交、买卖交易、娱乐等。2014年1月23日,Vitalik 在《比特币杂志》(*Bitcoin Magazine*)上发表《以太坊:下一代加密货币和去中心化应用平台》这一著名的以太坊白皮书。Vitalik 试图发明一种通用型的新型加密货币并创建一个允许任何人在其系统上创建任何应用的平台。以太坊的目的是创造一个更为一般化的区块链平台,让区块链应用的开发变得更加简单、高效,也让这些应用变得更加安全可靠。

2.2.2 本质

区块链2.0本质上是"区块链(数据结构)+智能合约(算法)",相对于区块链1.0,区块链2.0的优势就在于引入了智能合约,以太坊使用者可以基于此实现众多应用的开发,并以去中心化应用(Decentralized Application,DApp)的形式体现出来。简而言之,区块链2.0在区块链1.0的基础上引入了智能合约。智能合约又被称为智能合同,是由事件驱动的、具有状态的、获得多方承认的、运行在区块链之上且能够根据预设条件自动处理资产的程序[②]。

从技术层面而言,智能合约是利用通用程序代码方式进行定义的一套运行规则,如图2-3所示。

---

① Vitalik Buterin,俄罗斯裔加拿大人,以太坊(Ethereum)以太币创始人,著有《以太坊白皮书》。
② 李赫.区块链2.0架构及其保险业应用初探[J].金卡工程,2017(Z1):45-49.

另外,应当注意的是,智能合约早在1995年便由密码学家尼克·萨博(Nick Szabo)首次提出,并非区块链2.0首创的技术。在区块链2.0阶段以前,智能合约一直被广泛地应用在社会生产生活中,甚至可以说是一旦涉及信任关系便可以应用此项技术,如保险、股权、信托等金融产品设置一定的买入卖出条件,一旦触发条款,计算机程序就会自动执行相应操作。但在区块链2.0下,由于区块链技术去中心化的特征,智能合约的执行需要通过代码来实现,意味着一旦触发智能合约的条款,相应代码就会立即自动执行。因此可得,智能合约最大的优势是利用程序算法替代人仲裁和执行合同,避免人为因素对合约执行造成干扰。

图2-3　智能合约的工作原理

在区块链2.0网络中,基于大规模的协作网络,任何人均可在该网络中进行运算、开发应用层等操作,因此便赋予区块链2.0更多的应用场景及功能实现的技术基础。

2.2.3　特征

一、支持智能合约

智能合约的应用是区块链2.0的重要特征。区块链2.0引入智能合约技术,显著提升了区块链的运行速率,同时极大地扩展了区块链的应用场景,使之不再局限于数字货币领域。

二、适应大部分应用场景的交易速度

区块链2.0通过采用PBFT、PoS、DPoS等新的共识算法,使其交易速度有了很大的提高,峰值速度已经超过了3000 TPS(每秒处理交易数量)[①],远高于比特币技术性能,已能满足大部分应用场景的交易需求。

三、支持信息加密

在区块链2.0中,一般使用公钥密码学即非对称密码学来实现公钥密钥对的创建,而其之所以被称之为密钥对,是因为公钥是通过私钥生成的,公钥和私钥一起表示一个区块链2.0账户,公钥用于可访问账户管理,而私钥则用于控制各自账户内部的数据信息及应用智能合约时所需的认证程序。同时,私钥是生成数字签名唯一需要的信息,而用户数字签名一方面可以用于签署账户内部所有交易,实现对账户内资金的有效使用,成为控制各自账户资产的有效手段。另一方面,数字签名还用于认证账户所有者与合约用户,在满足用户信息隐私安全的基础上实现用户身份信息的有效认证。

四、无资源消耗

区块链2.0普遍采用PBFT、DPoS、PoS等新共识算法,区分于区块链1.0不再需要通过消耗算力达

① 李赫,孙继飞,杨泳,汪松.基于区块链2.0的以太坊初探[J].中国金融电脑,2017(06):57-60.

成共识,从而实现对资源的零消耗,显著降低区块链2.0网络运行的能源消耗。

2.2.4 应用场景

区块链2.0基于智能合约系统的支撑,应用范围从单一的金融领域拓展到涉及合约功能的所有场景。相比于区块链1.0阶段,区块链2.0的开放性和可拓展性更强,所有主体均可以自由加入区块链2.0生态,且可以在区块链2.0网络基础上开发应用、发行数字资产;另外,区块链2.0将区块链从金融领域带向其他各个领域,从理论上讲,任何主体均可以基于区块链2.0网络开发落地众多应用场景,如存证、溯源等,但现实中更多主体基于区块链2.0网络发行数字资产并赋予其交易属性,并没有将区块链落地应用,而是出现了"山寨币""空气币"等现象,这在一定程度上扰乱了金融秩序。

严格来说,除了比特币,其他后续产生的以区块链技术为底层实现的都叫"山寨币"。这是国内对这类加密数字货币的常见称呼,在国外一般称为"竞争币"。"山寨币"的主要特点是,绝大多数都是通过修改甚至是直接套用比特币的源代码实现的,只有极少数的币种不用比特币的源码而是基于相关理论自身设计实现的,主要山寨币见表2-1。当然,"山寨币"并不是假币,有的甚至针对比特币的不足,进行了许多创新,比如以太坊(以太币),用智能合约代替比特币的栈式操作本身就是一个伟大的创新。

表2-1 主要山寨币一览

货币	简称	创始时间(年)	创建者	发行数量(个)	共识机制	产出时间(秒或分钟)	难度调校频率(区块个数或时间)	算法
瑞波币	XRP	2013	Ripple 实验室	1000亿	RPCA	3~5秒	不定	ECDSA
莱特币	LTC	2011	Coblee	8400万	PoW	2.5分钟	每2016区块(3.5天)	scrypt
域名币	NMC	2011	Vinced	1473万	AuxPoW	10分钟	每2016区块(2周)	SHA-256
质数币	XPM	2013	Sunny King	2406万	PoW	1分钟	每一区块	1CC/2CC/TWN
羽毛币	FTC	2013	Peter Bushnell	33600万	PoW	2.5分钟	每504个区块	scrypt
新星币	NVC	2013	Balthazar	233万	PoW+PoS	1分钟	每2016个区块	scrypt
多吉币	DOGE	2013	Jackson Palmer & Billy Markus	1000亿	PoW	1分钟	每4小时	scrypt
雅币	YAC	2013	Pocopoco	1.2亿	PoW+PoS	1分钟	每2016个区块	scrypt-cacha
以太币	ETH	2015	Vitalik Buterin	9591万	PoW	约15秒	不定	Dagger Hashimoto
以太坊经典	ETC	2016	Igor Artamanor	2.1亿	PoW+PoS	1分钟	不定	scrypt-cacha
门罗币	XMR	2014	thankful_for_today	1844万	PoW	2分钟	每一区块	Cryptonight

与"山寨币"相比,"空气币"最大的不同之处就是无可落地的应用场景。

虽然以太坊的实用价值发挥受限,但由其带来的区块链泡沫,使区块链概念开始走向产业和生活,全球范围内越来越多的政府、企业等社会主体开始关注区块链,为区块链3.0打下了良好的认知基础。

2.2.5　代表性应用

一、以太坊(Ethereum)

正如前文所述,以太坊作为区块链2.0最为重要的代表性应用,本质上是一个技术开源的具有智能合约功能的公共区块链平台。第一节中提到比特币存在一定的缺陷,如应用场景匮乏、拓展性不足等,具体而言,比特币网络在技术层面上无法实现多重签名,这使现实经济社会中许多活动无法应用区块链技术,应用层面在比特币网络里只有一种货币符号即比特币。因此,用户无法在系统中自定义其他一些符号以实现各自的需求,如股票凭证、债务凭证等。而以太坊设计目标便是解决区块链1.0在技术和应用方面拓展性不足的问题。

首先,以太坊作为一个开源技术平台,为用户提供各种模块供用户个性化搭建应用。具体而言,以太坊通过一套图灵完备的脚本语言(Ethereum Virtual Machinecode,EVM语言)来建立应用,本质类似于汇编语言,但其用户并不需要直接使用该语言,而是可以通过其他高级语言(如C语言、Python、Java等)进行撰写,经由编译器便可实现其他语言与EVM语言之间的直接转换。

其次,以太坊是一种图灵完备的底层协议。和比特币事先设定好的系统不同,以太坊是一种灵活的、可编程的区块链。在以太坊网络中,开发者可以创建符合自己需要的、具备不同复杂程度的区块链应用(DApp),这些应用可以是社交、交易、游戏等。

二、ICO(首次代币发行,Initial Coin Offering)

ICO是区块链2.0的典型应用,指的是一种为加密数字货币/区块链项目筹措资金的常用方式,早期参与者可以从中获得初始产生的加密数字货币作为回报。开发者要在以太坊上运行项目,需要开发成本,这些开发成本通常通过"向民众募集以太币"的方式来筹措。由于代币具有市场价值,可以兑换成法币,这样一来,募集到的以太币就可以用作项目的开发成本,而早期参与者可以从中获得初始发行的数字货币作为回报。

但是,随着ICO项目的泛滥,监管在这个领域存在空白,导致一些"空气币"打着区块链的旗号大肆募集资金,出现了许多非法融资现象。越来越多的国家公权力机关、监管机构逐步完善对ICO项目的监管,打击利用ICO进行非法金融活动的行为。其中,2017年9月4日,中国人民银行等七部委发布了《关于防范代币发行融资风险的公告》。公告中指出,ICO为非法金融活动,严重扰乱金融秩序,国内所有代币融资项目均被叫停。

2.2.6　意义

区块链2.0对于区块链技术而言,是一次实质性的飞跃。区块链2.0跳出了区块链1.0只能被用作

数字货币的局限,使区块链技术应用商业化成为可能。如果说以比特币为代表的区块链1.0为价值转移提供了新思路和新技术,那么以以太坊为代表的区块链2.0则大大拓展了区块链的应用场景,推动了区块链技术的应用,一定程度上激发了区块链商业化的潜能。

综上所述,区块链2.0可以被看作一台"全球计算机"[①],它实现了区块链系统的图灵完备[②],使在区块链上传和执行应用程序成为可能,智能合约的功能特征保证程序的有效执行,也从技术上提高了数据信息透明度及用户隐私保护水平。区块链2.0阶段也将区块链概念带入产业、生活中,虽然造就了"山寨币""空气币"等不好的社会现象,但对真正的区块链技术落地应用、赋能实体场景起到了极大的推动作用。

《2.3 区块链 3.0:资产上链与多链融合

2.3.1 概述

正如前文所述,区块链2.0技术的发展推动了区块链泡沫的产生,让区块链这一概念被更多人了解,而只有当区块链泡沫破灭后,人们对区块链的适用范围及限制有客观、实际的了解后,区块链技术才能实现其真正的价值。正如互联网普及前,其应用仅限于局域网,而随着互联网被越来越多的人了解,产生互联网泡沫,待泡沫破裂之后,真正的互联网应用(如QQ、淘宝等)才逐步出现。那么,区块链3.0便可类比互联网技术的局域网阶段。在区块链3.0阶段,区块链突破技术泡沫,使区块链技术赋能实体经济产业的进程正式开始。

中国在区块链技术应用领域领先全球,在国家战略和众多政策的推动下,区块链产业应用正在逐步落地,如区块链+供应链金融、区块链+司法、区块链+政务等。

当然,不可否认的是,在区块链3.0阶段,区块链应用会逐步解决实体经济和传统金融中的众多问题,发挥区块链的实用价值。那么,随着区块链技术应用规模的逐步增大,包括政府部门、企业、组织等将搭建众多区块链应用落地场景,链的数量将会激增,不可避免地会产生大量的数据孤岛,且区块链3.0阶段的跨链技术无法有效解决众多区块链之间的数据互通问题,降低了业务效率,提高了监管难度,这也是区块链3.0所受到的局限。

2.3.2 本质

区块链3.0技术特性赋予其变革和优化传统产业的潜力,应用领域已经从最初的数字货币、金融领域延伸至各行各业,区块链技术逐渐脱虚向实,提升系统安全性与可信度,加强传统产业多方之间的协作信任,同时简化流程、降低成本,进而实现在各领域对实体经济的推动作用,解决实体经济中的

---

① 李赫,孙继飞,杨泳,汪松.区块链在网络互助领域的应用前瞻[J].中国金融电脑,2019(05):51-55.
② 图灵完备:指机器具备对一切可计算的问题都能计算的能力。

实际问题,基于此类解决实体经济和传统金融领域业务问题的区块链被称为产业区块链。

产业区块链的核心在于用区块链的技术实现去信任、业务协同、降本增效等,应用场景包括区块链赋能金融、商业、公共服务、民生、农业、政务等。现阶段,产业区块链已在相当多领域实现赋能应用,如保险、供应链、民生政务、制造业、农业等,同时涌现出一大批标杆企业,如蚂蚁集团、京东数字科技、趣链科技等。

在区块链3.0的支撑下,实体资产大规模上链成为可能,真实物理世界的资产将逐步映射到区块链上的数字世界中进行存证,形成链上数字存证,从而实现资产确权、交易流转、交割,并实现其数据的全流程可追溯、可防伪和可审计,最终全面启动数字经济时代。

随着区块链3.0网络的搭建,越来越多的资产上链,为了更好地实现价值流动,为多链融合技术提供应用场景。在区块链3.0的背景下,多链融合一般采用跨链技术,指的是对不同区块链进行连接和扩展,从而构建价值互联网,为各类价值传输应用提供基础设施。

价值互联网是在信息互联网的基础上发展而来的,指的是能够与信息传递一样在互联网上方便、低成本地传递价值。在中心化机构主导的信息互联网和价值互联网1.0两个阶段,虽然产生了巨大的经济价值,但是这种经济塔形利益格局在客观上存在中心化机构一家独大,主导利益分配机制,尤其是头部企业的投机行为、趋利行为,必然导致一系列的信任问题。

综上所述,区块链3.0本质为资产上链与多链融合,其中资产上链是构建局域网的过程,多链融合是用跨链技术保证链与链之间的沟通。如果说区块链是信任机制,那么跨链技术就是让信任流动起来的保障,但随着链越来越多,链本身也成为一个个数据孤岛,那么链与链之间的沟通便成为区块链3.0阶段的局限。

2.3.3 特征

一、资产可信确权

区块链3.0搭建连接物理世界和数字世界的可信桥梁,实体资产相关数据信息上链,基于区块链分布式存储等特征实现数据多方核验,实现资产可信确权,并基于链上存证实现资产可信流转。因此,区块链3.0为资产确权、交易、流转提供可信方式。

二、参与对象不特定

区块链3.0极大拓展了区块链应用场景,越来越多的主体参与到区块链3.0网络中,特别是在区块链价值网络中,几乎所有的真实社会主体均可参与其中,这也符合区块链开放性的特征。

三、交易行为广泛

区块链3.0应用场景的拓展一方面带来参与主体的扩大,另一方面参与主体的增加也必然导致主体之间相互关系的复杂化,不仅表现为相互之间行为次数的增加,即交易次数的增加,还表现为交易内容的多样化,不仅局限于区块链2.0的金融交易,更有资产买卖交易,如知识产权、固定资产产权等。

2.3.4 应用场景

区块链3.0的应用场景在区块链2.0的金融应用场景的基础上进一步拓展,覆盖经济社会的方方面面,如图2-4所示,可概括为七大领域:金融领域、民生领域、司法领域、政务领域、制造领域、能源领域及其他领域。

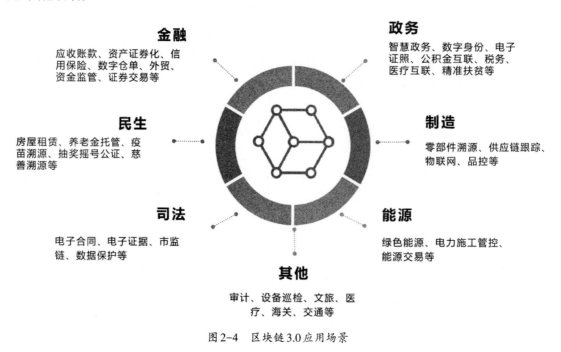

金融
应收账款、资产证券化、信用保险、数字仓单、外贸、资金监管、证券交易等

政务
智慧政务、数字身份、电子证照、公积金互联、税务、医疗互联、精准扶贫等

民生
房屋租赁、养老金托管、疫苗溯源、抽奖摇号公证、慈善溯源等

制造
零部件溯源、供应链跟踪、物联网、品控等

司法
电子合同、电子证据、市监链、数据保护等

能源
绿色能源、电力施工管控、能源交易等

其他
审计、设备巡检、文旅、医疗、海关、交通等

图2-4 区块链3.0应用场景

2.3.5 代表性底层技术

一、超级账本(Hyperledger)

超级账本是区块链3.0的代表性应用,旨在推动区块链技术在不同行业间的应用,最早由Linux基金会于2015年12月发起成立。由于其定位于区块链跨行业应用的开源项目,最初的成员便囊括各个行业,主要包括金融、供应链、制造业、科技行业等的头部企业。

其中最具代表性的项目是Hyperledger Fabric平台。"Hyperledger Fabric是一个模块化的分布式账本解决方案支撑平台,具有高度的保密性、弹性、灵活性与可扩展性。它的目的是支持不同组件的可插入实现,并适应经济系统中存在的复杂性。"[1]该平台与其他区块链系统的最大不同点在于Hyperledger Fabric是私有的,而且是被许可的。但并不允许未知身份参与Hyperledger Fabric网络(要求协议验证事务并确保网络的安全),Hyperledger Fabric组织的成员可以通过一个Membership Service Provider(成员服务提供者,MSP)来注册。因此,该平台是基于联盟链技术搭建的,并非像区块链1.0和2.0代表性应用一样大多基于公有链技术。这意味着,虽然参与者可能不完全信任彼此(如行

①引自HyperLedger Fabric官网,https://www.hyperledger.org/。

业竞争对手），但网络可以在基于参与者之间确实存在的信任的治理模式下运行，如处理纠纷的法律协议或框架。基于前文的分析，联盟链技术的选择在很大程度上促进了该平台的发展。

另外，该平台作为第一个分布式账本平台，支持用 Java、Go 语言和 Node.js 等通用编程语言编写的智能合约，而不是受限于平台本身领域的特定语言，意味着大多数企业已经具备了开发智能合约所需的技能，不需要额外的培训来学习新的语言。

二、金链盟（FISCO BCOS）

FISCO BCOS 是一个区块链底层平台，由金融区块链合作联盟（深圳）即金链盟开源工作组以金融业务实践为参考样本，在 BCOS 开源平台基础上进行模块升级与功能重塑，适用于金融行业，具有深度定制的安全可控、完全开源等特征。金链盟开源工作组的首批成员包括微众银行、深证通、腾讯、华为、神州信息、四方精创、博彦科技、越秀金科、亦笔科技 9 家单位。

FISCO BCOS 基于区块链多中心化、防篡改、可信任等特征，利用分布式数据存储、加密算法等技术对交易数据共识签名后上链，实时保全的数据通过智能合约形成可信数据链，满足数据信息真实性、合法性、关联性的要求。FISCO BCOS 还提供完整的业务样例供开发者学习和使用，包括完整的业务 SDK 代码和详细的说明文档，以帮助开发者在存证场景中快速启动存证应用开发。

在安全性上，通过节点准入控制、密钥管理、权限控制，在应用、存储、网络、主机层实现全面的安全保障。在可用性方面，FISCO BCOS 设计为 7×24 小时运行，达到金融级高可用性。在监管支持方面，可支持监管和审计机构作为观察节点加入联盟链，获取实时数据进行监管审计。

2.3.6　代表性应用

一、区块链+食品药品溯源

传统食品药品产业链条上的企业间存在数据阻隔严重、中心化数据库易受攻击等问题，特别是互联网医药产业的兴起，使食品药品市场的痛点更加凸显，导致假药劣药难以监管追责。

利用区块链数据可溯源、数据不可篡改等特征搭建食品药品溯源系统，可将食品药品相关信息记录在链上，实现对生产、运输、仓储、配送等流程的每个环节可信追溯监管，有效解决传统食品药品产业痛点，构建可信食品药品产品流转生态体系，保障食品药品安全，促进食品药品产业健康、有序发展，助力国家公共安全体系的建设。

二、区块链+电子司法

传统司法各单位均有自身业务系统，其中司法业务系统部署于政务外网和互联网，公安、检察院、法院、监狱管理局的信息化建设均基于各自内网建设，彼此之间数据标准不统一且网络物理隔离，对于政法跨单位之间的业务办理均为线下渠道，缺乏信息化协同手段，数据无法进行线上交换。

利用区块链拓展性强等特征将现有数据库经核验导入相应节点存储上链，一方面保障司法相关数据的真实可靠，另一方面极大降低司法业务协同系统升级的成本。基于区块链数据共享、数据不可篡改等特征，在保障业务数据安全的前提下，实现不同业务部门之间数据互联互通。区块链智能合约技术还可以简化司法业务流程，实现相关司法业务流程处理智能化。

三、区块链+供应链金融

传统供应链金融领域中,供应链上的信任及基于这种核心信任评估而发放的贷款,无法从供应链的龙头传递到尾端企业,依托核心企业存在的各种中小型企业,获得贷款的难度巨大,造成中小企业融资难、融资贵。由于现有金融体系不同部门间数据孤岛现象显著,导致金融风控成本高、金融监管难等问题。

区块链数据公开透明、不可篡改等特征可用于打通全供应链信任流通通道,将核心企业的授信传导至供应链末端企业,这一优势一方面可以解决中小企业融资难题,另一方面可以为金融机构、政府部门提供可信的金融风控、监管方式。

四、区块链+智慧政务

传统政务服务体系分散建设的模式,导致数据壁垒、价值孤岛、条线分割等,造成政务服务效率低下,限制业务流程进一步优化。政务服务一般涉及多方主体,而主体状态、证照数据等信息一直处于频繁变化的状态,现有政务体系难以实现数据信息实时更新,同时数据本身的真实性存在核验难题。

区块链数据共享等特征为打破数据烟囱提供有效工具,实现数据跨地域、跨层级、跨部门高效流转,促进政务体系整体协同,同时缩短政府与民众之间的距离,保障政务服务质量。区块链数据可追溯、不可篡改等特征,可实现对政务相关行为进行实时上链记录,全生命周期监管相关政务行为,准确追责相关责任人。

五、区块链+文化娱乐

传统文化娱乐产业存在四大难题:缺乏行业规范化服务、版权与交易信息不联通、收益难以公平及时分配及司法效率低下。

利用区块链数据可追溯、真实可靠、不可篡改等特征,可实现对文化娱乐产品可信确权,并为相关产品交易流转提供新方式,任何相关交易行为、使用行为均会被记录在区块链网络中。同时,可将相关司法部门作为区块链网络重要节点,简化文化娱乐产品确权及侵权诉讼流程,极大提升司法效率。

2.3.7 意义与价值

一、解决实体资产流动性与管理问题

一方面,资产上链能够显著提升实体资产流动性。当实体资产上链后,不再受空间、时间的限制,可随时随地自由分割交易,极大促进资产流通,最大化资产价值,特别针对现实经济中一些不易分割、不易流通的实体资产。

另一方面,资产上链可以提高资产管理水平。在区块链3.0网络中,实体资产上链后,基于智能合约的设置,一旦触发智能合约条款,映射实体资产的数字资产权证便会自动实现链上交易,降低资产管理成本和减少人为因素的干扰。

二、满足各行业针对区块链技术应用的实际需要

区块链3.0具有较强的可扩展性,是价值互联网的核心,不仅能够记录金融业的交易,而且可以记录几乎任何有价值的且能以代码形式进行表达的事物。因此,随着区块链3.0的发展,其应用能够扩展到任何有需求的领域,进而搭建全产业区块链价值网络。

三、发挥区块链实用价值

传统实体经济存在信息不对称、信任成本高、道德风险、安全性差等问题,而区块链3.0能够有效解决这些问题。因此区块链3.0能够真正地、更好地赋能实体经济,发挥区块链的实用价值,成为社会治理的有效抓手。

《2.4　区块链 4.0:互联互通与信任社会

2.4.1　概述

区块链3.0阶段及之前的区块链技术无法满足整个社会范围内的多样性可信数字化进程需求,二者之间存在极大的供需矛盾。以比特币为代表的区块链1.0,仅适用于货币支付与流通等场景;以以太坊为代表的区块链2.0,虽然智能合约支持多样化区块链应用的开发设计,但其仍落脚于金融领域;以超级账本等为代表的区块链3.0,实现区块链技术真正赋能实体经济部门,但现阶段不同区块链落地应用间相对独立,虽然跨链技术可在一定程度上解决不同领域间的数据孤岛问题,但由于技术限制及社会习惯等无法实现社会经济全领域数据共享与互联互通。特别是随着区块链3.0应用的普遍化,不同链间数据壁垒现象将越发显著。这一系列问题成为区块链赋能实体经济及实现数字经济价值网络巨大的阻力因素,严重阻碍不同主体间数据联通、业务协同,限制价值互联网优势的发挥。

基于此,区块链4.0阶段来临。与传统信息技术基于硬件设施条件改善而发展不同的是,区块链4.0并非完全基于技术的改善、应用范围的扩展而存在,而是提供一种可囊括现今所有区块链系统的底层技术,遵循共享、共建、共赢理念的科技生态格局,构建可信社会,实现社会各种要素的互联互通。

2.4.2　本质

区块链4.0实质上以区块链+产业发展、生态建设、多生态融合为重点,以利用区块链技术服务于社会和生活并建立高效、开放、共享的高度信任的社会为终极目标,实现各领域快速搭建上层区块链应用。简而言之,区块链4.0搭建区块链底层服务网络(相比于区块链3.0的底层技术,可概括为"底层之底层"),将现有各行业、各领域区块链(无论是公有链还是联盟链)均纳入同一运行网络,以高安全性、高效率保证链与链之间的互联互通,在区块链1.0和区块链2.0技术创新、区块链3.0应用创新的基础上实现区块链4.0阶段的模式创新,最大化区块链价值。

区块链4.0从区块链3.0的应用创新转变至模式创新阶段。从技术角度而言,区块链4.0实质为数字权益账本技术集合,以分布式系统为基础,使实体资产的权益映射为数字资产权益作为一种价值媒介,搭建沟通真实世界和数字世界的桥梁。如区块链4.0的应用使经过确权的房产权益(主要是所有权和使用权)得以在区块链网络中以数字权益资产的形式进行交易。而随着数字权益被广泛地接受,就衍生出通证经济,即区块链网络中的通证成为现实经济社会中充当一般等价物的"货币"。综上所述,一方面,区块链4.0网络中的数字权益不单包含区块链网络中原生资产的权益(如数字通证等),更多的是通过区块链4.0技术从真实世界实物资产权益映射到数权世界的数字权益。另一方面,区块链4.0通证经济的逐步推进也为区块链良性生态奠定基础,这是由于通证经济给予相关参与方充分的

激励,进行可信真实数据的流转,如对优质数据提供者相应的通证激励等,实现区块链体系源头数据的保障,拓展数据真实可信范围。

社会活动组织方面,随着社会群体主权意识、平权意识、共享意识的普及,去中心化、分布式、自组织逐渐成为互联网用户的新需求和新常态。而区块链4.0恰好符合这一需求的变化,在区块链4.0网络中,每一个用户按照共识规则,自主管理自己的行为,构筑去中心化自治互联网,以实现数字世界的民主与现代治理,这也被定义为去中心化自治组织(Decentralized Autonomous Organization,DAO)。

区块链去中心化组织本质为计算机编码制订规则的组织,技术层面而言为智能合约集,其规则程序是透明公开的、基于通证经济模式由相关参与方控制且不受中心机构所影响的。去中心化组织的基本特性为编程的运行规则,意味着一旦相应指定条件满足时,系统将自动强制执行。在区块链4.0阶段,去中心化自治组织变革传统中心化组织架构的限制,打通政府与公民之间的沟通渠道,基于个人激励与最后结果相一致的前提,解决与集体相关的问题,实现人人参与的治理生态。

因此,区块链4.0的本质是构建底层区块链服务网络,打通现存所有链间的数据流通、价值联通通道。值得注意的是,区块链4.0打通链间通道并非基于区块链3.0的跨链技术,而是通过更加底层的服务区块链运行的基础设施来保证。在这一底层服务区块链平台上,现存所有的区块链无论是基于何种底层技术,如Hyperledger Fabric、FISCO BCOS等均可以在上面运行,进而基于通证经济模式实现不同链间的数据共享、互联互通。

区块链4.0阶段,一方面随着区块链渗透率的不断提升,越来越多的场景应用区块链技术,区块链网络对社会经济各行各业的渗透率将达到较高的水平;另一方面,底层区块链服务网络逐步成熟,将所有链整合至同一服务平台,不同链间的互联互通常态化,实现数据可信、资产可信、合作可信,建成信任社会。

2.4.3　特征

各领域数据、价值互联互通是区块链4.0的重要特征。随着区块链4.0技术应用深化,越来越多的(如支付结算、物流追溯、医疗病历、身份验证等)领域的企业或组织搭建新的区块链或加入已有的区块链中。在底层服务区块链平台上,不同链间的数据将实现互联互通,创造更大的数据价值,数据将成为一种生产要素参与生产和分配。

因此,区块链4.0网络将不仅是一个多方合作推出的创新产品,更是一个基础设施网络,链接政府、企业、机构、科技公司和各个方面,打破行业、部门、政企等的壁垒,实现各行业、各领域数据、价值的互联互通、资源共享、业务协同,促进信任社会的构建。

2.4.4　应用场景

区块链4.0的应用场景与区块链3.0的差别不在于场景范围的大小,而在于不同场景间的关系。区块链3.0阶段不同场景间的应用相对独立,虽然跨链技术可在一定程度上实现不同应用间的联系,但缺乏有效的经济社会全行业全领域数据共享、业务协同方式。而在区块链4.0的底层服务网络中,不同场景的区块链应用可在同一平台上实现数据有效共享,并给予数据提供方充分的通证激励,保障区块链网络数据真实可信。在区块链4.0阶段,经济社会数据实现有效共享,极大降低数据孤岛带来的业务成本及风险,如政务链、金融链、司法链等的数据共享、业务协同,最大化提高公民失信成本,构建可信社会。

2.4.5　代表性底层服务网络

一、区块链服务网络

区块链服务网络(Blockchain-based Service Network,BSN)是一个跨云服务、跨门户、跨底层框架,用于部署和运行区块链应用的全球性公共基础设施网络,其目的是极大降低区块链应用的开发、部署、运维、互通和监管成本。区块链服务网络基础架构如图2-5所示。同时,服务网络支持标准联盟链、开放联盟链和公有链架构,服务于工业和企业级应用。但在中国不支持公有链应用。

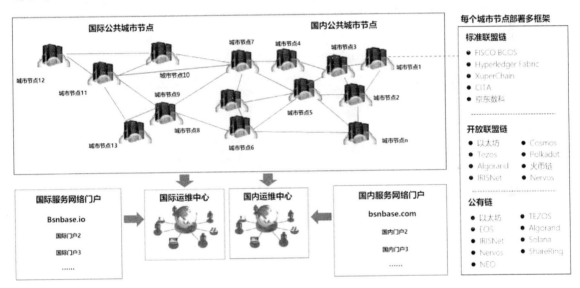

图2-5　区块链服务网络基础架构

区块链服务网络上的所有公共城市节点通过互联网进行连接。应用发布者在任何一个服务网络的门户内根据业务需求选择底层框架和若干城市节点,以及每个节点上所需的TPS、存储量和带宽[①]来发布联盟链应用或公有链节点,并根据权限配置规则把联盟链应用灵活设定为私链或联盟链。发布者可以选择任意组合的城市节点群来发布无限多的应用,而应用参与者可以在取得应用授权的情况下,连入任何一个应用部署的公共城市节点参与相关业务。在整个过程中,应用的发布者和参与者可以集中精力进行业务创新和执行,而不需要花费任何额外成本去建设和维护自己的区块链运行环境。

因此,区块链服务网络的构建将大幅降低区块链开发、部署、运维、互通和监管成本,促进区块链技术的快速发展。在某种程度上,区块链服务网络是互联网的价值转型与能力升级,随着与产业的深度融合,将会促进互联网的重构。

[①] 带宽即网络带宽,是指在单位时间(一般指的是1s)内能传输的数据量。

区块链概论

二、星火·链网

"星火·链网"为中国信通院于2020年3月基于现有国家顶级节点正式启动建设的新型基础设施，通过逐步融合国家顶级节点[①]进而提供包括区块链、工业互联网及物联网标识、互联网域名等在内的多项网络基础服务。该系统以节点形式进行组织互联互通，其中包括三类节点：超级节点、骨干节点、业务节点。通过主链到从链两层链状网络的架构设计，把不同从链通过骨干节点，将结果连接到主链，最终构建起一个区块链的基础设施，实现从从链到主链信任的锚定和传递。

"星火·链网"中的超级节点、骨干节点，将与工业互联网标识解析体系的国家顶级节点和二级节点融会贯通起来，形成一套广泛覆盖、全面互联重要的新型基础设施，充分发挥"链网协同"新的融合应用，将会使新型基础设施的发展更加有价值、更加落地。"星火·链网"的体系架构如图2-6所示。

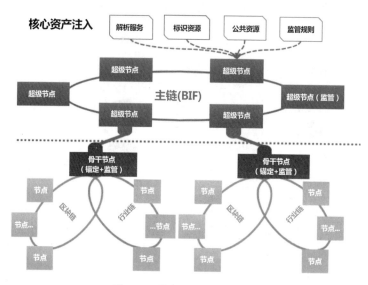

图2-6 星火·链网体系架构

"星火·链网"新型基础设施将在数字金融、物联网、智能制造、供应链管理、数字资产交易等多个领域提供基于区块链技术的一体化解决方案，降低社会运行信任成本，有助于数据生成要素更合理地流动和配置，以服务于经济和社会，为数字化转型升级中的各行各业带来新的模式，将深刻影响和重塑经济金融组织和社会治理模式。

2.4.6 代表性应用

区块链4.0代表性应用为智慧城市的建设。智慧城市意味着新技术如人工智能、云计算、大数据、5G等与城市发展的各个方面结合，形成整体的理念框架，进而实现创新共享、万物互联，应用场景包括民生服务、智慧医疗、智慧教育、城市治理、智慧交通、公共安全、智慧能源等，如图2-7所示。虽然区块链3.0已经在智慧城市实现相应的赋能应用，但现有技术往往只能实现一定程度、一定领域的价

①"星火·链网"一期布局规模，以五大国家顶级节点（北京、上海、广州、武汉、重庆）为基础，组建由11个超级节点、20～30个骨干节点构成的覆盖全国的网络。

值互联互通,如智慧交通领域、智慧能源领域等,难以实现不同领域价值的互通。这一方面来自底层平台的缺失,另一方面来自现有区块链多由不同企业搭建,缺乏数据共享的动力。

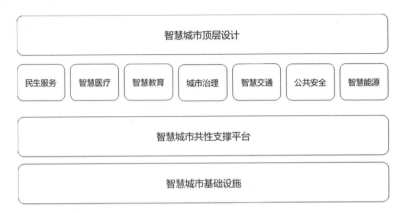

图 2-7　智慧城市建设必要因素

因此,区块链4.0旨在搭建可承载各类区块链、各企业区块链、各领域区块链等的底层区块链平台,使智慧城市相关的区块链均可应用该平台,实现更深层次的价值互联互通,将各个领域的数据信息纳入同一平台,最大限度促进信任社会的建设。与区块链3.0搭建的智慧城市平台相比,区块链4.0搭建的智慧城市平台可理解为赋能更多领域、更多行业的数据、价值互联互通平台。

区块链4.0技术将从以下两个方面助力智慧城市的搭建。

一、构建安全、可信的智慧城市数据共享和分享基础设施

数据是智慧城市智能生长的基础,也是智慧城市发展的关键,构建数据分享和共享机制对于智慧城市至关重要。现有智慧城市产业链参与方众多、技术多样、系统复杂、应用丰富,尤其是利益结构和安全机制复杂,使数据孤岛现象突出。区块链4.0底层服务区块链平台,实现不同链在同一平台运行,提供现有智慧城市链间协同新方式,为智慧城市数据共享和分享及突破智慧城市的数据孤岛效应创造良好的技术条件。

在数据共享方面,通过建立以区块链为基础的数据交易系统,严格记录数据的来源、数据的所有权、数据的使用权、数据的可共享范围、数据的安全合约,为政府开放政务数据、企业开放企业数据、市民开放个人数据,提供可追溯、可交易、可信任的共享机制。在数据分享方面,通过在区块链记录每一次分享者的信息、数据分享的路径、数据的来源和可分享的范围,在不同应用之间、不同部门之间、不同地区之间建立起数据高效安全的流动机制。

二、构建城市级的多层次区块链公共服务平台

在智慧城市中,信息和数据的流动、人员和物流的迁移、智慧应用的启动与运行,都离不开安全可信的交易体系,构建多层次区块链公共服务平台,作为数字孪生城市的基础设施,为政府应用、企业应用和民生应用提供公共的能力。

(1)打造全域的城市级区块链公共服务平台,作为公共属性的区块平台,其核心能力应该包括市民、企业身份认证及公共信息,如个人信用、企业资质及信用。

（2）打造垂直领域的行业及区块链服务平台，在教育、医疗、金融、交通（自动驾驶）、物流、安全等行业，提供认证、安全、交易、合规性控制等服务。

（3）打造城市部件区块链服务平台，对城市各类关键性资产、重要设施、核心设备的认证、数据交换提供基于区块链的服务；打造政府区块链服务平台，在数据互信、流程互通、证照互认、机制协同等方面提供公共的区块链能力服务。

（4）以政务服务创新为突破，推动区块链应用；在政务领域，创新政府服务流程，利用区块链技术，构建责权清晰、可信安全的公共服务应用，形成部门之间的数据互通、业务互通、流程互通。

（5）在高频政务审批场景，强化区块链的应用，包括工商注册、教育入学、电子证照、电子材料、电子印章、电子档案等。

（6）在市场监管场景，积极引入区块链技术，包括食品监管、药品监管、房屋租赁监管、安全生产监管、消防安全监管、建筑质量监管、税收监管、精准扶贫及政府公开招投标项目监管等场景。

（7）在城市智能运行场景中，引入区块链，打造绿色可持续的城市经济，包括建筑节能、绿色交通、循环经济、节能减排等领域，通过智能合约的引入，建立可信任的交易及监管机制。

2.4.7　意义与价值

一、推动价值互联网的完善

区块链4.0为价值互联网带来了新的发展空间，触发一个新的发展阶段[1]。区块链4.0具有去中心化、透明可信、自组织等特征，使其区块链应用更容易在全球范围内进行扩散，成为无地域界限的应用，为价值互联网注入了新的内涵。随着区块链4.0的逐渐发展，推进形成规模化的、真正意义上的价值互联网。

区块链4.0正在通过构建新型社会信任机制，通过高度普适性的价值存储和价值传递应用模式的推广，逐渐引发价值转移方式的根本性转变及社会协作方式变革，对价值互联网的建设意义重大。

（1）区块链4.0为价值互联网提供基础设施，通过身份认证、隐私保护、基础价值传输协议等功能，推动形成价值互联网的信任基础和信息传递机制。

（2）区块链4.0的应用带来价值互联网门槛的降低，能够将更多用户纳入价值互联网系统，可以有效提高价值互联网的规模，并提高其价值。

（3）区块链4.0通过去中心化等方式，可以有效降低社会交易成本，促进价值互联网形成。

二、推动通证经济逐步落地

本质上，通证经济的核心价值为优化业务流程和提高资产流动性，而只有大量的可信数据作为基础支撑，才能使通证经济价值得以真正地发挥。区块链4.0阶段通过为现有各区块链提供底层服务平台，实现社会经济各领域数据的互联互通，基于分布式账本技术保障数据真实可信，辅之以大数据算法，便能够得出社会经济各主体的个性化激励方式（包括激励工具和激励强度），保障区块链网络高效化运转，构建区块链技术良性互动生态。

---

① 周平,唐晓丹.区块链与价值互联网建设[J].信息安全与通信保密,2017(08):53-59.

三、推动社会组织形式变革及可信社会的建设

区块链4.0将各个领域、各个行业的现有区块链纳入同一平台,在最低成本的基础上实现最大程度的数据、价值互联互通,将显著推动社会经济各活动以分布式形式进行组织(如分布式商业)①,促进高效、开放、共享的高度信任的社会的建立。

延伸阅读:区块链人才培养

作为区块链产业发展的重要因素,人才培养在很大程度上影响产业发展水平。但现阶段,区块链行业人才缺口非常大。早在2018年6月1日,《人民日报》(海外版)就发文称:"现在国内整个区块链行业的人才缺口在50万人以上,原因是很多高校没有设置区块链专业,或者没有针对区块链行业进行人才培养的计划。"而吸纳区块链人才就业的企业,根据前瞻产业研究院企业数据库企查猫统计,从2015—2019年,国内区块链注册企业平均增长幅度保持在100%的高位,相关企业数量已经逼近4万家。大量的区块链企业,与相对稀少的区块链行业从业者之间,形成了巨大的鸿沟。

究其原因,造成区块链人才缺口的因素主要包括以下几个方面:第一,专业人才十分稀缺。国研智库报告显示,中国真正具备区块链开发和相关技能的人才非常稀缺,总人数只占总需求量的7%;第二,应用场景认知不足。大多数从业者认为区块链技术认知门槛过高,缺乏有效解决方案;第三,技术能力制约限制。区块链要求的专业技术,包括区块链行业总体认知、新型编程语言、分布式未来金融知识等,对广大的从业者来说是一个挑战;第四,市场缺乏统一标准。目前,区块链行业的发展还是良莠不齐,尤其需要国家出台统一的监管、市场、行业标准,以助力区块链行业的健康发展。

但目前,区块链技术人才培育还是以社会企业培育为主,学校教育培育为辅。从学校专业教育培育来看,根据前瞻产业研究院发布的《中国区块链行业市场前瞻与投资战略规划分析报告》,2016—2019年全国已累计有33所高校开设区块链课程及相关专业,其中2018年的区块链浪潮推动了全国21所高校开设相关课程。2020年,国内首个"区块链工程"正式作为本科开设的专业,进入了成都信息工程大学。但是,相较于国内近3000所高等学校,500多个大学专业,4000多万在校大学生来说,当前的区块链人才学校教育培育明显是远远不够的。

由此可见,未来人才供需"错位"将持续,区块链人才供需存在明显"错位",主要体现在求职者专业技能薄弱,难以满足招聘企业的需求,实用复合型人才缺口巨大;城市人才供需"错位",区块链人才多扎堆在北京、上海、深圳、杭州等城市,二、三线城市的人才需求难以得到满足。

另外,区块链行业将回归理性,市场需求端对于区块链人才的需求也更加清晰,行业薪资结构趋向合理。同时,随着政策和市场的向好,区块链人才培养市场将逐渐走向规范化、标准化。

综合可得出,区块链人才培养是推动区块链产业发展的重要环节,更是区块链事业发展所需的中坚力量。

---

① 分布式商业是一种由多个具有对等地位的商业利益共同体建立的新型生产关系,通过预设的透明规则进行组织管理、职能分工、价值交换、共同提供商品与服务并分享收益。

本章小结

本章剖析了以比特币为代表的区块链 1.0、以以太坊为代表的区块链 2.0、真正赋能实体经济的区块链 3.0 及实现互联互通的区块链 4.0,并且全方位、多维度剖析区块链各阶段的本质、特征及代表性应用,相信读者经过前两章的学习已经对区块链技术形成了初步的认知,那么区块链技术是如何实现的呢? 各个技术间是如何组合形成区块链的呢? 这些问题将在第三章及之后的章节进行分析解答。

习题

一、思考题

1. 区块链 1.0 的本质是什么? 有什么特征及代表性应用场景?

2. 区块链 2.0 的本质是什么? 有什么特征及代表性应用场景?

3. 区块链 3.0 的本质是什么? 有什么特征及代表性应用场景?

4. 区块链 4.0 的本质是什么? 有什么特征及代表性应用场景?

二、思维训练

区块链技术的去信任特征与构建信任社会之间是否矛盾? 若否,那么区块链去中心化自治组织在可信社会治理中充当什么角色?

第三章

区块链的技术架构

从技术角度而言,区块链是融合了分布式系统、密码学、P2P网络、数据库、智能合约等技术的新型分布式账本,具有透明、内容难篡改的属性。本章首先从分布式账本等区块链技术中的基本概念出发,简要介绍了区块链技术的特点及其基本技术内容。随后从区块链的分类出发,展开介绍区块链整体技术的构成、逻辑架构及其运行原理。

《3.1 区块链技术概述

从技术角度而言,区块链是一个以公式和算法为基础、不可篡改、多方参与、去中心化、共同维护的新型分布式账本。一个个区块按照时间的顺序首尾相连,形成一个链状的结构。

区块链中主要记录交易和智能合约。具体而言,每一个区块上都写有交易记录,交易也是区块链的一种数据结构。区块链的智能合约是写在区块链上的一段代码,一旦交易事件触发了合同条款,它就会自动执行。

从记账方式来说,区块链有两种主要的记账模型,即 UTXO 模型和 Account 模型。

3.1.1 区块链——新型分布式账本

账本在社会生活中起着不可或缺的作用,它使每一笔交易都有迹可循,使每一笔交易由实物变成了数字,是推动经济发展、社会进步的一大利器,如银行的运行就是依靠精准的账本记录。随着网络和大数据的发展,传统账本技术逐渐不能完全满足现代化的理念与需求,分布式账本应运而生。分布式账本是一个记录每个网络参与者信息的数据库,它可以使成员们共享、复制和同步数据库中的数据。网络中的每个参与者都有一个独立的账本和一个相应的副本,当账本变化时,副本也会进行相应的更新。

可以说,区块链是一种特殊的分布式账本,它具有特定技术基础。它通过公式和算法形成一个具有去中心化、不可篡改和保密性强的特征的分布式账本。相比于传统的分布式账本,区块链的独特之处在于区块链会通过数字签名进行加密,然后将交易记录与账本链接起来形成一条链。同时,区块链是一个公共的分布式账本,网络中的每一个用户都可以查看,但是单一的用户不能自由改变这个账本,只有根据严格的规则和参与者群体意见一致才可以进行修改与更新。

3.1.2 区块链中的基本概念

一、区块、交易和交易池

区块链是由首尾相连的多个区块组成的。每一个区块的数据由记账者一次写入完成,因而每一次写入数据,也就是成功地创建了一个区块。区块的基本数据结构包括区块大小、区块头、交易计数器和交易,如表3-1所示。以比特币为例,比特币区块头中储存着与其他区块相联系的元数据:引用前一区块哈希值的数据、表示本区块生成的信息和 Merkle 根,如表3-1所示。

表3-1 区块数据结构

区块	区块大小	用字节表示该字段后的区块大小
	区块头	区块头的组成字段
	交易计数器	记录交易的数量
	交易	记录在区块里的交易信息
区块头元数据	引用前一区块哈希值的数据	通过这个数据可以与前一区块相链接
	表示本区块生成的信息	难度目标、时间戳、随机数
	Merkle 根	用来有效总结区块链中所有交易的数据结构

交易主要包括两类数据:交易输入和交易输出。交易输入用于指示资金的来源,而交易输出用于指示资金的去向。除了交易输入和交易输出外,交易中还包括了版本号等内容。

交易池是交易的驿站,或者说是港口。所有的交易都需要在交易池进行校验、打包、排序,之后会被打包成为区块并发送到区块链网络中,区块链中节点的交互如图3-1所示。

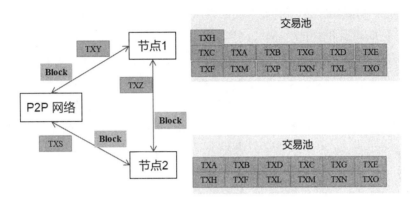

图3-1 节点交互

二、UTXO模型和Account模型

区块链主要有两种记账模型,未花费的交易输出模型(Unspent Transaction Output,UTXO模型)和账户(Account)模型。以最典型的数字货币为例,比特币采用的是 UTXO 模型,以太坊采用的是Account模型。而在联盟链的场景中,多采用Account模型。

Account模型是日常生活中最常用的一种模式,可以通过账户余额直接看出自己账户中还剩余多少资金。现在的银行系统、证券系统及生活中常用的微信支付、支付宝,都是Account模型。

在UTXO模型中,每一笔交易都有两个部分:交易输入和交易输出。UTXO模型不能直接看出账户余额还有多少,需要对交易输入数据与交易输出数据进行计算才能得知。

这两个模型各有优缺点。Account 模型由于其可理解性强,结果简洁、直观,能够被大多数人接受,而且该模型具有很高的可编程性,开发人员也更易于理解,有利于应用到更广泛的场景中。但是,Account模型的交易之间不存在依赖关系,需要解决重放攻击[1]带来的问题。因此 Account 模型中引入了一个Nonce字段(Nonce是Number once的缩写,指只被使用一次的任意或非重复的随机数值),使一个账户的每一笔交易可以对应一个唯一的Nonce。UTXO 模型中交易的输出(outputs)是交易的执行结果;输入(inputs)是交易执行的证明,节点只做验证即可,不需要对交易进行额外的计算,也没有额外的状态存储,在一定程度上减轻了区块链的负担。UTXO 模型可以很容易地证明交易是否发生,也可以很容易地验证交易发生的顺序。但是对于一些更复杂逻辑的应用场景,UTXO 模型并不能很好地实现需求,而且UTXO 模型的编程性较差,只具有很低的状态空间利用率。

---

① 重放攻击(Replay Attacks)又称重播攻击、回放攻击,是指攻击者发送一个目的主机已接收过的包,来达到欺骗系统的目的,主要用于身份认证过程,破坏认证的正确性。重放攻击可以由发起者,也可以由拦截并重发该数据的敌方进行。攻击者利用网络监听或者其他方式盗取认证凭据,之后再把它重新发给认证服务器。重放攻击在任何网络通信过程中都可能发生,是计算机世界黑客常用的攻击方式之一。

三、智能合约

智能合约是一种以信息化方式进行传播、验证和执行合约的计算机协议,它允许在不依赖第三方机构或中心化机构的情况下进行真实可信、可以溯源和不可以逆转的合约交易。

暂时可以将智能合约简单地看作:一旦约定的某些条件满足后,区块链将自动执行约定的操作。事实上,在现实生活中有很多类似于智能合同的概念。例如,信用卡自动支付,如果我们将一个银行的信用卡和借记卡绑定,并设置自动还款,一到这个日期信用卡就需要付款,银行计算机系统会自动从借记卡中扣除相应的金额。完成这一自动扣除过程需要两个条件:一是约定的还款时间到了,二是借记卡上有足够的钱。

区块链技术的出现为智能合同的应用提供了可靠的执行环境。区块链智能合约是写在区块链上的一段代码,一旦满足事件合同的约定,它就会根据算法自动执行。如今,已经有智能合约应用在区块链上,如储蓄钱包合约、多重签名合约等。智能合约不依赖于中心化机构,代码运行后几乎不需要人工参与,因而具备高准确性与高效率的特征。

3.1.3 区块链的分类

根据读写权限的不同,区块链可以分为公有链、私有链和联盟链。公有链是公有的区块链,读写权限对所有人开放;私有链是私有的区块链,读写权限对某个节点开放;联盟链是联盟区块链,读写权限对加入联盟的所有合法节点开放。

一、公有链

公有链是指所有人都能够到系统里来获取里面的数据、将可确认的交易发送出去、竞争记账的区块链,全世界的人都可以使用它。公有区块链是去中心化的,而且这种去中心化是完全的,没有一个人或组织机构可以控制它的数据读写,也没有一个人或组织机构可以擅自修改它的数据内容。在公有链中,没有人可以干扰用户,即使是程序的开发人员也不可以,这就是为什么区块链能够保护使用程序的用户的数据。

二、私有链

私有链相比于公有链来说,它增加了写入权限,使节点受到了严格的条件控制,数量大大减少。正是由于私有链这一特征,使其在隐私保护、防止被恶意攻击、交易速度等方面有更好的表现。另外,在对身份认证有严格要求的金融领域,它也能很好地满足需求。在私有链结构中,几乎不会有单一节点隐瞒或篡改数据的情况发生,而且就算是有了错误,也能够知道来源在哪里。因此,很多规模比较大的金融机构,都比较希望使用私有链。

私有链具有很多优势,具体如下。

(1)保护隐私。因为私有链对节点读取等权限都有约束,所以私有链在隐私保护方面会做得更好。

(2)验证者公开。即使用户操控了超过51%的节点,也会因为身份公开无法随意攻击区块链系统。

(3)交易成本更低。私有区块链的交易会更加简单,只要对几个受到信任的高算力的节点进行验证,就能够完成交易了,并不需要太多的节点确认,交易成本会大大降低。

(4)规则可修改。私有区块链的规则是可以修改的,拥有私有区块链的组织或机构可以对它进行修改,修改余额和还原交易都是可以的。

三、联盟链

联盟链介于公有链和私有链之间,它只允许加入联盟区的节点有读写权限。联盟区的节点只有经过授权才能加入网络,这些节点共同维护着联盟链。联盟链比私有链的权限设计更复杂,比单纯的私有链更加开放和可靠,也比完全开放的公有链更加可控。

3.2　区块链技术的构成

区块链的数据结构,是在哈希算法的算法支持下实现的,在通过区块对交易进行封装的过程中,采用的是高效的默克尔树(Merkle Tree,MT)算法,一步步地将繁杂的信息进行归纳和简化。而共识算法是区块链技术的一大亮点,共识算法和P2P网络实现了交易的去中心化,保证了交易的公开透明。

3.2.1　哈希算法

哈希算法(Hash)是区块链技术的一大基础。哈希算法能够把任意一段输入转化为固定长度的输出,这个固定长度的输出就是哈希值。哈希值的空间远远小于输入空间。哈希算法通常用 $y = hash(x)$ 来表示,x 表示输入值,y 表示输出的哈希值。哈希算法实现了数据信息不同空间的转化,是一种压缩映射。

哈希算法具有相当多的优点,如加密过程的不可逆、冲突概率低、能够隐藏原始信息、计算效率高等。通过哈希构造区块链的链结构,能够保证信息防篡改;通过哈希算法构造默克尔树,能够实现区块中内容变化的快速检测;哈希算法可以将很大内存的输入数处理成固定长度的哈希值,从而使计算更加高效。

3.2.2　默克尔树算法

默克尔树由美国计算机学家拉尔夫·默克尔(Ralph Merkle)在1979年提出,是一种用来保持大型数据库中数据一致性的高效方法,采用哈希散列的算法来实现这种功能。具体来说,在对比网络中两个节点的数据是否完全一致时,不需要耗费大量的资源去比较全部的数据,只需要简单比较存在差异的部分,而对于完全一致的内容不再进行比较。

在区块链的交易中,每个区块记录成百上千的交易,为了提高效率、减少资源耗费,这些交易的哈希值两两进行哈希算法,直到形成最后一个哈希值,也就是重复上述的默克尔树算法过程,最后得到的一个哈希值就是根,根值会被写入区块头,只有32字节大小。这种设计将一个区块解耦为区块头和区块体两个部分,而一部分的轻节点只需要存储区块头即可。同一条链上的交易拥有相同的默克尔根。因此这些轻节点不需要存储区块体中的全部交易信息,只需要通过简单的支付验证技术,计算

一笔交易对应的默克尔根是否和区块头中的默克尔根相同,就能判断这笔交易是否存在于链上。

3.2.3　加密算法

区块链中一个重要的算法就是加密算法。加密算法通过对原始信息进行处理,将其变为密文,密文只有通过密钥才可以转换为明文进行查看。加密算法由四部分组成:加密算法、解密算法、加密密钥和解密密钥。加密和解密算法一般来说是固定不变的,是公开可见的,而加密和解密密钥是固定且被保护起来的。一般来讲,对于同一种加密算法,密钥的长度越长,加密的程度越强。

可以根据加密密钥与解密密钥是否相同,将加密算法分为对称加密算法和非对称加密算法两种。这两种算法有不同的应用场景,是相辅相成的。在许多情况下,还可以将它们组合成混合加密机制。

对称加密算法的加密密钥与解密密钥是一样的,因此其效率更高、占用的空间更小、运行速度也更快。但是,对称加密算法的所有关联方都需要持有密钥,一旦有一个人泄露了密钥,就会破坏整个加密过程的安全性。对称加密算法的密钥需要提前发放,适用于大量数据的加密和解密,代表性算法有 DES、3DES、AES 等。

非对称加密算法解决了对称加密算法提前分发密钥的问题,它的加密密钥与解密密钥是不同的,其中加密密钥也被称为公钥,解密密钥也被称为私钥。公钥一般是公开的,每个人都可以访问,而私钥通常由个人持有,其他人不能访问。公钥可以从私钥派生,而私钥不能从公钥派生。这样的好处是,公钥和私钥是分开的,可以使用不安全的通道传输公钥和加密的数据,即使公钥被他人截获,也无法通过公钥解密数据。但是,非对称性加密算法的加密和解密速度一般比对称加解密算法慢 2~3 个数量级。它一般适用于签名场景或密钥协商,但不适用于对大量数据的加密和解密。

非对称加密算法的安全性通常是通过数学问题来保证的。目前,基于大数质因数分解、离散对数、椭圆曲线等思想,主要有几种代表性算法:RSA 算法、Diffie-Hellman 密钥交换算法、ElGamal 椭圆曲线算法。其中,RSA 算法被认为不够安全,一般推荐椭圆曲线算法。

3.2.4　数字签名

数字签名类似于在纸上的手写签名,区别在于数字签名是写在区块链上的。数字签名有 3 个主要的特征:首先,只有用户自己可以签这个名字,别人不可替代,但是别人可以验证这个签名的真伪;其次,数字签名需要绑定到特定的数字文档上,就像现实生活中签名要签在纸上一样;最后,它是不可以被伪造的。区块链通过非对称加密算法可以实现上述 3 个特征。

数字签名是向消息中添加另一项内容,以向发送方证明消息没有被篡改。通常,发送方使用哈希算法获取消息的哈希值,然后用私钥加密哈希值以获得签名。然后,发送方将消息连同签名一起发送给接收方。接收方使用发送方的公钥解密签名恢复哈希值,然后使用哈希算法来验证信息的哈希值是否和解密得到的哈希值相同,如果相同,则证明信息没有被篡改;如果不同,则证明信息已经被篡改。

3.2.5　共识算法

一致性意味着索引、数据应该是完整的和同步的,保证了分布式系统不会因为某一个单一节点出了问题(如崩溃、恶意篡改数据等)而使整个分布式系统的安全受到威胁。区块链作为一种新型的分布式系统,共识算法也是其精髓,区块链的共识算法可以使用户不需要信任交易的任何一方,也不需要信任任何一个中心化的机构,而只需要信任区块链的系统就可以顺利完成每一笔交易。对于分布式系统的一致性问题,共识算法的出现提出了有效的解决方案。由于一致性,区块链系统中的许多节点达到了平衡的状态。共识算法保证了区块链数据记录的安全、明确和不可逆,为区块链成为一个难以攻破的、公开的、不可篡改数据记录的、去中心化的、诚实可信的系统做出了很大的贡献。

3.2.6　P2P网络

区块链构建的物理网络基于对等分布式网络——P2P(peer to peer)网络,与集中式的"客户服务器"网络架构不同,它是一种分散的网络结构方式,它的每个网络节点都是平等的,没有一个节点处于中心位置或对其他节点具有控制和管理的权力,与集中式网络结构相比具有更高的安全性。

P2P网络有以下几个特点。首先,去中心化,网络中的信息都存在分布式的节点上,信息的传递与服务都直接在节点上进行,无须中介结构的控制。其次,可扩展性和健壮性,P2P网络与传统的网络不同,它随着用户的增加,运行的速度也在逐渐增加,整体的资源和服务能力不断增加扩展。最后,P2P网络的每个节点都是独立的,如果只有一个节点受到攻击,不会影响到其他节点。它具有非中心化、抗攻击能力强、容错能力强等优点。

《3.3　区块链的逻辑架构

前两节介绍了区块链的基础知识和技术构成,本节将从整体的角度对区块链的逻辑构架进行介绍。区块链的逻辑架构主要分为四部分:数据层、网络层、共识层和应用层。区块链的逻辑架构不是独立的,而是以交易为中心环环相扣的。首先,如果有节点要接入区块链中,就必须先进入数据层,按照区块链的格式进行组装交易和区块,接下来区块传到网络层,在P2P网络中进行全网大面积的广播,全网的用户进行确认,也就是达成了"共识",即到达了共识层。

3.3.1　数据层

区块链的数据层是区块链最底层、最基础的网络结构。它负责区块链中数据的储存和安全。数据层中包含很多内容,如数据区块、链式结构、哈希函数、时间戳、公私钥数据、随机数等。数据层是整个区块链的基础,所有应用产品若要进入区块链,必须先进入数据层进行转换,成为区块链的标准模式。它是一种支撑起所有数据的底层数据结构。

数据层的功能之一是数据存储。数据存储主要基于默克尔树,采用块和链结构实现。区块链的数据结构成员的存储形式为[K,V]键值对。LevelDB是Google提供的一个开源的[K,V]键值对数据库储存方式。它是一个用于持久绑定多个平台的数据库,比特币和以太坊就是使用它实现数据存储的持久性。此外,mongoDB、SQLite也是很好的轻量级数据库储存方式。

3.3.2 网络层

只有节点本地存储了最新的区块链副本,才能参与网络层的转发交易和打包区块活动。节点们利用本地收集到的交易,打包区块并向全网进行广播,以达成共识。区块链的网络层就是利用点对点(P2P)技术形成的网络结构。在P2P网络中,每一个节点都处于相同的地位,没有哪一个节点处于控制位置或中心位置。每个节点都既提供请求,又对请求进行回应。

区块链的网络层有P2P组网机制、数据广播机制和数据验证机制等。数据的广播与验证机制是网络信任的基础,是形成高安全性的保证,也是区块链去中心化的重要保证。数据的广播机制分为两种:交易广播和区块构造广播。交易广播是将每一笔区块链中的交易向全网进行广播,以获取全网的认证。广播机制的存在,使每一笔交易都处于全网的监督之下,保证了其真实性与安全性。一旦交易经过广播进入区块链,就由全网为它的真实性进行负责,下一项与之相关的交易就可以很自然地信任其真实性,这就是区块链网络信任的基础。另一种是区块构造广播,就是"矿工"(服务机构)竞争构造区块的结果的广播,是区块链运行的基础流程之一。区块的构造是由每一个"矿工"在接收交易广播后,同时进行哈希值的计算,最快完成构造的"矿工"将结果广播出去,进行区块的构建。数据验证机制是对交易广播和区块信息的真实性进行验证。因为区块链没有中心结构,所以每个新的区块必须严格符合区块链共识协议,才能被其他节点认可。

3.3.3 共识层

为了在全网的节点之间达成共识,需要建立一种共识机制。共识机制加上共识算法,就构成了区块链的共识层。共识机制保证了交易能在全网达成共识。区块链的不可篡改、可追溯等特点使整个区块链系统得以顺利地运行下去。

共识层是区块链的一个重要组成部分,它可以使区块链中分散、独立的用户对区块链中的交易数据达成有效的共识,而且这个效率是非常高的。在去中心化的结构中做到这一点并不容易,共识层可以说是整个区块链有效运行的基础。

共识协议与区块链本身的类型非常相关,传统分布式系统中的共识协议适用于节点数量可知可控的联盟链和私有链。联盟链和私有链中使用PBFT、Raft、Paxos等。

公有链由于节点数量不可控,必须采用另外一种共识协议,目前比较广泛的共识协议有权益证明(Proof of Stake,PoS)、工作量证明(Proof of Work,PoW)、重要性证明等。目前常用的共识机制有3种:工作量证明机制、权益证明机制、股份授权证明(Delegated Proof of Stake,DPoS)机制。其中,比特币使用的是工作量证明(PoW)机制,也是目前使用最广泛和成熟的共识机制。权益证明(PoS)机制、股份授权证明(DPoS)机制是在工作量证明机制的基础上进行优化和改善而形成的新机制,其应用范围目前也集中在后期产生的一些数字货币等。

3.3.4 应用层

如果把区块链看作一种操作系统,那么区块链中的应用层就是区块链平台上运行的应用产品,典型的就是DApp。各种各样的案例和应用场景都储存在区块链的应用层中,应用层就像是计算机的操作系统里安装的各种应用程序,或者是智能手机里的各种应用程序。目前人们已经尝试将很多现实世界中的商业场景迁移到区块链中,以智能合约的形式进行交易,只要满足合约条件,自动执行条款,就能够大大提升办事效率。未来区块链能够和人们生活的方方面面联系到一起,和应用层将有密不可分的关系。

《3.4　区块链的运行原理

3.4.1　区块链中的节点

在区块链网络中,每个节点既是客户端又是服务器,这与传统的企业网页设计应用方式是非常不同的。每个节点都可以包含网络路由、区块链数据库、挖矿和钱包管理等多种功能。以公有链中比特币为例,节点主要承担以下4个主要功能。

(1)挖矿:部署stratum服务器的节点,它借助于超强算力的基础,如ASIC,其主要作用是通过自身算力,进行高速的哈希运算,以尽可能快地挖掘出新区块。区块链的工作量需要矿工来证明。但不是所有的区块链都会有采矿,以权益证明(PoS)为基础的区块链中就没有采矿。

(2)钱包:转账交易功能。

(3)路由:路由模块负责发现并维持相等节点之间的连接,还承担着对新区块进行广播和接收的责任。一般来说,每个节点都必须具备路由模块,否则单个节点无法与整个网络连接,不能参与整个区块链网络的共识协议。

(4)区块链数据库:指的是在节点本地保存完整、最新区块链的所有数据。这样的节点,我们称为"全节点"。全节点可以独立校验所有交易,而不需要任何外部参考。这些节点对区块和交易进行了有效性验证,并确认交易。同时,全节点进行路由操作,帮助其他节点发现彼此。对网络来说,一个非常重要的部分就是有足够多的全节点。因为这些节点实现了决定功能:由它们来验证区块或交易是否有效。与全节点不同的是,有些节点仅保留了区块链数据的一部分,通过所谓的"简单支付验证"(Simplified Payment Verification,SPV)进行交易验证。这个节点被称为SPV节点,也叫轻量级节点。一个SPV节点依赖于整体,这些整体可以连接多个SPV节点,也可以连接全节点。SPV使一个节点无须下载整条区块链就能够验证它的交易。

在联盟链中,节点主要有两种,即参与共识的节点和其他接收数据的普通节点。参与共识的节点可以打包网络的交易,然后将交易组装成为区块并进行打包。而普通节点不能参与网络中的共识机制,只能从其他节点处接收新的区块和交易。一般来说,普通节点是用户,主要使用联盟链发起并完成交易,然后在链上进行存证记录。

一、比特币节点发现机制

比特币网络采用基于整个国际网络互联网的一个P2P基础网络结构,其节点以TCP协议作为技

术基础。为了加入比特币网络,比特币的客户端将做以下几点。

(1)如果节点是第一次启动,比特币程序中硬编码中的种子节点将询问其他节点。否则,节点会根据上次连接的节点记录,自动与这些节点建立连接,然后互相发送区块高度、程序版本等信息;在新节点连接时,可以随机选择网络中的节点并与之连接。

(2)节点建立连接后可以同步区块,也可以相互发送区块和交易。

(3)在一个节点连接一个或多个节点后,节点向连接相邻的一个节点自身发送一个包含其自身节点IP地址的连接消息。相邻的链接节点将这一链接消息再次同时转送给它们自己所在的多个相邻链接节点,从而可以确保多个相邻节点同时接收并得到的多个节点链接信息。

二、以太坊中的节点发现机制

以太坊的底层网络,即P2P的一种分布,使用经典的Kademlia网络,简称为Kad,是一种基于分布散射序列的技术。它以异位或反向操作公式为空间距离度量的理论依据,在软件Orrentbitule、Emule等中都得到应用。

Kad的数据路由表由被称为K桶的多个数据节点组成。以太坊中的K桶按照节点距离进行排列,共有256个K桶,每一个K桶包括16个节点。其发现过程如下。

(1)该系统启动了随机生成的本机节点值,生成后固定不变。该节点是在首次启动后生成的,之后不发生变化。每个节点都有唯一的标志。

(2)系统读出公共节点的信息。

(3)进入刷桶循环。

联盟区块链是指其共识过程受到预选节点控制的区块链,我们可以想象一个由15个金融机构组成的联盟,每个机构都运行一个节点,而且为了使每个区块生效,需要获得其中10个机构的确认。这些区块链可视为"部分去中心化"。联盟链在很多行业都是可行的,比如当今的物流行业,最早由行业的龙头企业带领建立物流区块链,接着行业各个企业都陆陆续续加入,共同组建物流行业的区块链联盟。每个企业都运行一个节点,要使链上每个区块生效,就得获得共识算法所要求的数量的企业节点的确认,所有加入的节点都在联盟内以有效或有限的去中心化形式运行。

3.4.2 更新账本

一、区块同步

对于公共链,其账本数据同步模式主要可分为完全同步和速度快两种。以比特币为例,在比特币网络上,节点可分为全节点和轻量级节点两类。全节点存储所有账本数据,能够独立进行所有交易,并能够独立进行所有的校验,不依赖第三方;轻量级节点仅存储区块头,通过"简单支付验证"(SPV)的方式完成交易验证,但需要依赖于全节点。

公有链的一个典型代表是以太坊,同样提供了3种账本数据同步模式,包括full、fast和light。full模式,与比特币的全节点模式一致,light模式的同步方法与比特币的轻量级节点相似。而以太坊有一个fast模式,介于两种类型之间,可以说是折中的full模式,通过在网络中直接同步状态数据,而不是在重放交易中产生状态数。在账本数据量较大的情况下,以太坊网络节点使用fast模式或light模式,同样可以很快地接入网络。

对于联盟链,全节点模式则是更加普遍的模式。以Hyperledger Fabric为例,当有新的成员节点加入时,该成员节点往往需要全量同步链上区块账本数据后才能进行正常工作。

同步区块链的过程从发送版本消息开始,这是因为该消息中含有的某部分字段标示了一个节点当前的区块链高度(区块数量)。节点可以从它的对等节点中得到版本消息,了解双方各自有多少区块,从而可以与其自身区块链所拥有的区块数量进行比较。该节点会追踪记录其每个对等节点并连接上,记录它已经发出了请求但还没有接收到的区块数量,每一个区块在被接收后,就会被添加至区块链中,随着本地区块链的逐步建立,会验证和接收越来越多的区块,整个过程将一直持续到该节点同步到最新的区块为止。

二、交易验证

当一个节点发起一笔交易后,这个节点要立即向附近的节点进行广播,附近的节点会检查你的交易是否有效,如果有效,表示他们同意这次交易。在同意的基础上,这些节点又会将这笔交易再向附近的节点进行广播,这样一传十、十传百,很快整个网络就都会收到这笔交易。

以比特币为例,假设节点A收到来自节点B的一笔交易,节点A的验证过程如下。

(1)节点A从创始区块开始查看全部的区块链公共账本,查找账本中保存的节点B的历史交易信息,如节点B的汇款账户,历史收款人的地址、签名及汇款金额等信息,查看节点B的账户,判断该账户是否有足够的金额进行汇款,若余额不足,则说明该交易验证失败。

(2)节点A查看UTXO集合,判断该笔金额是否存在双重支付,若存在,则说明该交易验证失败。

(3)节点A通过验证B的签名判断节点B是不是所提供账户的拥有者,若不是,则说明该交易验证失败。

区块链节点A利用SPV进行支付验证的工作原理如下。

(1)计算待验证支付的交易哈希值。

(2)将区块链网络中已知最长链的所有区块头存储至本地。

(3)从最长链中获得待验证支付的交易所对应的默克尔树和哈希认证路径。

(4)计算路径上的哈希值,并与本地存储的区块头所包含的哈希值进行比较,定位到待验证支付交易所在区块。

(5)验证该区块的区块头是否已经包含在最长链中,如果是则证明支付真实有效。

(6)根据该区块头在链中所处的位置,确定该项支付获得的确认数量。

三、区块验证

区块链最典型的特征是每个用户能够独立地检查它所执行的部分。用户验证区块链的主要优点:可以在最大程度上让节点参与到确定合法链的过程中。通常,合法链被定义为"有最多矿工或最多验证者支持的有效区块链",如比特币的"最长有效链"。根据定义,无效链是非法的,如果有多条相互竞争的链接,最长合法链会获得最多矿工的支持。因此,如果你运行了验证区块所有的代码,你就

能检测到哪些区块是有效的,哪些区块是无效的。

当一个节点收到一个区块时,检查的过程如下。

(1)检查该区块的难度是否大于检查当前最长合法链。

(2)验证区块头中的Nonce是否符合挖矿难度要求。

(3)验证时间戳是否符合要求。

(4)检查默克尔树根值是否正确。

(5)检查每一笔交易是否合法。

上述所有条件满足后,便认定该区块合法。

延伸阅读:公有链与联盟链

目前典型的公有链有比特币、以太坊。联盟链方面典型的代表是Hyperledger,我国国内主要有百度公司的超级链、阿里巴巴的蚂蚁链、微众银行的FISCO BCOS。

公有链和联盟链技术由于其场景不同,相应的侧重点也不同。公有链技术由于其完全去中心化属性,额外带来了公有链的低性能。在公有链领域一直存在着一个不可能三角的说法,即区块链无法同时做到去中心化、安全和高效。公有链选择了去中心化和安全性,带来的是低效。公有链致力于性能和技术支持方面的研究,从比特币到以太坊,虽然区块链性能没有很大的提升,但是以太坊和智能合约的结合为区块链领域开辟了新的研究方向。联盟链牺牲了一部分中心化属性,选择了安全和高效。由于联盟链中成员数量可控,并且易于管理,其共识协议可以采用传统分布式领域中的共识协议。类似于BFT类型的共识协议、Raft及Paxos等协议都可以应用到联盟链中。因此,在联盟链中性能不再是瓶颈的情况下,联盟链的研究更加侧重于具体的应用落地:2018年,百度发布区块链数字版权平台"图腾",深圳市税务局携手腾讯公司成功落地区块链电子发票,并于深圳国贸旋转餐厅开出全国首张区块链电子发票;在2020年新冠肺炎肆虐之际,北京大学推出博雅医链、武汉大学推出珞樱善联专门用于物资捐赠的存证。2020年,区块链中的智能合约极大地促进了DeFi(Decentralized Finance,去中心化金融)的发展。智能合约以代码为合约基础,当条件满足时可以自动执行,这一特性加上区块链不可篡改的属性,使两个相互不信任的个体,通过区块链上的智能合约,就能达成交易。可以预见,区块链和智能合约的结合,可以在未来展现出更大的能量。

本章小结

本章从区块链分类角度出发,分别介绍了区块链中的公有链、联盟链和私有链的概念及其中的相关技术。随后从技术角度分别介绍了区块链数据层、网络层、共识层和应用层4层结构及其主要内容。其中数据层负责数据存储,网络层负责区块和交易的同步,共识层保证区块链的出块方式,应用层是基于区块链账本的应用。后续章节将分别详细介绍各个分层的技术内容。

习题

一、思考题

1. 比特币中一个完整的区块主要包括哪些字段？

2. 区块头中的默克尔根哈希值是如何得到的？

3. 公有链中的节点都能参与共识吗？联盟链中的节点都能参与共识吗？

4. 全节点和轻量级节点之间的区别是什么？

二、思维训练

公有链和联盟链的区别是什么？

第四章

区块链密码学

密码学在区块链技术中起关键作用。例如,比特币通过多重哈希函数进行加密,对交易信息进行压缩并形成工作量证明,用于验证并达成共识,生成比特币钱包地址,而这里的"哈希函数"就是密码学的一部分。可以说,了解密码学是学习区块链技术的基础。作为区块链的技术核心之一,密码学成功地给区块链赋予了更加安全与可信任的属性,使检测数据未经授权的修改、签名者的身份识别和抗抵赖等得以实现。本章着讲解重区块链密码学的核心知识,包括哈希函数、默克尔树、非对称加密、数字加密与PKI体系等内容。

《4.1 哈希函数

4.1.1 哈希函数的概念

哈希函数之于密码学的重要性,就如同微积分之于高等数学。毫无疑问,没有对哈希函数的研究,就不会有以密码学为技术基础的区块链的诞生与发展。

哈希函数(Hash Function),也叫散列函数,在密码学上的定义是将长度可变的输入(消息或数据块)通过哈希算法,转换成固定长度的输出。输出即被称为哈希值。

哈希函数具有以下特征。

(1)正向易捷:哈希函数正向运算的开销小,效率高。

(2)逆向难杂:从一个哈希值推算出原先对应的输入在计算上是困难的。

(3)异入异出:两个不同的输入对应着同一个哈希值在计算上是困难的。

(4)输入敏感:哈希函数的输入发生微小变动后,会输出完全不同的哈希值。

4.1.2 哈希函数的应用

哈希函数在应用中也被称为消息摘要或指纹,这形象地说明了哈希函数的核心特征与重要功能,即哈希函数可以如同指纹一般用于"确认身份"。由于其单向性、抗碰撞性、消息摘要的特性,密码学中哈希函数的应用极其广泛。

一、消息认证

作为保证消息完整性的机制,消息认证涉及加密算法与哈希函数的应用。消息认证的作用是确认消息发出后是否被篡改,具体的应用场景为消息发送方会计算消息的哈希值,并将其附于消息之后,再将哈希值与消息一并发送。消息接收方根据收到的消息对其进行哈希运算,并与附带的哈希值比较,进而判断消息是否被篡改、伪造或数据传输过程中发生过差错。

为避免攻击者篡改消息,并根据篡改后的消息重新计算哈希值以绕过校验,对哈希值的保护十分必要。常用的做法是借助非对称加密将发送的消息进行加密,以实现保密的效果。

二、数字签名

数字签名要求签名者使用自己的私钥对消息进行签名,消息的接收方收到消息及发送者的签名,然后利用签名者的公钥验证消息的完整性和真实性。关于公钥、私钥及数字签名的概念,后面的章节将具体介绍。

三、唯一标识

应用中我们希望赋予文件唯一标识,以此对文件进行快速检索、比较与验证,哈希函数可以完成这一任务。对文件进行哈希计算得到哈希值,即得到唯一标识。借助作为唯一标识的哈希值,可以在数据库中快速找到对应的文件。此外,哈希函数还能够被快速验证。例如,在区块链中,哈希算法生成各种数据的摘要,当比较两个数据是否相等时,只需要比较它们的摘要即可。

4.1.3 常见的哈希函数

一、MD系列

1. MD4

MD4哈希算法是麻省理工学院的密码学家罗纳德·李维斯特（Ronald L.Rivest）设计的，李维斯特还因和阿迪·萨莫尔（Adi Shamir）、伦纳德·阿德曼（Leonard Adleman）一同提出了RSA算法而闻名世界。MD是Message Digest的缩写。MD4将输出以512位长度进行分组，批次运算后最终的输出为128位。

2. MD5

MD5哈希算法是李维斯特在1991年提出的MD4的改进版本。与MD4相同，它输入仍以512位分组，其输出是128位。MD5的运算过程比MD4更加复杂，并且速度也慢一点，但安全性更高。2004年，中国密码学家王小云教授公开证明找到了快速产生MD5碰撞的方法，MD5哈希算法就此被攻破。

二、SHA系列

SHA为Secure Hash Algorithm的缩写，SHA哈希算法是美国国家标准与技术研究院（NIST）和美国国家安全局（NSA）设计的一类标准的哈希算法。

SHA系列算法主要包括3种哈希算法，分别被命名为SHA-1、SHA-2和SHA-3，其中SHA-2包括SHA-224、SHA-256、SHA-384和SHA-512。SHA算法和MD算法类似，也是产生一个固定长度的哈希值（消息摘要）。SHA-1和SHA-2是依据SHA算法的版本系列进行命名的，而SHA-256和SHA-512等是依据生成的密钥长度来命名的。各种SHA算法的具体摘要长度如表4-1所示。其中SHA-1已经被中国密码学家王小云教授攻破。

表4-1　算法摘要长度

算法	产生的摘要长度（位）
SHA-1	160
SHA-256	256
SHA-384	384
SHA-512	512
SHA-224	224

三、国密算法

SM3哈希算法是我国自主设计并推广应用的一种哈希算法，可应用于商用的数字签名和消息认证码的生成与验证，以及随机数的生成。SM3哈希算法借鉴SHA-256算法并有所改进，采用了Merkle-Damgard结构，输入的消息以512位长度进行分组，输出的哈希值长度为256位。

《4.2　默克尔树

区块链中，默克尔树被用于高效地组织区块交易，且为简化支付验证（SPV）提供了技术基础。除了SPV，默克尔树还在P2P下载、可信计算等应用上发挥了重要作用。理解默克尔树的原理，才能更加深入地了解区块链的机制。

4.2.1　默克尔树的定义

一、数据结构

默克尔树在数据结构上类似于一种哈希二叉树。

在计算机领域中,二叉树是一种每个节点最多有两个子树的树状结构,一般将两个子树分别命名为"左子树"和"右子树"。二叉树通常会被应用于实现数据的快速查询。

默克尔树由一个根节点(root)、一些中间节点和一些叶节点(leaf)组成。默克尔树的叶节点主要存储数据内容或数据内容的哈希值,中间节点存储它的两个子节点内容的哈希值。哈希算法一般采用SHA-1、SHA-256等,通过从叶节点不断向上递归计算,直至得到根节点,根节点的值也被称作根哈希。这就是默克尔树被称作哈希二叉树的由来。

二、计算过程

创建默克尔树的过程是一个自底向上的计算过程。

如图4-1所示,假设现在有9个数据块,需要将这9个数据块创建对应的默克尔树。

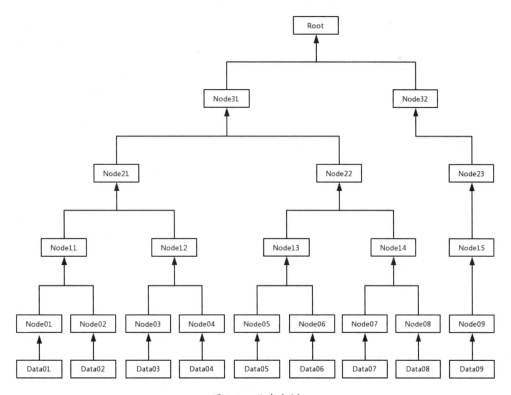

图4-1　默克尔树

第一步,对各个数据块分别进行哈希运算,得到叶节点。

第二步,相邻的两个哈希块分别作为左子树和右子树,将它们串联作为哈希算法的输入,进行哈

希运算,哈希值作为这两个子节点的父节点。如果该父节点有两个叶子节点,父节点的值就是这两个子节点值的哈希;如果该父节点只有一个子节点(叶节点),节点的值就是这一个子节点所存储的值的哈希值。

第三步,循环重复第二步,直至生成完整的默克尔树。

4.2.2 默克尔树的应用

默克尔树本质上是哈希二叉树,继承了哈希算法的单向性、抗碰撞性、保障信息完整性等特性,同时结合了二叉树进行快速数据查询的优点,往往应用于信息快速归纳和校验大量数据完整性的过程中。

一、P2P下载

在P2P网络中,默克尔树可以用于快速检验从其他机器上下载的数据块的完整性。

在P2P下载过程中,会同时从多个其他的机器节点上下载数据。但是在公开的点对点网络中,很有可能存在不稳定的或恶意的机器节点。因此在下载数据的过程中,需要验证所下载的数据的完整性,即需要验证从其他节点传来的数据块有没有出错、篡改、损坏、替换、伪造等。

为了解决这个问题,学者们使用构造"哈希列表"(Hash List)的方法。这种方法将需要下载数据分割成许多小数据块,对每个数据块进行一次哈希运算,最后将所有的哈希值做成一个列表,对列表中所有哈希值再进行哈希运算得到一个根哈希。作为下载者和数据的验证方,可以从可信的数据源收到一个可信的根哈希,在下载数据之前,会先下载一个哈希列表,就可以使用根哈希来验证哈希列表的完整性,然后在下载过程中,利用校验过的哈希列表对每一个数据块进行验证。

但是使用哈希列表具有局限性,哈希列表只能在所有数据完全下载完毕后才能进行哈希校验。因此可以将数据块进行哈希运算,组成一棵默克尔树代替哈希列表,这样在下载完一个分支时,即可以立刻进行哈希验证,有效地提升了P2P下载效率。

二、可信计算

可信计算是在分布式的网络中,用来保证节点机器可信性的一种技术。可信计算在机器的硬件层上加入了可信平台模块(Trusted Platform Module,TPM),为机器提供了硬件层面意义的可信根(Root of Trust,RoT)。这样在机器系统启动时,就可以从可信根开始,对硬件和软件进行哈希运算,逐层进行完整性度量,最后将度量结果保存在外部操作禁止修改的TPM平台配置寄存器(Platform Configuration Register,PCR)中,这些度量后生成的哈希值完整测量了机器从BIOS到加载运行操作系统的整个过程。当远程的计算平台使用远程验证(Remote Attestation)验证某节点是否可信,可通过比对本地PCR中度量结果,以建立对应的信任关系。

使用默克尔树可以用较小的存储空间在寄存器中存储大量"信息",并且保证了信息的完整性。在可信计算中,就是将各可信实体完整性度量值的哈希值创建成一棵默克尔树,叶子节点存储着组件的哈希值,当需要向远程端点证明本地某个组件的完整性时,只需要叶子节点和对应的认证路径序列即可,既节省了一部分存储成本,又保护了平台的隐私信息。

三、简化支付验证

在比特币中,默克尔树可以应用于简化支付验证。

简化支付验证的本质和优点在于,一个"轻客户端"(Light Client)能够通过仅仅下载区块头(Block Header),而不用下载整个区块,即可验证该交易是否存在于区块链中。该80byte的区块头主要包含5个元素,上一区块头的哈希值、时间戳、挖矿难度值、工作量证明随机数(Nonce),以及包含该区块交易的默克尔树的根哈希。

如果客户端需要确认某个交易的状态,例如,是否已经上链,是否已经获得了多个确认等,那么仅需要发起一个默克尔证明请求,这个请求显示出这个特定的交易在默克尔树的一个节点中,而这个默克尔树的根哈希存在于最长主链的一个区块头中。

举例来说,如图4-2所示,为了验证交易D在区块中,简化支付验证端仅需要获得AB、C、EEEE的值和默克尔树根哈希,就可以通过哈希算法逐层运算验证,除此之外,再也不需要知道其他交易内容或哈希值。

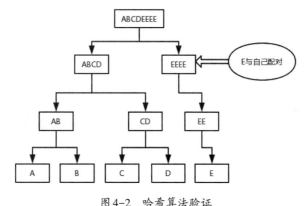

图4-2　哈希算法验证

⟪4.3　非对称加密

4.3.1　非对称加密与公钥密码体制

非对称加密与公钥密码体制在区块链的交易构建和签发数字证书等场景中发挥着重要作用。以RSA公钥密码算法、ECC椭圆曲线加密为代表的非对称加密算法是区块链技术的核心之一。

一、非对称加密的概念

(1)非对称加密的提出背景:非对称加密算法的提出是为了解决当时传统的对称加密算法中密钥分发和管理的问题。传统的对称加密算法可以保证消息在双方通信信道中的保密性,但是在加密通信之前,通信双方如何在不安全的通信信道中商量出一个加密密钥,是一个非常严峻的问题。

(2)非对称加密的特点:与传统的密码学方案不同,非对称加密算法并不依靠同一个密钥,通过替换或置换等方式进行加解密,而是通过构造一些难解的数学问题来实现,如大整数因数分解、离散对

数问题等。非对称加密拥有两个密钥——公钥和私钥,公钥可以公开,而私钥必须妥善保管。两个密钥中的任何一个都可用来加密,另一个用来解密。知道公钥并不能推导出私钥,因此公钥是可以公开的。由于加解密采用不同的密钥,这种密码算法也被称为非对称加密算法。非对称加密是密码学发展史上的重大里程碑。

二、公钥密码体制

基于非对称加密算法的思想建立的密码体制,被称为公钥密码体制,如表4-2所示。

表4-2　公钥密码体制

明文	加密算法的输入之一,解密算法的输出,一段可读或具有意义的数据和信息
加密算法	加密算法可以对明文消息进行变换
公钥和私钥	公钥和私钥属于加解密算法的输入之一,分别用于加密和解密,加密算法对明文的转换依赖于此
密文	加密算法的输出,解密算法的输入之一,根据不同的明文和加密密钥,加密算法会产生不同的密文
解密算法	该算法接收到密文后,根据对应的解密密钥,生成明文

一个典型的利用公钥密码体制进行加解密的过程如图4-3所示。

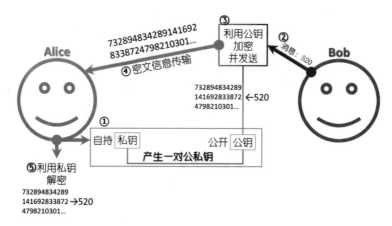

图4-3　公钥加密

(1)Alice产生一对公私钥,Alice将公钥公开,而对私钥进行妥善保管。

(2)Bob想要给Alice发送一段加密的消息,那么Bob需要用Alice的公钥对消息进行加密,并将加密后的密文信息发送给Alice。

(3)Alice收到密文消息后,使用自己的私钥对密文进行解密,得出明文信息。

Alice的私钥是未公开的,因此只有Alice可以将密文消息还原成明文,保证了通信的保密性。

可见,公钥密码算法很好地解决了密钥分发和管理的问题,只要用户保证本地存储的私钥是安全且未泄露的,那么通信的过程就是保密的。

三、RSA公钥密码算法

前面说到,构造非对称加密算法的实现方式是基于一些数学问题的难解性,下面我们以RSA公钥密码算法为例,介绍大整数因数分解的难解性是如何被应用到非对称加密算法中的。

RSA算法是由麻省理工学院的罗纳德·李维斯特、阿迪·萨莫尔和伦纳德·阿德曼于1978年发表的公钥密码算法,如今已被业界普遍接受并得到了广泛的应用。RSA算法是一种分组的加解密算法,它的明文和密文均为0至$n-1$的整数,一般来说,n小于2^{1024}。

RSA算法的明文通过n来进行分组,假设每个分组的二进制位数是i,那么有,$2^i < n \leq 2^{i+1}$

RSA算法的数学原理在于构造了在模运算的整数域下的等式:

$$M^{ed} \bmod n = M$$

在模运算的整数域下,若e和d互为模$\phi(n)$的乘法逆元,上述等式成立,其中$\phi(n)$是欧拉函数。同时,对于上述等式来说,基于大数分解的计算困难性,由n、e来推算d是不可行的。因此RSA算法的构造者找到合适的e、d两个参数后,即可构造一个可以用于加解密的变换。

RSA算法的加解密变换如下:

设明文分组为M,密文分组为C,e为公钥,d为私钥,则加密过程为

$$C = M^e \bmod n$$

相应地,解密过程:

$$M = C^d \bmod n = M^{ed} \bmod n$$

接下来,我们来介绍RSA算法中如何生成e、d公私密钥对,以及n是如何选取的。

首先,选择两个互不相等的素数p、q,相乘计算得到

$$n = p \times q$$

计算欧拉函数

$$\phi(n) = (p-1)(q-1)$$

然后选择一个整数e,使

$$\gcd(\phi(n), e) = 1; \ 1 < e < \phi(n)$$

然后相应地计算出d,

$$d = e^{-1} \bmod \phi(n)$$

其中,p、q、d是保密的,n、e是公开的,而且由n和公钥e推算不出来私钥d,所以保证了RSA算法的安全性。

4.3.2 ECC椭圆曲线加密

随着计算机算力的不断增强,为了保证RSA算法的安全性,只能不断地增加其密钥的长度。过长的密钥、繁重的存储成本和处理负荷,也影响了RSA加密标准的应用性。密码学家希望找到一种效率上优于质因子分解而密钥长度可以更短的算法。近年来,出现了一种新的密码学算法,名为椭圆曲线密码学算法。椭圆曲线密码学算法凭借它更短的密钥长度,赢得了很多学术界和工业界人士的青睐。

在研究探讨椭圆曲线密码学算法时,首先将会介绍Abel群,随后会介绍实数域和有限域上的椭圆曲线,在了解数学原理之后将介绍椭圆曲线的加解密算法过程。

一、Abel群

在大部分公钥密码学算法中,Abel群的概念十分重要。

Abel群G由元素集合及其上的二元运算符"·"组成,也可以记为$\{G, \cdot\}$,将G中元素的序偶(a,b)与G中元素(a,b)对应,同时满足封闭性、结合性、单位元、逆元、交换性等公理。

椭圆曲线密码学中定义了两种运算规则:点加法与点乘法,乘法是重复的点进行加法运算,例如

$$a \times k = (a + a + \cdots + a)$$

其中右式为k个a进行椭圆曲线上的加法运算,密码攻击者要从给出的a和$a \times k$的结果来确定k是困难的。

二、实数域上的椭圆曲线

椭圆曲线密码学的方程形式与计算椭圆周长的方程十分类似,因此取名为椭圆曲线,其三次方程为

$$y^2 + axy + by = x^3 + cx^2 + dx + e$$

其中a、b、c、d和e为实数,x和y也在实数集上取值。进一步的,我们将方程限制为以下形式:

$$y^2 = x^3 + ax + b$$

值得注意的是,椭圆曲线的定义中还包含着一个无穷远点或称为零点的元素,我们将这个点记作O。

其中的参数a,b,如果满足条件

$$4a^3 + 27b^2 \neq 0$$

那么就能够根据给定的a、b,在集合$E(a,b)$(包含整个椭圆曲线上的点和一个无穷远点O)上定义一个群。

为了在$E(a,b)$上定义一个群,首先要定义一个加法运算,用"+"表示。在几何意义上对加法的运算规则进行定义:如果椭圆曲线上有3个点在同一条直线上,那么它们的和为O。

由该定义延伸出去,我们可以继续定义椭圆曲线中加法的运算规则。

(1)O是加法的单位元。这样有$O = -O$;对椭圆曲线上的任何一点P,有$P + O = P$。

(2)点P负元的x坐标是相同的,y坐标是相反的,即若$P=(x,y)$,则$-P = (x,-y)$,此时易知这两个点可用一条垂直于x轴的直线进行连接,并且$P + (-(-P)) = P + P = O$。

(3)要计算x坐标不相同的两点P、Q之和,需要在P和Q之间作一条直线,并且可以找出第三个交点R(如果这条直线在P或Q处与该椭圆曲线相切,此时分别取$R=P$或$R=Q$),如果要形成一个群,则需要定义如下3个点上的加法:$P + Q = -R$。

(4)要计算Q的两倍时,则在Q处作一条切线,找出与椭圆曲线的另一个交点S,有$Q+Q=2Q=-S$。

利用以上所述的运算规则,易证明集合$E(a,b)$是一个Abel群。

三、定义在Z_p上的素曲线

在椭圆曲线密码体制上,采用的是变元和系数均为有限域中元素的椭圆曲线。进一步来说,椭圆曲线密码体制应用的椭圆曲线是定义在Z_p上的素曲线和在GF(2^m)上构造的二元椭圆曲线。

关于Z_p上的素曲线问题,其涉及的变元和系数均从集合$\{0,1,\cdots,p-1\}$中取值,涉及的运算全部

为模 p 运算。关于 GF(2^m) 上的二元曲线问题,其中涉及的变量和系数在 GF(2^m) 中取值,并且涉及的运算全部为 GF(2^m) 中的运算。下面简单介绍 Z_p 上的椭圆曲线问题。

对于 Z_p 上的椭圆曲线,类似实数域上的椭圆曲线一样,方程如下:

$$y^2 \bmod p = (x^3 + ax + b) \bmod p$$

可以证得,如果 $(x^3 + ax + b) \bmod p$ 无重复因子,则基于集合 $E_p(a,b)$ 可定义一个有限的 Abel 群。这也等价于

$$(4a^3 + 27b^2) \bmod p \neq 0 \bmod p$$

这种形式类似于上文中定义在实数域中的椭圆曲线上关于 a 和 b 的限制条件,且对任何点 P, $Q \in E_p(a,b)$,有

(1) $P+O=P$。

(2) 若 $P = (x_p, y_p)$,则点 $(x_p, -y_p)$ 是 P 的负元,记为 $-P$,例如,对 $E_{23}(1,1)$ 上的点 $P=(13,7)$,有 $-P=(13,-7)$,而 $-7 \bmod 23 = 16$。因此,$-P = (13,16)$,该点也在 $E_{23}(1,1)$ 上。

(3) 若 $P = (x_p,y_p)$, $Q = (x_Q,y_Q)$,且 $P \neq -Q$ 则 $R = P + Q = (x_R,y_R)$ 由下列规则确定:

$$x_R = (\lambda^2 - x_p - x_Q) \bmod p$$
$$y_R = (\lambda(x_p - x_R) - y_P) \bmod p$$

其中

$$\lambda = \begin{cases} \left\{\dfrac{y_Q - y_P}{x_Q - x_P}\right\} \bmod p & \text{若 } P \neq Q \\ \left\{\dfrac{3x_p^2 + a}{2y_p}\right\} \bmod p & \text{若 } P = Q \end{cases}$$

(4) 乘法定义为重复相加,如 $4P=P+P+P+P$。

考虑方程 $Q = kP$,其中 $Q, P \in E_p(a,b)$,对给定的 k 和 P 计算 Q 比较容易,而对给定的 Q 和 P 要计算 k 则十分困难,这就是椭圆曲线上的离散对数问题。

四、椭圆曲线密码学的加解密算法

下面介绍利用椭圆曲线实现的加解密方法。

首先,我们必须将要发送的消息明文 m 编码为形如 (x,y) 的点 P_m 对点 P_m 行加密和解密。注意,不能简单地将消息 m 编码为点的 x 坐标或 y 坐标,因为并不是所有的坐标都在 $E_p(a,b)$)。将消息 m 编码为点 P_m 的方法有很多种,这里不做详细介绍。

椭圆曲线的加解密算法需要一个点 G 和椭圆群 $E_p(a,b)$ 的参数。点 G 是在椭圆群 $E_p(a,b)$ 上自行挑选的一个基点 $G = (x_1,y_1)$。

每个用户选择一个私钥 n,并产生公钥 $P = nG$,例如,对于通信双方 A、B 来说,B 的私钥就是 n_B,公钥就是 $P_B = n_B G$。

若 A 要将消息 P_m 加密后发送给 B,则 A 随机选择一个正整数 k,并使用 B 的公钥产生密文 C_m,该密

文是一个点对:

$$C_m = \left\{ kG, P_m + kP_B \right\}$$

B要对密文解密,只需用第二个点减去第一个点与自身的私钥之积,即可恢复消息 P_m,过程如下:

$$P_m + kP_b - n_b(kG) = P_m + k(n_{bG}) - n_b(kG) = P_m$$

4.3.3 数字签名

数字签名是密码学的重要应用。签名意味着授权,具有法律效力。在数字时代,数字签名就是电子数据形式的"签字画押"。数字签名基于之前提到的"公钥密码体制",恰好是之前的 Alice&Bob 例子的逆过程,用私钥生成数据而用公钥进行验证,用以确保数据真实性、完整性与抗抵赖性。

一、数字签名的概念

除保密性外,数据传输的真实、完整与抗抵赖性也是密码学关心的重点。数字签名是一种用于保证数据或消息的真实性和完整性的加密机制,同时数字签名与传统的手写签名方式一样,具有高度的抗抵赖性。在形式上,数字签名是附加到消息中,作为证明消息在传输过程中没有被篡改的凭证,数字签名通常使用基于非对称加密的数字签名算法。

数字签名为何重要呢？举个例子,Bob 向 Alice 发送"520"的消息,附带了 Bob 的数字签名,Alice 在验证签名后就可以知道消息是 Bob 发送的且没有被修改过,Bob 也无法抵赖是自己发送了这条消息。如果没有数字签名,"520"在传输过程中可能被篡改成了"250",Alice 又无法验证,表白就变成了悲剧了。如图4-4所示,数字签名一般包括3个基本流程:散列、签名和验证。

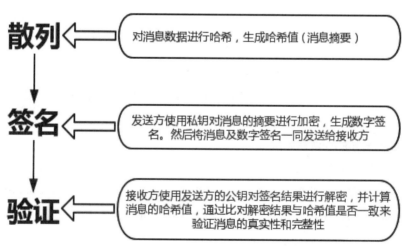

图4-4 数字签名流程

二、ECDSA数字签名算法

ECDSA算法又称椭圆曲线数字签名算法,它采用的是 Z_p 上的素数域椭圆曲线。其算法流程与其他签名算法类似,首先数字签名所有参与方需要使用共同的全局域参数,用于选定椭圆曲线上的基点。签名者产生一个随机数作为私钥,然后利用随机数和基点,计算出椭圆曲线上的另一解点,作为公钥。

ECDSA算法中涉及的全局域参数如下所示:

q为素数;

a,b为Z_q上的整数,通过二元方程$y^2 = x^3 + ax + b$来定义一个椭圆曲线;

G为椭圆曲线上选取的基点;

n为点G的阶。

数字签名生成的具体过程如下。

(1)选择一个随机数$k,k \in [1,n-1]$。

(2)根据k和G,计算椭圆曲线上的解点,$P = (x,y) = kG$,以及$r = x \bmod n$,若$r=0$,则回到第一个步骤。

(3)计算$t = k^{-1} \bmod n$。

(4)计算$e = H(m)$,这里使用SHA-1哈希函数,可以生成160位的哈希结果。

(5)计算$s = k^{-1}(e + dr) \bmod n$,如果$s=0$,则回到第一个步骤。

(6)消息m的签名是(r,s)对。

消息的接收者和发送者共享全局域参数信息及签名者的公钥信息,因此消息的接收方对于消息和签名的验证过程如下。

(1)检验r和s是否为1到$n-1$的整数。

(2)计算消息的哈希值,$e=H(m)$。

(3)计算$w = s^{-1} \bmod n$。

(4)计算$u_1 = ew$和$u_2 = rw$。

(5)计算解点$X = (x_1,y_1) = u_1G + u_2Q$。

(6)若$X=0$,拒绝该签名,否则计算$v = x_1 \bmod n$。

(7)当且仅当$v=r$时,接收该签名。

以上是签名和认证的整个过程。下面我们针对该过程,给出相应的证明和解释。

如果签名是有效的,则有以下变换:

$s=k^{-1}(e+dr)\bmod n$

$k=s-1(e+dr)\bmod n$

$k=(s-1e+s-1dr)\bmod n$

$k=(we+wdr)\bmod n$

$k=(u1+u2d)\bmod n$

注意到解点X有

$$X=u_1G+u_2Q=(u_1+u_2d)G=kG$$

x_1是解点X的x坐标,$P = (x,y) = kG$中,x是kG的x坐标,因为$r=x \bmod n$及$v=x_1 \bmod n$,所以当$v=r$时,即证明该签名有效。

《4.4 数字证书与PKI体系

4.4.1 数字证书

基于公钥密码体制的加解密算法和数字签名,十分关键的一个环节在于公钥的分发。公钥可以进行公开,但是如何验证接收到的公钥不是伪造且未被篡改的呢? 一旦公开,公钥自身就出了问题,那么建立在其上的公钥密码体制将毫无安全性可言。引入数字证书的机制可以很好地解决这个问题。

一、数字证书的构成

数字证书是通信网络中标志各方身份的一系列数据信息,其作用类似于现实生活中的身份证,用于信息记录合法性的证明。例如,数字证书可以证明公钥属于某一特定实体,并能确保内容若被篡改将被轻易发现,以此实现公钥的安全分发。数字证书由权威的证书认证机构(Certification Authority,CA)发行。

现在比较常见的数字证书标准是X.509数字证书,其中主要定义了如下一些内容。

(1)证书的版本信息。

(2)证书的序列号(每个证书都有唯一的证书序列号)。

(3)证书使用的签名算法。

(4)证书的发行机构名称。

(5)证书的有效期,若证书超出有效期即被视为作废。

(6)证书所有人的名称。

(7)证书所有人的公钥信息。

(8)证书发行机构对证书的签名。

二、数字证书验证

一般认为,公钥经由数字证书发行机构CA背书,可以证明其属于某一特定实体。下面简单介绍如何验证数字证书的合法性,假设Alice要验证Bob的证书,则过程如下。

(1)Alice获得Bob的证书和签发Bob证书的CA的公钥。

(2)用CA的公钥解密Bob的证书摘要$H1$。

(3)计算Bob的证书的摘要$H2$。

(4)比较摘要$H1$与$H2$,如果不同则验证失败。

(5)校验Bob的证书有效期。

一旦Alice能够确认CA的权威性,便能确保Bob证书的合法性,即与Bob对应公钥的合法性。而CA的公钥也需要相应的数字证书进行认证,称为根证书,由于其为自签发,并不需要其他发行机构的背书和签名,一般内嵌于操作系统或浏览器中,作为绝对权威凭证。从根证书开始,可以不断向下签发新证书,进而形成数字证书信任链。

三、数字证书信任链

数字证书信任链广泛应用于 Web 网站的认证。例如，当打开某个支持 HTTPS 的网站，可以发现该网站包含多级证书信息。数字证书主要包含 end-user、intermediates 和 root 三类，分别对应由下到上不同层级的证书及其对应的签发机构。多层级的 CA 制度保证向下签发证书过程中各层证书未被篡改。对某个网站证书链进行验证时，一般从 end-user CA 开始，经由 intermediates CA，逐级向上验证签发者的签名和证书，最终验证具有绝对信任作用的根证书，实现校验的整个过程。因此，根证书为信任链的起点。

四、数字证书在联盟链中的应用

联盟链的节点身份和权限管理具有十分重要的作用，其定义了特定场景下节点角色和操作执行的可能性，这也是联盟链区别于公有链最为本质的特征。数字证书机制被广泛应用于联盟链权限管控场景中。

联盟链要求各参与方拥有明确的身份标识，而身份标识一般采用数字证书，其由区块链网络中的权威 CA 签发，包含用户公钥和身份信息。区块链网络中的其他机构也可以继续签发新的数字证书，进而形成证书信任链。同理，节点需要保存 CA 的公钥以验证整条信任链。通过数字证书机制，联盟链可以轻松实现节点的身份和权限管理。

4.4.2　PKI 的概念与基本组件

数字证书作为公钥密码体系的信任基础，对其生命周期进行合理管控显得十分重要。公开密钥基础设施（Public Key Infrastructure，PKI），指的是基于公开密钥机制建立的基础设施，其提供了一整套的证书管理框架，包括生成、发布、撤销等过程。一般来说，PKI 至少包括以下几个组件。

（1）CA（Certification Authority）：负责证书的颁发和作废，接受 RA 的请求，完成对证书信息的维护。

（2）RA（Registration Authority）：对用户身份进行验证与校验，审核通过即将申请发送至 CA。

（3）证书库：负责存放数字证书，配合文件管理系统管理用户信息。

值得注意的是，PKI 是实现身份确认和可靠信息传递的一个通用框架，其并不代表某种特定的密码学技术或算法。

一、证书的生成与发布

证书的生成与发布过程，本质为 CA 运用其私钥对用户申请的公钥进行签名的过程。基于此，用户公钥得到 CA 信任背书。因此可利用 CA 公钥对用户证书进行验证。证书的生成一般存在以下两种形式。

（1）用户生成自身公私钥，并构造证书请求文件（Certificate Signing Request，即".csr"后缀的文件），并将其发送给 CA，而 CA 将证书请求文件签名后发还至用户。CSR 文件常见于联盟链节点身份管理场景中。

（2）用户不需生成自身公私钥，而由 CA 直接生成一对公私钥，签名生成证书后发布至用户。

二、证书的撤销

一般地,证书超过有效期限即被视为作废,但若用户出现证书遗失或私钥失密等意外情况,也可主动向CA申请撤销证书,CA经过审核后可撤销该证书。但证书一旦发出便不可收回。所以,为实现撤销功能,需要构建一个注销证书列表(Certificate Revocation List,CRL)用于记录已被注销的证书。

因此,在对某个证书进行验证时,除了验证基本的合法性(有效期、签名等)外,还应事先检验该证书是否处于注销证书列表中。

《4.5 其他加密技术

4.5.1 同态加密

同态加密本质为直接对原文加密,并在密文上进行各种运算,但其运算结果与明文运算后加密的结果一致,用公式可以形式化地表示为

$$x_1,x_2,\cdots x_n \rightarrow [x_1],[x_2],\cdots,[x_n] \models f([x_1],[x_2],\cdots,[x_n]) \rightarrow [f(x_1,x_2,\cdots,x_n)]$$

其中,一个典型的应用场景是隐私数据的运算。数据持有者希望对大量的隐私数据进行计算,但其拥有的运算资源不足,一般使用第三方云服务处理,但该法使敏感数据在云服务器上暴露无遗。而同态加密可有效解决此问题,数据持有者传输数据前先将数据加密,云服务器对加密数据进行运算后再将运算结果返还至数据持有者,而数据持有者对数据解密即可获得最终结果。如此,第三方云服务器接触的所有数据都是加密的,只有用户自己持有解密算法,完美解决了隐私泄露问题。

4.5.2 群签名与环签名

群签名(又称为群数字签名),是指群组中每个成员都能以群组名义进行签名。群签名在保证匿名性的同时,又实现了可追踪性:群成员用群参数产生签名,其他人仅可验证签名的有效性,并通过签名获知签名者所属群组,却无法获取签名者身份信息。但在必要情况下,群主可从该签名获知签名者的组内身份。

环签名是一种简化后的群签名。在环签名的设计中,签名者首先需要选定一个包含签名者在内的签名者公钥集合,然后签名者利用自己的私钥和他人的公钥即可独立地产生签名,而验证者可验证该签名所属的公钥集合。相对于群签名而言,环签名无可信中心及群的建立过程。因此除非签名者自身想透露身份,否则无法揭秘签名者的真实信息。环签名在区块链网络中应用较为广泛,如Monero、Mimble-Wimble等。

4.5.3 零知识证明

零知识证明本质为一种基于概率的验证方式。在零知识证明机制下,证明者不需透露是否拥有除该知识外的任何信息,验证者便会相信证明者的某个推论是正确的(证明者拥有某个知识)。严格来说,零知识证明并非数学意义上的完全证明,因为其存在小概率的欺骗可能性,即证明者每次都能

恰巧以虚假的陈诉通过证明。虽然零知识证明不是确定性证明,但可通过多次陈述等方式将误差降低至可忽略的数值。

零知识证明制度具有3种重要性质。第一,完备性。只要证明者拥有该知识,其将以极大概率通过验证,使验证者相信其拥有该知识。第二,可靠性。若证明者未拥有该知识,则其将大概率无法通过验证者的验证。第三,零知识性。证明者在证明的过程中仅会透露其是否拥有该知识,而不会暴露其余信息,甚至不会暴露知识本身。

零知识证明制度在区块链领域中有着大量的应用,特别是隐私场景,如在不泄露交易细节的情况下证明资产转移的真实性。Zcash为应用零知识证明技术的隐私币,可在不透露交易双方信息的情况下实现转账交易。

延伸阅读:Merkle树的改进策略——Merklix树

若要对一棵已经建立好的Merkle树进行添加、修改、删除操作,需要不断地递归哈希计算,直至根节点,过程的复杂程度为$O(N)$。Merklix树为一种改进Merkle树,在保证Merkle树原有特性不变的情况下,通过索引的方式降低添加、修改、删除操作的复杂程度。

一、具体设计

以图4-5中的Merkle树为例,4个数据块Item0、Item1、Item2、Item3通过两两递归哈希计算形成了一棵Merkle树,其中b2d3、6e5f等均为简略哈希值。

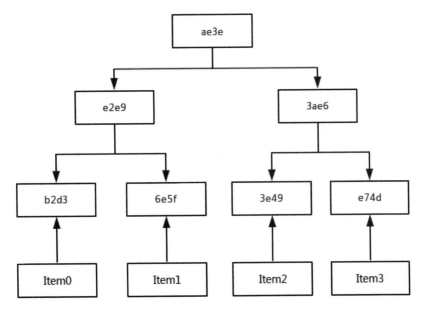

图4-5 Merkle树

而Merklix树则是在此基础上,通过使用键(如共同哈希值前缀)来确定元素在该树中的位置。因

此图 4-5 中的 Merkle 树可修改为图 4-6 中的 Merklix 树。3e49 和 6e5f 有相同的二进制前缀"0",而 b2d3 和 e74d 有相同的二进制前缀"1"（3 => 0011,6 => 0110,b => 1011,e => 1110），因此,Merklix 树可以是平衡的,也可以是非平衡的。

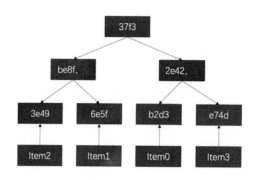

图 4-6　非平衡 Merklix 树

二、插入和删除操作

如图 4-7 所示,在 Merklix 树中添加 Item4,其中 fd84 为其哈希值,而 d4ed 键对应 Item3 和 Item4 哈希值前缀均为 111,该插入过程的时间复杂度为 $ln(N)$。因此,可通过提供该元素在树中的路径和一组哈希值来验证插入路径,例如,提供 e5e2、b2d3、be8f 即可提供针对 Item4 的 Merklix 证明。

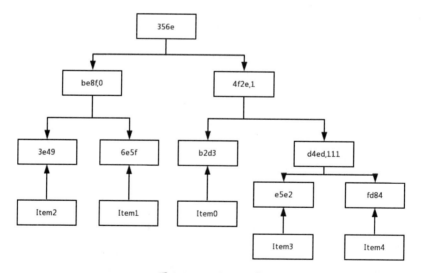

图 4-7　Merklix 证明

同理,删除也是时间复杂度为 $ln(N)$ 的操作,图 4-8 为删除 Item0 后的 Merklix 树。

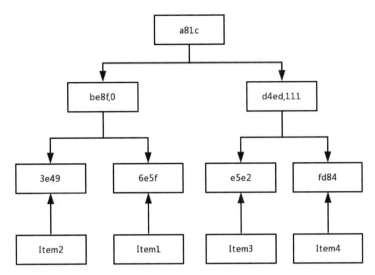

图 4-8 删除 Item0 后的 Merklix 树

Merklix 树不仅可高效进行插入、删除等操作,而且可优化比特币 UTXO 集。

本章小结

本章通过介绍哈希函数、默克尔树、非对称加密、数字证书、PKI体系等基础概念,展示了区块链四大核心技术之一,也是区块链信任的基石——密码学,如何帮助构建一个数据不可篡改、不可抵赖且可追溯的区块链系统。仅有密码学还不够,区块链作为一个去中心化的系统,有着它独特的底层网络——点对点网络,这将在第五章进行详细介绍。

习题

一、思考题

1. 常见的哈希函数有哪些,其中哪个是由我国自主设计研发的?

2. 一个典型的利用公钥密码体制进行加解密的过程是什么样的?

3. 数字证书是如何应用到联盟链中的?

4. 零知识证明具有哪 3 种重要的性质? 可以应用在哪些场景中?

二、思维训练

密码学在区块链中的地位是什么? 由此思考,为什么我国要主张使用自研的密码学算法?

第五章

区块链点对点网络

在区块链中，无论是公链还是联盟链上的节点，其广播交易、转发区块和共识的达成，都需要网络层技术的支持。本章将对网络层技术进行详细介绍。主要包括区块链网络中的节点的类型、节点接入区块链网络的过程、简单支付验证的原理及其具体实现及节点对交易和区块的验证过程。虽然联盟链和公链的网络底层技术有所不同，但是本文涉及的内容为联盟链和公链的共有内容。

5.1　区块链中的节点类型

本节将要具体介绍区块链的构架与节点。区块链的去中心化是通过P2P网络实现的。在P2P网络中的每个节点都是相互独立的,节点之间可以直接进行信息传递,不需要第三方机构。区块链网络中,节点主要分为两种:全节点和轻节点。全节点保存了区块链中的全部信息,轻节点只储存了部分信息,它们在不同场景下有不同的应用,下文将对区块链中的P2P网络进行具体介绍。

5.1.1　P2P网络架构

P2P网络是一种点对点的网络结构,网络中的每一个节点都是一个单独的个体,没有主次之分,都处于一种共同的平等状态。P2P网络不需要单独的中心服务系统,每一个节点通过网络来共享资源,这些资源共享的实现无须经过中间第三方就可以直接被其他对等节点访问。在P2P网络中,每一个节点既是这些共享资源的提供者,又是资源的获取者。P2P网络是区块链数据传输的基础,可以说,没有P2P网络,就没有区块链的发展。

P2P网络的优势主要体现在以下5个方面。

(1)去中心化:网络中所有的资源与服务直接存放在节点上,无须中心结构的介入,实现了去中心化。

(2)可扩展性:当P2P网络中加入新的节点时,网络中的需求增加,但与此同时,新节点也会提供相应的资源与服务,这样网络中的资源的供求关系依旧保持平衡。理论上来讲,增加新节点不但不会影响P2P网络的运行,而且会增加信息获取效率,这就是可扩展性。

(3)健壮性:P2P网络中的节点都是相互独立的,节点是以自组织的方式建立起来的,允许节点自由地加入与离开网络。当一个节点出现故障时,并不会影响到整个网络,这一特性使P2P网络具有很强的耐攻击性和健壮性。

(4)隐私保护:P2P的信息传递是在各节点之间进行的,不需要经过集中环节,这大大降低了信息泄露的概率。另外,每一个节点都会提供中继转发功能,从而使节点能够更好地隐藏在众多的网络实体中,向数据发送方提供更好的匿名隐私保护。

(5)负载均衡:P2P网络的每一个节点不仅是资源的提供者而且是资源的使用者,资源分布在多个节点上,使网络负载更加均衡。

根据节点的连接分布方式,P2P网络可以分为两大类:一种是非结构化的P2P网络,另一种是结构化的P2P网络。

在非结构化的P2P网络中,两个节点之间的连接是随机的,没有经过特定的拓扑结构连接。这种结构网络建立起来很容易,少数节点加入或退出时,P2P网络仍然能够保证其稳定性。但是非结构化的网络也存在一个明显的缺点,即索引效率低。当一个节点想要从网络中寻找信息时,需要向全网中的所有节点询问,这样会耗费大量的时间,如果请求的信息很少见,那么请求失败的概率就会很大。

而结构化的P2P网络的各个节点是通过特定的网络拓扑结构连接的,这会大大提升信息的索引效率。但是,当它遇到大量的节点退出时,网络结构会遭到破坏,效率也会随之大幅下跌。

接下来介绍P2P网络与传统客户端/服务器(Client/Server,C/S)结构网络。

在传统的C/S网络架构下,客户端进行操作时需要先向服务器请求,服务器再对其做出响应。这种情况下,客户端越多,服务器的负担越重,当客户端数量超出服务器处理能力时,就会出现网络堵塞的现象。在公链网络中,由于去中心化的要求,不需要集中向一个中间结构传递信息,节点之间只需要点对点进行信息交流,就能够有效地负担网络负载,使P2P网络的容量远远超过传统的C/S结构网络。

公链采用P2P网络架构的最主要原因是,在去中心化的世界中,不存在一个可信的服务器节点,任何带有服务器节点的存在都与去中心化的宗旨背道而驰。此外,公链由于其公开性,其网络结构需要具有容纳上万乃至数十万个节点的能力,在这种情况下,P2P网络结构是最佳选择。P2P网络中的每一个节点都拥有自己的区块链的数据副本,不需要依赖任何其他节点就可以验证区块和交易的合法性。区块链网络中的节点主要有两种,一种是全节点,另一种是轻节点,下文将详细叙述它们的功能和区别。

5.1.2　全节点

全节点是一个保存着区块链中所有交易信息的节点。以比特币系统为例,在比特币系统中,全节点维护一个完整的区块链数据副本,它包含了从创世块到最新的区块中所有账户的交易历史。全节点是比特币网络中功能最为丰富、安全性最高的节点,它管理着用户的钱包,用户可以使用全节点在比特币网络上发布交易。这种全节点与一个单独的电子邮箱服务器相似,不需要任何其他服务器或第三方服务器就能独立处理信息。

全节点的功能主要有4个。一是区块链数据库。全节点维护一个完整的区块链副本,同时为其他轻节点提供服务,如简单支付验证(SPV)。二是钱包。全节点管理用户的账户,用户可以使用全节点发起交易,也可以使用全节点生成收款地址,接收他人的转账。三是路由。全节点收到邻居节点转发的交易和区块时,对它们进行验证,如果是合法的交易和区块,全节点会继续将这些数据转发给其邻居节点,全节点的路由功能及P2P节点的健壮性保证了区块链网络中任意一笔交易最终都能传播至整个网络。四是挖矿。全节点可以收发交易和区块,参与到挖矿中。全节点从自己的交易池中选择一批交易费最高的交易,将这些交易打包成区块,然后进行挖矿并获得挖矿奖励。需要指出的是,比特币0.16版本之后,客户端版本已经不再支持CPU挖矿,这是因为比特币当前的挖矿难度所需要的算力已经远远超过了普通CPU的计算能力,使用普通个人计算机几乎不可能挖出一个区块。因此,当前比特币中的矿工已经采用专门用于高速哈希计算的ASIC芯片进行挖矿了。

全节点有如下特点:全节点需要参与到区块链网络中的共识,并且维护整个区块链数据库。因此全节点一直是在线状态,在本地硬盘上维护完整的区块链信息,基于此,全节点可以独立检验交易的正确性;此外,全节点一直在监听网络中的交易,并且将合法的交易纳入交易池;全节点决定哪些交易会被打包到区块里,同时也会监听网络中来自其他节点产生的新区块。由于区块链共识通过竞争产生,区块链中可能会产生分叉链,全节点有权决定沿着哪一条链挖下去。

由于全节点维护所有的区块链交易信息,这也导致区块链存储的信息很大,动辄数百GB甚至

TB。在比特币早期,所有的节点都是完整的节点,发展到今天,在维护一个全节点需要的资源消耗越来越多的情况下,对于普通用户来说,维护一个轻节点是更好的选择。

5.1.3　轻节点

轻节点仅仅储存所有区块链中区块头的信息及其他与自己有关的信息,而不需要储存全部区块链数据,具有如下特点。

(1)轻节点不需要一直在线,也不需要参与区块链中的共识,当轻节点上线时,只需要向全节点获取最新的区块头即可。

(2)存储内容少。轻节点只存储所有区块链中的区块头数据。比特币系统中,一个区块头的大小大概为80字节,假定当前区块高度为60万,一个轻节点存储区块头也只需要48 MB,占用的存储很小。因此,轻节点可以在移动设备上运行。

但轻节点有一个较大的缺陷:无法独立验证交易数据的真实性。由于轻节点只存储区块头不存储区块中的交易,当钱包收到对方发送的交易时,无法确认这笔交易是否已经被确认上链,这时就需要借助全节点进行确认。轻节点确认交易的行为称为简单支付验证。

5.2　网络发现

为了与比特币网络协同工作,新的网络节点必须在至少一个网络中发现已存在的节点,并与其建立联系。节点必须与几个不同的对等节点连接在一起,才能建立通往比特币网络的各种不同路径。

由于目前比特币交易网络的地理拓扑信息结构不以网络节点间具体地理上的位置关系为信息基础,各网络节点间的具体地理位置信息关系是完全不交互相关的。在新的交易节点网络连接中,可以任意手动选择当前存在于这个网络上的每个比特币交易节点。

虽然在比特币网络上没有专门的节点,但是比特币网络用户端将会保持一份列表,这里有在本系统中那些长时间稳定的节点,这样的节点叫作"种子节点"。种子节点不一定都需要与一个种子的新节点连接起来,但是连接一个新节点会更有利于快速地自动发现其他种子网络上的种子节点。当节点启动并建立了下属链接后,新建的节点可能会向邻近的一个节点直接发送一条链接消息,该链接包含了自己节点的IP地址。相邻的接入节点将这一链接消息再次直接转送给它们自己所在的一个相邻接入节点,从而可以确保新接入节点的同一信息链接能够被多个相邻节点同时接收,并同时保证这一链接的数据稳定性。

由于节点能够随时添加和离开,通信路径不可靠,节点必须继续做以下两个方面的工作。

(1)在失去已有连接时,发现新节点。

(2)在其他节点启动时,为其提供帮助。

启动节点时只要连接一个新节点,因为第一节点能将其引荐到对等的节点中,而这些节点将进一步提供推荐。如果同时连接大量其他对等的节点,那么就没有必要了,也是浪费网络资源。

启动后的节点将拥有记忆能力,能够记住最近成功连接到先前对等的两个节点。当系统再次启

动时,节点将会快速连接之前成功对接的下属节点。重新开始启动之后,它们将可以很快地与先前成功对等的两个节点及其网络之间建立联系。如果以前无线网络上的某种对等网络节点不能及时回应连接器的要求,则以后该对等节点很有可能会使用另一种子网对节点进行重启。

为了确保系统链接的稳定性,如果所建立的链接没有数据通信信息,那么所在节点将定期发出信号,以维护链接。如果超过90分钟无应答,即一个节点长达90分钟不能连接到一个节点,那么它就会被视为已经从网络上断开,并且网络会开始寻找新的对等节点。

总结来讲,网络发现需要注意的要点如下。

(1)节点将自动记住其最近成功地开始连接的一个网络及其节点,并在重新开始启动之后迅速地与先前相互对等的网络节点及其网络之间建立联系。

(2)节点会在失去已有连接时尝试发现新节点。

(3)在节点连接一个或多个其他新节点后,会向相邻节点发送一个包含其自身节点IP地址的链接消息。相邻的链接节点将这一链接消息再次以新节点的身份向外传播,同时转送给它们自己所在的多个相邻链接节点,从而可以确保多个相邻节点同时接收并得到的多个节点链接信息更稳定,保证节点链接的数据连续性更好。新接入节点可向其相邻的节点发出获取地址的消息,要求其返回已知节点所处的 IP 地址清单。

(4)节点开始运行时,可以为节点定义一个活跃的节点 IP ,如果不能这样做,客户端也还会保持一份列表,显示哪些节点在长期稳定地运行。这些节点可以快速地发现其他网络上的节点,与种子节点相同。

综上,比特币系统网络会根据网络节点和系统网络的动态变化,随时对其节点进行有机的动态调整,不过只需要经过中心化系统控制就有可能对其进行有机的自动调整。

5.3 Bloom 过滤器和简单支付验证

轻节点实现了区块链在移动端的应用,但是它存在一定程度的隐私暴露危险。而简单支付验证节点通过 Bloom 过滤器解决了这一问题,它既不需要储存所有的信息,同时保持着内存小的优势,又能够很好地维护节点的隐私。下面将具体介绍 Bloom 过滤器和简单支付验证。

5.3.1 Bloom 过滤器的原理

Bloom 过滤器是一种基于概率而不需要精确描述的在 SPV 节点中使用的过滤法。该方法可以实现向其他区块链节点发出交易信息查询要求,同时又不会暴露交易地址。

在 Bloom 哈希过滤器中需要实现的哈希函数通常是由一组可变长度的二进制数组和一组可变数量的哈希函数组成。组成这些函数的输出值与数组长度相对应,并且这些函数是确定的函数,也就是说任何一个使用相同 Bloom 过滤器的节点通过该函数都能对特定输入得到同一个结果。Bloom 过滤器初始设置为0,也就是每一个数组的初始值均为0,当有关键词被加入进来时,就会通过哈希函数计算,在数组中添加一个0~N的数,因为数组的长度有限,所以可能有的位置会被重复记录,从而只能记录有限的关键词,使精确度下降,但是这样能更好地隐蔽查询者的信息,实现保护隐私的作用。而数组长度越长,哈希函数的个数越多,精确度就越高,但是同时也会暴露查询者的信息,隐私性就会下降。

可以通过 Bloom 过滤器进行交易信息查询,把 Bloom 发送到其他区块链节点,其他节点使用该过滤器可以选出符合二进制数组的结果。

5.3.2　简单支付验证的过程

简单支付验证节点(SPV 节点)是一种不用存储区块链全部信息,只需要存储区块头信息的节点。由于其内存小,可以用于移动设备端。由前文可知,轻节点也具有相似的特点,但是轻节点需要通过区块链的其他全节点的帮助以确认某一笔交易是否成功上链,直接将自己关心的交易发送给全节点进行查询,可能会在无意间透露钱包中的地址信息,从而造成隐私危险。而 SPV 节点借助于 Bloom 过滤器,不需要将全部关心的交易发送至全节点,而是只需要将关心的交易的哈希值、交易的输出等信息插入 Bloom 过滤器中,随后将 Bloom 过滤器发送给全节点。全节点会用该 Bloom 过滤器筛选所有通过匹配的交易,全节点将通过 Bloom 过滤器的交易数据、交易所在的区块头及每个交易匹配的 merkle 路径发送给 SPV 节点,SPV 节点可以通过这些信息验证一笔交易是否已经成功上链。此外,Bloom 过滤器可以根据其私密和精确性的需求进行调节,更多更高精度的用户隐私可能会被暴露,而且追求更高的隐私性就会降低它的精确性。因此,Bloom 过滤器可以较大程度地给予 SPV 节点精确性和私密性的弹性缓冲和平衡调节,缓解 SPV 节点隐私的风险。

SPV 节点的初始化 Bloom 过滤器的状态是空的,在交易过程中,SPV 节点将自动列出所有用户感兴趣的公钥、密钥和哈希地址,同时,还可以向 Bloom 过滤器发送其他有固定交易过程的信息并将其添加到它的过滤过程中。由于不能从过滤器中直接删除关键词,如果一个关键字不再需要,节点就必须用清除和添加来代替原有过滤器。在这种空的状态下,Bloom 过滤器不能同时匹配任意一个模式。接下来,SPV 节点将自动列出所有搜索模式,其中包含用户感兴趣的公钥地址、密钥和哈希,这些公钥地址可能是从其电子钱包系统控制的任何公钥、UTXO 中自动提取到的公钥哈希、执行脚本代码及货币交易器等。然后,SPV 节点会将这些搜索模式加入 Bloom 过滤器,这样只要关键词出现在交易中就能够被过滤器识别出来。最后,对等节点会用收到的 Bloom 过滤器来匹配传送至 SPV 节点的交易。

SPV 节点不能通过 Bloom 过滤器对关键词进行删除操作,只能通过向全节点发送新的 Bloom 过滤器代替原有过滤器来实现删除的目的。在 SPV 交易不断更新的过程中,全节点也会使用新的 Bloom 过滤器,以匹配新的交易,并重复整个过程。

总结来说,SPV 节点告诉 Bloom 过滤器自己关心的交易特征,而这个过滤器可以实现"我们想要的一定在,我们不关心的可能会包含进来"的交易匹配,从而既可以进行交易真实性的验证,又在一定程度上保护了 SPV 节点的隐私。

《5.4 交易池

前三节重点介绍了区块链网络中不同类型节点及其相应功能,本节将重点介绍节点的一个重要组成部分——交易池。交易池是区块链交易的一个中转站,在维护区块链的交易秩序中起着重要作用。此外,本节还会通过介绍比特币系统中的 UTXO 数据库及其运行原理,进一步加深对交易池的理解。

5.4.1 交易池的作用

区块链中的每一个全节点都会有一个交易池,用于存储从网络中收到的交易。交易池的存在防止了区块链中交易拥挤现象的发生。交易池中主要包含两种数据,一种是经验证后合法的交易数据,另一种是由于其依赖的交易未知而暂时无法上链的交易数据。在比特币的交易池中,合法的交易数据存储在 mempool 中,而暂时无法上链的交易数据存储在 orphantx 集合中;在以太坊的交易池中,准备进行交易的数据储存在交易池中的 pending 队列中,暂时无法交易的数据储存在 queue 队列中。这些维护暂时无法上链交易的交易池被称作孤立交易池。当收到一笔新的交易时,如果该交易通过验证则会被放入交易池中,同时节点还会检测孤立交易池中是否存在依赖于该交易的交易,如果存在,则会将这些交易转移到交易池中。

当矿工需要打包新的区块时,就会从交易池中筛选交易,筛选的规则是优先选取交易费用更高的交易,当区块装满时,矿工开始挖矿,如果挖矿成功,则会将新的区块广播出去。当一笔交易被成功打包进入区块时,这笔交易便成了被确认的交易。矿工会从交易池中删除这些已确认的交易,并继续从交易池中选取其他未确认的交易进行挖矿。

5.4.2 UTXO 数据库及其运行原理

UTXO 是未花费的交易输出,是比特币区块链中的账户形式。在比特币系统中,每一笔交易都由交易输入和交易输出两部分内容构成,交易输入指定一个 UTXO,表示要花费掉这笔输出,交易输出又会产生一个新的 UTXO。下面以一个具体的例子来直观地介绍比特币中的 UTXO。

如图 5-1 所示,这是比特币区块链中的创世区块中的第一笔交易,我们将区块链中的第一笔交易称之为铸币交易(Coinbase Transaction),铸币交易与其他交易不同,铸币交易不需要指定花费的输入,而是专门用于奖励挖出区块的矿工。图 5-1 就是一笔铸币交易,其中这笔交易的哈希值是"4a5e1e4baab89f3a32518a88c31bc87f618f76673e2cc77ab2127b7afdeda33b"。 接 收 方 的 地 址 是 1A1zP1eP5QGefi2DMPTfTL5SLmv7DivfNa,转账时间是 2009 年 1 月 4 日,转账金额为 50BTC。

哈希	4a5e1e4baab89f3a32518a88c31bc87f618f76673e2cc77ab2127b7a...		2009-01-04 02:15
	COINBASE (新生成的硬币)	➡ 1A1zP1eP5QGefi2DMPTfTL5SLmv7DivfNa	50.00000000 BTC ⊕

图 5-1 UTXO

假如现在矿工 A 是这 50 个 BTC 的持有者,现在想将这 50 个 BTC 转给矿工 B,此时矿工需要提供如下数据。

(1)交易哈希值:4a5e1e4baab89f3a32518a88c31bc87f618f76673e2cc77ab2127b7afdeda33b。

(2)输出索引值:0。

(3)矿工A的签名:Signature。

(4)矿工B的地址:Address_B。

(5)转账金额:49.999BTC。

其中交易哈希值和输出索引值告诉区块链系统具体要花费哪一笔交易中的第几个输出,在本例中是要花费创世区块中的铸币交易中的第0个输出(计算机系统中索引从0开始)。此外,矿工A提供自己的签名用以证明这个账户确实属于矿工A。矿工B的地址指定了转账的收矿方,转账金额表示转账的金额是49.999 BTC。此时还剩余0.001BTC,这些剩余的BTC最终作为打包这笔交易的矿工的手续费。提供了上述信息及其他一笔交易必需的信息后,矿工A可以将这笔交易向全网广播,区块链网络中的其他矿工收到这笔交易后,便会将这笔交易打包进入区块中。

在验证交易时,矿工会从区块链中检查对应的这笔交易的第0个输出是否已经被花费掉了,如果没有被花费掉,则证明这笔交易指定的UTXO是合法的,如果已经被花费掉了,则证明这笔交易指定的UTXO是非法的。如果最终检测到这笔交易合法,那么这笔交易最终就会被矿工打包进入区块并且成功上链。

需要注意的是,每次收到一笔交易时,为了检测合法性,矿工都需要遍历检查从创世区块到最新的区块中已检测UTXO的合法性,如果区块高度是上万个,那么这种遍历方式会造成巨大的性能损失。为了解决这种性能上的瓶颈,比特币系统中将已有的UTXO存储在内存中,UTXO的形式类似于一个哈希表的结构,保存交易的哈希值和对应的输出索引。这样,当检测一笔交易的合法性时,直接使用哈希表查询交易中每一笔输入指定的哈希值和索引值组成的key是否存在于UTXO集合中即可,由于哈希表的查询性能为$O(1)$,可以非常快速地确定交易输入是否存在。如果至少一个输入不存在于UTXO集合中,则可以直接判定这笔交易是非法的,矿工会丢弃非法交易。需要说明的是,由于比特币这种特殊的UTXO账户,我们无法直接查找到一个地址中的余额,而是需要遍历所有的UTXO,找到输出中所有包含该地址的余额之和。此外,比特币系统中具有独特的找零机制,如果一个UTXO被花费,这个UTXO对应账户中的所有余额都会被花费,用户必须要单独指定找零地址。找零地址可以是原来的地址,也可以是其他地址,不过为了安全性,当前用户的找零地址都是使用新生成的地址。

如图5-2所示,这是一笔普通的交易,其中有6笔输入、2笔输出,矿工的交易手续费为0。

图5-2 交易示例

5.4.3　交易过程与交易池

一笔比特币交易被创建后,就会被广播到全网。挖矿节点接收到这个交易信息后,首先会验证交易信息的真实性,判断其是否属于UTXO。如果验证通过,那么这笔交易就会被放在交易池中,等待被打包,如果验证没有通过,那么这笔交易就会被认为是无效交易,直接废弃,也不会被打包。

通过验证但未被确认的交易会被按照一定的顺序从交易池中抽取,打包到区块中。有时候交易池的交易数据太多会导致交易不能被及时打包,而又因区块链中的交易储存有限,最终会导致区块拥堵。当通过验证但未被确认的交易被打包到区块中,节点需要重新更新一下自己的交易池,移除那些已经被打包的交易数据,保证留在交易池中的都是未被确认的交易。

延伸阅读:Libp2p

Libp2p是一个模块化的P2P网络实现。它将各种数据传输和P2P协议结合在一起,使程序开发人员可以方便地构建大型、健壮的P2P网络。目前,Libp2p已经被用于公链系统IPFS中的网络层。Libp2p支持众多数据传输协议,包括TCP、UDP、QUiC、TOR、CJDNS等。在网络结构方面,Libp2p支持各种结构化和非结构化及中心化结构的网络。

Libp2p中主要包括节点路由、节点管理、节点记录和节点发现4个功能。节点路由主要用来指定消息应该发送给哪一些节点。节点管理主要负责管理节点之间的连接状态,即创建连接、维护连接、销毁连接等,其中还包括多路复用、流多路复用、连接中继节点,以及多路传输等。节点记录主要用于记录节点之间的信息传输等相关内容。节点发现用于发现和识别网络中的其他节点。一个完整的过程是,节点发现部分发现其他节点后,交由节点管理部分进行连接管理,在两个节点连接过程中需要转发信息,信息转发的路由权限交由路由功能处理,节点之间转发的信息由节点记录部分负责。

Libp2p既可以用于公链的网络层,又可以应用于联盟链的网络层,为分布式系统开发人员提供了极大的方便,也可以根据自己的需求构建一个功能强大、逻辑健壮的P2P网络。要了解更多Libp2p的信息,可以访问其Github的官网。

本章小结

本章主要介绍了区块链网络层,包括P2P网络的架构、节点接入网络的过程,以及节点在接收到交易和区块之后的验证方式。每一个节点分别从网络中收集交易,在自己本地保存这些合法交易,这些交易的集合称为交易池。随后的共识层中,节点从交易池中选择交易并打包为区块,随后即可进行挖矿出块。下一章将介绍区块链网络中的共识层。

习题

一、思考题

1. P2P网络的架构有哪些? 公链通常采用什么架构?

2. 区块链中如果节点收到两个相同高度的合法的区块,如何进行选择?

3. 简述比特币中全节点是如何验证区块合法性的。

4. UTXO 的含义是什么?

二、思维训练

能否通过扩大区块容量或减小出块时间提升公链性能呢?

区块链共识机制

　　一个分布式容错系统需要保证其所有远程进程得到的结果相同，即所有节点达成共识。共识机制就是一种协作机制，协调多个节点接受唯一的结果。一个好的共识机制还要保证其协调过程不会被作恶节点破坏，并且具有足够的鲁棒性（Robust）。所谓"鲁棒性"，是指控制系统在一定（结构、大小）的参数摄动下，维持某些性能的特性。比如，计算机软件在输入错误、磁盘故障、网络过载或有意攻击的情况下，能否不死机、不崩溃，就是该软件的鲁棒性。

　　本章讨论了共识机制的相关理论，包括共识算法中的 FLP 不可能定理与 CAP 原理的证明、共识协议中的公链共识机制（包括 PoW 和 PoS）与联盟链共识机制（包括 BFT 与 CFT）如何起作用、共识分裂即分叉中的硬分叉与软分叉两种情况。

⟪6.1　共识算法的理论

6.1.1　共识算法要解决什么问题

对于一个分布式系统的程序,它在多个节点上运行,并通过网络进行通信。这里面存在两个需要考虑的问题。

第一,节点是不可靠的,它可能出错、崩溃,甚至存在恶意节点乱发消息、不按约定的协议执行程序。

第二,网络是不可靠的,它可能导致传输的消息延迟或丢失。其中网络模型可以分为同步网络(synchronous network)和异步网络(asynchronous network)。对于同步网络来说,时钟漂移与传输延迟都是有限的。然而现实世界中的大多数网络属于异步网络,其特点是节点的时钟漂移无上限、传输延迟无上限,在这种网络中如果收不到某个节点的应答,将难以区分到底是节点崩溃还是网络延时。

对于许多分布式系统,则不需要完全考虑上述问题。比如,一家公司要部署一个分布式数据库,由于节点完全由它掌控,那么它可以忽略节点作恶的问题,同时它可以架设专网使网络传输在绝大多数时候是可靠的。然而对于区块链,尤其是公链,必须完全考虑上述问题。像比特币这样的分布式系统,其节点遍布全球各地,使它的网络环境非常复杂并且不可靠。同时,节点可以自由地加入、退出,节点的硬件性能也参差不齐,导致节点很不可靠。另外攻击比特币系统有利可图,使作恶动机十分充分。为了让分布式系统在诸多不利情况下尽可能地保持正常工作,就需要设计合适的共识机制。显然,没有任何共识协议能在发生过于频繁且严重的错误的情况下依然正常运转,我们只能期望这个协议能够容忍一定数量的错误。

6.1.2　FLP不可能定理

FLP不可能定理由3位在分布式领域的专家Fischer、Lynch 和 Patterson 在1985年提出,并将他们名字的首字母组合作为定理的名称。FLP定理说明:如果要在异步系统中,让进程间对某个二进制值达成共识,那么即使只有一个错误节点,任何共识协议也都存在无法终止的可能性。

下面简单介绍一下定理的证明过程。

假设一个异步系统中有 N 个进程,每个进程 p 都有输入寄存器 x_p 和输出寄存器 $y_p \in \{b,0,1\}$。y_p 初始为 b,表示尚未确定结果。y_p 为0或1时表明该进程已经完成决定,进入decision state,并且不会再更改 y_p。进程间互相发送 message 通信,一个 message 被表示为 (p, m),其中 p 代表消息的接收方,m 代表消息内容。message buffer 保存已被发送但尚未被送达的 message,它支持两种操作。

(1)send(p, m):把消息 (p, m) 放到 message buffer 中。

(2)receive(p):p 尝试从 message buffer 取得消息值 m,结果有两种可能:①成功取得消息并将其从 message buffer 中删除;②没有取得消息并返回 null。没有取得消息可能是因为消息传输被延迟,也可能是根本没有 p 的消息。注意,就算消息 (p, m) 在 message buffer 中,receive(p) 依然可能返回有限次 null,这相当于模仿网络延迟。不过只要不断地执行 receive(p),任何消息最终都会被送达。

将系统状态configuration定义为所有进程的内部状态和message buffer状态。系统从一个状态转移到另一个状态的变化过程被称作step。因为状态转移函数是确定的,但是receive(p)的返回值是不确定的,所以下一个状态取决于message buffer的返回值。如果尚不能确定结果,那么该状态被称为bivalent。如果一个状态无论如何跳转,都只可能进入选择0的状态,那么称其为0-valent;如果无论后继事件如何,只会进入选择1的状态,那么称其为1-valent。在本模型中,我们把"所有进程同意同一个值"弱化为"某个进程进入decision state决定某个值"。真正达成共识其实要求所有正常的进程都进入decision state,但是本定理证明的是"不可能",如果降低要求后仍然不可能,那么原要求自然不可能,所以这里的降低要求是合理的。

引理一:假设两个step序列σ_1与σ_2涉及的进程完全不同,那么交换顺序后系统的最终状态相同。

比如说σ_1是A收到B的消息,σ_2是C收到D的消息,因为涉及的进程完全不相交,所以两者顺序不影响最终状态,如图6-1所示。

引理二:如果存在一个错误节点,那么系统一定存在bivalent的初始状态。我们可以通过反证法证明这一点:假设系统不存在bivalent的初始状态,那么它的初始状态要么是0-valent,要么是1-valent。设状态C所有进程x_p都为0,根据对共识机制validity的要求(达成共识的值应该是x_p中的某一个),共识结果一定是0。所以C是0-valent的。同理我们可以得到一个1-valent的C'。由此可知,同时存在0-valent和1-valent的初始状态。

将只有一个x_p不相等的两个初始状态称作相邻,图6-2的立方体展现了$N=3$情况下不同初始状态的相邻情况,每个立方体的顶点代表$\{x_1,x_2,x_3\}$的一种可能性。在0-valent的C和1-valent的C'间寻找一条路径,由于反证假设只存在0-valent或1-valent,所以路径中必然有相邻的两点C_0与C_1分别为0-valent和1-valent,如图6-2所示。

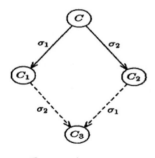

图6-1　引理一示例

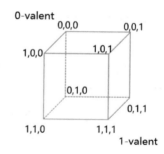

图6-2　引理二示例

因为C_0与C_1是相邻的,所以它们只有一个x_p不相等。此时假设存在的错误节点恰好是这个p,它不再从message buffer中获得信息,那么将其排除后两者状态是一样的。然而两个一样的状态,居然一个是0-valent,一个是1-valent,这显然是矛盾的。所以如果存在错误节点,系统初始状态不可能只有0-valent和1-valent,也即必然存在bivalent的初始状态。

引理三:假设一个bivalent的状态C,且消息$e=(p,m)$可应用于C。设G是在没有消息e的情况下从C开始可达状态的集合,设$D=e(G)$,那么集合D中包含bivalent的状态。

同样,反证法:假设D中只可能包含0-valent或1-valent,则e会把G中每一个状态变为一个

0-valent 或 1-valent 的状态。接下来我们会证明，D 总是同时包含 0-valent 和 1-valent。因为 C 是 bivalent 的，所以 C 可达 i-valent 的状态。下面分两种情况讨论。

（1）$E_i \in G$，那么有 $F_i = e(E_i) \in D$。

（2）C 到达 E_i 的方法有两种可能：①首先 $F_i = e(C) \in D$，然后 F_i 经过一系列步骤 σ 到达 E_i。②首先经过一系列与 $e=(p, m)$ 无关的步骤 σ 到达 $C' \in G$，然后 $e(C') = E_i$。考虑到引理一，②可以转化为①。所以必有 $F_i = e(C) \in D$ 可达 E_i。

对于上述两种情况总有 i-valent 的 $F_i \in D$，且要么 E_i 可达 F_i，要么 F_i 可达 E_i。因为 C 是 bivalent，而且假设单个进程 p 失效时依然可以达成共识，所以存在 i-valent 的 $E_i \in G$，i=0,1。假如 E_i 可达 F_i，那么 D 同时包含 i-valent 的 F_i，$i = 0,1$。假如 F_i 可达 E_i，当 $i = 0$ 时，F_0 不可能是 1-valent 的，因为 1-valent 的状态不可能跳转为 0-valent 的状态，基于反证法的假设，它也不可能是 bivalent 的，所以 F_0 必为 0-valent。同理，F_1 必为 1-valent，所以 D 同时包含 i-valent 的 F_i，$i = 0,1$。这就证明了 D 总是同时包含 0-valent 和 1-valent。

在 G 中找一对邻居 C_0 和 C_1，即 C_0 能通过一条消息 $e' = (p', m')$ 转变为 C_1，且 $D_0 = e(C_0)$ 为 0-valent，$D_1 = e(C_1)$ 为 1-valent。这样的邻居一定存在，否则说明 D 仅包含 0-valent 和 1-valent 中的一种。

当 $p \neq p'$，由引理一 e 与 e' 可交换次序，如图 6-3 所示。虚线代表转换为 $e'(D_0) = D_1$，然而从 0-valent 转换为 1-valent 是不可能的，矛盾。

如图 6-4 所示，当 $p = p'$，假设 p 是唯一的错误节点，此时仍应有不含 p 的一系列事件 σ 让 C 最终进入 univalent 的状态 A，也就是对二进制值作出决定。由于 D_0 和 D_1 分别是 0-valent 和 1-valent，所以经过 σ 后的 E_0 和 E_1 依然分别是 0-valent 和 1-valent。由于 σ 不包含 p，根据引理一，A 可达 E_0 和 E_1，但这和 A 是 univalent 是矛盾的。反证假设错误，即 D 一定包含 bivalent。

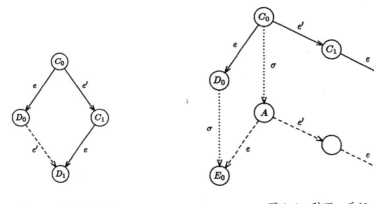

图 6-3　引理一变换　　　　　　　　　图 6-4　引理一反证

最后我们证明 FLP 不可能定理：由引理二，存在一个 bivalent 的状态 C。假设从 C 出发，经过事件 e 最终变成 univalent 的 C'。根据引理三，我们可以延迟 e，然后让状态进入集合 D。由于 D 中包含 bivalent，从 bivalent 的状态出发，永远有可能演变成一个 bivalent 的状态，共识无法达成。

区块链概论

6.1.3 CAP原理

FLP定理说明,在异步分布式系统中完全一致性是不可能的。但是现实工程中,我们可以在某些方面作出牺牲,来实现工程上可以应用的系统。CAP原理指出了我们应该如何做出权衡。

CAP原理指在一个分布式系统中,一致性(Consistency)、可用性(Availability)、分区容错性(Partition Tolerance)三者最多同时满足两者,如图6-5所示。

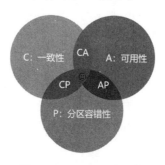

图6-5　CAP不可能三角

一致性指的是各节点数据保证一致。成功写入数据后,发生在写入之后的读请求必须读到最新数据。为了满足这一点,当某个客户向某个节点发出写操作的申请后,该节点需要向其他节点转发该消息,等到其他节点都完成写操作后,再向客户回复写操作成功的确认,如图6-6所示。

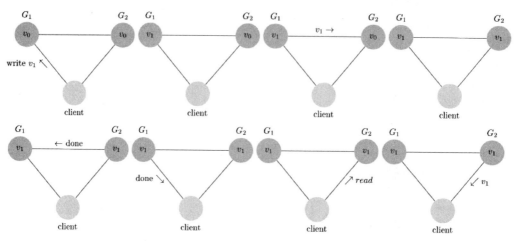

图6-6　一致性流程

可用性指的是系统中一个没有崩溃的节点收到客户的请求后,必须回应该请求。

分区容错性指各个节点间发送的消息在任意丢包的情况下,系统仍能正常工作。

CAP原理的证明非常简单。如图6-7所示,假设G_1、G_2之间连接断开,此时一个客户向G_1申请将某个值v_0更改为v_1,出于可用性的要求,G_1必须响应这个申请。之后客户向G_2申请读取该值,但是由于G_1无法将自己所做的更改告知G_2,G_2只能回复旧的值v_0。这个系统违反了一致性。

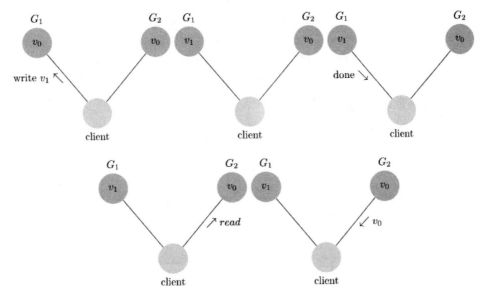

图6-7　CAP原理

因为最多满足两种特性,所以会出现下面3种情况。

(1)CA without P:单点系统就是满足CA,但是对于分布式系统,分区可能性永远存在,所以一般在满足P的基础上权衡C与A。

(2)CP without A:每个请求在节点间都要保持强一致性,如果发生分区,同步就可能无限延迟,导致服务不可用。像电子支付这种对一致性要求很高的应用,在系统故障时就会直接拒绝服务。

(3)AP without C:如果在节点间失去联系的情况下仍然要保证可用性,那么每个节点只能用本地数据提供服务,在这种情况下各个节点的数据可能不一致。Web缓存就属于此类,用户即使使用旧版本的网页也影响不大,而且最终都会更新为新版本。

《6.2　共识协议

6.2.1　公链共识机制

任何用户都可在无须审核授权的情况下自由加入或退出公链,因此不仅要考虑故障节点,还要考虑作恶节点。

一、PoW

PoW,即工作量证明,是比特币采用的共识机制。工作量证明的逻辑类似于现实工作中向老板证明自己的工作量,与其让老板持续监测工作过程,不如直接拿出工作结果。在比特币系统中,拿出"解题"结果的节点就会获得记账权和区块奖励,而题目就是遍历区块头中的Nonce,找到一个数使区块头的两次哈希后的值小于目标值。显然,目标值越小难度越大,二者成反比关系。每2016个区块会更新一次难度值,更新公式为(单位为分钟):

$$新难度值 = 旧难度值 \times \frac{过去2016个区块花费时长}{20160}$$

由上式可知,每次难度调整都在尝试让出块时间保持在10分钟左右。如图6-8所示,假如有两个矿工A和B同时挖出第 N 个区块,这一结果将向全网广播。部分矿工先收到 A 链的新区块,有些则先收到 B 链的新区块。而矿工们接收到消息就会停止挖第 N 个区块,开始第 $N+1$ 个区块的挖掘,延伸 A 链或 B 链。率先挖出第 $N+1$ 个区块的一方将形成更长的链,再将 $N+1$ 个区块的结果向全网广播,矿工们开始在胜出的链上投入 $N+2$ 个区块的挖掘,而另一方则被矿工们废弃。

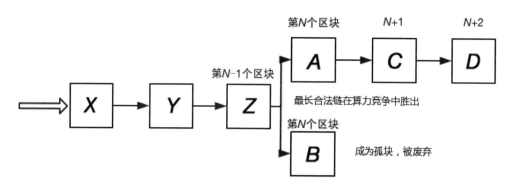

图 6-8　PoW 机制

这种投票方式有诸多优点。

首先,它无须各个矿工回复同意的投票,减轻了网络压力。

其次,避免了统计得票率的麻烦,不必存在权威计票人,也不需要知道具体有多少节点存在网络中。

最后,实实在在的算力保障系统的安全。伪造同意的消息比较简单,但是拥有大量算力必须花费大量金钱。只认可最长合法链的共识,使矿工们最经济的选择就是在新区块挖掘后延长该链。因此只要诚实节点掌控的算力大于串通攻击者的算力,那么系统就是安全的,因为攻击者如果想要对某个已经出现的区块进行修改,那么它还必须完成之后所有区块的工作量。

攻击者完成之后所有区块的工作量,追上诚实链的难度或说概率具体分析如下。

攻击者追上诚实链的过程可以用二叉树随机漫步来描述。设 p 为诚实链拉开一个区块距离的概率, $q = 1-p$ 为攻击者追上一个区块的概率,那么攻击者成功填补 n 个落后区块、完成攻击的概率可以表示为

$$f(n) = \begin{cases} 1, & p \leqslant 0.5 \\ (\dfrac{q}{p})^n, & p > 0.5 \end{cases}$$

$p > 0.5$ 时意味着诚实矿工算力更大,但假如攻击者运气够好,它依然有机会完成攻击,就好像赌场里输的概率更大,但总有幸运儿会赚一笔一样。由于领先0个区块时攻击成功,领先无穷个区块时不可能完成攻击,所以有 $f(0) = 1, f(\infty) = 0$。同时,领先 n 个区块被超过的概率,相当于以下两个事件

的概率和：①拉开一块距离，再以领先 $n+1$ 块的优势输掉；②被追上一块距离，再以领先 $n-1$ 块的优势输掉。即 $f(n)=pf(n+1)+qf(n-1)$。因此 $f(n) - f(n-1) = \left(\dfrac{q}{p}\right)^{n-1} (f(1) - f(0))$。递减 n 直到 1 并求和得：

$$f(n) - f(1) = \left(\frac{q\left(1 - \left(\dfrac{q}{p}\right)^{n-1}\right)}{p - q}\right)(f(1) - 1)$$

当 $n = \infty$ 时，代入可解得 $f(1) = \dfrac{q}{p}$，由此可知，$f(n) = \left(\dfrac{q}{p}\right)^n$。

$p < 0.5$ 时意味着攻击者算力多于一半，攻击必然成功。有趣的是，$p = 0.5$ 时攻击依然必定成功，与我们常听说的"51%攻击不同"。这是因为在双方算力相等的情况下，两条链的长度差将进行一维随机漫步。当随机漫步经过 0 时，攻击者生成的链与诚实链一样长，有些单纯逐利矿工会加入攻击者这一边，因为它们只认链的长度，不做"恶意"或"诚实"之类的主观判断。由于攻击者在自己的链更短时仍然坚持挖矿，而那些单纯逐利矿工在诚实链更短（或等长）时可能倒向另一方，攻击者其实是占优的。事实上，如果矿工都是单纯逐利的，自私挖矿（Selfish Mining）可以通过掌握至少 1/4 算力，就能完成攻击。

假设攻击者打算赖账，并且在广播交易的同时就开始准备修改该交易的平行链，那么当收款人等待 z 个确认后（诚实链产生 z 个区块），攻击者产生的区块个数将是个期望为 $\lambda = z \times \dfrac{q}{p}$ 的泊松分布，将追上的可能性加权求和，得到赖账的成功率为 $\sum_k \dfrac{\lambda^k e^{-\lambda}}{k!} f(z - k)$。当 $q < p$ 时，随着 z 的增加，赖账成功率呈指数衰减，等待多个区块确认后，可以在概率上认为这份账本为大家所确认。在这里，比特币采用的 PoW 共识机制牺牲了强一致性，获得高可用性和分区容错性，从而达到最终一致性——比特币的交易账本会随着时间的推移最终达到一致。PoW 完全去中心化，节点自由进出，攻击系统成本很高。但是它浪费资源，而且矿池的出现违背了去中心化的初衷。

二、PoS

PoS，即权益证明，由 Peer Coin 最先采用，并且以太坊也开始由 PoW 转向 PoS。它的出现解决了持币人对于系统没有话语权、矿工用户利益不一致的问题，并且无须浪费大量计算资源。

假如一个用户持有 n 个代币 t 天，那么可以定义币龄为 $n \times t$。币龄越长，拥有的权益越大。拥有权益的节点可以将自己的权益放入 PoS 机制中去竞争记账权，权益越大被选中的概率越高。比如有的实现方式是利用权益调整 PoW 中的难度值，权益越大，难度值越小，也就更容易出块。

PoS 优势：PoS 除了环保外，性能也比较高。因为无须解题，所以拿到交易后可以很快地打包并广播，其延迟主要受限于网络因素。此外 PoS 还更加安全。首先，因为一般而言，获得总量某个比例的代币，比获得总量某个比例的算力成本要高得多。其次，有恒产者有恒心。拥有某个系统越多的代币，出于经济利益考量，越不容易作恶，因为作恶会导致自己代币价值的大幅缩水。但是 PoW 作恶的

代价小得多,比如BTC中的大矿池可以切换算力去攻击总算力较低的BCH,攻击完成后又可以切换回BTC。

但是PoS机制也有许多不足,比如PoS分叉的成本几乎为0。在PoW中,两条分叉的链在一方占据优势时,大量逐利的矿工会倒向优势的一方,因为如果把算力浪费在劣势的链上,很可能一无所获,而算力是需要电力成本的。然而,如果是PoS系统,并且你手中的币不多,你可能就不那么在乎系统的整体利益,那么你将很有动机发动一种无风险攻击(Nothing-at-stake Attack)。这种攻击正如它的名字,即使失败了也没有什么关系。这种攻击指一个矿工在最长链挖矿的同时,还创造了一个分支,只在自己的区块上挖矿。在PoW中这么做是不值得的,但是PoS看重的是币龄而不是算力,只需要做几个简单的签名之类的加密计算就可以了,即使失败了也没什么损失,在分支挖矿不会影响自己在最长链上的币龄。同理,你不仅有动机发起分叉,而且当其他人发起分叉的时候,你也有动机参与到这个分叉。理由是相同的,成本几乎为零,如果运气好这个分叉成功了,那么你就赚了。

6.2.2 联盟链共识机制

在联盟链的共识机制中,记账权竞争既无须工作量证明,又无须权益证明。为何如此?因为联盟链的核审准入机制能够防范女巫攻击(Sybil Attack)。女巫攻击指的是单个节点模仿成多个节点,就好像常见的用多个IP刷量一样。因为无从在虚拟世界中认定一个人的身份,所以公链才被迫采用工作证明和权益证明,因为这些东西难以伪造。联盟链的核审准入机制使它的共识机制具有更高的性能和更少的资源消耗。

依据是否容忍拜占庭错误,联盟链的共识算法可以分为BFT类算法与CFT类算法,进一步细分如图6-9所示。

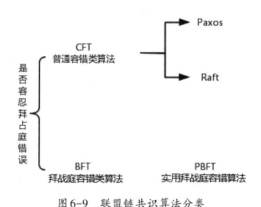

图6-9　联盟链共识算法分类

一、BFT

BFT(Byzantine Fault Tolerance),即拜占庭容错,是一种常见的联盟链共识机制。

解释这一机制需要引入拜占庭将军问题。拜占庭将军问题是莱斯利·兰伯特(Leslie Lamport)用来描述分布式系统一致性问题的例子。问题描述如下:拜占庭帝国派出了 n 支军队去包围敌军,军队间依靠通信兵来协商行动计划。但是 n 名将军中可能有 m 个叛徒,叛徒会尝试阻止忠诚的将军达成一致。这里假设信道是可靠的,因为信道不可靠的情况下此问题无解。

我们现在需要一个共识机制保证以下两点:①忠诚将军对某个提案达成共识。②叛徒不会导致忠诚将军的共识是个"坏计划"。注意,我们永远无法保证选出来的计划是过半忠诚将军同意的。假设51%的忠诚将军希望进攻,49%的忠诚将军希望撤退,那么显然一小撮叛徒就可以通过他们的投票来让最终计划是撤退。但这种情况下我们不会称撤退是个"坏计划",因为有不少忠诚将军本身就同意撤退。

我们可以设想一种最简单的协议:每个将军将自己的提案 v_1 发送给其他所有人,然后每个人按照少数服从多数的决策函数得到某个结果。如果大家接收到的提案都一样,那么结果也是一致的:

$$\text{decision} = \text{majority}(v_1, v_2, \cdots, v_n)$$

遗憾的是,叛徒会给不同节点发送不同的消息,对有的人说自己希望进攻,对有的人说自己希望撤退。也就是说每个人接收到的 v 可能是不同的,所以最终作出的 decision 也可能不同。在这里,我们明确描述下叛徒的行为:叛徒会对不同节点发送不同的提案,因为只有这样,才能扰乱各个将军的决策。都进攻或都撤退都算是算法成功了,只有不一致(有进攻有撤退)才算失败。

在这个期望的协议中,有两点要求:①设 v_j^i 为第 i 个将军认为的第 j 个将军的提案。为了保证每个按算法忠实行动的将军都能达到相同的决定,需要它们的 $(v_1^i, v_2^i, \cdots, v_n^i)$ 都一致。②忠诚将军 j 的提案必须正确地传达到忠诚将军 i 的手中,即 $v_j^i = v_j$。但是对于叛徒 k 的提案只需要 $v_k^i = v_k^j$ 来满足①,因为叛徒没有唯一确定的 v_k。

兰伯特将上面的问题转化为一个司令-副官问题。但是下面会用发言者代替司令,听者代替副官,因为发言者的声明不一定被听取,这与"司令"这个词所带有的权威性冲突。之所以问题能如此转化,是因为发言者-听者问题将原问题划分为 N 个子问题:对于每个将军,忠诚的发言被听者听取,就保证 $v_j^i = v_j$;对叛徒的发言最终共识一致,就保证 $v_k^i = v_k^j$。这个算法有个递归的结构,这个结构源于以下事实。

①发言者对 n 个听者分别发送消息,但是每个听者都不清楚发言者给他们的信息是不是一致的,于是他们应该互相交换信息,也就是每个听者应告知剩下 $n-1$ 个听者发言者对自己说了什么。

②但是某个听者 a 告知剩下 $n-1$ 个听者它收到什么时,a 就好像一个发言者,a 也可能散播不同版本的消息,所以剩下 $n-1$ 个听者之间也应该互相交换信息,这就回到跟①一样的结构。对于 m 个叛徒,要递归深度为 m,下面将举例来帮助理解这个抽象的算法。

假设叛徒有 $m=3$ 个,则至少要求 $n=3m+1=10$ 个将军,记为 $g_0, g_1, \cdots, g_9$。将其划分为10个子问题。第一个子问题要求 g_0 的提案 v_0 在 $g_1, \cdots, g_9$ 忠诚者中达成共识,即 $v_0^i = v_0^j$,i,j 忠诚。此时处于递归第一层 OM(3)。分两种可能,第一种可能:g_0 是叛徒。那么它对 $g_1, \cdots, g_9$ 分别发送信息 $a,b,c,\cdots,h,i$,这里面的字母各不相同,表示它们收到的版本各不相同。现在,$g_1, \cdots, g_9$ 开始交换信息,只要交换信息后忠于算法的将军能得到相同的 v_0(而不管 v_0 具体是什么),就算子问题达成共识。

现在我们处于 OM(3) 的听者信息交换阶段,它被视为递归的第二层 OM(2)。OM(2) 可以被划分为9个子问题。第一个子问题是 g_1 向 $g_2, \cdots, g_9$ 声明它从 g_0 收到的值,这个值需要在 $g_2, \cdots, g_9$ 忠诚者中达

成共识。我们不妨先考虑 g_1 是忠诚的情况，g_1 忠实地向 $g_2,\cdots,g_9$ 告知自己从 g_0 收到 a。

现在我们处于 OM(2) 的听众信息交换阶段，它被视为递归的第三层 OM(1)。OM(1) 可以被划分为 8 个子问题。第一个子问题是 g_2 向 $g_3,\cdots,g_9$ 声明它上一层从 g_1 收到的值，这个值需要在 $g_3,\cdots,g_9$ 忠诚者中达成共识。我们假设剩下两个叛徒是 g_8、g_9，那么 g_2 是忠诚的情况。g_2 忠实地向 $g_3,\cdots,g_9$ 告知自己从 g_1 收到 a。

现在我们处于 OM(1) 的听者信息交换阶段，也是递归的最底层。交换信息时，都会忠实地告诉其他人它们从 g_2 收到。但是会发送任意可能的值（我们不关心叛徒之间互相发送什么值，因为它们本来就不按照算法约定行事），比如发给其他人 g_9。现在我们考察忠诚将军的情况。虽然它们接收到的信息可能各不相同，但是少数服从多数的情况下 majority(a,a,a,a,x_i,y_i) 都是一样的。现在忠诚将军对 g_2 从 g_1 收到达成了共识，同理，对从 g_1 收到也能达成共识。为什么这里我们能直接把多数答案当作结果？因为每一次从 OM(m) 到 OM$(m-1)$ 都排除了一个节点。就算每次排除的都是诚实节点，从 OM(m) 到 OM(1) 原来的 $2m+1$ 个诚实节点还剩下 $m+1$ 个，依然多于叛徒 m 个。

OM(1) 中剩下的子问题是对 g_8、g_9 从 g_1 收到什么能否达成共识（答案是否）。假设 g_9 分别欺骗 $g_2,\cdots,g_7$ 自己从 g_1 收到的是 $p_2,\cdots,p_7$，那么接下来进入 OM(1) 的听众信息交换阶段。$g_i, i \in \{2,3,\cdots,7\}$ 会诚实地告知其他人自己 g_9 收到 p_i，但是 g_8 这个叛徒会向 $g_2,\cdots,g_7$ 分别发送虚假信息，声称自己从 g_9 收到 $q_2,\cdots,q_7$。现在我们考察忠诚将军 $g_2,\cdots,g_7$ 的情况。$g_i, i \in \{2,\cdots 7\}$ 从 g_9 收到 p_i，从 $g_j, j \in \{2,\cdots 7\}$ 且 $j \ne i$ 收到 p_j，从 g_8 收到 q_i。综合就是收到 $(p_2,p_3,p_4,p_5,p_6,p_7,q_i)$。在这种情况下，无法保证 majority$(p_2,p_3,p_4,p_5,p_6,p_7,q_i)$ 相同，所以忠诚将军 $g_2,\cdots,g_7$ 对于 g_8、g_9 从 g_1 收到什么各有看法。现定义 g_{281} 表示 g_2 对 "g_8 从 g_1 收到什么" 的看法，以此类推。

现在我们完成了 OM(3) 的所有子问题。对于忠诚将军，它们自己从 g_1 收到 a，同时对其他忠诚将军从 g_1 收到 a 达成共识。但是对于叛徒 g_8、g_9 从 g_1 收到什么没有达成共识。所以可以列出它们的状态。

g_2:majority$(a,a,a,a,a,g_{281},g_{291})$

g_3:majority$(a,a,a,a,a,g_{381},g_{391})$

$\cdots$

g_7:majority$(a,a,a,a,a,g_{781},g_{791})$

可以发现，忠诚的将军对于 g_1 发送的消息能够达成共识 a，也就是说它们都认同 g_1 从 g_0 收到 a。因为 $g_2,\cdots,g_7$ 也是忠诚将军，所以 OM(2) 中关于 $g_2,\cdots,g_7$ 的子问题也能得到解决。也就是说忠诚将军达成共识：g_2 从 g_0 收到 b，g_3 从 g_0 收到 c……剩下的问题是它们能否就叛徒 g_8、g_9 从 g_0 收到什么达成共识（答案为肯定的）。

虽然 g_9 从 g_0 收到 i，但是它作为叛徒不会遵守算法，而是分别向 $g_1,\cdots,g_7$ 声明自己从 g_0 收到 $t_1,\cdots,t_7$。现在进入 OM(2) 中的信息交换阶段，也就是 OM(1)。可以划分为 8 个子问题。第一个子问题是就 g_1 从 g_9 收到什么达成共识。g_1 告知 $g_2,\cdots,g_8$ 自己收到 t_1，然后进入 OM(1) 中的信息交换阶段。因为 g_1 是诚实的，$g_2,\cdots,g_8$ 只有 1 个叛徒，所以最终结果是忠诚将军对于 g_1 从 g_9 收到 t_1 达成一致。剩下 7 个子问

题中关于 $g_2,\cdots,g_7$ 的 6 个也是一样的，最终结果是忠诚将军对于 g_i 从 g_9 收到 t_i 达成一致 $i=1,\cdots,7$。那么最后一个子问题中，忠诚将军能够就叛徒 g_8 从 g_9 收到什么达成一致吗？答案是可以。设 g_8 向 $g_1,\cdots,g_7$ 发送 $k_1,\cdots,k_7$，因为 $g_1,\cdots,g_7$ 都是忠诚的，所以交换消息后大家能得到同样的结果序列，再取多数的结果可以得到相同的 $\mathrm{majority}(k_1,\cdots,k_7)$。所以大家就 g_8 从 g_9 收到什么达成一致。因为忠诚将军就 $g_1,\cdots,g_8$ 从 g_9 收到什么都达成共识，所以可以认为 g_9 发送的值为 $r_9 = \mathrm{majority}(t_1,\cdots,t_7,\mathrm{majority}(k_1,\cdots,k_7))$。同理也可以对 g_8 发送的值 r_8 达成共识。

最终我们回到了递归的最上层 OM(3)。忠诚将军已经对 $g_1,\cdots,g_9$ 分别从 g_0 收到什么达成了共识。那么每个忠诚将军 i 可以最终决定 g_0 的提案 v_0^i。对于所有忠诚将军都有：

$$v_0^i = \mathrm{majority}\left(a,b,c,d,e,f,g,r_8,r_9\right) \quad i \in \{1,2,\cdots,7\}$$

忠诚将军就叛徒 g_0 的提案实现了 $v_0^i = v_0^j$ 的共识。读者可以自行证明忠诚将军能够就其他忠诚将军 j 达成 $v_j^i = v_j$ 的共识。每个忠诚将军都得到了相同的 $\{v_1,v_2,\cdots v_N\}$，自然可以就最终方案达成共识。

原始拜占庭算法的复杂度是指数级的。因为 OM(m) 可以递归为 $n-1$ 个 OM($m-1$) 问题，OM($m-1$) 可以递归为 $n-2$ 个 OM($m-2$)，所以复杂度可以表示为 $\mathrm{OM}(m) = (n-1)(n-2)\cdots(n-m+1)\mathrm{OM}(1) = O(n^{m-1})$。复杂度过高，实际现实中难以应用。

二、PBFT

芭芭拉·利斯科夫（Barbara Liskov）等人在 1999 年提出实用拜占庭容错算法（PBFT）。它的容错能力同 BFT 一样，也是能在 $3f+1$ 个节点中容忍 f 个拜占庭节点。

它的节点提供具有确定性的副本复制服务，不仅能读写，而且能基于状态和操作参数进行确定性计算。客户端发出请求后会受到阻塞并等待回复，目标是获得正确、可信的结果。某个副本作为主节点，其他副本作为备份，被称为系统的一个 view。v 是不断递增 1 的整数，主节点的编号为 $n_{\mathrm{primary}} = v \bmod N$，$N$ 为节点总数。假如主节点超时，就切换到下一个 view。

从状态机的角度看，假设一开始各个节点状态相同，那么给予相同的输入序列后，它们的状态依然相同。所以主节点收到请求 m 时，除了将其保存在本地日志并广播外，还要给它分配一个序号。将这称作 pre-prepare 阶段，其消息格式为

$<<\mathrm{PRE-PREPARE},v,n,d(m)>,m>$

其中 v 是 view 编号，n 是请求 m 的序号，$d(m)$ 是 m 的消息摘要。其他节点收到这个消息后，首先做签名验证，之后确认在视图 v 中还没有收到序号为 n 的其他消息。此外 n 需要在当前接收窗口内。如上面的检查都通过，则节点 i 接受这条信息并记入日志，进入 prepare 阶段并广播 prepare 信息 $<\mathrm{PREPARE},v,n,d(m),i>$。

节点收到 prepare 消息后，同样会验证签名、检查当前 view、序号 n 是否在窗口内。验证通过则接受消息。假如一个节点拥有消息 m、关于 m 的 pre-prepare 消息、$2f$ 个其他节点的 prepare 消息，它进入 prepared 状态，可以确保消息 m 有全局一致的顺序。

（1）对正常节点不能同时有 m、m' 序号都是 n。

（2）正常节点对于 m 的序号 n 达成共识。

两者都可用反证法证明。以第一个为例,若某个正常节点认为m的序号是n,说明有$2f+1$个节点发送$<$PREPARE,$v,n,d(m),i>$,同理还有$2f+1$个节点发送$<$PREPARE,$v,n,d(m'),i>$。由于总结点只有$3f+1$个,至少有$f+1$个节点两个消息都发送了,也就是存在$f+1$个拜占庭节点,这与容错条件是矛盾的。

节点进入prepared状态后,会广播commit消息:

$<$COMMIT,$v,n,d(m),i>$

prepared节点收到并验证$2f+1$个commit消息后,系统对于消息m有了全局一致的顺序,可以执行消息中的命令并将返回值返回给客户。流程示意如图6-10所示,其中3表示发生了故障。

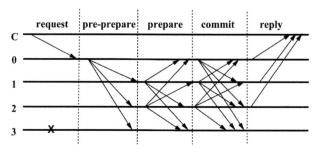

图6-10　prepared节点验证流程

由于日志空间有限,需要每隔一段时间设定checkpoint。当一个节点执行完第n个消息后,广播$<$CHECKPOINT,$n,d,i>$,其中d是当前状态的摘要。节点收到$2f+1$个checkpoint消息后,产生一个本地的checkpoint,清除比n小的消息,然后将接收消息的窗口调整为$[n,n+windowsize]$。显然,不同节点的速度不同,假如某个节点处理到了窗口上限,它就会停下等待比较慢的节点。窗口机制避免了不同节点状态差异过大。

假如有节点检测到主节点超时或作恶,它会发送viewchange消息: $<$VIEWCHANGE,$n,C,P,i>$。

n是最近一个checkpoint对应的序号,C是该checkpoint的$2f+1$个checkpoint消息集合,用来证明它是真实的。P是消息集合,它包含了所有序号大于n的消息m的1个pre-prepare消息和$2f+1$个prepare消息。i是节点的序号。

假如新的主节点$n_{primary} = (v + 1)\bmod N$收到$2f$个有效的viewchange消息,就会广播$<$NEWVIEW,$v + 1,V,O>$。$V$是viewchange消息集合,相当于用选票来证明自己的合法性。O是未完成的pre-prepare消息集合,它们的序号最小从V中最小的checkpoint开始,最大到V中最大的消息编号。假如能找到对应序号的消息m,则向O加入:

$<<$PRE - PREPARE,$v + 1,n,d(m)>,m>$

假如找不到对应序号的消息m,则向O加入:

$<<$PRE - PREPARE,$v + 1,n,d(null)>,null>$

副本收到主节点的newview消息后,如果通过验证,则自己进入$v+1$的新view,然后开始处理O中的pre-prepare消息。

三、CFT

上述算法都是拜占庭容错的,而诸如Paxos、Raft则是非拜占庭容错的异步系统共识机制,统称为容错(Crash Fault Tolerance,CFT)类算法。根据FLP理论,它们在出现故障节点的情况下,是有可能进入死循环而无法结束的。然而由于其概率很低,在放宽可终止性要求的情况下,可以在工程上实现可用的异步网络中的共识机制。

四、Raft

一个Raft系统中,各个节点可能处于以下3种状态中的一种:领导者、候选人、追随者。正常情况下只有一个领导者,剩下的都是追随者。追随者的被动响应来自领导者和候选人(如果有的话)的请求,如果有客户与它通信,它也仅仅是把客户的消息转发给领导者,最终由领导者统一处理所有来自客户的请求。只有在接收不到领导者的消息并且计时器超时后,一个追随者才会变成候选人,尝试竞选领导者。如果它获得了大部分选票,则成为新的领导者。图6-11展现了这3种状态的转换,更具体的规则会在下面讨论。

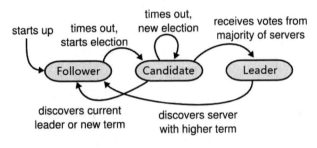

图6-11　3种状态的转换

每一次进行选举都是进入一个新的任期(term),用连续递增的整数表示。由于可能有多个候选人,有可能没有任何一个候选人能获得大多数选票。在选举超时后,这轮term没有选出领导者,就会开始下一轮term,重新尝试选举。每个节点都储存了当前term的值,并且在与其他节点通信时会交换这个值。如果一个节点收到比自己更大的任期号,它会以此更新自己的任期号,如果收到比自己更小的任期号,它会拒绝此次请求。如果领导者收到比自己更大的任期号,它知道产生了新的领导者,就会转换为追随者状态。

Raft中的节点通过远程过程调用(RPC)来通信。AppendEntries RPC由领导者发送,用于复制日志条目。RequestVote RPC由候选人在选举期间触发。一个节点初始化状态为追随者,只要它还能收到来自领导者的RPC,就会保持追随者状态。而领导者也会周期性发送空的AppendEntries RPC,作为心跳包来保证自己的领导地位。如果一个追随者在一段时间内没有收到来自领导者的RPC,就会假定没有可用的领导者并开始一次选举。它将自己转换为候选人,自增任期号,给其他节点发送RequestVote RPC。它将一直处于该状态,直到有人赢得选举或超时。一个任期内,一个节点最多给一个候选人投票,如果某个候选人获得大多数选票,则它成为领导者并向所有节点发送心跳包来建立领导地位。

领导者接受客户请求,并把请求中要求执行的命令加入日志,然后向其他节点发起

AppendEntries RPC，要求他们复制这个日志条目。大多数节点完成复制后，称这个条目状态为 committed。这时领导者就会对状态机执行这条命令，并且返回结果给客户。领导 RPC 包会包含处于 committed 状态最大的索引值，这样追随者就知道这个条目（及它之前的全部）都已经处于 committed 状态，他可以对自己的状态机执行这条（这些）命令。通过这种机制，我们能够保证日志匹配性（Log Matching Property），即对于不同日志中两个拥有相同任期号和索引值的条目，满足以下两点。

（1）它们储存相同的命令。

（2）它们之前的条目都相同。

因为一个任期的领导者对一个条目给予唯一的索引值，所以第一点可由此直接保证。对于第二点，由 AppendEntries RPC 的一致性检查保证。AppendEntries RPC 在要求追随者复制某个条目时，会将前一个条目的任期号和索引值包含在内。如果追随者在自己的日志中没有找到这样的条目，他就会拒绝新条目。由归纳法可知，若初始状态为空，且增加第 n 个条目时第 $n-1$ 个条目相同，那么双方 n 之前的日志将保持一致。正常情况下，领导者和追随者的日志是一致的，但是当没将自己所有日志都复制完毕就崩溃的时候，不一致就会出现。不一致出现时，领导者要求追随者复制自己的日志并重写（overwrite）。

显然，这种粗暴的做法有一定危险性，为此我们需要保证任何领导者都拥有全部之前任期已经 committed 的日志条目，因为 committed 的条目是绝不能被重写的。为此我们要求节点在发现自己的日志比候选人的日志新的时候，拒绝为他投票。要成为领导者需要获得大多数投票，而 committed 的日志条目至少存在于某个投票者的日志内。如果候选人跟大多数人的日志一样新（或更加新），那么它包含所有 committed 的日志条目。要比较谁的日志新，首先看任期号。任期号更大的日志更新。如果任期号一样，则日志更长的更新。

我们用反证法来说明为什么这样就能保证新的领导者一定包含全部之前任期已经 committed 的日志条目。首先假设任期 T 的领导者 t commit 了一个条目，但是这个条目没有被未来的某个领导者所有。再假设没有这个条目的领导者中任期最小的是 U，那么我们知道 T 之后 U 之前的领导者也保存了该 committed 日志条目。第一，任期 U 的领导者 u 在竞选时就没有保存该条目，这是因为领导者不可能删除重写自己的条目。第二，因为大多数节点接受了 committed 条目，而大多数节点也投票给 u，所以至少存在一个节点 x 接受了该条目，还投票给 u，这个节点将是矛盾关键。第三，接收 committed 条目不可能发生在投票给 u 之后，因为任期号 $T < U$，来自 t 的 AppendEntries RPC 将被拒绝。第四，节点 x 在投票给 u 时依然储存着 committed 条目，这是因为 U 之前的领导者也保存了该 committed 日志条目，所以不会把 x 接收到的条目重写。第五，x 投票给 u，则 u 的日志跟 x 一样新（或更新）。分两种情况讨论。

（1）x 和 u 最后条目的任期号一样，但 u 的日志不短于 x，所以 x 有的条目 u 一定有，但这与 x 拥有 u 没有的 committed 条目矛盾。

（2）u 的最后条目的任期号更大。由于 T 之后 U 之前的领导者也保存了该 committed 日志条目，所以该领导者在为 u 创造一个任期号更大的条目时，根据前面讲到的日志匹配性，u 也必须包含 committed 条目，这也将造成矛盾。

由此得证，任期 T 之后的领导者都会包含任期 T 提交的条目。这就说明了 Raft 算法能够保证副本与主节点一致,且主节点切换时已提交的条目不会被重写。

6.2.3 联盟链常用共识机制架构

一、Hyperledger Fabric

Fabric的架构中,节点被赋予了3种角色:排序节点、背书节点与提交节点。其中,排序节点只负责交易顺序的共识,采用的是Kafka(由于Kafka自身的劣势,Fabric 2.0后已不支持Kafka)或Raft的共识方式;而交易的状态共识是由客户端、背书节点与排序节点完成。

二、FISCO BCOS

FISCO BCOS与Fabric不同,它不仅使用了Raft,还使用了拜占庭容错机制(包括PBFT/RPDFT),可以提供1/3的容错率。FISCO BCOS将链上的节点分为共识节点、只读节点和游离节点,3类节点如表6-1所示。

表6-1 节点介绍

共识节点	拥有记账的权利
只读节点	拥有查阅所有数据的权利
游离节点	完成网络准入但没有加入群组的节点,不参与共识和同步

《6.3 分叉

前面提到,两个矿工在相近时间内挖出两个不同但却都可行的区块会导致链的分叉。我们把这称为状态分叉(state fork),也就是说区块链当前的状态出现了分歧。分叉攻击也属于上面这种。

另外一种分叉是协议发生了改变。如图6-12所示,在去中心化系统中,无法保证所有节点都对软件进行升级。它们可能是因为来不及或不知道要升级,也可能是它们对于协议的修改不满而拒绝升级。这时,社区的共识就分裂了。这种因为不同版本协议同时存在造成的分叉叫作协议分叉(protocol fork)。根据对协议修改的内容的不同,可以继续分为硬分叉和软分叉。换句话说,旧节点是否能够认可新节点产生的区块,这个结果也就区分了硬分叉与软分叉。无法认可的情况就是硬分叉,反之则是软分叉。

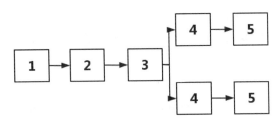

图6-12 分叉示例

6.3.1 硬分叉

如果对协议增加一些新的特性,那些没有升级的节点就会认为这些特性是非法的。没有升级的节点无法验证已经升级的节点生产的区块,这就叫作硬分叉。

举一个例子就是比特币中的区块大小限制。比特币将区块大小限制为1MB,但有些人认为太小了,限制了TPS。2017年,Bitcoin Cash区块链与主链分离,新的加密货币的默认区块大小为8MB,并且区块容量的大小可以动态调整。但旧节点将区块大小限制在1MB,新的加密货币区块就无法被旧节点认可。在不同客户端(有不同协议与规则)的矿工由于新节点产生的区块无法向前兼容,将在两条不同的区块链上运行。

硬分叉的过程具体如图6-13所示。

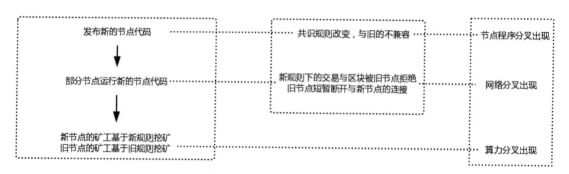

图6-13　硬分叉过程

在硬分叉的情况下,就算99.9%的算力都是新节点,0.1%旧节点仍旧会维护一条不同的链,因为旧节点无法将新节点视为合法。

理论上,硬分叉违背了区块链所谓“抗篡改”的特性,对规则认同构成挑战。从理论上来说,任何人都可以修改程序、改变协议内容,只不过实际上这种做法很可能无法得到其他参与者的认可,最终变成浪费电力的自娱自乐。

6.3.2 软分叉

软分叉的情况则与硬分叉相反,旧节点认可新节点,新旧双方将在同一条链上运行。当发布的新协议与旧版本不能兼容时,也就是新节点无法接受旧节点的全部或部分区块时,由于新节点的算力较大,旧节点将无法被认可,这时候就出现了新旧双方在同一条链上运行的软分叉。软分叉出现的原因是新节点较旧节点更为严格。

可以看出,软分叉要求旧节点将新节点的区块视为合法,这就需要有向前兼容的设计。向前兼容其实就是对旧节点进行欺骗,使旧节点判断新版本的协议与老版本的协议一致,进而得到新旧双方在同一条链上运行的结果。

例如,中本聪发布的比特币系统中,预留了一个4字节的空间,这个空间没有被明确定义与使用。2016年,比特币进行了一次升级,就是利用了这一空间增加了智能合约。在旧版本协议中未被明确定义的这一字段就能够骗过旧节点。因此,区块链并不会如硬分叉一般变作两条。但软分叉的操作空间是受限的,不如硬分叉自由。

为了进一步展示软分叉在操作上的局限性,我们回到之前在硬分叉中的"比特币将区块大小限制为1MB"的例子。软分叉永远无法将区块数据结构中的区块大小进行重新定义,不可能突破"比特币将区块大小限制为1MB"这一限制。因此,为了满足对更大的升级空间的需求,硬分叉或许是不得不为之的选择。而当前比特币系统内各种字段都被用尽,向前兼容的努力就被牢牢束缚在对现有字段重新定义的枷锁上。

延伸阅读:Algorand

Algorand是麻省理工学院教授希尔维奥·米卡利(Silvio Micali)于2016年提出的一个区块链协议,主要是为了解决比特币区块链采用的PoW共识协议存在的算力浪费、扩展性弱、易分叉、确认时间长等不足,并且宣称能够解决区块链项目存在的"不可能三角"问题。Algorand由algorithm和random两个词合成,顾名思义是基于随机算法的公共账本协议。它整合了PoS、可验证随机函数(VRF)、拜占庭协议,实现高TPS的同时保持去中心化与隐私性。

Algorand的主要性质有以下几个方面。

(1)所需计算量很少,无论系统中有多少用户,每1500个用户只有一个人需要执行几秒钟的计算。

(2)新区块在10分钟内产生,并且事实上不会因分叉而回滚。产生区块的时间小于$\Lambda + 12.4\lambda$。Λ是以点对点散播(peer-to-peer gossip)方式传播一个区块的必要时间,λ是传播1500个200B长度的消息所需要的时间。在分布式系统中Λ是固有的延时,网络速度是区块产生的限制因素。

(3)区块链分叉概率低于十亿分之一,新区块中的交易可以马上被接受。

(4)所有权力属于用户,没有外部实体(如比特币中的矿工)来决定哪些交易会被接受。

Algorand有以下几个技术特点。

(1)新的快速拜占庭共识算法。Algorand通过一种新的、基于消息传输的二进制拜占庭共识协议(Byzantine Agreement,BA)来产生新的区块,这种算法称为BA*。

(2)密码学抽签(Cryptographic Sortition)。Algorand在所有用户中选取一个子集参与到算法BA*。为了避免中心化,每一个新的区块都会由另一群验证者(Selected Verifiers,SV)来执行BA*并达成共识。其中领导者(相当于特殊的验证者)负责提议新区块,其余验证者对领导者的提议达成共识。Algorand用密码学保证验证者是随机的。

(3)种子。Q^r Algorand根据上个区块B^{r-1}来选取B^r的验证者。攻击方就可以在之前的区块通过选择某些交易,来操纵下一个区块领导者的选择。这样即使攻击方只掌握少数的代币/代表,也可以控制系统。为此,就需要引入随机种子,通过某种方式构造并更新种子Q^r,且能保证这个种子不可预测,并且不会被攻击方影响,Algorand将基于这个种子进行秘密密码学选举,选择参与下一个区块生成的验证者。

(4)秘密密码学选举(Secret Cryptographic Sortition)和秘密资格证书(Secret Credentials)。假如选

举是公开的,那么攻击方可以根据 B^{r-1} 和 Q^{r-1} 来计算出验证者。假设 Algorand 的攻击方能够在任何时刻攻击任何用户,所以攻击方就会在它们生成 B^r 前攻击所有验证者,完全控制新区块的生成。为此,验证者需要秘密地知道它们被选上了,并且能够生成证书对外证明自己的身份。当一个用户秘密地得知自己被选为领导者,它会秘密地组装它提议的新区块,然后附上身份证明并传播它。尽管此时攻击方知道谁是领导者,但是新区块的消息已经散播出去,再攻击它也无济于事。

(5)用户可替换(Player Replaceability)。当领导者发布新区块后,即使它被攻击也无所谓,因为它的任务已经完成。但是对于其他验证者,执行 BA*需要若干步,在这若干步中,它们可能会被攻击,并且验证者事实上只占全用户的一小部分,所以可以假设,攻击者是可能将它们全部攻陷的。幸运的是,BA*是用户可替换的,这意味着即使协议的每一步都由全新的验证者 SV 集合执行,依然能够达成共识。因此,在用户数很大的情况下,可能每一步的 SV 集合间没有交集,以保证协议的共识安全。

Algorand 的选举过程如下。

Algorand 的第 r 个区块可以表示为 $B^r = (r, \text{PAY}^r, Q^r, H(B^{r-1}))$,其中 PAY^r 表示第 r 个区块内的交易集合。假如用户 i 能够满足 $H(\text{SIG}_i(r,1,Q^{r-1})) \leq p$,那么它是一个潜在的领导者。由于种子 Q 能够保证随机且不被操纵,所以哈希结果是完全随机的 256bit 值。H 前面的小数点使它变为一个 0 到 1 的值,所以对于一个用户而言,它是潜在领导者的概率是 p。p 的选取要使概率意义上基本至少有一个潜在领导者是诚实的。由于只有 i 自己掌握自己的私钥,故别人无从得知它是不是一个潜在领导者。但是它可以通过发送自己的签名 $\text{SIG}_i(r,1,Q^{r-1})$ 来证明自己是第 r 轮的潜在领导者。验证者 SV 的选举也是类似的,用户 i 成为 BA*的第 s 步验证者 SV 需要满足 $H(\text{SIG}_i(r,s,Q^{r-1})) \leq p'$。同样地,只有它自己知道自己被选举上,并且可以出示证明——$\text{SIG}_i(r,s,Q^{r-1})$。证明通常与消息 $m_i^{r,s}$ 一起发送,让下一轮的认证人能够确认这个消息是合法的。p' 的选取需要满足:①BA*的每一步都有 2/3 以上的诚实节点。②每一轮只有一个区块有阈值个数以上的签名。③BA*的最后一步有阈值以上个数的诚实节点签署新区块。

随机选举认证人的第一个难题是如何保证结果是随机的。Algorand 利用哈希输出是随机的特点,让某些用户签名的哈希满足条件,成为潜在认证人。第二个难题是防范认证人被攻击。由于只有用户掌握自己的私钥,在它发布签名,宣布自己身份前,他人无从得知。而当它宣布后,由于它提议的区块或提议的消息已经发出,即使被攻击,也不会影响系统的安全。

本章小结

本章通过介绍 FLP、CAP 等阐述了共识算法的基本概念,并以 PoW 和 PoS 两个业内有名的公链共识算法为例,展示了不同共识算法的优劣。联盟链领域,根据是否容忍拜占庭错误,共识算法一般可分为 BFT 类算法和 CFT 类算法。共识算法是区块链的灵魂,是保证多分布式账本一致性的前提所在。基于多账本数据的一致性,还可以实现数据操作的一致性,而这就是下一章要介绍的智能合约。

习题

一、思考题

1. 区块链的共识机制是什么,主要是为了解决什么问题?

2. 请简述什么是CAP原理。

3. 请简述什么是拜占庭将军问题。

4. 请简述PoW、PoS共识算法的过程,并指出各自有什么缺陷。

二、思维训练

是否存在一个十全十美的共识机制? 我们在选择共识机制的时候需要考虑哪些方面的问题?

第七章

智能合约

作为区块链2.0的核心，智能合约对区块链应用生态的丰富起到了关键作用。例如，智能合约在政务、医疗、溯源、教育、供应链等多个领域可以构建起更少人为干预的且更可信的自动执行机制。本章将对智能合约的概念、应用场景、运行原理、生态等进行介绍，帮助读者思考与掌握智能合约在区块链技术与产业中的价值实现路径。

《7.1　智能合约是什么

7.1.1　概述

　　智能合约(Smart Contract)是区块链领域中非常热门的概念,它在20多年前就已经被计算机科学家尼克·萨博提出了。他将智能合约描述为一种以信息化方式传播、验证或执行合约的计算机协议,能够允许交易者在没有第三方的情况下进行可信的交易,并且这些交易是可追溯且不可逆的。简单来说,智能合约就是被写进计算机里的协议合约,一旦达到设定的条件,智能合约就会自动执行而不由人为操控,更无法抵赖,如图7-1所示。

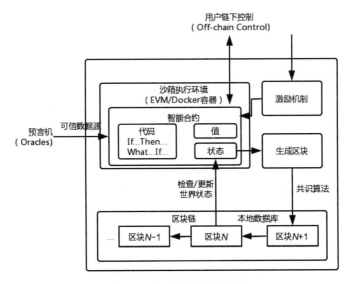

图7-1　智能合约运行机制

　　虽然智能合约的概念几乎和互联网在同一个时代诞生,但自提出以来,由于技术限制无法实现可信数据,智能合约在很长一段时间内都没有被实际应用于产业中。直到近几年,赋予数据可信度的区块链技术又重新发现了它的价值,反过来,智能合约也成就了区块链技术的更高水平应用。随着区块链应用的进一步深化,智能合约在政务、医疗、溯源、教育、供应链等领域都将有更加丰富的应用场景出现。区块链重新发现智能合约的价值如下。

　　(1)去中心化:合约不需要任何第三方中心机构的参与介入,计算机算法就是规则与仲裁员。

　　(2)效率提升:任何时刻均可响应请求,合约执行的效率得到提升。

　　(3)准确度高:无人为参与,一切均按照设定的程序严格进行。

　　(4)成本降低:代码将自动且强制地执行合约,能够有效降低合约的裁决、执行与监督等环节的成本。

　　(5)拒绝干预:智能合约一旦部署完成,人力便无从修改,合约双方均无法干预。

7.1.2　智能合约与区块链2.0

　　区块链2.0阶段以智能合约的应用为主要特征。智能合约的应用推动了多业务系统的协作,使区

块链的前景变得更加广阔。

2013年的以太坊白皮书《以太坊:下一代智能合约和去中心化应用平台》标志着区块链进入2.0时代。以太坊使技术开发者快速开发智能合约成为现实。

之后几年里,智能合约已经成为区块链不可或缺的核心技术与特征,成为区块链技术中炙手可热的研究对象与应用模式。基于其去中心化、高效率、低成本、高准度及抗篡改的五大特征,代码即法律(Code is Law)成为智能合约部署的口号,智能合约不仅在以太坊、EOS等公有链中被广泛应用而且在联盟链领域也有着广阔的使用。可以说,建立在信任基础上的活动,就是智能合约寻求的应用场景落地的空间。

7.1.3 智能合约应用场景

一、政务

智能合约技术可以应用到行政审批、政府资金管理、政务数据共享、证照管理等多个政务领域。由于政务工作具有高度的流程性,智能合约可进行自动化的审批、共享政务数据,政务与智能合约结合将大幅提高政务工作效率与政府精益化管理的水平,还可对政务工作进行精准追责。更短的办事流程与更高的处理效率,真正实现了"数据多跑路,群众少跑腿"。

二、医疗

医疗数据具有隐私性、专业性等特点,共享数据能极大提升医疗效率,但传统隐私数据存在泄露的风险,因此医院基于数据安全的担忧,不愿联通数据。重复医疗、就医挂号与报销等手续烦琐等弊端呼唤医疗数据平台改革。

智能合约在医疗中可以发挥重要作用。智能合约使医生身份的用户可以一次性使用链上医疗数据,并以阅后即焚的机制杜绝隐私泄露;智能合约以非人工的方式监控用户数据,自动完成挂号、报销、保险索赔等行为,既方便了患者,又保护了隐私,智能合约在医疗领域大有可为。

三、溯源

智能合约可在商品从生产到消费的流转环节上构建溯源体系。利用智能合约、物联网等技术,商品的产地信息、质检信息、物流信息等商品特征数据上链流转。为产品提供全生命周期的溯源和打击伪劣的解决方案,目前知名区块链溯源平台有Everledger和Ascribe等。

四、教育

智能合约在教育领域的应用至少包括4个方面:建立学信数据库解决学历验证问题,建立基于智能合约的教育服务购买平台,建立协同参与的一体化教育系统,建立可自组织运行的学习网络社区。智能合约在教育领域的应用,能够有效保护智力成果、验证学历证书、提高知识共享效率,从而推动教育行业发展。

五、供应链

智能合约可以在供应链涉及的物流、信息流、资金流与商流等连接上下游直至消费者的诸多基本流程中发挥作用。供应链中的诸多动作都可以借助物联网集成到智能合约中,对供应链上的产品、信息、资金与所有权等进行实时跟踪,了解并确认供应链环节所涉及的"四流"。智能合约有效减少了供应链流程中的人工干预,提高了效率与准确度,同时降低了成本。

《7.2 智能合约语言

7.2.1 比特币脚本语言

比特币用类 Forth 脚本语言编写交易中未花费输出(UTXO)的锁定脚本和解锁脚本。锁定脚本给出花费这笔输出所需的条件,而解锁脚本用于满足锁定脚本所规定的条件。比特币脚本语言是一种基于堆栈和逆波兰表示法的执行语言。

一、逆波兰表示法

逆波兰表示法中,操作符置于操作数后面。比如,我们希望判断 *A+B* 是否与 *C* 相等,那么语句为

A B OP_ADD C OP_EQUAL

运行时,先将 A 入栈,然后将 B 入栈。OP_ADD 将栈顶两个数字相加再放入栈顶。随后 C 入栈。OP_EQUAL 将栈顶两个数字作比较并返回比较结果。其中,OP_ADD、OP_EQUAL 被称为操作码(Opcode)。

在验证交易时,依次执行输入脚本和输出脚本,根据执行结果(true/false)来判定是否满足支付条件。

二、脚本的常用操作码

常量(constant)。操作码(0x01 – 0x4B)表示将它们值个数的 bytes 入栈。比如 0x20 < 32 byte data item > 将 32bytes 的数据入栈。而操作码 OP_PUSHDATA1(0x4C)表示将下一个 byte 的值个数的 bytes 入栈。比如 0x4C 0x64 < 100 byte data item > 将 100bytes 的数据入栈。同理,OP_PUSHDATA2(0x4D)/OP_PUSHDATA4(78 or 0x4E)分别表示将下 2/4 个 bytes 的值个数的 bytes 入栈。比如 0x4E 0x00010000 < 65,536 byte data item > 。OP_0 将空的字节数组入栈,OP_1(0x51)到 OP_16(0x60)分别对应将 1 到 16 这些数字入栈。

流程控制(Flow Control)。OP_IF、OP_NOTIF 将栈顶元素出栈并根据 true、false 来决定是否执行某些语句。OP_ELSE、OP_ENDIF 与上面的操作码配合使用。OP_VERIFY 将栈顶元素出栈并根据 true、false 来决定交易是否合法。OP_RETURN 直接返回错误。

栈操作。OP_DUP 复制栈顶元素并将其入栈,OP_DROP 删除栈顶元素,OP_DEPTH 将栈的深度放入栈顶。

位操作。对于位操作(Bitwise Logic),曾经支持的与、或、异或都已被废弃,还剩下 OP_EQUAL 用于比较是否相等。算数操作(Arithmetic)支持加(OP_ADD)、减(OP_SUB)、增减一(OP_1ADD/OP_1SUB),同时布尔运算"与""或"在这里实现(OP_BOOLAND/OP_BOOLOR)。

密码学操作。OP_SHA256 代表对输入用 SHA-256 哈希,OP_HASH160 代表先后用 SHA-256 和 RIPEMD-160 进行哈希,这些操作都比较好理解。比较复杂的是 OP_CHECKSIG,它的输入为签名和公钥,它用公钥验证是不是"交易消息"的哈希的签名。下面将说明它具体怎么工作。

(1)将栈内的公钥和签名取出。其中签名的格式为

[< DER signature > < 1 byte hash –type >]

(2)生成一个 SubScript,它是上个未花费交易输出脚本的一部分。该操作码找到在自己之前最近

的一个操作码OP_CODESEPARATORS,并以它的下一行为SubScript开头,一直复制到脚本的结尾。假如没找到,那么SubScript就是整个脚本。

（3）如图7-2所示,删除SubScript中可能存在的OP_CODESEPARATORS。

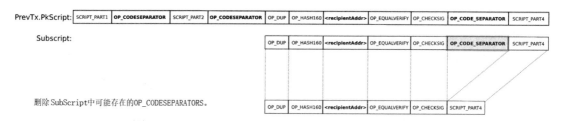

图7-2　删除SubScript中可能存在的OP_CODESEPARATORS

（4）将签名中的hash-type分离并储存。

（5）复制一份当前交易并把其中输入里的签名和公钥删除后置为空串。

（6）将步骤（3）中SubScript代入需要检查的输入。

（7）进行序列化并在尾部附上hash-type。

（8）将公钥、签名及步骤（7）得到的消息进行两次哈希检验,如图7-3所示,判断是否匹配。

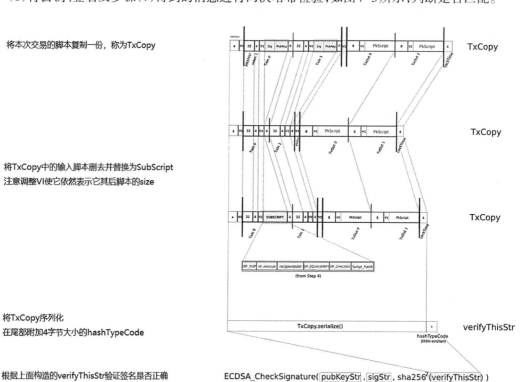

图7-3　哈希检验

7.2.2　图灵完备型语言

比特币的脚本语言非常简单,甚至没有循环功能,因此很多功能无法实现。这种设计是有意的,不支持循环就不用担心某些脚本会导致死循环。但是像以太坊的语言 Solidity 是图灵完备的,为此它还要设计 Gas Fee 机制避免死循环。

图灵机包含以下几部分。

(1)无限长纸带(内存),每个格子中可写入一个 symbol。

(2)读写头,它可以左右移动,并读写方格中的 symbol。

(3)内部状态存储器,记录图灵机的当前状态,且有一种特殊状态为停机状态。

(4)程序控制指令,根据当前状态和读写头读取的符号决定读写头下一步操作及状态如何转移。

根据图灵的理论,这个图灵机能够模拟人类所能进行的任何计算过程。如果一个编程语言可以实现图灵机的计算能力,则称它为图灵完备的编程语言。图灵机是已知能实现的最强的计算模型。

一个图灵完备的区块链系统理论上能够解决所有的可计算问题,实现各种应用的开发。这些运行在区块链系统上的应用就被称为 DApp。现在常见的应用有拍卖、投票、众筹等。这些智能合约通常由高级语言 Solidity 编写,其风格类似 JavaScript 与 C++,在编译后会转换为更低级的操作码(opcode)来执行。

操作码可以简单地分为以下几类。

(1)栈操作码(POP、PUSH、DUP、SWAP)。

(2)算术/比较/位运算操作码(ADD、SUB、AND、OR)。

(3)环境操作码,如获得当前区块号。

(4)内存操作码(MLOAD、MSTORE)读写内存。

(5)硬盘操作码(SLOAD、SSTORE)读写硬盘。

(6)终止操作码(STOP、RETURN、REVERT、SELFDESTRUCT)。

《7.3　智能合约执行

7.3.1　脚本方式

比特币、莱特币及门罗币等数字货币都使用脚本方式来实现可编程特性。以比特币为例,它通过脚本来实现各种转账方式,并且支持多重签名。交易包含输入脚本和输出脚本。输入脚本用于解锁之前某个交易中的未花费输出,即证明自己对于某一笔 UTXO 的支配权。输出脚本就好像是出了一道只有收款人能解出的题目,只有收款人有能力在将来构造一个输入脚本,花费这笔输出。

首先是最基础的 P2PK(Pay to Public Key)。输入脚本为 PUSHDATA(Sig),输出脚本为 PUSHDATA(PubKey) CHECKSIG,两个脚本依次运行。前面我们介绍过 CHECKSIG 的工作原理,它从栈顶获得签名和公钥,再通过把 SubScript 替换掉输入中的脚本获得被签名的消息。通过此三者来校验签名是否正确。

现在更常用的是经过改进的P2PKH(Pay to Public Key Hash)。它的好处在于收款人花费这笔收款之前,它的公钥不会被暴露。它的输入脚本:

PUSHDATA(Sig)

PUSHDATA(PubKey)

输出脚本:

DUP

HASH160

PUSHDATA(PubKeyHash)

EQUALVERIF Y

CHECKSIG

两个脚本依次执行,执行完第三步时,堆栈状态:

<Sig><PubKey><PubKey>

第四步对栈顶的元素取哈希,得到:

<Sig><PubKey><PubKeyHash'>

接下来两步会将计算得到哈希与输出脚本中的公钥哈希进行比较,如果不同,说明你提供的公钥与输出脚本期望的收款人公钥不一致,脚本失败,交易无效。否则脚本会继续运行:

<Sig><PubKey><PubKeyHash'><PubKeyHash>   EQUALVERIFY

在比较成功的情况下,上述栈顶两个元素会出栈,最终进入跟P2PK一样的情况:

<Sig><PubKey>   CHECKSIG

最复杂的是P2SH(Pay to Script Hash)。在这里,输出脚本提供的不是收款人的公钥哈希,而是收款人提供的一个赎回脚本的哈希。赎回脚本相当于一个封装,P2PK、P2PKH、多重签名都可以通过赎回脚本实现。下面展示P2SH实现P2PK。

设赎回脚本(redeemScript):

PUSHDATA(PubKey)

CHECKSIG

将其序列化后得到serialized redeemScript,输入脚本:

PUSHDATA(Sig)

PUSHDATA(serialized redeemScript)

输出脚本:

HASH160

PUSHDATA(redeemScriptHash)

EQUAL

第一阶段先执行输入、输出脚本,假如计算输入脚本中的赎回脚本的哈希与输出脚本中的哈希不同,那么EQUAL返回错误,交易无效。否则进入下一个阶段的验证。

需要注意第二阶段开始时,栈内还留有一个元素Sig。首先节点会对赎回脚本做反序列化操作,

然后执行赎回脚本,得到:

<Sig> PUSHDATA(PubKey) CHECKSIG

到这里就跟 P2PK 完全一致了。

在这里,我们体会不到赎回脚本的优越性,因为封装只有在被封装的对象比较复杂时,才有优势。下面展现赎回脚本在封装多重签名时的复杂性,方便他人支付。

假设 N 个人合伙开了一家公司,为了避免某个人转移公共财产,或者少数人丢失私钥,最好当客户付款时,要求它的 UTXO 需要 N 个人中的 M 个签名才能将其花费。最原始的实现方法如下。

输入脚本:

PUSHDATA(Sig_1)

……

PUSHDATA(Sig_M)

输出脚本:

M

PUSHDATA(pubkey_1)

……

PUSHDATA(pubkey_N)

N

CHECKMULTI SIG

我们可以发现,在这个脚本中,复杂性全部暴露给该公司的用户了,这将给用户的支付带来不便。为了方便用户付款,该公司可以生成一个赎回脚本:

M

PUSHDATA(pubkey_1)

……

PUSHDATA(pubkey_N)

N

CHECKMULTI SIG

然后把赎回脚本的哈希告知用户。那么输入脚本:

PUSHDATA(Sig_1)

……

PUSHDATA(Sig_M)

PUSHDATA(serializedredeemScript)

把赎回脚本的哈希告知用户,用户只需构造输出脚本:

HASH160

PUSHDATA(redeemScri ptHash)

EQUAL

可以发现,这时公司内部如何分配控制权的复杂性已经对用户完全隐藏了。

除了上述正常的交易外,脚本还可以实现销毁比特币或往区块链中写某些数据。这个过程通过RETURN实现。因为RETURN无条件返回错误,所以在输出脚本中加入RETURN后,这笔输出永远无法被花费。常用的往区块链里写某些数据的方法是构造一个为0的输出,在这个输出的输出脚本中添加RETURN语句和你想要记录的信息。因为这种输出能被证明永远无法被花费,所以全节点能将它从UTXO集合中删掉,减轻系统负担。

脚本还有其他有趣的用法,比如出一道题进行悬赏。下面的输出脚本就出了一道题,输入脚本必须给出两个不同的值(对应第一行),而它们拥有相同的哈希(对应第二行)时才能花费这笔输出:

OP_2DUPOP_EQUALOP_NOT OP_VERIFY

OP_SHA1OP_SWAPOP_SHA1OP_EQUAL

7.3.2 虚拟机方式

虚拟机能够让一份代码在不同平台上成功运行。由于区块链中的各个节点各不相同,为了让智能合约代码能够在所有节点上正常运行并得到相同结果,需要构建虚拟机来屏蔽底层差异。

以太坊的虚拟机被称为EVM。EVM是基于栈的256位智能合约的运行环境。它不仅是沙盒封装的,而且是完全隔离的,也就是说在EVM中运行代码无法访问网络、文件系统和其他进程,甚至智能合约之间的访问也受限。EVM的指令集量尽可能得少,所有指令都是针对"256位的字"这个基本数据类型进行操作。具备常用的算术、位、逻辑和比较操作。也可以做到有条件和无条件跳转。此外,合约可以访问当前区块的相关属性,比如它的块号和时间戳。

以太坊中有两类账户,它们共用同一个地址空间。外部账户由公钥/私钥对(也就是人)控制,合约账户由和账户一起存储的代码控制。每个账户都有一个键值对形式的持久化存储,key和value的长度都是256位。此外,每个账户有一个以太币余额(单位:Wei),余额会因为发送包含以太币的交易而改变。交易可看作从一个账户发送到另一个账户的消息。它能包含一个二进制数据(合约负载)和以太币。如果目标账户地址为0,此交易将创建一个新合约,其地址为keccak250(r1p([sender,nonce])),即合约创建者的地址和从该地址发出过的交易数量的哈希。这个用来创建合约的交易的payload会被转换为EVM字节码并执行,执行的输出将作为合约代码被永久存储。注意,并不是发送实际的合约代码,而是发送能够产生合约代码的代码。智能合约创建后,你可以通过向它转账(转账金额可以为0)来调用其声明为public的函数(要指定函数名与参数)。

由于任何人都可以往以太坊上部署合约,其计算资源非常紧张,而且还要防范恶意攻击者部署会导致死循环的代码。为此,以太坊要求对每笔交易收取手续费gas×gas price,gas的大小取决于执行该交易所需的工作量,gas price是交易发送者设置的值。矿工出于逐利,会优先打包gas price比较高(单位价值比较高)的交易。因为普通用户可能并不知道它们发起的交易需要多少gas,所以需要它们提供一个gas limit,即消耗gas的上限。在合约运行时,每个运算都会扣除一定gas的量,加减法这类简单运算扣除的少,而哈希这类复杂运算扣除的多。当gas消耗殆尽而合约却仍然没能执行完毕时,会触发一个ErrOutOfGas异常,并将当前调用帧所做的状态修改全部回滚。这么做的好处是死循环一定会停下,而且用户不会意外地被收取超出它们预期的手续费。不幸的是,执行失败依然收取手续费。这是为了避免某些恶意攻击者故意发送gas limit小于所需gas的交易,假如不收取手续费,它们就能无成本地让节点白费计算资源。

下面通过Remix平台连接以太坊测试网来说明智能合约的部署和调用流程。

(1)在Remix IDE的编辑界面创建Hello.sol合约文件,编写智能合约代码。

(2)solc是Solidity语言的编译器,通过智能合约编译器编译合约代码,将合约代码转换成可以在虚拟机中执行的字节码,如图7-4所示。

图7-4 solc演示

单击【Compile Hello.sol】按钮后,会检查合约文件有无语法错误,编译成功后可以看到其字节码Bytecode和ABI。

(3)发送部署智能合约的交易,如图7-5所示。

单击【Deploy】按钮,会激活Metamask提示进行交易确认,在如图7-6所示的确认界面中,会看到我们需要支付一定的gas费用以部署合约,确认发送交易后,等待一段时间(长短取决于以太坊网络的拥堵程度)后就可以看到交易成功被打包进区块了。

图 7-5　发送部署智能合约的交易

图 7-6　交易确认

在交易的收据中,可以看到该交易的状态、交易 hash、gas 消耗数量等信息,如图 7-7 所示。

图 7-7　交易状态查询

(4)调用合约的函数。在 Hello 合约中,定义了两个函数 set 和 get。我们先调用 set 方法,输入参数 "hello world",如图 7-8 所示。

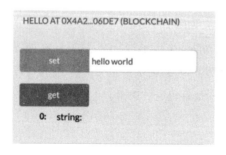

图 7-8　调用 set 方法

如图 7-9 所示,进行交易确认后,该交易会被打包进区块,我们可以看到这次调用 set 函数的数据信息,包括交易哈希、调用的函数方法名、输入数据、logs 信息等。

[block:22497807 txIndex:0] from: 0x0b6...ac8D6 to: Hello.set(string) 0x4A2...06de7 value: 0 wei data: 0x4ed...00000 logs: 1 hash: 0x812...4c350

status   true Transaction mined and execution succeed
transaction hash   0x81208d72d7419ad26a464e6304ec30615aa2ca81a633772a51d542488a94c350
from   0x0b601215f9D0C33bC471A6bf08BC47082cCac8D6
to   Hello.set(string) 0x4A238ec8D700382A145b928313A2478ECa106de7
gas   45204 gas
transaction cost   45204 gas
hash   0x81208d72d7419ad26a464e6304ec30615aa2ca81a633772a51d542488a94c350
input   0x4ed...00000
decoded input   { "string _message": "hello world" }
decoded output
logs   [{ "from": "0x4A238ec8D700382A145b928313A2478ECa106de7", "topic":
                              "0x88fabb3a5fb12238a642b855bc1b1693ac0d6443ad7fc7c035e322c5b6cb587f", "event": "SetMessage", "args": { "0": "hello world",
                              "_message": "hello world" } }]
value   0 wei

图 7-9　交易确认

这时再调用 get 方法,可以看到返回 hello world,如图 7-10 所示,正是我们刚才用 set 方法传入的参数。

图 7-10　返回值

7.3.3　容器化方式

容器化将应用程序、依赖项及其配置打包为容器镜像。容器充当软件部署的标准单元,便于将其部署到不同环境。容器能将应用程序隔离,而且占用空间比虚拟机要小。

Hyperledger Fabric 就采用容器化方式运行智能合约。该系统将智能合约称为 Chaincode,它运行在受保护的 docker 容器中。它提供两个接口 Init 和 Invoke,分别实现合约部署和交易调用。

有 4 个管理 chaincode 生命周期的命令:package、install、instantiate、upgrade。未来版本还将添加 start 和 stop 指令,部分情形用停止来代替卸载。

链码的安装有严格的验证和安全机制,为了明确谁有资格实例化、用什么样的背书策略来调用等问题,在打包(package)时,需要添加附加信息。这些信息包括实例化策略和 chaincode 所有者的签名。有时 chaincode 有多个所有者,它们要依次签名。

子链由 1 个通道、1 个账本、N 个成员组成。我们需要在一个子链中每一个要运行 chaincode 的背书节点上安装 chaincode。创建通道就是为了限制信息传播范围,chaincode 仅被安装于其所有者的背书节点上,其逻辑对整个网络的其他成员保密。

实例化(instantiate)过程会调用生命周期系统(Lifecycle System Chaincode,LSCC),在一个 channel 上创建并初始化一段 Chaincode。实例化过程会生成对应 Channel 的 Docker 镜像和 Docker 容器。实例化成功后,Chaincode 开始监听并接收交易请求。

Chaincode可以通过更改它的版本来随时进行更新。升级之前,Chaincode的新版本先安装在需要它背书的节点上。升级是一个类似于实例化交易的交易,它将新版本的Chaincode与channel绑定。为保证升级该Chaincode的合法性,该过程须验证当前旧版本的实例化策略。

7.3.4　预编译合约

一、提出背景

前文说到,EVM解释器是一个基于栈式的机器,它有自己的程序计数器、堆栈、内存和gas池。一份合约代码会被解释为一条条OPCode,在执行之前会检查该命令所需要的gas和当前所剩的gas,如果gas不足,则会返回ErrOutOfGas错误。

因为EVM是基于栈的虚拟机,它没有寄存器之类的中间存储,所有的操作都要通过一个栈来进行维护,所以它的运行效率十分低,完成一个复杂操作可能需要较长的时间,更复杂的操作可能无法在有效时间内执行完。所以如果合约牵涉到十分复杂的计算,把运算过程放在EVM中执行就十分低效,同时耗费非常多的gas。例如,在zk-snark中,需要进行椭圆曲线的加法和配对运算,这个过程十分复杂,放在EVM中执行是不现实的,这就是预编译合约提出的背景。

预编译合约是EVM中为了提供一些不适合写成OPCode的较为复杂的库函数(多用于加密、哈希等复杂运算)而采用的一种折中方案,适用于合约逻辑简单但调用频繁,或者合约逻辑固定而计算量大的场景。预编译合约通常是在客户端用客户端代码实现,由于不需要使用EVM,运行速度很快。对于开发者来说,比直接使用运行在EVM上的函数消耗更低。

二、预编译合约的实现

本节以GO语言版本的以太坊为例(代码在 https://github.com/ethereum/go-ethereum 中),介绍预编译合约的执行方式。

在core/vm/contracts.go中,可以看到,在Istanbul版本的以太坊中,定义了9个预编译合约函数:ecrecover、sha256hash、ripemd160hash、dataCopy、bigModExp、bn256AddIstanbul、bn256ScalarMulIstanbul、bn256PairingIstanbul、blake2F。

```go
// PrecompiledContractsIstanbul contains the default set of pre-compiled
Ethereum
// contracts used in the Istanbul release.
var PrecompiledContractsIstanbul = map[common.Address]PrecompiledContract{
  common.BytesToAddress([]byte{1}): &ecrecover{},
  common.BytesToAddress([]byte{2}): &sha256hash{},
  common.BytesToAddress([]byte{3}): &ripemd160hash{},
  common.BytesToAddress([]byte{4}): &dataCopy{},
  common.BytesToAddress([]byte{5}): &bigModExp{eip2565: false},
  common.BytesToAddress([]byte{6}): &bn256AddIstanbul{},
  common.BytesToAddress([]byte{7}): &bn256ScalarMulIstanbul{},
  common.BytesToAddress([]byte{8}): &bn256PairingIstanbul{},
  common.BytesToAddress([]byte{9}): &blake2F{},
}
```

可见，每个预编译合约的地址都是固定的，即 map 数组的下标，合约的功能都与复杂的操作计算有关，如计算哈希函数和椭圆曲线上的操作。

在 core/vm/evm.go 中，实现了以太坊客户端执行合约的逻辑，里面有 4 个函数用于调用智能合约：Call、CallCode、DelegateCall、StaticCall。我们不深究这 4 个函数的具体差异，但要注意其中调用 evm 执行合约的逻辑，以 Call 函数为例，代码如下：

```
if isPrecompile {
    ret, gas, err = RunPrecompiledContract(p, input, gas)
} else {
    // Initialise a new contract and set the code that is to be used by the EVM.
    // The contract is a scoped environment for this execution context only.
    code := evm.StateDB.GetCode(addr)
    if len(code) == 0 {
        ret, err = nil, nil // gas is unchanged
    } else {
        addrCopy := addr
        // If the account has no code, we can abort here
        // The depth-check is already done, and precompiles handled above
        contract := NewContract(caller, AccountRef(addrCopy), value, gas)
        contract.SetCallCode(&addrCopy, evm.StateDB.GetCodeHash(addrCopy), code)
        ret, err = run(evm, contract, input, false)
        gas = contract.Gas
```

可以看到，Call 函数首先会判断传入的合约是不是预编译合约，如果是，会调用用于执行预编译合约的函数 RunPrecompiledContract；否则会调用 Run 函数以使用 evm 解释器来执行合约。

run 函数定义在 core/vm/evm.go，代码如下。可以看到客户端会使用 evm 解释器的 Run 方法来执行合约，这也是我们解释执行一般合约所经历的过程。

```
// run runs the given contract and takes care of running precompiles with a
// fallback to the byte code interpreter.
func run(evm *EVM, contract *Contract, input []byte, readOnly bool) ([]byte,
error) {
    for _, interpreter := range evm.interpreters {
        if interpreter.CanRun(contract.Code) {
            if evm.interpreter != interpreter {
                // Ensure that the interpreter pointer is set back
                // to its current value upon return.
                defer func(i Interpreter) {
                    evm.interpreter = i
                }(evm.interpreter)
                evm.interpreter = interpreter
            }
            return interpreter.Run(contract, input, readOnly)
        }
    }
```

```
    return nil, errors.New("no compatible interpreter")
}
```

RunPrecompiledContract 函数定义在 core/vm/contracts.go 中,可见,根据预编译合约函数的不同,会调用不同的 Run 方法,我们以 sha256hash 为例,可以明显看到,哈希计算操作是在客户端语言的执行过程中进行计算的,即使用 golang 语言进行计算,没有调用栈式的虚拟机,因此运行效率高且消耗的 gas 少。

```
// RunPrecompiledContract runs and evaluates the output of a precompiled
contract.
// It returns
// - the returned bytes,
// - the _remaining_ gas,
// - any error that occurred
func RunPrecompiledContract(p PrecompiledContract, input []byte, suppliedGas
uint64)((ret []byte, remainingGas uint64, err error){
    gasCost := p.RequiredGas(input)
    if suppliedGas < gasCost {
        return nil, 0, ErrOutOfGas
    }
    suppliedGas -= gasCost
    output, err := p.Run(input)
    return output, suppliedGas, err
}

......

func (c *sha256hash)Run(input []byte)([] ([]byte, error){
    h := sha256.Sum256(input)
    return h[:], nil
}
```

三、预编译合约的应用

由上文可知,预编译合约就是把一些复杂的计算过程从链上搬到链下,以减少链上的开销。预编译合约的实现也正是为了能在区块链应用中更加快捷地实现一些复杂算法,如实现隐私算法 zk-snark。

zk-snark 是一个极其复杂的数学过程,里面牵涉到很多椭圆曲线的计算。经过前面的分析,这个过程放在 EVM 里面执行是十分不现实的。为了支持 zk-snark 的相关运算,以太坊分别在 EIP196 和 EIP197 里增加了 3 个与 zk-snark 运算有关的预编译合约,分别是椭圆曲线 alt_bn128(BN256)上的点加、点乘和配对,使一些隐私算法可以在以太坊上落地。

值得一提的是,一些使用 EVM 进行合约执行的联盟链也会使用预编译合约来做一些流程上的优化,如 FISCO BCOS。但是预编译合约在联盟链的应用不止包括提供一些密码算法的执行,以 FISCO 为例,根据官方文档显示,预编译合约在其上的应用还包括以下 5 个方面。

（1）联盟链治理：节点管理、系统配置管理、权限管理、CNS实现等系统合约。通过预编译合约形式实现这些功能，方便用户实现对联盟链的治理。

（2）扩展Solidity能力：KVTable合约接口、Table合约接口。使Solidity合约中的数据可以存储在FISCO的表结构中，数据逻辑分离，更容易实现合约逻辑升级。

（3）支持Solidity并行：Solidity并行合约接口，借助ParallelConfig预编译合约，使Solidity合约接口并行成为可能。

（4）提升SDK易用性，降低开发门槛：基于CRUD预编译合约，SDK可实现CRUDService，提供类似传统数据库增删改查接口。

（5）提供密码学算法：基于预编译合约提供群签名校验、环签名校验、同态加等密码学算法功能等。

《7.4　链上合约数据分析

7.4.1　智能合约的ABI

一、ABI是什么

上文提到调用智能合约，需要发起一笔指向合约地址的交易，以太坊节点会根据输入的信息，选择要执行合约中的哪一个函数和函数的参数。如何知道智能合约提供哪些函数及参数要求呢，就需要用到ABI了。

合约ABI（Application Binary Interface）是在以太坊生态系统中与合约进行交互的标准方法，既可以从区块链外部进行，又可以用于合约间内部的交互。

ABI类似程序中的接口文档，描述了字段名称、字段类型、方法名称、参数名称、参数类型、方法返回值类型等。

通俗来说，ABI是合约接口的说明，定义与合约进行交互的数据编码解码规则。

以之前的Hello.sol为例（见7.3.2），在编译合约的时候可以生成合约的ABI：

```
[
  {
    "anonymous": false,
    "inputs": [
      {
        "indexed": false,
        "internalType": "string",
        "name": "_message",
        "type": "string"
      }
    ],
    "name": "SetMessage",
    "type": "event"
```

```
    },
    {
        "inputs": [],
        "name": "get",
        "outputs": [
            {
                "internalType": "string",
                "name": "",
                "type": "string"
            }
        ],
        "stateMutability": "view",
        "type": "function"
    },
    {
        "inputs": [
            {
                "internalType": "string",
                "name": "_message",
                "type": "string"
            }
        ],
        "name": "set",
        "outputs": [],
        "stateMutability": "nonpayable",
        "type": "function"
    }
]
```

二、ABI各参数的含义

（1）name：函数名称。

（2）type：方法类型，包括 function、event 等。

（3）payable：布尔值，表明方法是否可以接受 ether。

（4）stateMutability：状态类型，包括 pure（不读取区块链状态）、view（和 constant 类型，只能查看，不会修改合约字段）、nonpayable（不接受以太币）、payable（接受以太币）。

（5）inputs：数组，描述参数的名称和类型。

①name：参数名称。

②type：参数类型。

（6）outputs：和 inputs 一样，如果没有返回值，缺省是一个空数组。

当用户调用一个合约时，要对调用的函数名和传入的函数参数进行编码，这样 EVM 才能执行，知道用户调用的是哪个接口，才能正确读取用户的参数，下面介绍以太坊是如何生成可供 EVM 调用的字节码的。

生成的字节码主要分两部分:函数选择器和参数编码。

1. 函数选择器(Function Selector)

函数调用的调用数据中前4个字节指定要调用的函数。它是通过将函数签名进行Keccak-256哈希运算后,取前4个字节得到的(高位顺序,左端为高位)。

以Hello.sol为例,set函数的接口定义:

```
function set(string memory _message)public;
```

在Python 3环境下安装ethereum库:

```
> from ethereum.utils import sha3
> sha3("set(string)").hex()
'4ed3885e778f096a5fd9407b264b5478208ea71532d13d454b0307e5f1542101'
> sha3("set(string)")[0:4].hex()
'4ed3885e'
```

取前4个字节(一个字节=2个16进制字符),即4ed3885e

2. 参数编码(Argument Encoding)

从第5个字节开始,后面是编码参数。参数的编码根据类型的不同,编码方式也有所区别。主要分为固定类型和动态类型。

(1)固定类型。

①uint < M > :M位的无符号整数类型,0 < M <= 256, M % 8 == 0,如 uint32、uint8、uint256。

②int < M > :M位的两个补码有符号整数类型,0 < M <= 256, M % 8 == 0。

③uint 和 int:整型,分别是 uint256 和 int256 的别名(注意:函数参数类型是 uint,转 sha3 码时要变成 uint256)。

④address:地址,20个字节,160bits,等同于 uint160。

⑤bool:布尔类型,1个字节,true:1,false:0。

⑥bytes < M > :固定大小的字节数组,0 < M <= 32,byte 是 bytes1 的别名。

(2)动态类型。

①bytes:动态分配大小的字节数组。

②string:动态大小 UTF8 编码的字符串。

③< type >[]: 给定类型的元素的可变长度数组。

④< type >[M] 给定类型的元素的定长数组。

3. 编码规则

固定类型的编码就很简单,直接将参数值转成32字节长度的16进制即可。需要注意的是:数字类型不足32bytes时,如果是正数或布尔类型,则在高位补0;如果是负数,则在高位补1。若为字节类型、字符串类型,则在低位补全。动态类型的编码稍微复杂点,如果是固定长度就不需要计算偏移量,如果是不定长度就需要先计算偏移量,并在最后加上长度和具体值的编码。下面举例说明。

给出如下合约,参考官方文档 https://solidity.readthedocs.io/en/develop/abi-spec.html#function-

selector-and-argument-encoding。

```
pragma solidity >=0.4.16 <0.8.0;

contract Foo {
    function bar(bytes3[2] memory) public pure {}
    function baz(uint32 x, bool y) public pure returns (bool r) { r = x > 32
|| y; }
    function sam(bytes memory, bool, uint[] memory) public pure {}
}
```

案例1

函数：baz(uint32,bool) 调用：baz(69, true)

（1）0xcdcd77c0：函数选择器，在Python中通过sha3("set(string)")[0:4].hex()得到0xcdcd77c0。

（2）0x0000000000000000000000000000000000000000000000000000000000000045，十进制为69，转成16进制为45，因为是正数，高位补0至32bytes。

（3）0x0000000000000000000000000000000000000000000000000000000000000001，bool类型，true=1，false=0，高位补0。

最终的字节码：

0xcdcd77c0000000000000000000000000000000000000000000000000000000000000004500000000
0000000000000000000000000000000000000000000000000000000000000001

会返回bool类型。在这个调用中，返回值是false，它的输出将是单字节数组：

0x0000000000000000000000000000000000000000000000000000000000000000

案例2

函数：bar(bytes3[2] memory) 调用：bar(["abc", "def"])

（1）0xfce353f6：函数选择器，在Python中通过sha3("bar(bytes3[2])")[0:4].hex()得到0xfce353f6。

（2）固定长度不需要计算偏移量。

（3）0x6162630000000000000000000000000000000000000000000000000000000000，字符串abc转成16进制后为616263，低位补0。

（4）0x6465660000000000000000000000000000000000000000000000000000000000，字符串def转成16进制后为646566，低位补0。

字符串转16进制的Python参考代码：

```
import binascii
s = 'abc'
str_16 = binascii.b2a_hex(s.encode('utf-8'))  # 字符串转16进制
print(str_16)
```

最终的字节码：

0xfce353f661626300000000000000000000000000000000000000000000000000000000646566000

00

案例3

函数：sam(bytes, bool, uint[])　调用：sam("dave",true,[1,2,3]")

（1）a5643bf2：函数选择器，在 Python 中通过 sha3("sam(bytes,bool,uint256[])")[0:4].hex() 得到 a5643bf2（请注意，将 uint 替换为其规范表示形式 uint256）。

（2）0x0000000000000000000000000000000000000000000000000000000000000060：动态类型，计算偏移量。这个偏移量是指实际存储值的位置，由于这个函数有 3 个变量，那么实际存储值的位置就是第 4 个 32bytes 位置，也就是说偏移量等于 3*32bytes=96，转成 16 进制后就是对应的值。

（3）0x0000000000000000000000000000000000000000000000000000000000000001：第二个参数，布尔值 true。

（4）0x00000000000000000000000000000000000000000000000000000000000000a0：动态类型，计算偏移量，这个偏移量就等于参数长度 3*32bytes+前面的动态参数占有的长度（因为前面只有一个动态参数，所以这个长度就是 1*32bytes+1*32bytes，1*32bytes 是第一个动态参数长度所占的 bytes 数，1*32bytes 是因为该函数中的第一个动态参数用一个 32bytes 就能涵盖），那么具体的值就是 3*32bytes+（1*32bytes+1*32bytes）=5*32bytes=160，转成 16 进制就是 a0，高位补全就是对应的值。

（5）0x0000000000000000000000000000000000000000000000000000000000000004：第一个参数的数据部分，代表元素中字节数组的长度，在这种情况下为 4。

（6）0x6461766500000000000000000000000000000000000000000000000000000000："dave"的 utf-8 编码，填充为 32 字节。

（7）0x0000000000000000000000000000000000000000000000000000000000000003：第三个参数的数据部分，代表数组中元素的个数，在这种情况下为 3。

（8）0x0000000000000000000000000000000000000000000000000000000000000001：第三个参数的第一项。

（9）0x0000000000000000000000000000000000000000000000000000000000000002：第三个参数的第二项。

（10）0x0000000000000000000000000000000000000000000000000000000000000003：第三个参数的第三项。

最终的字节码：

0xa5643bf200000000000000000000000000000000000000000000000000000000000000600000000000000000000000000000000000000000000000000000000000000001000000000000000000000000000000000000000000000000000000000000000000a0000000000000000000000000000000000000000000000000000000000000000000000000046461766500000000000000000000000000000000000000000000000000000000000000000000000000000000000000000000000000000000000000000000030000000000000000000000000000000000000000000000000000000000000000000000000000000000000000000000000000000000000000000001000000000000000000000000000000000000000000000000000000000000000200000000000000000000000000000000000000000000000000000000000000003

综上所述,ABI是合约接口的说明,并定义了与合约进行交互的数据编码解码规则。

7.4.2 以太坊中的事件和日志

区块链是一个块列表,从根本上讲就是交易列表。每一个交易都有一个收据,其中包含0个或多个日志记录。日志记录表示从智能合约触发事件的结果。在以太坊中,事件有一个基本功能,即可以将数据记录成日志,保存在区块链上。事件也可以与外部交互,比如与前端进行交互。事件强调功能,是指触发操作的行为;日志强调存储,是指触发事件后,将数据保存在区块链上,形成日志。

一、事件如何定义、触发

在Solidity中,使用关键字event来定义事件,使用关键字emit来触发事件,其参数列表就是需要保存在区块链上的数据,最多可含有3个具有indexed属性的参数,表示其可以被索引,便于查找。

```
contract MyContract{
    event Transfer(address indexed from, address indexed to, uint256 value);

  function transfer(address _to, uint256 _value)public returns (bool){
    emit Transfer(msg.sender, _to, _value);
    return true;
  }
}
```

二、事件的作用

事件可以在不同的场景下使用,主要有如下3种作用。

(1)获取合约执行结果。

(2)过滤日志。

(3)存储合约数据。

1. 获取合约执行结果

在开发DApp时,我们会通过发送一笔交易来调用智能合约的某个函数,但是我们不能立即得到返回值。因为交易不是立刻打包进区块链的,在这种场景下,可以使用事件来解决这个问题。

以和前端(web3.js)交互为例,我们可以通过编写代码来监听某一特定事件来做到更新前端。例如,通过如下代码来监听上文提到的合约中的Transfer事件。

```
var event = myContract.Transfer();
event.watch(function(error, result){
   if (err) {
    console.log(err)
    return;
  }
  console.log(result.args._value)
});
```

当调用transfer函数的交易被打包进区块链中时,将会触发回调中的watch函数,前端可以得到有效的 transfer 函数的返回值。

　　事件通常可以被看作带有数据的异步触发器。当一个合约想要触发前端时,合约会发出一个事件。因为前端正在监听这个事件,所以一旦监听到相关事件,就可以采取相应的操作,比如显示消息、更新前端展示内容等。

2.过滤日志

　　日志不能被合约访问,Solidity 没有提供查询日志的接口,在监听日志的时候,Solidity 提供了 filter 功能,可以借此实现对日志的查找过滤。

　　在 Transfer 事件中,from 和 to 参数被设置成 indexed,说明其可以被索引。我们可以监听特定的事件,例如,转账地址为 0xab213 的事件,也可以监听从 0xab213 地址转账到 0x417ac 的事件,但由于 value 参数没有 indexed 属性,因此我们不能监听 value 为 100 的事件。

　　在此场景下,我们如果想过滤指定地址发出的交易,可以通过 web3.js 编写如下代码。

```
Mycontract.deployed().then(function (instance) {
var event = instance.Transfer({}function (error, result) {
    var obj1 = {
        '_to': '0xab213',
    }
    var obj2 = {
        'fromBlock': 0,
        'toBlock': 'latest'
    }
    var event = instance.Transfer(obj1, obj2)
    event.watch(function (error, result) {
        console.log(JSON.stringify(result))
    })
}).then(function (value) {
    console.log(value)
}).catch(function (e) {
    console.log(e)
})
```

参数说明

　　(1)obj1:添加 indexed 属性的参数,在这里我们可以过滤特定地址 0xab213 发起的交易。

　　(2)obj2:Solidity 提供的额外的过滤参数,可选的主要参数如下。

　　①fromBlock:指定过滤的起始位置,值为块的编号,默认为 latest。

　　②toBlock:指定过滤的结束位置,值为块的编号,默认为 latest。

　　(3)callfunction:回调函数 function(error,result)。

3.存储合约数据

　　与上面讲述的不同,事件可以作为一种更低成本的存储形式。通过触发事件,存储在日志上的数据基本上每字节花费 8gas,但是智能合约每存储 32 字节需要花费 20000gas。尽管日志可以节省大量

gas,但是无法从任何智能合约中读取日志信息,需要根据使用场景来选择适合的存储办法。日志作为一种廉价存储的方式,适合存储可由前端展示的历史数据。

三、日志记录的组成

EVM具有5个用于发出日志的操作码:LOG0、LOG1、LOG2、LOG3和LOG4,通过这些操作码来创建日志记录。

每个日志记录都包含Topic和data。Topic是bytes32类型的参数,不同的操作码描述包含在日志记录中的Topic数量。LOG1包含1个Topic,LOG2包含2个Topics,最多支持4个Topics。

Topic用于描述事件,日志中存储的不同的具有indexed属性的事件就叫不同的主题。比如,对于事件Transfer来说,其定义为event Transfer(address indexed from, address indexed to, uint256 value)。有3个主题,第一个主题为事件签名的哈希值,即通过keccak256("Transfer(address,address,uint256)")来得到,如果该事件是匿名事件,那么就不存在这个主题。后面两个具有indexed属性的参数(from和to),可以用来进行过滤和精确查找。

由于只能容纳32个字节的数据,无法将数组或字符串之类的参数用作Topic,应该将其作为data包含在日志记录中。如果想要包含超过32字节的Topic,可将Topic视作事件的索引,其使用场景在于可以有效缩小搜索查询范围内的数据。

日志记录的另一个部分是数据。Topic是可以搜索的,而数据却不可以,但是数据可以摆脱Topic的32字节大小的限制,包含例如数组或字符串的复杂数据。

还是以上文中的Transfer事件为例,如图7-11所示,因为Transfer不是一个匿名事件,所以第一个Topic包含事件签名。

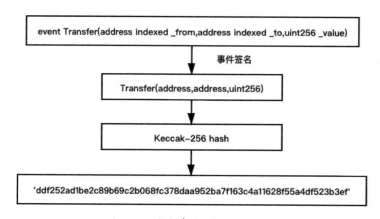

图7-11　包含事件签名的Transfer

如图7-12所示,在事件的参数部分,Transfer事件有3个参数from、to、value,其中from和to被声明为indexed,标识其被视为Topic,value参数不会被索引,将会作为日志的数据部分。此事件包含3个Topics,将使用LOG3操作码来创建日志记录。

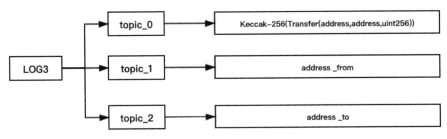

图7-12 Transfer事件参数

四、布隆过滤器

布隆过滤器(Bloom Filter)在以太坊中用于检索交易日志log,方便交易结果的查询及交易事件的通知。在以太坊的区块头中,有一个区域叫作logsBloom。这个区域存储了当前区块中所有收据的日志的布隆过滤器,有2048个bit,相当于256个字节。在一个交易的收据中,可能存在0个或多个日志记录,每个日志记录中包含了相应的Topic和data。在一个交易的收据中同样也存在布隆过滤器,记录了所有的日志记录数据。

《7.5 智能合约生态

7.5.1 ERC20 Token

ERC是Ethereum Request for Comments的缩写,代表以太坊开发者提交的协议提案,即以太坊的RFC。ERC20 Token是指在符合ERC20标准下进行编程的Token,它提供一系列标准接口。之所以设定标准,是为了方便其他应用(如钱包、去中心化交易所)对一类Token进行兼容,同时方便他人审查代码。

ERC20的标准接口如下:

```
contract ERC20 {
    function name() constant returns (string name);
    function symbol() constant returns (string symbol);
    function decimals() constant returns (uint8 decimals);
    function totalSupply() constant returns (uint totalSupply);
    function balanceOf(address _owner) constant returns (uint balance);
    function transfer(address _to, uint _value) returns (bool success);
    function transferFrom(address _from, address _to, uint _value) returns
(bool success);
    function approve(address _spender, uint _value) returns (bool success);
    function allowance(address _owner, address _spender) constant returns
(uint remaining);
    event Transfer(address indexed _from, address indexed _to, uint _value);
    event Approval(address indexed _owner, address indexed _spender, uint
_value);
}
```

这些标准接口包括以下功能[①]。

（1）name 方法返回 Token 的名字。

（2）symbol 方法返回 Token 的缩写。

（3）decimals 方法返回 Token 的显示精度。

（4）totalSupply 方法返回总供应量。

（5）balanceOf 方法查询某地址的余额。

（6）transfer 方法向某个地址转账并触发 transfer 事件。

（7）transferFrom 方法允许智能合约作为代理进行转账。

（8）approve 允许 spender 提款至多 value 个币。

（9）allowance 返回还剩多少个币可供提款。

标准接口还包含以下事件（Events）。

（1）Transfer 事件在转账或铸币时被触发。铸币时币的来源地址为 0。

（2）Approval 在 approve 方法成功时触发。

ERC20 定义的是同质化（fungible）Token，也就是说币与币之间没有差异。后来在 ERC721 中定义了（non-fungible）非同质化资产。最著名的例子是 CryptoKitties 中的宠物猫，每个猫都有各自的 ID 与不同的属性。

7.5.2　预言机

预言机是 Oracle 的通用翻译，Oracle 可以翻译为"神谕"，代表"有权威性的信息"。预言机是个不太恰当的翻译，它不能预言未来，只是作为一个为链上提供可信数据的工具。

假设有人部署了一个智能合约，参与者可以对某场球赛的结果进行下注。区块链虽然能够保证没人抵赖或卷款而逃，但是智能合约该如何获取球赛结果的信息呢？这就需要通过预言机来实现。原因是区块链能轻松获得链上账本信息，但是对于现实世界则无能为力。

预言机有两种实现思路。一种通过人来实现。它让人们抵押数字货币来对事件结果进行投票。以大多数投票结果为准，并让"正确方"获得"错误方"的抵押物作为奖励。当大多数人是诚实的时候，该机制可以正常运转。不过平台本身永远无法确认什么才是真正"正确"的。另一种通过调用其他信息源的 API，并根据信誉度加权的方式得到正确结果，同时根据反馈调整信誉度。

根据信任的不同来源，预言机可以分为中心化预言机和去中心化预言机。中心化预言机（如 Oraclize）由一个预言者从数据来源接口调取数据并反馈请求方，它需要可信第三方作为验证人来为自己背书。去中心化预言机（如 Chainlink）通过多个预言者的冗余来实现容错，将它们的答案汇总（取众数、中数、加权平均数）后返回给请求方。

---

① 范吉立,李晓华,聂铁铮,等. 区块链系统中智能合约技术综述[J]. 计算机科学,2019,v.46(11):7-16.

《7.6 挑战与展望

7.6.1 安全性

区块链安全领域一直备受关注,而智能合约代码出现安全隐患漏洞以至于遭受黑客攻击与资产流失的事件屡见不鲜。

2016年的TheDAO事件为区块链安全敲响警钟。TheDAO即分布式自治组织,是基于以太坊区块链平台的众筹项目。2016年6月17日,DAO遭到黑客攻击,造成约6000万美元的资产被盗。ETH社区最终使用硬分叉的方式实施补救措施,ETH由此硬分叉出ETC。

此次事件造成了巨大的动荡,也诱发了人们对区块链安全性的担忧及对去中心化的质疑。

为切实保障智能合约与区块链的安全,在智能合约部署前进行代码审计十分必要。因此,专业从事区块链安全的代码审计、安全顾问与防御部署的公司应运而生。

7.6.2 可维护性

智能合约不可被人为干预篡改的优势,在另一方面也是可维护性低的劣势。由于一旦部署就不可更改,图灵完备的智能合约已经被证实维护性是很低的。因此,当前以太坊中最常见的智能合约模板恰恰是图灵不完备的ERC20及ERC721。如何增强智能合约的可维护性,成为值得研究者们探索的问题。

延伸阅读:区块链浏览器

区块链浏览器是浏览区块链信息的重要窗口,是一个可以查询区块链信息的网站,每一个区块所记录的内容都可以在区块链浏览器中进行查阅。区块链浏览器主要可以提供如下5个方面的信息。

(1)ChainInfo。

(2)BlockInfo。

(3)TransactionInfo。

(4)ContractInfo。

(5)AddressInfo。

一、ChainInfo

ChainInfo包含区块链的基本情况,是区块链的总体性描述,通常会放在区块链浏览器的首页。以Etherscan为例(如图7-13所示),展示的区块链基本情况有价格指标(以太坊价格、以太坊总市值、gas费用)、交易活跃度(总交易数量、过去14天内的历史交易数量折线图)和安全指标(挖矿难度、哈希率)。

图 7-13　Etherscan 首页

二、BlockInfo

BlockInfo 包含区块链的区块信息,一般会提供区块列表浏览功能、区块详情浏览功能。因为不同的区块链区块结构不同,所以不同的区块链浏览器展示的区块信息也会有所不同。同样,以 Etherscan 为例,查询#11417661区块的信息(如图 7-14 所示),可以看到区块的时间戳、包含的交易数量、打包区块的矿工地址、区块奖励、出块难度、块大小、消耗的 gas 数量等信息。

Block #11417661	
Featured: Track your Eth2 Validator deposits and returns on BeaconScan.com!	
Overview　Comments	
⑦ Block Height:	11417661　< >
⑦ Timestamp:	ⓘ 14 mins ago (Dec-09-2020 08:46:00 AM +UTC)
⑦ Transactions:	305 transactions　and　25 contract internal transactions　in this block
⑦ Mined by:	0x5a0b54d5dc17e0aadc383d2db43b0a0d3e029c4c (Spark Pool) in 27 secs
⑦ Block Reward:	2.913239152855169188 Ether (2 + 0.913239152855169188)
⑦ Uncles Reward:	0
⑦ Difficulty:	3,632,983,713,066,730
⑦ Total Difficulty:	19,273,724,345,688,390,744,060
⑦ Size:	50,022 bytes
⑦ Gas Used:	12,440,428 (99.96%)
⑦ Gas Limit:	12,444,830
⑦ Extra Data:	eth-pro-hzo-t006 (Hex:0x6574682d70726f2d687a6f2d74303036)
Click to see more ↓	

图 7-14　Etherscan 查询#11417661 区块的信息

三、TransactionInfo

TransactionInfo 指交易信息,一般会提供交易列表浏览功能、交易详情浏览功能,在以太坊中,智能合约的调用也是以交易的形式存在的。我们以一个转账交易为例,看看会包含哪些信息。针对以太坊上哈希值为 0xd3e834e6edcc4f3fc37e5de19d1e69e26faa882e24446b67b5462840cc05bed4(https://etherscan.io/tx/0xd3e834e6edcc4f3fc37e5de19d1e69e26faa882e24446b67b5462840cc05bed4)的这条交易,区块链浏览器会展示交易的执行状态、交易打包进的区块号、交易的时间戳、转账人、收款人、转账金融、交易费用等。

对于一个智能合约的调用交易,以交易哈希值为 0x90603c9738092e23868359d2680e93311ea13ea796757022bae8c01c6e7a84e9 的这笔交易为例,如图 7-15 所示,可以看到,相较于普通转账交易来说,该交易的 To 地址为一个 Contract 合约地址,根据 Etherscan 的提示,我们知道这个地址对应着 USDT 的 ERC20Token 的合约地址,用户 0x7a 通过这个智能合约调用交易给用户 0x5b 转移了 915 个 USDT。智能合约的调用如图7-16所示。

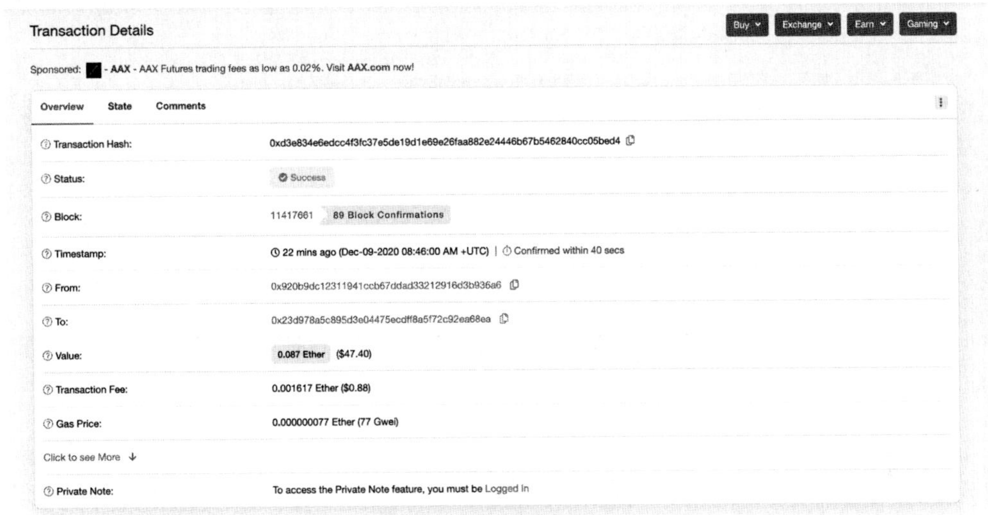

图7-15　区块链浏览器

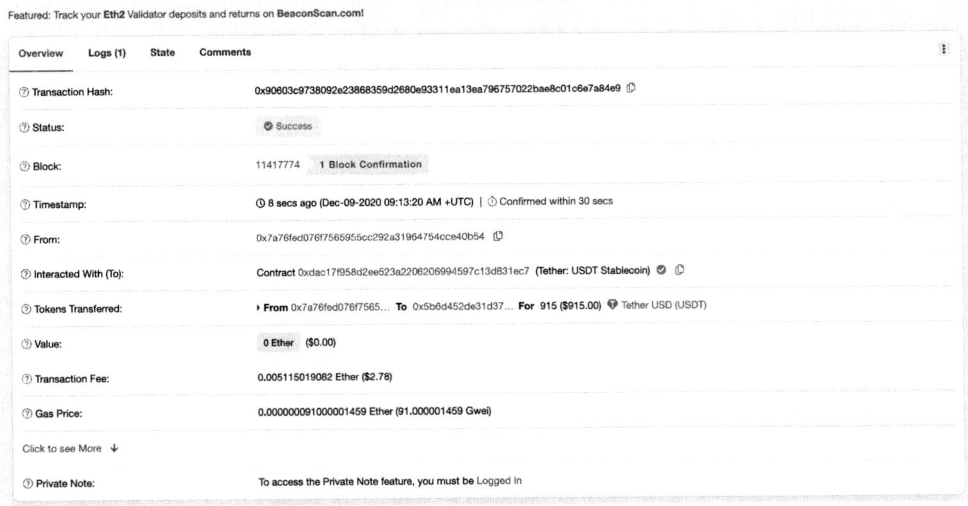

图7-16　智能合约调用

四、ContractInfo

ContractInfo代表了各种智能合约的信息展示,伴随着以太坊的兴起,以及现在广泛应用的联盟链,如何展示区块链的信息就变得尤为重要,将智能合约的调用记录和数据展示给用户,增强区块链的透明性和可监督性。以以太坊上广泛应用的ERC20协议为例,0xdAC17F958D2ee523a2206206994597C13D831ec7是Tether USDToken的合约账户地址,在区块链浏览器中,可以看到Token合约的相关信息,包括总供应量、持有的账户地址数量、价格等,如图7-17所示。

图 7-17　ERC20 协议

同时以 Token 的转移记录为例,每个交易记录的哈希值、转出地址、数量等,也可以看到合约的源代码,便于进行合约代码分析,如图 7-18 所示。

图 7-18　Token 转移记录

如果想在 Etherscan 上查看自己部署的合约信息,在部署到以太坊网络后,我们需要利用 Etherscan 提供的 verify and publish 功能,在验证过程中,需要提供部署合约时使用到的编译器类型和版本号,以及完整的合约源代码,验证成功后,就可以在 Etherscan 上浏览该合约的信息了。

五、AddressInfo

AddressInfo 为地址信息,在以太坊的区块链浏览器中,可以看到某个账户的余额,这个账户发起的交易列表,每条交易所在的区块号,交易接收方地址,金额和交易费等信息。

本章小结

本章通过介绍智能合约的概念、编写语言、执行方式、数据分析等重要组成部分,辅以实操和应用案例,展示了完善的智能合约生态。作为区块链 2.0 的代表,智能合约赋予了区块链新的动力,使区块链的前景变得更加广阔。智能合约的价值是基于区块链上公开可信的数据,而区块链数据的隐私保护却是一个新的挑战,下一章我们将介绍这个问题。

习题

一、思考题

1. 请简述尼克·萨博定义的智能合约。

2. 智能合约有哪些执行的方式？

3. 请简述 gas、gas limit、gas price 的概念。

4. 什么是预编译合约？可以用在哪些场景？

二、思维训练

智能合约能实现所谓的自动执行机制吗？

第八章

区块链隐私保护

区块链作为一种公开的分布式账本，具有链上数据透明、可追溯的特点。这一方面保障了数据的真实性和不可篡改性，但是另一方面，又可能导致隐私数据泄露的风险。如何在保证链上数据安全可用的前提下，增强链上数据的隐私性，就成为当下面临的最主要的问题。本章讨论区块链上的隐私问题，主要包括一些常见的隐私保护算法，如 Schnorr、环签名、同态加密等，并基于这些隐私算法介绍业内有名的隐私解决方案 Mimble-Wimble，最后以 FISCO BCOS 为例阐述联盟链中常见的隐私解决办法。

《8.1　区块链的隐私问题

区块链是公开的分布式交易账本,以比特币为例,链上的数据都是公开可见的,包括交易的金额和交易双方的地址信息等。比特币,它并不是一个匿名系统,只能算一个化名系统或假名系统,每个用户的"假名"就是他的公钥地址,同时也代表了他在网络上的身份,尽管这个网络身份并未直接对应到该用户现实中的身份。

虽然通过使用比特币地址,而不是使用实名账户可以一定程度上保证用户的隐私需求,但是如果有人可以用比特币的地址链接到所有者的真实身份,那么所有者的比特币交易记录(不管是过去的、现在的,还是未来的)都会被暴露。可怕的是,把比特币地址和真实身份链接起来并不困难。虽然一笔交易的发送方和接收方无法和现实生活中的买卖双方进行直接关联,但是可以通过对链上的数据进行地址簇和交易图谱分析,如图8-1所示,通过对交易的频率、金额大小、进出流量等进行分析,从而与现实的一些交易情况进行关联和映射,得出一些地址和身份的关联信息。

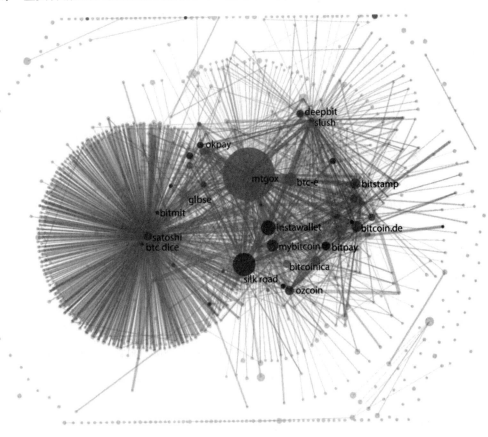

图8-1　地址簇和交易图谱分析

随着时间的推移,针对这种隐私的攻击会变得越来越有效率。历史记录表明,当越来越多的研究者去研究并开发出新的去匿名化的技术时,去匿名化的算法就会不断得到改进,也会有越来越多的辅助信息可以帮助攻击者去识别这些地址簇。

可见,尽管数据的公开透明保证了比特币账本真实和不可篡改的特点,但是也使很多需要隐私的场景无法在区块链上进行运作。

同时,网络层也有可能暴露用户的隐私。比特币的交易需要由用户创建并传播,在向大量对等节点广播交易的过程中,对等节点可以很容易地获取交易广播方的IP地址,从而利用统计攻击的技术,将IP地址和比特币的交易地址进行关联,推断出用户的真实身份。

Tor洋葱路由技术可以缓解比特币的隐私泄露问题,在洋葱路由的网络中,消息会被层层加密,然后在经过网络中每一个洋葱路由节点后层层解密,最后才获得原始的数据包。但是洋葱路由适用于低时间延迟要求的网络业务,而比特币等区块链交易对时间延迟要求较高,因此洋葱路由技术在此并不适用,而且一旦洋葱路由中有恶意的出口节点,也可能导致网络中用户身份信息的泄露。

在此背景下,各种区块链的隐私协议被提出。通过使用密码学等技术将交易的发送方、接收方和交易金额进行隐藏,而矿工(交易验证者)则可以在不需要知道具体交易细节的情况下对一笔交易的合法性进行验证。

8.2 隐私保护签名

8.2.1 Schnorr签名

Schnorr协议是由德国的数学家和密码学家克劳斯·彼得·施诺尔(Claus Peter Schnorr)在1990年提出的,是一种基于离散对数难题的知识证明机制。

Schnorr本质上是一种零知识的技术,即证明方(Prover)声称知道一个密钥x的值,通过使用Schnorr加密技术,可以在不揭露x值的情况下向验证方(Verifier)证明对x的知情权。

在前文中提到,在区块链网络中,某个用户拥有的公私钥对就代表了该用户的身份。如果你能向其他人证明你拥有某个私钥,那么就完成了身份认证的过程。Schnorr往往也被用于交互式或非交互式的零知识身份证明,以及数字签名的场景中。

一般会通过一个游戏过程来阐述Schnorr的流程:证明方为Alice,验证方为Bob,Bob要在不知道x的情况下验证Alice知道它。

Schnorr协议主要是基于椭圆曲线上的离散对数难题实现的,即在给定某椭圆曲线E和基点G的情况下,随机选择一个整数d。计算$Q=d*G$对于用户来说是容易的,但是用给定的点Q去推算d在计算上是困难的。

一、交互式的零知识身份证明

在交互式的零知识身份证明场景中,参与者Alice希望在不泄露真实数值的情况下向Bob证明自己拥有私钥sk,假设双方认定的基点为G,Bob已经获知了Alice的公钥PK,其中,$PK=sk*G$。

首先来看第一种方案,过程如下所述,这是一种仅支持一个验证者进行验证的方案。

Alice:均匀随机地选择一个秘密值r。

Alice：$s = sk + r$。

Alice：通过椭圆曲线将r转换为椭圆曲线上的点，计算$R = r * G$。

Alice：提交一个证明(s, R)。

Bob：将s转换为椭圆曲线上的点，验证$s * G\ ?== PK + R$。

由于椭圆曲线上的离散对数问题，知道PK和G的情况下通过$PK = sk * G$推算sk是不可能的，保证了sk的私密性。

但是这种方案是存在问题的，sk和r都是Alice自己生成的，她知道Bob会用PK和R相加然后再与$s * G$进行比较，因此她完全可以在不知道sk的情况下构造$R = r * G - PK$和$s = r$，这样Bob的验证过程$s * G\ ?== PK + R$就变成了$r * G\ ?== r * G - PK + PK$。

这是永远成立的，所以这种方案并不正确。为了不让Alice能够构造R，提出了第二种交互式零知识身份证明方案，过程如下。

Alice：均匀随机选择r，计算$R = r * G$，并将R发送给Bob。

Bob：均匀随机选择e，将e发送给Alice。

Alice：计算$s = r + e * sk$，将s发送给Bob。

Bob：计算$s * G$和$R + e * PK$是否相等，相等则身份验证通过。

这个三步验证看起来很像希腊字母sigma（$\sum$），故这个协议也叫作"sigma协议"（sigma protocol）。但是由于协议存在交互过程，因此无法防止证明方和验证方进行串通，这种方案只对参与交互的验证者有效，其他不参与交互的验证者无法判断整个过程是否存在串通的舞弊行为。因此，这种签名是无法公开验证的。

为了增强签名的可用性，并适用于数字签名，出现了单向的、非交互式的零知识身份证明方案。

二、非交互式的零知识身份证明

从上一个方案可以看到，为了不让Alice进行造假，需要Bob发送一个e值，并将e值构造进公式中。所以，如果Alice选择一个无法造假并且大家公认的e值，并将其构造进公式中，问题就解决了。生成这个公认无法造假的e的方法是使用哈希函数。

具体过程如下。

1. Alice：均匀随机选择r，并依次计算。

（1）$R = r * G$

（2）$PK = sk * G$

（3）$e = \text{HASH}(R)$

（4）$s = r + e * sk$

2. Alice：生成证明(s, PK, R)。

3. Bob（或任意一个验证者）：计算$e = \text{HASH}(R)$。

4. Bob（或任意一个验证者）：验证$s * G\ ?== R + e * PK$。

可以看到，如果Alice用$e = \text{HASH}(R)$来构造e，那么她无法通过构造R来将$e * PK$从式子中减去。

她若要这么做的话,则必须反复尝试 $R = r * G - e * PK$ 即 $R = r * G - HASH(R) * PK$ 并使等式成立。但是我们知道,哈希函数的性质是输入尽管改动很小,输出也会完全改变。反应在式子中即 R 稍有变化,e 就改变了,所以这是一个极难尝试成功的式子。因此,Alice 无法作恶。

三、Schnorr签名

上述过程其实只是一个零知识证明的过程,要把 Schnorr 运用到签名也很简单,只需要把需要签名的消息嵌入计算 e 的公式中即可。

最终的 Schnorr 签名过程如下。

1. 生成签名

(1)生成私钥 sk = random number。

(2)计算 $PK = sk * G$。

(3)生成随机盐值 r = random number。

(4)计算 $R = r * G$。

(5)将签名的消息 message 嵌入,计算 $e = HASH(R \| message)$。

(6)计算 $s = r + e * sk$。

(7)提交签名 (PK, R, s)。

2. 验证签名

(1)计算 $e = HASH(R \| message)$。

(2)计算 $s1 = R + e * PK$。

(3)计算 $s2 = s * G$。

(4)验证 $s1 ?== s2$。

四、Schnorr多签

在 Mimble-Wimble 区块链体系中,使用 Schnorr 多签技术可以使交易双方在不知道对方私钥的情况下对一笔交易进行多重签名,确保一笔交易的合法性。利用 Schnorr 多签技术,还可以实现无脚本的脚本(scriptless script)功能,例如,实现一些合约功能,如原子交换等。

这里简单提一下运用 Schnorr 完成多签的原理。若 A 和 B 想在不了解对方私钥的情况下共同对一笔交易进行签名,只需要利用椭圆曲线上加法同态加密的思想就可以了。

可以看到,Schnorr 的整个过程,包括加密和解密,都是一个加法的验证过程,观察签名过程的核心公式:

$$s * G == R + e * X$$

若要实现 A 和 B 的多签,只需要将公式写成:

$$(S_A + S_B) * G = (R_A + R_B) + e^* (X_A + X_B)$$

可以看到,只要签名的双方共用一个 e 值,就可以在不透露私钥的情况下,通过椭圆曲线上的加法同态加密进行签名和验证了。

8.2.2　Borromean环签名

一、AOS(Abe-Ohkubo-Suzuki)环签名简介

2002年,Abe、Ohkubo和Suzuki基于离散对数问题开发了一种新型的环签名,他们使用因果环(尽管他们没有用这个词)来达到效果。与早期的环签名相比,这种因果环的使用使签名的大小显著减少了50%。

理解AOS环签名之前需要理解Schnorr签名的过程,前文已经介绍,这里用到的是非交互的Schnorr签名过程。值得一提的是,前文说到非交互式的Schnorr签名使用哈希函数,并计算 $e = \text{HASH}(R\|\text{message})$ 来保证签名者无法构造 R 来作弊。但是我们接下来可以看到,如果对哈希函数的输入结构进行一定的构造,就可以通过指定的输入数据来提前计算 e 的值。

二、变色龙哈希(Chameleon Hash)

简单提一下在AOS中使用到的Schnorr签名的过程。

(1)证明者拥有私钥 x ,并且计算其公钥 $P = x * G$ 。

(2)证明者选择一个随机标量 k ,并对消息message签名并计算 $e = \text{HASH}(\text{message}\|k * G)$ 。

(3)证明者计算标量值 $s = k + e * x$,并且公开 (s, e, P) 。

(4)验证方通过计算 $s * G - e * P$ 得到理论的 $k * G$ 值,再验证 $e \ ?== \ \text{HASH}(\text{message}\|k * G)$ 判断验证签名是否合法。

接下来介绍变色龙哈希(Chameleon Hash),简而言之,变色龙哈希是一种输入为特定结构的哈希函数,而这种输入的结构允许有陷门(Trapdoor)存在,这个陷门也可以称作后门,知道陷门信息的一方可以通过构造输入数据,使在改变输入的情况下,哈希函数的输出不变。这就造成了这种哈希函数不具有抗碰撞性,即给定一个 m 和 $\text{Hc}(m)$,可以迅速找到 m' ,使 $\text{Hc}(m) == \text{Hc}(m')$ 。当然在AOS环签名中,使用变色龙哈希是为了通过陷门信息构造一个输入,以匹配已经提前计算好的 e 值,后面可以看到这种想法实现的过程和原因。

如下构造一个变色龙哈希函数,式中的 G 和 P 是群内的两个点,陷门信息是 x ,使 $P = x * G$ 成立。

$$\text{Hc}(\text{message}, e, s) = \text{HASH}(\text{message}\|s*G - e*P)$$

注意到,如果 $s = k + x * e$,则可以在不预先知道 e 的情况下计算:

$$e = \text{Hc}(\text{message}, e, s) = \text{HASH}(\text{message}\|k*G + x*e*G - e*P)$$

即

$$e = \text{Hc}(\text{message}, e, s) = \text{HASH}(\text{message}\|k*G)$$

可以看到,通过使用变色龙哈希函数对Schnorr签名的过程进行修改,使拥有陷门信息的人可以无视Schnorr签名的规则,进行逆转,这是我们生成AOS环签名最关键的理念和步骤。

三、AOS(Abe-Ohkubo-Suzuki)环签名算法流程

在详细讲解签名过程之前,先放一张AOS环签名的逻辑图,如图8-2所示。

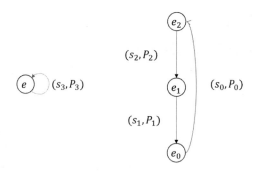

Schnorr Signature（1 of 1）　　　AOS Signatures（1 of 3）

图 8-2　AOS 环签名逻辑图

左边是 Schnorr 签名的过程,右边是 AOS 环签名的过程。接下来阐述 AOS 环签名算法的流程。

首先签名者有一组公钥集合 $\{P_i\}$,其中 $0 \le i \le n-1$,签名者知道其中一个公钥所对应的私钥 x_j,得 $P_j = x_j*G$,步骤如下(为了简洁,下述过程没有写入要签名的信息 message):

均匀随机生成 $k*G$,并计算 $e_{j+1} = \mathrm{HASH}(k*G)$;

均匀随机生成 s_{j+1},并计算 $e_{j+2} = \mathrm{HASH}\left(s_{j+1}G - e_{j+1}P_{j+1}\right)$;

均匀随机生成 s_{j+2},并计算 $e_{j+3} = \mathrm{HASH}\left(s_{j+2}G - e_{j+2}P_{j+2}\right)$;

....

均匀随机生成 s_{j-2},并计算 $e_{j-1} = \mathrm{HASH}\left(s_{j-2}G - e_{j-2}P_{j-2}\right)$;

均匀随机生成 s_{j-1},并计算 $e_j = \mathrm{HASH}\left(s_{j-1}G - e_{j-1}P_{j-1}\right)$。

解释一下,一组公钥集合 $\{P_i\}$,其中 i 是下标,签名从下标 j 之后开始计算,如果计算到了最后一个(下标为 $n-1$),则回到第一个(下标为 0)进行计算,直到计算到 j。这时候,所有的 e 已经算完了,s 已经算到了 s_{j-1},在此之前的 s 都是随机生成的。到了这一步的时候,我们需要制定一个 s_j 值,和 e_{j+1} 进行匹配,进行如下计算:

设 $s_j = k + x_j*e_j$,此时可以看到,由于签名者拥有陷门信息 x_j,使 $P_j = x_j*G$,那么如果接着计算 e_{j+1},则有

$$e_{j+1} = \mathrm{HASH}\left(s_jG - e_jP_j\right) = \mathrm{HASH}\left(kG + x_je_jG - e_jP_j\right) = \mathrm{HASH}(k*G)$$

正好和最初计算的 e_{j+1} 进行了匹配,可以直观地感受到,这形成了一个闭环,至于为什么要计算 s_j 来进行匹配,通过看后面验证者进行验证的过程会加深理解。

最后签名者提交的签名是 (s_i, e_0),其中 $0 \le i \le n-1$。

现在来说验证方的验证过程,验证方拿到 (s_i, e_0) 后,结合已有的公钥组 $\{P_i\}$,从 e_0 开始,不断地进行判断

$$e_{i+1} \; ? == \mathrm{HASH}\left(s_iG - e_iP_i\right)$$

直到最后一组数据 e_{n-1} 和 s_{n-1} 也判断完毕,则说明该签名是合法有效的。

通过验证方的验证过程可以看出,上述使用陷门信息的目的就是构造输入,使哈希函数的输出能够匹配一个已经计算好的值,这样就可以通过验证方的验证,并且,值得一提的是,由于这个过程不牵涉到签名方使用的私钥的下标即j,故签名方的私钥可以被完美地隐藏起来。以上就是 AOS 签名的整个过程。

四、Borromean 环签名过程

Borromean 环签名其实是 AOS 的多环实现,如果能彻底理解 AOS 的逻辑图和算法过程,那么通过看如图 8-3 所示的 Borromean 逻辑图就能理解 Borromean 的构造过程了。

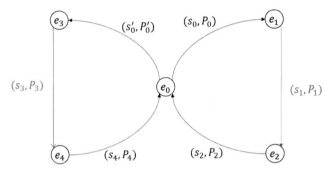

图 8-3　Borromean 逻辑图

简单来说,其实就是通过构造多个环来实现环签名,只要在每一个环中都拥有一个陷门信息就可以做到。

Borromean 的签名过程如下。

假设签名者拥有一个验证密钥集合 $P_{i,j}$,其中 $0 \leq i \leq n-1$,$0 \leq j \leq m_i - 1$,并且希望使用对 n 个签名密钥 $\left\{P_{i,j_i^*}\right\}_{i=1}^{n-1}$ 生成一个签名,其中 j_i^* 是对于验证者未知的密钥索引。P_{i,j_i^*} 的私钥表示为 x_i。

生成如下签名。

(1)将要签名的消息和公钥集合作哈希,结果为 M。

(2)对于 $0 \leq i \leq n-1$:

①随机均匀地选择一个标量 k_i。

②设 $e_{i,j_i^* + 1} = \mathrm{HASH}\left(M \| k_i G \| i \| j_i^*\right)$。

③对于每一个 j,其中 $j_i^* + 1 \leq j < m_i - 1$,随机均匀地选择 $s_{i,j}$,并且计算 $e_{i,j+1} = \mathrm{HASH}\left(M \| s_{i,j} G - e_{i,j} P_{i,j} \| i \| j\right)$。

(3)对每一个 i 随机均匀选取 $s_{i,m_i - 1}$,并且设置

$$e_0 = \mathrm{HASH}\left(s_{0,m_0 - 1} G - e_{0,m_0 - 1} P_{0,m_0 - 1} \| \ldots \| s_{n-1,m_{n-1}-1} G - e_{n-1,m_{n-1}-1} P_{n-1,m_{n-1}-1}\right)$$

可见,e_0 包含了多个 s 值,每个都来自一个环。

(4)对于 $0 \leq i \leq n-1$。

①对于每一个 j,其中 $0 \leq j \leq j_i^*$,均匀选取 $s_{i,j}$,并且计算

$$e_{i,j+1} = \text{HASH}\left(M \| s_{i,j}G - e_{i,j}P_{i,j} \| i \| j\right)$$

其中，$e_{i,0}$表示e_0。

②设$s_{i,j_i} = k_i + x_i e_{i,j_i}$，有签名$\sigma = \left\{e_0, s_{i,j} : 0 \leqslant i \leqslant n-1, 0 \leqslant j \leqslant m_i - 1\right\}$。

Borromean的验证过程如下。

假设有一条信息m、一个公钥集合$\{P_{i,j}\}$，以及一个签名σ，验证者进行如下验证。

(1)将要签名的消息和公钥集合作哈希，结果为M。

(2)对于每个$0 \leqslant i \leqslant n-1, 0 \leqslant j \leqslant m_i - 1$，计算$R_{i,j+1} = s_{i,j}G + e_{i,j}P_{i,j}$和$e_{i,j+1} = \text{HASH}\left(M \| R_{i,j+1} \| i \| j + 1\right)$。

(3)计算$e'_0 = \text{HASH}(R_{0,m_0-1} \| \ldots \| R_{n-1,m_{n-1}-1})$，并且返回1，如果$e'_0 = e_0$。

8.2.3　同态加密

同态加密的原理在前面的章节已经简单讲述过了。在区块链网络中，由于全网可以随意查看其中的任何信息，为了数据安全，区块链上往往只能存储加密过或脱敏过的信息和数据，但是加密过后或哈希后的数据往往无法直接对其进行正常的分析和处理工作。此时，同态加密技术被提出，它可以直接在加密后的数据上进行分析和处理，从而保护了数据隐私，也保障了数据的可用性。

同态加密技术基于公钥加密算法，使用公钥进行加密，私钥进行解密。

同态加密的本质是直接将原文加密，然后在密文上进行各种运算($f()$函数)，最终的结果与先在明文上运算后再加密的结果一致，如图8-4所示。

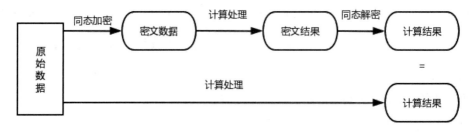

图8-4　同态加密

假设有加密函数E，明文x和y，当$f()$函数为加法运算"+"时，即为加法同态，加法同态满足公式：

$$E(x+y) = E(x) + E(y)$$

同理，当$f()$函数为乘法运算"×"时，即为乘法同态，乘法同态满足公式：

$$E(x \times y) = E(x) \times E(y)$$

同态加密主要分为全同态加密和半同态加密，如果一个密码学算法只满足乘法同态或加法同态，就称其为半同态加密；如果一个密码学算法既满足乘法同态又满足加法同态，就称其为全同态加密。支持加法同态的加密算法有Paillier算法和Benaloh算法，支持乘法同态的加密算法有RSA算法和ElGamal算法，全同态加密算法有Gentry算法等。

在实际应用中，相较于乘法同态，加法同态的适用场景更多。下面以Paillier算法为例，介绍同态加密的相关算法原理。

Paillier算法由佩利尔(Paillier)在1999年发明,是一种同态加密算法。接下来我们从密钥生成、加密算法、解密算法及同态运算4个方面介绍它。

一、密钥生成

(1)随机选择两个质数 p 和 q,满足 $|p|=|q|=\tau$,这个条件保证了 p 和 q 的长度相等。

(2)计算 $N=pq$ 和 $\lambda=$LCM$(p-1,q-1)$,注:LCM表示最小公倍数。

(3)随机选择 $g\in Z_{N^2}^*$,满足 GCD$\left(L(g^\lambda \bmod N^2),N\right)=1$。

注:GCD表示最大公约数,Z 表示整数,下标表示该整数集合里有多少个元素。

$$L(x)=\frac{x-1}{N}$$

(4)公钥为(N,g)。

(5)私钥为 λ。

二、加密算法

对于任意整数 $m\in Z_N$,任意选择随机数 $r\in Z_N^*$,密文 $C=E(m)=g^m r^N \bmod N^2$。

三、解密算法

对于密文 $C\in Z_{N^2}^*$,解密得到明文 m 的计算如下:

$$m=\frac{L(C^\lambda \bmod N^2)}{L(g^\lambda \bmod N^2)}\bmod N$$

四、同态运算

对于任意明文 $m_1,m_2\in Z_N$,假设 $E(m_1)=g^{m_1}r_1^N \bmod N^2$ 和 $E(m_2)=g^{m_2}r_2^N \bmod N^2$,有

$$E(m_1)E(m_2)=g^{m_1+m_2}\left(r_1 r_2\right)^N \bmod N^2 = E(m_1+m_2 \bmod N)$$

这个性质表明 Paillier 加密方案具有加法同态性。

《《8.3 隐私保护应用

本节我们主要介绍 Mimble-Wimble,这是一种简洁的区块链隐私解决方案,已被应用到Beam、grin等加密数字货币中,以及其他的一些区块链隐私保护的应用方案中。

8.3.1 Mimble-Wimble

Mimble-Wimble是基于UTXO的,一种增强隐私性和可扩展性的区块链协议。Mimbel-Wimble是以小说《哈利·波特》中的"结舌咒"来命名的,这个咒语用于防止泄密。该协议是由一个叫作Tom Elvis Jedusor(伏地魔的法语名字)的人于2016年提出的,他通过洋葱头加密通信通道,在一个名叫"比特币巫师"(Bitcoin wizards)的IRC网络聊天室上分享了一个概述 Mimble-Wimble 的文本,然后便消失了。

一、Mimble-Wimble协议的优势

使用Mimble-Wimble协议主要有两个优势——高隐私性和可扩展性。

（1）高隐私性：Mimble-Wimble会对未参与交易的所有第三方隐藏交易的发起者、接收者及交易金额的信息。第三方观察者只能在一个交易中，看到一系列经过加密处理的包含交易输入、输出的整体（Commitment），他们可以验证这些输入是否都在链上，输出和输入的货币总数是否相同，以及有没有货币的超发。这个设定改善了在比特币等类似系统中"任何人都可以追溯一个资金从一个地址到另一个地址的转移过程"的问题，也加强了货币的可替代属性。

（2）可扩展性：Mimble-Wimble使用Cut-through技术大大降低了矿工的门槛。矿工不需要存储整个区块链的历史数据，只需要存储一部分信息即可。而其他所有的加密货币都强制矿工和第三方验证者存储区块链的整个交易历史。Mimble-Wimble这样做可以节省存储空间，并加快同步速度。因为随着区块链历史的不断增长，矿工们可能会被迫使用更多的硬盘资源来存储整个历史记录。

二、Pedersen Commitments

相较于比特币的每一个输入和输出都是一个UTXO，UTXO中的金额和地址都是可见的。Mimble-Wimble将UTXO改成了Pedersen Commitment的形式，也称作承诺，即一个输入或输出是如下形式：

$$Commitment = r * G + v * H$$

G和H是椭圆曲线上两个不同的点，v是这笔交易的金额，r是这个Commitment的致盲因子（blinding factor），也可以理解为私钥。

通过这种构造，一个只知道G和H的第三方是不可能计算出r和v的，故保证了Commitment的隐私性。也就是说，知道一个Commitment中r和v的人有资格花费这一笔钱。

1. 一笔交易

将UTXO改变成Commitment后，一笔最常见交易就变成了如下所示，Alice用金额为$v1$的一笔Commitment给Bob转一笔金额为$v2$的钱，并将金额为$v3$的零钱找给自己。

$$(r1*G)+(v1*H) \longrightarrow \begin{array}{l} (r2*G)+(v2*H) \quad \textbf{Bob} \\ + \\ (r3*G)+(v3*H) \quad \textbf{Alice} \end{array}$$

Alice

将这个式子简化为$C1 \to C2 + C3$。

关于生成交易的具体细节，后面会进行详细介绍。这里先提出一笔交易的内容，包含如下数据。

（1）输入承诺（Input Commitment）[$C1$]。

（2）输出承诺（Output Commitment）[$C2$、$C3$]，其中每一个输出承诺都会携带一个rangeproof证明。

（3）交易偏移量（offset）。

（4）交易内核（kernel）[fee、excess_value、signature、lock_height]。

简单理解一下，输入和输出承诺就是交易的承诺。值得一提的是，每一个输出承诺都会携带一个rangeproof证明，为了证明输出金额不为负数。交易偏移量是为了提供进行后续混币操作所需要的一个数据。交易内核是很重要的概念,其中比较重要的数据结构是交易的手续费fee、excess_value,可以理解为交易的公钥,signature是这笔交易的签名。

2. 验证交易的合法性

矿工在网络上接收到一笔交易后,如何验证这笔交易是否合法呢? 主要是从以下3个方面判断。

(1)金额是相等的(Balance-to-zero)。

(2)没有超发货币(rangeproof)。

(3)签名是合法的。

3. 金额是相等的(Balance-to-zero)

矿工首先需要验证交易双方的交易金额数是正确的,即

$$v1 == v2 + v3 + fee$$

由于一笔交易中的输入和输出都是Commitment,矿工无法从交易中读出输入和输出的金额。为了验证一笔交易的金额是相等的,矿工进行如下操作。

(1)计算 $C1 - C2 - C3 - fee * H$。

(2)判断上面的计算结果是不是生成元 G 的若干倍数,即 $C1 - C2 - C3 - fee * H ?== r * G$。

(3)如果是,则验证通过,否则验证失败。

可以看到,对于一笔合法的交易,将所有的输入Commitment减去所有的输出Commitment,再减去交易手续费倍数的 H,结果会是生成元 G 的若干倍数。而验证计算结果是 G 的倍数很简单,只需要代入椭圆曲线方程就可以进行验证。

4. 没有超发货币(rangeproof)

上述Balance-to-zero的验证通过就能说明交易的金额不会出问题吗? 这是不够的。因为矿工不知道每个Commitment具体的金额,若只对整体的总和作出判断,则可能忽略金额为负的情况,如下所示。

如果Alice按照约定付给Bob金额为5的货币后,构造两笔给自己的交易,一个数值是15,另一个数值是-10,而-10的Commitment直接扔掉,那么Alice就凭空创造了数值为10的货币。这种情况下,Balance-to-zero是能够通过验证的(这里没有考虑手续费)。

所以,矿工需要保证每一个输出Commitment的金额数值都为正值,这就需要使用范围证明技术(rangeproof)。rangeproof保证一个数字落在给定范围的区间内,但不会泄露该数字是什么。

早期Mimble-Wimble使用环签名来做rangeproof,但是存储性能较差,一个基于环签名做的rangeproof证明需要5kB左右大小的存储。现在工业界大部分使用bulletproof进行范围证明,存储大小降为1kB。

为了保证输出的金额是合法的,交易的发起方需要对每一笔输出 Commitment 添加一个 rangeproof,这就是前面交易内容中所提到的,矿工通过验证 rangeproof 的合法性保证金额为正值,以防止货币的超发。

5. 签名是合法的

生成签名和验证签名的过程是本章节的重点,后续会进行详细的介绍。

现在我们需要知道的是,一笔交易签名是交易双方通过链外即线下进行交互生成的。交易双方通过 Schnorr 多签技术,在不泄露各自私钥(也就是致盲因子 r)的情况下,联合签署一笔交易的内容。

通过 Schnoor 多签,交易双方最后协商生成的密钥:

$$Schnorr\_secret\_key = r2+r3-r1-offset$$

excess_value 相当于一笔交易的公钥,计算方法:

$$excess\_value = (r2+r3-r1-offset)*G$$

这个公钥实际上就是一笔交易的所有输出 Commitment 减去所有的输入 Commitment,并减去手续费,再减去交易附带的 offset,打包区块的矿工是可以计算出来的(注意是打包区块的矿工,即监听到这笔交易的矿工)。

6. 生成交易的过程

理解了 Schnorr 多签的原理,就可以很容易地理解 Mimble-Wimble 一笔交易生成和验证的过程。

假设 Alice 用金额为 50 元的一笔 Commitment 支付给 Bob 30 元,并把剩下的 19 元转给自己,为交易支付 1 元手续费,如图 8-5 所示。

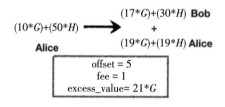

图 8-5　交易示例

注意,为了更加清晰地阐述整个交易生成和验证的过程,接下来的叙述会屏蔽生成 rangeproof 的过程。rangeproof 就是交易发起方对每一个输出单独做的一次零知识证明过程,会附加在每一个输出中。

(1)Alice。均匀随机地生成自己的(发送方)致盲因子,计算发送方致盲因子的和 rs,在本例中,随机生成的致盲因子是 19,计算发送方的致盲因子的和 rs = 19 − 10 = 9(10 是曾经一笔交易的输出的 Commitment)。

①均匀随机地生成交易的偏移 offset,在本例中,随机生成的 offset 是 5。

②计算自己(发送方)的私钥 rso,就是致盲因子的和减去 offset,rso = rs − offset,在本例中,这个私钥值是 4。

③均匀随机地生成自己的(发送方)随机 Nonce ks,这个 Nonce 相当于 Schnorr 签名中的生成的 r。

④计算交易的手续费 fee,本例为1。

⑤将下列数据发送给 Bob。

a. Amount：Alice 转给 Bob 的金额数,本例为30

b. Tx ID：本次交易的唯一 ID

c. Tx fee：交易的手续费,本例为1

d. lock_height：在多少区块之后交易有效

e. TX Inputs：Alice 使用的输入 Commitment

f. Co：Alice 的找零输出 Commitment

g. offset：Alice 生成的 offset 值(注意这里不是公布 offset*G,而是 offset 值)

h. $ks * G$

i. $rso * G$

(2)Bob。

①接收到 Alice 传来的信息。

②创建消息 message(M), M = Tx fee || lock_height。

③均匀随机地创建自己的(接收方)随机 Nonce kr。

④均匀随机地创建自己的(接收方)致盲因子 rr,在本例中,Bob 生成的致盲因子为17。

⑤计算 Schnorr 多签中共享使用的 e 值:

$$e = \text{HASH}(M\|ks*G+kr*G\|rso*G+rr*G)$$

⑥计算接收方的 Schnorr 签名 sr:

$$sr = kr+e*rr$$

⑦将下列数据发送给 Alice:

a. sr

b. $kr*G$

c. $rr*G$

(3)Alice

①接收到 Bob 传来的消息。

②计算 Schnorr 多签中共享使用的 e 值。

$$e = \text{HASH}(M\|ks*G+kr*G\|rso*G+rr*G)$$

③验证 Bob(接收方)的签名是否合法(就是验证 Schnorr 签名的过程)。

a. 计算 Result1 = $sr*G$

b. 计算 Result2 = $kr*G+e*rr*G$

c. 判断 Result1 ?== Result2

④生成自己的签名 ss:

$$ss = ks+e*rso$$

⑤生成整个交易的签名 s 和 r:

a. $s = ss+sr$

b.　$r = ks+kr$

⑥生成交易

a.　构建输入 Commitment

b.　构建输出 Commitment（带了 rangeproof）

c.　设置交易的 offset 值为 5

d.　设置交易内核（kernel）

- 设置 lock_height

- 设置 excess_value excess_value=(17+19−10−5)*G

- 设置交易手续费 fee，fee=1

- 交易签名（$s,r*G$）

7. 验证交易的过程

前面已经提到 Balance-to-zero 和 rangeproof 的验证，这里主要描述矿工如何对签名的合法性进行验证。

矿工接收到交易后，在 Balance-to-zero 和 rangeproof 验证通过后，验证签名是否合法。

（1）对交易做如下计算并作判断：

①计算 $C2 + C3 − C1 − offset*G − fee*H = (21)*G+0*H$。

②计算结果会等于交易内核中的 excess_value。

（2）对签名（$s,r*G$），作如下计算：

①计算 Result1 = $s * G = (ss + sr)* G$。

②计算 Result2 = $e * $ excess_value。

③验证 Result1 ?== $r * G$ + Result2。

如果验证通过即为一笔合法的交易。

8.3.2　其他隐私保护应用

现在的区块链隐私技术实现主要有两类：一类是基于 UTXO 模型的隐私保护技术，如使用环签名的门罗币，使用上文所介绍到的 Mimble-Wimble 技术的 Beam、Grin，以及使用零知识证明 zk-SNARK 技术的 ZCash 等；另一类是基于账户模型的隐私技术，这类技术一般为了给使用账户模型的区块链（如以太坊）提供隐私交易（Confidential Transaction）或隐私资产（Confidential Assets），如使用安永发布的 EYBlockchain，以太坊上的匿名支付协议 Zether，结合同态证明和 rangeproof 提供零知识证明的 AZTEC，还有北大团队研发的 PGC 技术。

一、zk-SNARK 与 ZCash

zk-SNARK 是一种零知识证明算法，英文全称为"zero knowledge Succinct Non-interactive Argument of Knowledge"，即 zk-SNARK 是一种简洁的非交互式零知识"知情证明"机制。"知情证明"意为证明知道某个内情（消息）。

ZCash 是最早使用 zk-SNARK 技术的数字货币。ZCash 采用 zk-SNARK 技术，目的是彻底解决交易被追踪，从而暴露用户隐私的问题。

ZCash 在比特币的 UTXO 交易机制上进行了改进,使用了一种新的交易基本单元"note"来替代 UTXO 这个概念。ZCash 的交易分为两类,透明地址和隐藏地址。透明地址的交易和比特币交易几乎一致。而隐藏地址交易输出、输入的地址和金额有可能是隐藏的。通过这种方式,ZCash 实现了匿名支付的场景。

二、Zether

Zether 是由斯坦福大学博士生 Benedikt Bunz(同时他也是零知识证明协议 Bulletproofs 的共同作者)、Dan Boneh 教授等人提出的一种部署在以太坊上、基于账户模型的匿名支付协议,它所定义的智能合约称为 Zether Smart Contract(ZSC),同时相应设计了 ZTH 代币。

Zether 结合了零知识证明协议 Bulletproofs 和 Σ 协议的特性,使用了一种改进的零知识证明机制,称为 Σ-Bullets 协议。Zether 实现了交易的账户余额和交易地址的保密性。

Zether 是第一个专门为以太坊设计和建立的隐私保护机制。

三、Aztec

Aztec 也是运行在以太坊上的隐私保护协议。Aztec 使用零知识证明和同态加密算法来对数据进行相关处理和证明,并且对加密后的数据资料进行运算,对于用户来说,可以随意取用区块链上的加密数据,并且进行一些数据处理和验证的操作,而不会泄露数据的真实内容。

Aztec 设计了一种信赖建置系统(trusted setup)来使零知识证明中的范围证明的开销尽可能得小,在保证区块链上交易保密性的同时也兼顾了效率。

《8.4　联盟链的隐私保护

在联盟链上,隐私泄露的风险同样存在且不容小觑,并且由于联盟链的节点规模小,接入联盟链的节点大多具有强相关性,因此隐私泄露的问题更加严重。而且对于接入联盟链的企业和机构来说,隐私泄露带来的商业泄密、行业倾轧的后果更加难以承受。

FISCO BCOS 是由国内自主研发的一套开源的金融联盟链底层平台,主要由金链盟开源工作组主导研发。本节主要以 FISCO BCOS 为例,介绍联盟链上相关的隐私保护机制。

8.4.1　群组隔离

目前,联盟链在系统架构方面常见的隐私保护做法是划分不同的"域"或"名字空间",同一个"域"内的区块链数据是共享的,"域"外的节点不能访问这部分数据,FISCO BCOS 在隐私保护中也借鉴了类似于群组隔离的思想,它采用了物理隔离的方法,在底层平台设计了一层多群组架构,依靠这种群组结构,群组间数据可以隔离,业务可以灵活构建,同时 FISCO BCOS 通过合理的跨链架构设计,能让在不同的群、不同的链上的不同信息通过跨链的方式互相验证、打通。

举个例子,假设有 3 个机构节点 A、B、C 在运行业务 1,现在机构节点 A 和 B 需要构建业务 2,并且他们不希望业务 2 的数据被节点 C 获取。FISCO BCOS 提供的多群组架构可以使节点 A 和节点 B 创建一个新群组来运作业务 2,这样可以使节点 A 和节点 B 在独立地运行业务 2 的同时,保证业务数据不

被群组外部的节点获取,也避免了重新创建一条链,增加运维和管理的成本。

8.4.2 同态加密

在联盟链中,考虑到监管需求,链上机构可能需要将应用中的一些隐私数据上链,如营收账目、产品流量等。为了不泄露机密,机构可以使用监管方的公钥对这些信息进行加密,加密后,信息统计可交由代理机构完成。在这种场景下,由于需要针对密文进行计算,同态加密便可大展身手。

FISCO BCOS通过集成同态加密,为用户提供了一种支持密文处理的隐私保护工具。加解密会暴露明文数据,基于安全性考量,该过程只适合在链下完成,链上只保留同态运算接口,加解密接口则以独立算法库的形式提供给应用层。在同态加密方案的选择上,出于对计算开销的考虑,首选轻量级加法同态方案;鉴于区块链存储资源有限,密文不能太大,可对齐标准的RSA加密算法。

综合上述两点,FISCO BCOS选择了兼具以上特性的加法同态方案Paillier,该方案由佩利尔于1999年在欧密会上提出。Paillier的公私钥兼容主流的RSA加密算法,接入门槛低。同时Paillier作为一种轻量级的同态加密算法,计算开销小,易被业务系统接受。

FISCO BCOS同态加密模块提供的功能组件如下。

(1)Paillier同态库,包括Java库和C++同态接口。

(2)Paillier预编译合约,供智能合约调用,提供密文同态运算接口。

对于有隐私保护需求的业务,如果涉及简单密文计算,可借助Paillier模块实现相关功能。凡是上链的数据可通过调用Paillier库完成加密,链上的密文数据可通过调用Paillier预编译合约实现密文的同态加密运算,密文返还回业务层后,可通过调用Paillier库完成解密,得到执行结果。具体流程如图8-6所示。

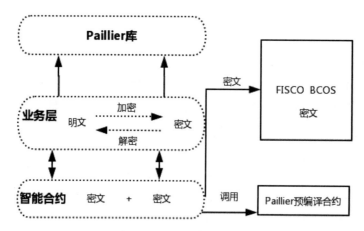

图8-6 Paillier库调用流程

举个例子,假设有3个机构节点A、B、C,现在需要各方机构节点把上半年共6个月的收入分别进行上链记录(存证、防止篡改),并且进行加和,再将各自上半年的总收入进行上链存证,但是它们都不希望自己的收入公之于众。那就可以通过调用Paillier同态库进行加密,然后将加密的数据上链,加密后的各个月的收入存于链上,编写"计算上半年总收入"的智能合约,调用Paillier预编译合约,对加密后的各个月收入进行同态加密运算,将密文运算的结果存储到链上,从而实现对月收入和上半年总收入的存证,其他节点无法查看真实的收入,而对于加密者,可以调用Paillier同态库对智能合约返回的密文结果进行解密,从而查看经过运算处理后的原文。

8.4.3 群/环签名

群签名(Group Signature)是一种能保护签名者身份的具有相对匿名性的数字签名方案,用户可以代替自己所在的群对消息进行签名,而验证者可以验证该签名是否有效,但是并不知道签名具体属于哪一个群成员。同时,用户无法滥用这种匿名行为,因为群管理员可以通过群主私钥打开签名,暴露签名的归属信息。群签名的特性包括如下4点。

(1)匿名性:群成员用群参数产生签名,其他人仅可验证签名的有效性,并通过签名知道签名者所属群组,却无法获取签名者身份信息。

(2)不可伪造性:只有群成员才能生成有效且可被验证的群签名。

(3)不可链接性:给定两个签名,无法判断它们是否来自同一个签名者。

(4)可追踪性:在监管介入的场景中,群主可通过签名获取签名者身份。

环签名(Ring Signature)是一种特殊的群签名方案,但具备完全匿名性,即不存在管理员这个角色,所有成员可主动加入环,且签名无法被打开。环签名的特性包括如下两点。

(1)不可伪造性:环中其他成员不能伪造真实签名者签名。

(2)完全匿名性:没有群主,只有环成员,其他人仅可验证环签名的有效性,但没有人可以获取签名者身份信息。

FISCO BCOS群/环签名模块提供的功能组件如下。

(1)群/环签名库,提供完整的群/环签名算法C++接口。

(2)群/环签名预编译合约,供智能合约调用,提供群/环签名验证接口。

有签名者身份隐匿需求的业务可借助本模块实现相关功能。签名者通过调用群/环签名库完成对数据的签名,然后将签名上链,业务合约通过调用群/环签名预编译合约完成签名的验证,并将验证结果返还回业务层。如果是群签名,那么监管方还能打开指定签名数据,获得签名者身份。具体流程如图8-7所示。

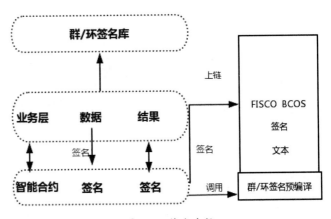

图8-7 签名流程

群/环签名由于其天然的匿名性,在需要对参与者身份进行隐匿的场景中有广泛的应用前景,如匿名投票、匿名竞拍、匿名拍卖等。同时,由于群签名具备可追踪性,可以用于需要监管介入的场景,监管方作为群主或委托群主揭露签名者身份。

设想一个联盟链上的匿名投票决策场景,先为该匿名投票场景部署一个用于创建和管理群/环成员,以及生成和管理签名的服务器端,每一个参与投票的节点可以从客户端调用服务端的RPC接口获得认证,并生成自己的数字签名,然后就可以在客户端调用FISCO BCOS集成的群/环签名库,对自己的投票内容进行签名,将签名后的结果上链,链上负责"验证签名并计票"的智能合约会调用群/环签名预编译合约的验证接口,对签名进行验证,如果有效则计入票数。

延伸阅读:安全多方计算

一、安全多方计算的背景——百万富翁问题

在引入安全多方计算之前,我们首先思考这样一个有趣的问题:假如你是一个百万富翁,在一个晚会上,你和另一个百万富翁在一个餐桌上吃饭,聊起了自己的资产问题,想比较一下谁的资产多,但是你们出于隐私考虑都不想透露给对方自己有多少资产,并且你们都不信任晚会上的第三方,有什么方法能让你们两人比较出来谁的资产多?

以上问题就是由姚期智院士提出的著名的百万富翁问题,也是安全多方计算的雏形,这个问题后来经过Oded Goldreich、Micali和Wigderson等著名密码学家的发展,演变成为一个非常热门的密码学的研究领域——安全多方计算。

二、安全多方计算的概念

安全多方计算(Secure Multi-party Computation, SMC)是指在分布式网络中,多个参与者在互不信任的情况下进行协同计算,每个参与者的输入信息是保密的;在计算完成之后,参与者无法获得除了正确的计算结果之外的信息。

三、安全多方计算的特点

通过上面百万富翁问题的实例可以看出,安全多方计算主要解决的是参与者隐私信息的保护及协同计算的问题,其特点包括输入隐私性、计算正确性及去中心化等特性。

1. 输入隐私性

安全多方计算备受推崇的一个很重要的原因就是它的输入隐私性。对各个参与者在进行协同计算时的隐私保护是安全多方计算非常关注的一个问题,在各个参与方进行协同计算的过程中,需要保证各方输入的私密信息是独立的、不能被泄露的。

2. 计算正确性

在保证输入隐私性的基础上,安全多方计算要求各个参与方能够按照指定的协议进行协同计算并得到正确结果。

3. 去中心化

在安全多方计算中,不存在任何有特权的参与方或第三方,相比于传统的分布式计算由中心化的节点协调各个节点的计算过程,安全多方计算中各个参与方是平等的,它提供了一种去中心化的计算模式。

四、安全多方计算主要使用的技术

当下安全多方计算领域用到的主要技术有以下3种。

1. 混淆电路

混淆电路技术的最早提出者也是姚期智院士,最初提出的目的就是解决百万富翁问题。混淆电路技术的关键是通过加密设计好的真值表来达到混淆计算参与方的隐私信息的目的,并且保证了布尔电路的正常输出。

2. 秘密分享

秘密分享技术的最早提出者是著名的密码学家Shamir,秘密分享的基本思路就是各个参与方收到随机拆分的信息,每个信息都是原始信息的一部分,只有将所有参与者的信息凑齐才能还原出原始信息,任何一方或一部分参与者都无法根据他们拥有的信息还原出原始信息。

3. 同态加密

同态加密技术保证了对密文进行运算之后的结果和对明文进行相同运算之后再加密的结果是相同的。这就意味着我们可以在加密数据上进行相关的运算,从而很好地解决隐私泄露的问题。

五、安全多方计算的应用场景

1. 数据安全查询

数据安全查询需要保证数据查询者可以根据自己的查询条件查询到正确的结果,并且不能获取其他信息,而数据库的拥有者不能知道查询者的查询请求。安全多方计算的输入隐私性很好地契合了数据安全查询的需求,因而数据安全查询成为安全多方计算的一个很重要的应用场景。

2. 电子选举

在电子选举方案中,选票内容的保密性、可证实性及不可复用性,投票过程的鲁棒性和计票的完整性都是被重点关注的问题。安全多方计算的技术特点可以很好地解决上述问题,因而电子选举也成为安全多方计算应用的典型案例。

3. 电子拍卖

传统的拍卖行为因为有拍卖行的参与,所以会存在拍卖行擅自泄露价格和篡改价格的风险,为了规避上述风险,可以采用安全多方计算协议来代替拍卖行。

本章小结

本章开头以比特币的隐私性为契机,讨论了区块链上的隐私问题,并介绍了Schnorr签名、AOS环签名、Borromean环签名、同态加密等隐私保护工具,并深入讨论了Mimble-Wimble协议的实现细节,以及如何将其运用到隐私交易中。联盟链的隐私解决方案不仅可以使用密码学,还可以从数据隔离的角度来解决隐私问题。

习题

一、思考题

1. 什么是区块链的隐私问题?

2. 什么是变色龙哈希？

3. 常见的区块链隐私技术实现有哪些？举几个例子。

4. 请以 FISCO BCOS 为例介绍联盟链上的隐私解决方案。

二、思维训练

数据的隐私和监管矛盾吗？如何在联盟链中实现兼顾？

第九章

区块链安全

　　区块链安全问题主要体现在以下五个方面:第一,在个人安全层面,虽然公链和联盟链中存在技术区别,但两者均以密码学作为构筑技术的基石,导致都存在个人密钥安全问题。第二,在数据层面,公链中的数据处于完全公开状态,不存在数据丢失或被盗的问题,所以公链中不存在数据问题,但是在构建联盟链时,需要关注数据安全问题。第三,在网络层面,由于联盟链和公链都隶属于分布式系统领域,每一个节点都需要与其他节点通信达成共识。因此它们都会面临网络安全方面的问题。第四,在共识方面,共识是联盟链与公链区别最大的一个方面,相比于公链,联盟链中对参与节点的身份的管理和审核很方便。因此,共识安全是公链设计的重中之重。第五,在智能合约方面,合约本身的代码设计存在的漏洞和多个智能合约之间复杂的交互可能引起的漏洞,都会引起智能合约方面的安全问题,公链和联盟链都会面临这一方面的问题。本章首先从个人安全、数据安全、网络层安全、共识安全、智能合约安全5个方面对区块链安全问题进行论述。然后,本章介绍了区块链中一些典型的安全事件,如Mt.Gox交易所比特币失窃、The DAO的重入攻击、美链安全问题等。

《9.1 个人安全

9.1.1 密钥管理：个人用户如何管理自己的密钥

一、密钥泄露或遗失的后果及保存密钥的重要性

区块链修筑了一个安全可信的存储与交易网络，区块链的核心是密码算法，密码算法的核心是算法本身和密钥的生命周期管理。密钥的生命周期包括密钥的生成(随机数的质量)、存储、使用、找回等。虽然区块链协议设计得非常严谨，但作为用户身份凭证的私钥安全却成为整个区块链系统的安全短板。所以说，私钥在其生命周期中确保安全是密码系统安全的基础，也是个人信息安全的基石。在区块链的交易系统中，密钥与钱包紧密相连，甚至是钱包的唯一打开方式，这意味着用户一旦丢失密钥，钱包中的钱将无法提取，并且也不再拥有钱包的所属权。因为区块链是去中心化平台，没有中心机构可以回溯或撤销交易过程，也没有法律对用户进行保护，不法分子通过盗取私钥，就可随意地侵占数字资产权益，这将给钱包持有人带来巨大的损失，并且这种损失是无法挽回的。

二、核心管理手段：物理隔离(与恶意环境隔离的安全环境，物理环境访问限制)+密钥分片(不可整存整取，多地容灾恢复)

针对这些密钥保存环节的风险，核心的应对手段为物理隔离和密钥分片。前者指的是，密钥保存的环境应该是一个与恶意环境隔离的安全环境。后者指的是，密钥保存时不应该整存整取，而是应进行分片，由多个信任方分别保存，必要时还需要实现多地容灾恢复。对于计算机系统，安全硬件模块和高物理安全的服务器房间是实现物理隔离常见的手段，必要时，保存密钥的设备可以一直保持离线状态，杜绝意料之外的非授权访问。对于密钥分片，可以使用密码学秘密分享算法来实现。最常用的密码学秘密分享算法是Shamir秘密分享算法，由以色列密码学家阿迪·萨莫尔(Adi Shamir)在其1979年的论文 *How to share a secret* 中提出。Shamir秘密分享算法的核心思想是将密钥的值设为一个 N 阶随机多项式中的常量参数，然后在该随机多项式上随机选 M 个点的坐标，这些坐标就是关于密钥的分片。

相比计算机系统，用户对于前一项物理隔离的要求可能更容易实现。但对于密钥分片的要求，还需要配合各类托管技术，使用计算机辅助手段生成和保存高安全性的密钥分片。无论采用哪一种技术，一般情况下，用户最少需要记忆一个用户口令。但如同房门钥匙一样，遗忘用户口令并不罕见，尤其是在账户数目和相关密钥总数繁多的情况下。如果服务提供商提供有效的密钥重设服务，相比将密钥全部写在纸上或手机APP里，通过密钥重设来重新设置密钥，密钥丢失的风险可能更低，但是如果服务商保存的密钥信息被盗取，将会带来巨大的损失，极大增加密钥被窃的风险。

三、可能情况下的应对方案探讨：灾难恢复+防止盗窃延迟取款

一旦出现异常交易，用户一定要立即停止钱包的相应服务和使用，并及时将资产转移出去。钱包服务商是无法帮忙查找异常交易信息的，前面已经说到，区块链是去中心化平台，即便是钱包服务商，也很难提供有效线索。

意外和灾难难免会发生，你可能因为火灾丢失了私钥，或者是不小心抄错了密钥。因此，你不仅

要确保关键密码被正确地抄下来,而且要确保你把它存放在一个私密、安全的地方。对于这一问题,或许可以通过利用集中式服务来保存在灾难事件中提供给用户的多签名私钥的方式来解决。这个密钥,连同用户所拥有的其他密钥,将重新让他们能够使用自己的加密货币,但是服务提供者将永远无法访问用户的数字资产。

加密货币很容易从一个有漏洞的交易所或钱夹中被盗,还有许多不同类型的盗窃威胁,如有人侵入你的计算机。对于这一问题,有些区块链技术研究员们提出,是否可以使用智能合约从任何可以被私人密钥持有者作废的取款中创建7天的延迟。与其让攻击者立即从他们的攻击中拿走数字资产,还不如签订一份智能合约,将交易延迟数日,或有取消交易的资格,从而降低快速攻击的可行性。此外,我们还可以在地理上分散私钥,将私钥分散到不同的位置,使攻击者很难收集窃取加密货币所需的所有私钥,以此降低被盗的可能性。例如,小偷必须进入3个地方来收集必要的私钥,才能访问你的数字资产。

9.1.2 钱包漏洞:已有的区块链钱包存在的漏洞

区块链钱包是储存和使用数字虚拟货币的工具。区块链钱包对虚拟币的持有者们是非常重要的,它就像是银行卡。现在的黑客们对于区块链钱包的攻击更加感兴趣,一方面是钱包本身对攻击防御的不稳定性,另一个最重要的方面就是持有者们的防范意识不强。

想象一下,你进入钱包,没有看到数字货币,却发现了几笔转账至陌生人的交易,这可能意味着你被黑客攻击了。由于区块链匿名性的“所有权”的性质是谁持有代码谁决定,如果你的财产消失了,在大多数情况下,它就意味着财产被盗窃了,你可以追踪最后一个钱包的地址,但是进一步的追踪将会非常麻烦。保护钱包最好的办法是确保你意识到可能的威胁,正确使用钱包。

一、区块链冷热钱包概念

冷钱包就是指不联网的钱包。冷钱包安全性高,同时成本也较高,并且便捷性差。冷钱包大多是将信息存储在某个硬件设备上。常用的保护方式是不将这些设备联网,并将其锁起来,这种处理方式大大提高了不法分子盗窃的难度。热钱包则是指联网的钱包,如手机APP、网页钱包、桌面钱包等。

二、钱包漏洞的典型案例

2019年3月24日,DragonEx平台钱包遭受黑客入侵,共损失价值600多万美元的资产。2019年5月8日,币安系统也被黑客攻破,被盗取7000枚比特币,损失4100万美元。2019年11月27日,UpBit系统也遭到破坏,失窃34200个以太币,损失超5000万美元。据统计,2019年区块链钱包的典型漏洞达到平均每月将近1个,这些漏洞使大量的区块链用户钱包损失惨烈,严重危害了区块链钱包的安全性。

三、个人防范措施:个人如何妥善管理钱包

由于一个钱包可以备份的文件形式有很多种,因此钱包备份的方法也就有很多种,但最终目标都是防盗、防丢、分散风险。

防盗:分离备份。

防丢:多处备份。

分散风险:将资金适当地分散,降低损失,同时以多重签名的方式提取,超额时需要更多的私钥授权。

常见的备份方式有如下4种。

(1)多处和分离备份。

(2)纸钱包:这种钱包的实质含义是将数字钥编码存放在纸质形式下,一般认为是二维数字编码的一种形式。

(3)脑钱包:是一种以提案的方式来产生具有足够随机性及可靠性记忆的帮助代码。这虽然是个好方法,但仍然有很大缺陷,因为人的大脑不一定持续地保持高效运行。

(4)多重签名:多重签名地址是由超过一个私钥创建出来的。一个多重签名地址会设置一个M/N的签名,N是签名人的总数量,而M是指执行任何交易所需要的子集的数量。大多数多重签名地址使用2/3签名策略,即用3个私钥去创建地址,而其中任何两个私钥可以用来签署(授权)一个交易。如果使用2/2签名策略的话,则创建任何交易时都必须有两个私钥的参与,这表明没有任何可以犯错的空间,如果一个私钥丢失,资产可能会永远被控制。多重签名地址使用的好处是消除了单点失败的可能,从而降低了损失风险,同时还潜在地提高了自我管理水平。多重签名可用于提供"备份"的私钥,这样就可以分别存放安全性更高的私钥。当一些人要使用比特币的时候,他们必须有一部分其他人的签名,而且需要匹配最初建立地址时签名的用户数量。使用资金之前需要多个签名,除了自己之外,其他签名可以是用户的商业合作伙伴,或者是与用户有密切关系的人,甚至可以是用户拥有的另一种设备,这样就可以为用户安全地使用比特币增加可控性,从而使比特币的交易进程接近绝对安全。

9.2 数据安全

9.2.1 数据备份

保证数据安全的一个重要手段就是对数据进行备份。我们日常使用的备份方法是本地备份或云备份。这两种备份均存在一些问题,首先,我们储存重要信息需要对其进行加密,以避免信息被泄露到外部,安全问题很重要。其次,我们备份的数据可能在我们不知情的情况下被修改,一旦被修改,后期的信息追踪就很困难了。最后,如果我们的信息储存在多个设备中,其中一个设备一旦出现问题,我们可以通过其他设备进行信息调用。但这种方式在现实中是不太容易实现的,因为这不仅需要很高的花费,而且将重要的数据储存在别人的设备上也不太安全。

区块链很好地解决了上述问题。首先,区块链的一个重要技术手段就是加密算法,能够很好地保证数据的安全性。另外,使用联盟链,数据分布在好几个节点之间,其中一个节点无法真正做到修改数据,这是联盟链的优点,对整个数据的修改,需要经过其他节点的签名,而节点签名是很难篡改的,区块链可以避免数据中心化后容易被篡改的问题。

9.2.2　用户隐私

2020年3月发生的微博用户个人信息泄露事件,引起了很大的轰动。此次数据泄露事件涉及近1.7亿个账号、5.3亿条用户信息,这些信息包括微博用户ID、性别、手机号、地理位置等。用户的隐私管理不仅对于微博来说很重要,对于区块链(尤其是联盟链)来说也是一个不可忽视的重要任务。

联盟链是具有许可限制的,仅允许联盟链中的节点读取。联盟链的数据可能包括重要商业机密、用户隐私等信息。因此对接入节点的资质、能力和安全防护措施需要层层审核,尤其是参与共识节点的安全性和资质,这会最终影响联盟链的系统安全。如果接入节点本身安全防范意识不够强,那么节点会被恶意入侵,影响到共识,或节点被入侵之后,整个联盟链中重要的机密信息都有可能被窃取。联盟链增加了拥有数据的节点,这也给整个链上数据的真实性、安全性及不可篡改性带来了巨大的好处和保障。然而,在链上数据非常机密的情况下,任何一个节点丢失数据,都会导致全盘数据丢失。因此,联盟链对整个系统的安全性、隐私性比中心化节点的要求更高,联盟链必须对重要数据进行加密处理,或者只保存数据摘要,重要数据尽量不要直接上链存储。

9.2.3　节点故障

公有链中对于接入节点数量没有太多限制。因此如果若干个节点由于故障而离线了,也不会影响整个系统的共识。

联盟链中的节点,尤其是参与共识的节点,其数量是固定的,而且经常是十几个左右,如果这些中有一些关键节点出现故障,直接会影响到共识协议的达成,甚至整个区块链系统会停止出块。如果关键节点被恶意节点攻击,可能会出现更严重的情况。可以说,公有链在单点故障问题上比联盟链具有更大的容错性和健壮性。因此,联盟链在搭建时,必须要设计好相关容错措施和安全防护措施。

9.2.4　数据存储安全

区块链是如何实现数据的储存安全的呢? 这要从区块链的几大特点说起,首先,区块链是分布式储存数据的,不会因为一个节点出现意外而使整个系统出现问题。其次,区块链中的数据通常是经过加密储存的,保证了数据储存的隐秘性。最后,区块链的内部系统维护人员无法查看和修改用户数据,更进一步加强了数据储存的安全性。

区块链独特的去中心化的数据存储,具有不可伪造、全程留痕、可以追溯、公开透明、集体维护等特征,其安全性远高于中心化存储。

《9.3　网络层安全

9.3.1　DoS攻击

DoS(Denial of Service,拒绝服务)攻击,是一种使目标网络无法被访问或资源无法被获取的攻击方式,它主要是通过大量的无用数据使目标网络过载,或者通过发送恶意请求使目标资源崩溃。这种

攻击会使目标资源匮乏,无论网络的速度多快、内存多大均无法避免此类攻击。DoS攻击的类型主要有以下3种:缓冲区溢出攻击(通过发送大量的无用数据使目标网络过载)、ICMP洪水攻击(针对目标网络配置错误,向目标网络发送虚假信息,使目标网络崩溃)和SYN洪水攻击(通过向目标网络发送请求而不进行反馈,不断重复此过程,使目标网络崩溃)。

DDoS(Distributed Denial of Service,分布式拒绝服务)攻击,是在DoS攻击的基础上进一步发展而来的。DDoS攻击可以实现单个或多个攻击方同时攻击多个目标网络,攻击速度更快,攻击强度更大。DDoS攻击能够对源IP地址进行伪造,隐蔽性非常好。此外,由于DDoS攻击来自多个点,使追溯攻击变得愈发困难。因此,攻击者更加愿意用DDoS攻击,区块链受到的DoS攻击大部分也都是DDoS攻击。

DDoS攻击按照不一样的攻击形式,可以分成主动攻击与被动攻击。主动攻击,就是通过主动向目标网络发送大量的无用数据信息,使目标网络过载从而达到攻击的目的。DDoS主动攻击的可控性强、隐蔽性高、放大倍数高。另外,主动攻击会向网络中引入大量的流量,从而减弱目标网络的查找功能和路由功能,同时,伪造的索引信息也会降低文件的下载速度。被动攻击,是通过篡改目标网络的客户端,然后被动地等待其他节点的请求并传递伪造信息进行攻击。与主动攻击相比,被动攻击的攻击能力比较弱,攻击范围较小,只集中在几个区块链网络的节点。在实施被动攻击时,通常会采取一些放大措施来提高攻击效果。

DDoS攻击很难在区块链网络上执行,但这件事是可能发生的。当使用DDoS攻击区块链网络时,黑客打算通过使用服务器的所有处理资源、利用大量请求来关闭服务器。DDoS攻击者旨在断开网络的挖掘池、电子钱包、加密交易所和其他金融服务的连接。使用DDoS僵尸网络,区块链也可以在其应用层使用DDoS进行黑客攻击。2017年,Bitfinex遭受了大规模的DDoS攻击。3年后,即2020年2月,在OKEx加密货币交易所发现类似攻击的第二天,Bitfinex又经历了一次DDoS攻击。

9.3.2 女巫攻击

女巫攻击,也就是Sybil攻击,与字面的意思一致,这种攻击方式像女巫一样,具有欺骗性、隐蔽性,容易让人相信。女巫攻击最早是在P2P网络中,指网络中的一个节点伪装成多个节点,从而达到攻击的效果。在区块链网络中,女巫攻击的原理是一样的。在去中心化的分布式网络区块链中,女巫攻击通过拜占庭容错算法实现了一致性。拜占庭容错算法就是在区块链网络中出现问题需要决定出结果时,按照少数服从多数的原则进行。区块链中的每一个节点代表一票,当投票结果超过了三分之二,也就是将容错率控制在三分之一以下,就接受这个结果。女巫攻击,就是使其中一个节点叛变,它不断变成许多不同的节点,发表虚假意见,当变换的虚假节点达到一定程度就会影响整体的结果。Sybil对区块链网络的攻击方式如下。

(1)虚假节点接入。

(2)误导区块链节点的路由选择。

(3)虚假资源发布。

如何应对女巫攻击?最关键的就是做好对节点身份的验证。在区块链中是通过PoW(工作量证明)来进行的。如果在使用共识中简单地使用one cpu one vote的话,容易遭受女巫攻击(一个恶意节点控制很多机器,那么恶意节点就可以轻松掌控区块链上的话语权)。为了克服女巫攻击,便出现了PoW的设计。但是在当前公链系统中进行挖矿的时候,需要投入巨大的财力,进行女巫攻击的经济成本非常高,公链并不那么容易受到女巫攻击。

9.3.3 Eclipse攻击

Eclipse攻击是指攻击者通过入侵目标网络节点的路由表,在目标节点周围添加足够多的虚假节点,从而使目标节点在不知情的情况下脱离正常的区块链,当足够多的节点被隔绝后,就会使区块链网络的正常运行受到阻碍。Eclipse攻击目标节点后,目标节点本应接收到的正常外部信息被虚假节点拦截,虚假节点从而可以进一步实行拒绝服务、路由欺骗、ID劫持等。

Eclipse攻击与女巫攻击有很大的联系,Eclipse攻击需要女巫攻击的配合。为了实现对目标网络的Eclipse攻击,需要先通过女巫攻击建立许多虚假的节点,然后通过这些虚假的节点与目标节点联系,入侵其路由表,从而达到Eclipse攻击的目的,使节点从区块链网络中脱离。Eclipse攻击需要黑客控制大量IP地址或拥有分布式僵尸网络。然后,攻击者覆盖受害者节点的路由表并等待,直到受害者节点重新启动。接着,受害者节点的所有传出连接都将重新定向到攻击者控制的IP地址,这使受害者无法获取他们感兴趣的交易。

Eclipse攻击破坏了区块链网络的拓扑结构,减少了区块链网络中的节点数量,大大降低了资源共享的效率。在极端情况下,它甚至可以控制整个区块链网络。因为受害节点已经在不知情的情况下被区块链网络分离,所以所有的区块链网络发送的请求消息都会被攻击者劫持。

3种攻击方式有各自的特点,但是又有一定的联系。进行攻击时,这3种攻击方式通常会一起实施。Sybil攻击只是假装模仿单个节点,对整个区块链网络的影响很小。Eclipse攻击会使一部分区块链节点与区块链网络分离,对区块链网络影响更大一些。DDoS攻击的目的是占用受攻击节点的大部分资源,从而让它不能正常地提供服务。因此,DDoS攻击对区块链网络的影响是这3种攻击中最致命的。Eclipse攻击成功实现的基础是Sybil攻击。Sybil攻击是攻击单一节点,然后在区块链网络上变成许多不同身份。成功的Sybil攻击可以更容易地发起Eclipse攻击。Eclipse攻击可以帮助攻击者劫持网络节点之间传递的信息,从而加大DDoS攻击成功的概率。

《9.4 共识安全

9.4.1 双花攻击

双花攻击,顾名思义,就是一笔钱被花了两次,一笔钱完成了多次交易。在比特币系统中,交易生成和完成交易之间会存在时间差,双花攻击就是利用这个漏洞,将此次交易使用的比特币再用于其他交易,再利用一些攻击手段将最初的交易回滚,从而形成双花攻击。

双花攻击手段有如下两种。

一、Race Attack

Race Attack 是通过控制矿工费来实现的,攻击者同时向网络中发送两笔不同的交易,一笔交易转账给自己,另一笔交易转账给收款方 A。两笔交易中发送给自己的转账交易具有更高的交易费,因此它被矿工优先打包进区块的概率就大,收款方为 A 的交易最终变为非法交易,这样攻击者能从 A 处获得购买的商品,同时使转账给 A 的交易被取消,这就能完成双花攻击。

二、Finney Attack

Finney Attack 通过控制区块广播时间来完成双花攻击。其攻击对象是接收零确认的商家,攻击者是矿工。攻击者使用自己的 A 地址向自己的 B 地址转账一笔交易,然后将这笔交易打包进入区块,随后成功挖出一个区块,然而此时矿工并不广播这个区块,而是立刻找到一个接收零确认的商家 C,购买其服务并生成一笔 A 地址向商家 C 的地址转账的交易,随后广播这笔交易,商家 C 收到这笔交易就会接受并承认这笔支付交易。攻击者随后立刻将自己挖出的区块进行广播,其他收到该区块的节点都会接受 A 转账到 B 的交易,而 A 转账到 C 的交易会被其他节点拒绝接收,攻击者成功完成双花攻击。

9.4.2 51% 攻击

51% 攻击就是通过控制网络中 51% 的算力来进行攻击。理论上,控制了区块链中 51% 的算力,就相当于控制了整条区块链,从而可以做任何事情。在大多数情况下,51% 的攻击要么失败,要么在很长一段时间里不会成功。但是,在 2014 年 6 月,GHash.IO 池实现了一次成功的 51% 攻击,控制的算力达 55%。在此之前,51% 攻击仅仅是在理论层面上可以实现,尤其是对区块链进行 51% 攻击,需要更多的人力、物力、财力。尽管一个月后,GHash.IO 在区块链的哈希率中所占的份额已降至 38%,但单个矿工或采矿池再次被控制的风险依然存在。事实上,GHash.IO 事件并不是真正的 51% 攻击,因为采矿集团没有在网络上试图扣留块或进行双花攻击。

在区块链网络 51% 攻击期间会发生什么?在正常情况下,比特币网络中的新币是由矿工创建的。挖掘节点是相互竞争的矿工通过输入不同的哈希组合来发现有效的哈希。每个节点都希望成为第一个找到新块的矿工。一旦矿工找到正确的哈希组合,新开采的块将添加到区块链中,并被区块链批准为合法块。大多数节点必须就新块有效的标准达成一致,即达成共识。如果不同的矿工同时找到不同的有效块,节点信任具有最长历史记录的区块链,并在那里添加块。但是,如果网络中的一个实体控制的算力超过 50%,它可以尝试在原始链的基础上,挖掘新块形成分叉,增加新竞争,此竞争链将超越原始链,这样会使分叉之前形成的所有交易都被否认,从而破坏区块链的不变性。

实际的 51% 攻击只需几个步骤就可以发生。首先,攻击者需要获得足够的哈希能力,才能在网络链副本上秘密地成功挖掘块。这个秘密链一直与原始链平行。因此,执行 51% 攻击的关键是拥有足够的哈希算力,如果攻击者没有足够的哈希算力,则 51% 攻击不会发生。

9.4.3 Selfish Mining

Selfish Mining,即自私采矿,是指采矿者开采到新的区块之后,不在网络中公布而是选择保留,但是它向其他矿工传播信息的情况。如果采矿者能够与其他矿工更快地找到第二个区块,那么他们就有机会生产出最长的公共链条。根据最长链原则,会使原来的链失效。自私采矿战略是让矿工串通起来,以收集更多的区块。自私采矿会导致比特币采矿业务的集中化。

最初,自私的矿工试图延长最长的链。在生成一个区块后,他选择不进行广播而是保密,然后试图进一步扩展,形成一个秘密分支,如图9-1所示。

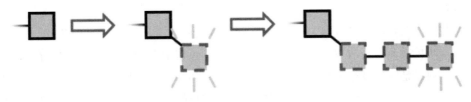

图9-1　矿工保密拓展

同时,其他矿工延伸公共链。自私的矿工继续扩展他的秘密分支,直到公共链落后一步。然后,他再公布他的秘密链。

由于秘密链更长,根据最长链原则,区块链其他各方认为它是主要链条,从而使原来的公共链失效,达到一次成功的Selfish Mining,如图9-2所示。

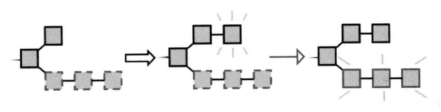

图9-2　矿工公布拓展

《9.5　智能合约安全

9.5.1　重放攻击

重放攻击:顾名思义,再次攻击的意思。重放攻击过程中,入侵者从网络上截取主机A发送给主机B的报文,并把由A加密的报文发送给B,使主机B误以为入侵者就是主机A,然后主机B向伪装成A的入侵者发送应当发送给A的报文,这样伪装成A的入侵者不需要破译就可以获得原本发送给A的加密报文。

防止重放攻击的方法是使用不重数,主要有以下几种方法。

一、加随机数

加随机数认证方法的最大优点在于每次认证期间双方不需要花费时间进行同步,双方需要记住对方使用的随机值,如果被发现在袭击报文中有对方之前使用的随机值,则被认为可能是一次重放式的袭击。缺点则是需要额外提供空间去保留使用过的随机值,如果数据记录时间相对较长,则额外保留和使用查询数据的费用也就较大。

二、加时间戳

加时间戳的优点在于不需要额外保存其他信息。缺点是认证双方都需要精确的时间同步,同步性越高,受攻击的可能性越小。但是,当系统规模很大、跨越范围很广时,要实现精确的同步也很不容易。

三、加流水号

加流水号,即双方在报文中添加有一定规律的连续整数,只要收到不连续的整数(太大或过小),就意味着报文可能遭到了重放攻击的威胁。该方法的优点在于不需要时间同步,保存的信息比随机数式小得多。缺点是一旦黑客掌握报文整数的规律,就可以成功破译加密报文,进行攻击以获利。

实际上,常用的保存方法前两种都可以使用,这样用户的保存空间不会很大,并且不需要精确记录时间戳。

对于重放攻击,除了上述方法外,还可采用挑战性的一次回应机制和口令复制机制,而且后两种方法似乎在实践中使用得更广泛。

在以太坊中的账户模式中,如果存在A转账给B的一笔交易,那么B收账的时候可以再次将A转账给B的交易广播到网络中,由于交易中包含A的合法签名,此时B可以再次从A的账户中接收转账,为了防止这种情况,以太坊为每个账户维护了一个Nonce的值,表示转账的次数,每次完成转账,Nonce的值都会增加。这样当B再次广播交易时,可以发现同样一个Nonce的交易已经消费了,矿工不会接受这笔交易。

9.5.2 溢出攻击

计算机都有缓冲区,用于存储使用者输入的数据,缓冲区长度已经事先确定,如果使用者输入的数据长度超过缓冲区长度,溢出数据就会覆盖合法数据,就像一个杯子里的水,多了杯子装不下,就会造成溢出。缓冲区溢出漏洞主要是由于许多软件没有对缓冲区进行检查而造成的。

缓冲区溢出中最危险的就是堆栈溢出,因为入侵者能利用堆栈溢出,在函数回复时改变返回程序的地址,使其跳到目标的错误地址,造成程序崩溃,导致其不能接受服务。

黑客可以通过一个漏洞将一个恶意代码插入程序的正常代码中,导致正常代码由于超过预先设定的固定长度而被溢出,达到黑客利用错误代码来取代正常代码的目的。程序在运行时,会错误地认为代码仍然正常,而调动这部分错误的代码来运行,这时溢出攻击的目的就达到了。这段恶意代码能起的作用是完全由黑客来决定的,如增加用户权限、导致程序崩溃等。

对溢出攻击的防御:避免使用不安全的字符串处理函数,尽量用安全的函数代替。

9.5.3 多重签名

多重签名虽然相对来说比较安全,但也存在着漏洞,例如,2-of-2、3-of-3这类 N-of-N 的多签方案,只要一个人的私钥失去了,资金就不能找回,而1-of-2、2-of-3这类 N-of-M (其中 N 小于 M)的方案,则存在着合作者跑路或威胁其他人的潜在情况。

Bitfinex早些时候发布的一份公告显示,交易所遇到黑客攻击,从公告中可以得知其最大漏洞来自热钱包的安全机制。Bitfinex选择了一家名为bitgo的安全平台,该公司采用多重签名的方式,以实现用户比特币安全储存,但是需要假定Bitfinex发送到bitgo的所有指令都是正确的。因此Bitfinex发出指令时,无法判断是否存在问题。Bitfinex采用了多重签名安全技术体系,平台本身还负责另一种"签名",这些签名密钥由多个服务器进行保管。有高级人士进行了分析,得出"这么多的服务器,如果没有内应,也很难实现"。存在多重签名的问题是可能产生内鬼,你可以让一些人冒名顶替,这些人可以伪装为多重签名的一方或多个人。并且,Bitfinex采取了一种"热储存"/"热钱包"的方法,使用户密钥能够接触网络,大量暴露,甚至有100%的在线时间,给了黑客更多的机会。

9.5.4 后门漏洞

区块链智能合约包括了有关买卖交易的全部信息内容,仅在符合要求后才会对执行结果操作并使用,区块链智能合约和过去纸版合同的差别在于,区块链智能合约是由电子计算机形成的,源代码自身表述了监管方的有关责任。此外,客户可以依据标准开发设计各自需要的区块链智能合约。伴随着区块链智能合约普及化,合同的安全隐患也造成了诸多合同开发人员和安全性探讨技术人员的关心。有时,开发者会为了方便管理而为自己开发的系统程序建立后门,方便检测和运行,但是如果这些后门被其他人发现,将会造成较大的安全隐患,很容易使程序受到黑客的攻击。具有专属管理权限的后门客户或合同账号具有管理客户财产的权限,可以随意对客户财产进行销毁。若被攻击者利用,或许会进行越权访问、窃取用户隐私信息、进行资产转移操作等。

例如,burnTokens作为一种销毁用户代币的工具,其合约中发现销毁的地址参数、销毁的代币数量都可控,所以合约的调用者可以销毁任意用户的代币。其他诸如destroyTokens函数,也只校验了销毁地址账户的代币是否大于要销毁的数量及当前总发行量是否大于要销毁的数量,之后进行更新代币总量和地址账户的代币数量,而其地址参数也在可控范围内。

《9.6 区块链网络著名的攻击事件

9.6.1 Mt.Gox交易所比特币失窃

2014年2月24日,比特币经历了最黑暗的日子。交易量占全球的80%、全球最大比特币交易平台Mt.Gox爆发了黑客攻击事件,85万个比特币不知下落。

其实从2013年6月起,Mt.Gox就暂停了提取美元的服务,到2013年11月时,用户发现,比特币提取也经常被拖延几个星期到数月不等,这引起了用户的强烈不满。但直到2017年2月24日,Mt.Gox才强制停止所有的交易并将服务下线。有内部消息称,该公司被盗取的比特币总共约85万个。2017年3月20日,Mt.Gox在一张旧钱包中发现了20万个比特币,失窃数量降到了65万个。受此事件的影响,比特币价格直线下降了200美元。除了影响币价外,Mt.Gox被盗事件还直接导致了此后2年内比特币市场低迷,成交量远不如之前。

9.6.2 The DAO 的重入攻击

2016年6月17日,由于智能合约存在重大安全隐患,区块链行业最大的众筹项目 The DAO(拥有约1亿美元资产)遭受了黑客攻击,损失了300万以太币的资产。其智能合约中有个 splitdao 函数存在漏洞并被黑客发现加以利用。攻击者组合了两个漏洞,第一个是递归对 splitdao 函数进行调用。也就是说,当 splitdao 函数经过首次合法的调用,会非法地重复自己的非法调用过程。第二个漏洞就是避免资产从 The DAO 的资产池里销毁。正常情况下,攻击者资产分离后,The DAO 资产池将销毁部分资产。但是,攻击者可以在递归调用之前将自己的资产移到其他账户,这样可以避免部分资产被销毁。在使用第一个漏洞攻击后,将安全转移的资产重新转回到原账户中。这样攻击者做到了只用2个同样的账户和同样的 The DAO 资产进行了200多次攻击,造成了将近5500万美元的损失。

9.6.3 美链安全问题

美链(BEC),这个曾经暴涨53倍、高出美图5倍市值的传奇币种,在一场"实习生都不该犯"的合约 bug 中被转走价值60亿元的代币。这一消息同时引发了价格闪崩,按照交易中的闪跌最低价0.137元计算,大跌近94%,市值蒸发120亿元。之后,OKEx 公司直接下架了 BEC,几乎相当于把 BEC 直接归零。转账记录显示,价值60亿元的 BEC 被转至两个账户。该操作利用了 BEC 智能合约的漏洞,转出 token 总量大于 token 实际设定的数量,又被称为"溢出",相当于两个人之间的转账。"如果 A 给 B 转100块钱,首先 A 得有100块钱。"业内人士称,一般跟金钱挂钩的代码,是重中之重,要多次检测。这次智能合约漏洞程序代码的每一个数据类型都是有范围的,若范围是1～100,如果在转账的时候,没有对 safeMath 这段代码进行判断,情况就是 101 和 1 是相等的;如果加了判断,101 就会报错。而程序员没用到 safeMath 这段代码,所以黑客巧妙利用了这个漏洞。"实际上就是 A 没有100块钱,给 B 转账的时候,B 却真的有了100块钱。"

9.6.4 闪电贷(Flash Loan)引发的攻击

闪电贷的原理是 Aave 公司在智能合约中加入一个 FlashLoan(函数),资金临时转移到该智能合约中,执行开发者设计的交易操作。若资金和费用确认归还至借贷资金池,则执行操作成功;若归还少于借出资金,则出借资金退还至借贷资金池,还原交易。整个过程是由 FlashLoan(函数)来保证执行的。闪电贷的借款还款操作必须在同一个以太坊区块内完成,目前以太坊的出块时间约13秒,即闪电贷的借款时长不得超过13秒。

在此类安全事件中,攻击者通常属于"空手套白狼",先使用闪电贷获取大量资金,拥有了攻击的启动"砝码"后,再通过一系列手段出入各类抵押、借贷、交易等协议,实现操纵、扭曲资产价格数据后,实施套利,最后归还"本金"。

数据显示,自2020年以来,黑客基于重入漏洞的攻击数量有所下降,而基于价格操控漏洞的攻击比例正在上升,并已造成累计超过数千万美元的损失。

2020年2月,bZx 遭受闪电贷攻击事件。攻击者仅用13秒就套利高达36万美元。虽然 bZx 的安全系统采取了一系列保护措施,限制了操纵人的提现操作,攻击者最终未能实现真正的套利,但快速、巨额的套利收益使闪电贷一度成为热门话题。

　　仅11月一周中的闪电贷攻击就有4起，其中包括 Value DeFi（540万美元）、Cheese Bank（330万美元）、Akropolis（200万美元）及 OUSD（700万美元）。相比于传统的 DeFi 借贷提前质押模式，闪电贷极大地提升了资金利用率。一笔链上交易在借款和还款之间可加入其他的链上操作，提供了作恶空间。

延伸阅读：智能合约开发过程

　　当前区块链中炙手可热的应用智能合约，是当下 DeFi 行业发展的重要技术支撑。作为程序开发者，保证智能合约的安全至关重要。在这里，以以太坊为例阐述智能合约的开发过程。

　　智能合约的开发环境，目前有两种可选方式：在线和本地开发。Remix IDE 是一款基于浏览器的IDE，无须安装，只需要打开浏览器登录 Remix 网站即可开发。针对网络环境不太好的情况，可以选择本地开发环境，比如在本地安装 Remix 后再进行开发。

　　编写完毕后，需要对智能合约的代码进行测试，在进行代码测试时，可以选用 Ganache 和 Truffle 协同测试。Ganache 可以在本地搭建一条以太坊区块链并测试自己编写的智能合约。Ganache 可以通过图形化界面运行，也提供了一套完备的命令行运行。Truffle 主要用来负责管理、部署和测试智能合约源代码。

　　一般的使用方法如下。

　　（1）使用 Truffle 初始化一个智能合约项目，里面包含 contracts、migrations 及 test 3个文件夹。其中 contracts 存放智能合约源代码，migrations 用于智能合约的部署，test 用于编写智能合约测试代码。Truffle 支持 solidity 和 javascript 两种语言进行智能合约测试。

　　（2）当智能合约编写完毕后，运行 ganache 可以在本地搭建一条私有的区块链，随后使用 Truffle 中的 migrate 指令将智能合约部署到区块链上。

　　（3）随后可以使用 Truffle 中的 test 指令，运行测试命令，对部署的智能合约代码进行测试。

　　solidity 语言是一门非常新的语言，相比其他编程语言，solidity 仍然有很大的提升空间。此外，由于针对智能合约的编程测试工具仍然不够强大，例如，Truffle 工具可以进行智能合约测试，但是当智能合约测试失败时，Truffle 无法给出具体的失败信息。因此，编写智能合约的难度比编写一般的程序要大。一个健壮的智能合约应该经过大量的测试，在最终通过测试后，还应该交由代码审计方进行审计，这样才能尽可能地减少代码中的漏洞。

本章小结

　　本章主要介绍了区块链中的安全问题，包括个人密钥保护方案、区块链中的数据安全、网络层的安全、共识安全及智能合约问题。随后介绍了区块链安全中的一些有名的安全事件。后续章节将介绍区块链中的其他高级技术。

习题

一、思考题

1. 联盟链和公链在网络中可能遭受的攻击有哪些？

2. 什么是双花攻击？以太坊中如何避免双花攻击？

3. 区块链中存在的攻击方式有哪些？

4. 普通用户如何确认一笔交易已经上链？

二、思维训练

为什么公链最终采用了耗费巨大能源的 PoW？

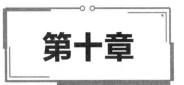

第十章

区块链其他技术

本章主要介绍区块链其他方面的技术。由于其去中心化的属性，公链的性能远远低于联盟链。因此，众多专家学者致力于研究提升公链的性能。其中，分片技术、侧链技术是用于提升公链性能的解决方案；跨链技术是用于解决不同区块链之间的通信问题。因此，区块链之间的数据互通在公链和联盟链中是共同问题。本章将分别对分片技术、侧链技术及跨链技术做进一步介绍。

《10.1 分片

10.1.1 分片的概念

什么是分片？顾名思义,就是将区块链网络分成许多个"碎片"。分片这个概念很早就被提出来了,它最早出现于20世纪90年代后期的一种多个玩家同时在线的角色扮演游戏。开发者运用分片的技术,将玩家们分到多个不一样的服务器,并将他们置于一个平行的游戏世界中,从而缓解了服务器的流量压力。在商业中,分片的一个常见应用是按地理位置划分用户信息数据库,然后将相同区域的用户信息放在一起并存储在单独的服务器中。

10.1.2 分片技术由来

区块链网络最重要的特征就是去中心化,其实现的机制是共识机制,这使区块链网络具有了真实性、保密性、容错性、安全性等优势,但是同时也会大大降低其可扩展性。因为公链中的每一个节点都储存着全部的交易信息,当公链的交易量变大时,它就会需要更快的交易处理速度,如果处理速度跟不上交易量的增长,就会导致区块链网络堵塞,降低区块链网络的吞吐量。

在基于 PoW 的区块链中,每个身份验证的节点记录链上的所有数据。在比特币这样的大型区块链中,全节点都必须验证新的交易,如果要将这些交易添加到区块中,就必须通过 PoW 共识协议将其组织成区块,这使平均每笔交易的确认上链都很慢。

随着区块链在越来越多的试点计划中推出,从跨境金融交易到供应链管理,区块链始终面临一个问题:缺乏可扩展性。可扩展性被认为是比特币等加密货币面临的主要问题。如果区块链网络想要落地于实际应用,尤其是被金融技术公司采用,它就必须要有足够快的速度,所以必须找到一种方法来提高可扩展性和吞吐量并解决延迟问题。区块链中的分片技术,专门用于解决区块链网络的吞吐量问题。

分片是一种用于在点对点(P2P)网络上分发计算和存储工作负载的分区方法,每个节点只维护与其分区或分片相关的信息,而不是处理整个网络的交易。分片中包含的信息仍然可以在其他节点之间共享,每个节点都可以看到所有信息,但是它们不处理所有信息,只处理与自己相关的信息,从而保证了区块链网络的分散性和安全性。

10.1.3 分片技术作用

分片技术对于区块链的发展起着很大的作用,具体如下。

(1)提高交易处理速度:分片技术将区块链网络同时分成许多不同的块,不同区块同步处理,从而增加处理数据的速度,提升区块链的效率。

(2)降低交易费用:缓解交易上链时的拥堵情况,每笔交易不需要提供高额的交易费。

(3)扩大应用范围:区块链原始的处理效率低,会阻碍区块链应用的扩展。当分片技术应用到区块链网络上的时候,区块链处理速度会由每秒几笔变成每秒几千笔甚至更高,这样就会使人们对于加

164

密货币的看法有所改观,使越来越多的用户接触并使用区块链,这样,也会反过来促进区块链的不断升级发展,形成一个良性循环。

10.1.4　分片技术种类

分片技术可以分为网络分片、交易分片和状态分片。

网络分片,是通过某一种规则将节点随机分配到一个分区。网络分片技术是基层的分片技术,它是随机的,可以避免攻击者故意过度填充某一分区。

交易分片,顾名思义就是按照交易进行分片,将节点按照特定的规则分配到某一分区,它不是随机的,需要用户的交易数据按照一定的算法来匹配。

状态分片,是让不同区片储存不同功能状态,每一个节点仅仅储存与自己区片状态相关的数据,而不需要储存区块链的所有数据。状态分片实现了不同功能的分离,但是也面临了新的挑战。一个挑战是状态分片之间的信息沟通问题。比如两个用户分别处于两个不同的区片中,一个用户要向另一个用户转账,但是二者是相互隔离的,无法进行交易,这时就不得不加入区片之间的沟通机制,而这又降低了分片的作用。另一个挑战是,当分片中的一个节点崩溃时,可能会影响整个侧链,因为每个节点并不是储存链上的全部数据。因此一旦一个节点丢失,是很难找回的。为了应对这个问题,就不得不进行数据的备份,但是这又会增加中心化的问题。

10.1.5　分片的风险

虽然分片技术可以在一定程度上解决区块链的性能问题,使区块链更具可扩展性,但它也有两个缺陷。

第一个缺陷是区块链分为不同区块之后,区块间通信困难。假设通过分片技术将区块链网络分为 100 个分区,每一个区块独立运行,都有自己独立的矿工维护相应的交易。因为是分区的,所以各个区块之间不能直接联系,为了进行区块间的通信,就需要增加跨分区的通信机制,但这又会增加区块间的复杂性,也大大增加了区块链开发的难度。

第二个缺陷是区块链的安全性降低。正如上文所述,不同的分片技术有不同的特点,在解决区块链拓展问题的同时,也会增加风险暴露的危险,相比于攻击整个区块链来说,攻击那些只有部分节点的区片会更加容易。

《10.2　侧链

10.2.1　侧链技术概念与由来

侧链是相对于主链而言的,它是主链的一个独立的支链。侧链可以与主链进行数字资产的传递,数字资产可以从主链转移到侧链,进行相关交易后,数字资产还可以从侧链再转回到主链上。侧链这

一概念最早是在比特币开发系统的工作人员之间建立的。比特币系统的开发管理人员准备提升比特币系统的功能,但如果直接基于原有系统开发,万一出现问题后果不堪设想,而新建一个系统又太耗费人力和物力,因此,就产生了侧链——创建一种既能运用原有比特币系统的功能,又不会影响比特币系统的链。技术人员可以在侧链上开发新的功能,与此同时,又保证了如果侧链出问题之后不会影响主链。这一技术也奠定了比特币系统在加密货币市场的地位。由于市场中出现了许多"山寨币",比特币系统为了提升自己的竞争力,利用侧链将比特币系统变为加密货币市场基层,其他有不同功能的货币系统都可以作为比特系统的侧链。

在早期,主链普遍被认为是比特币系统,但是随着技术的发展,侧链也可以成为主链,它们之间的关系可能是平等的,也可能是不平等的。侧链不能挖出比特币本身,但它可以有自己的专属币,只是为了让比特币在侧链中流通。侧链比特币与主链比特币的转化率通常为1:1,也可能是不同的比率。侧链和主链都是去中心化的,都需要一定的算力来保证链的安全。

10.2.2 侧链技术作用

侧链技术是区块链向商业应用落地的一大利器,尤其是落地于金融应用。侧链技术允许区块链开发许许多多的新功能,从而实现越来越多的应用,促进区块链的繁荣发展。

另外,侧链技术拥有一定的安全优势。因为侧链与主链是分离开的,所以如果侧链出现问题不会对主链有什么影响,保证了主链的稳定与安全。如果主链上有过多的交易,侧链与主链可以同时进行交易,也可以直接将交易转移到侧链上去,缓解主链的压力,减少流量堵塞。

10.2.3 侧链技术的实现

侧链技术的实现依靠双向锚定,可以在主链上实现数字资产的临时锁定,同时将数字资产转移到侧链上,并在侧链上释放。之后,可以将数字资产锁定在侧链上,再转移到主链上,在主链上释放。实施方式主要有单一托管模式、联盟模式和SPV模式等。

单一托管模式是主链将数字资产发给一个单独的交易中心,该交易中心确认后,再将侧链上的货币资产激活。由于只有一个交易中心,这种模式会过于中心化。

联盟模式与单一托管模式不同,它是通过将多个证明人的多重数据签名,对主链与侧链之间的数字资产的转移进行确认,这样在一定程度上减少了中心化的问题。如果想进行盗窃,就必须同时通过多个证明人的门槛,一定程度上增强了安全性。但是,侧链的安全与这些证明人的忠诚度也有关。

SPV模式是一种简单支付验证模式,与上述两种模式不同,它增加了一个步骤,可以确认交易是否存在。首先,将主链上的一个数字资产发送到主链的一个特殊地址中,该数字资产会被锁定一段时间,用来生成一个确认交易真实的SPV证明,再将该SPV证明发送到侧链上。在侧链上进行交易之后,侧链也会像上述过程一样,将数字资产发送到侧链的一个特殊的地址中保存一段时间,待产生一个带有SPV证明的数字资产后,再发送回主链。

10.2.4　侧链举例

侧链发展已经相对成熟,有许多侧链的例子,如BTC Relay、RootStock、Elements、LISK等。还有一种解决区块链网络的拓展性问题的方法就是闪电网络,接下来将进行详细的介绍。

一、BTC Relay

BTC Relay最初由Consensus团队提出,它作为连接以太坊和比特币系统的侧链,能够允许以太坊DApp开发者通过智能合约功能,实现在以太坊中验证比特币交易。BTC Relay为不同区块链之间的通信提供了新的联系方式。

二、RootStock

RootStock是在BTC Relay的基础上进一步改进而成的,它实现了将复杂的智能合约合同作为比特币网络的一个侧链,为比特币系统开发了新的功能,提升了比特币系统的价值。RootStock通过一种可以转换为比特币的"代币"作为智能合约的运行工具,不是自己进行挖矿,而是与比特币联合挖矿。RootStock是一个点对点的分布式网络,与主链是高度重合的。

三、Elements

Elements(元素链)是Blockstream开发的第一个侧链项目,它实现了比特币在主链和侧链之间的自由转换,通过双向锚定技术实现。Elements为比特币带来了许多创新技术,如智能合约、私人交易、相对锁定时间、签名覆盖等。

四、LISK

LISK是由来自德国的Max Kordek和Oliver Beddows在2016年初创立的,它为JavaScript的开发者提供了一个可以使应用程序呈分布式存在的平台,LISK中的每一个应用程序都在独立的一个区块链上,也就是一个侧链上。LISK使整个网络运行相当高效。一般情况下,高交易量的网络中会有拥堵的风险,而LISK可以让用户只有在用到相关侧链的功能时才下载那个侧链,减少了不必要的数据同步,这样也就避免了拥堵的问题。另外,LISK的速度会随着时间的推移而越来越快,优势也就越来越明显。

五、闪电网络

闪电网络也是一种解决区块链拓展性的方式,它通过将大量的交易放到区块链外边进行,只把核心环节放在线上,从而实现区块链处理交易速度的提升。从另一个角度来思考,许多大量的小额交易,到底需不需要以降低区块链性能为代价进行全网确认?闪电网络实现了将一部分交易放到链下进行,在保证可信度的情况下提升了区块链的性能。

闪电网络主要是通过RSMC和HTLC来实现的,RSMC可以实现链下交易,而HTLC提供了支付通道。RSMC(Recoverable Sequence Maturity Contract)的原理很简单,以一个例子来进行说明。甲和乙两个用户进行交易,在进行交易之前,他们两个人均需要在"微支付通道"中预存一部分资金,双方的分配方案就是双方预存金额。甲乙之间如果要进行交易,只需要对"微支付通道"中的资金重新分配,双方签字即可,无须再上链。只有涉及提现的时候,才会在区块链上进行。如果甲想要提现,他需要

将属于他的经过甲乙双方签字的结果写到区块链网络上,然后被网络确认。这个交易未必是最新的结果,但一定是甲乙双方某次交易之后确认的结果。在一定时间内,如果乙拿出证据证明这个交易不是最新交易,则甲就不可以提现,否则就提现成功。HTLC(Hashed Time Lock Contract)是显示转账的意思。假如甲要向乙转一笔钱,甲先把这笔钱冻结,并提供一个哈希值,如果乙能够在一定时间内提供与该哈希值匹配的字符串,就可以成功接收到这笔转账。这也可以扩展到多人之间的交易。还拿这个例子来看,甲要给乙转一笔钱,乙知道与甲发布的哈希值相匹配的字符串。甲可以与第三方丙签一个合同,约定如果丙告诉甲这个匹配的密码,甲就把钱给丙;同时,丙又可以与乙签一个合同,约定如果乙告诉丙这个匹配的密码,丙就把钱给乙。于是,乙把密码告诉丙,乙从丙那里拿到钱,丙又把密码告诉甲,并从甲那里拿到钱,从而形成了一个虚拟的支付通道。闪电网络通过结合 RSMC 和 HTLC 的链下交易机制和虚拟通道实现了链下交易。

《10.3 跨链

10.3.1 跨链技术概念及作用

跨链技术通常指的是通过一定的技术手段,实现不同的区块链系统之间数据资产的互通。随着区块链技术的快速应用,面向不同应用场景而开发出来的区块链系统也各具特色,但由于缺乏通用的国内和国际标准,这些系统大多支持的是不同的区块链底层协议。应用区块链系统的企业大都面临着共同的问题,那就是选择哪条链、选择的多条链之间如何互通。区块链属于分布式账本技术的一种,每一条链都相当于一个独立的账本,通常情况下不同账本之间是无法实现价值转移的。随着技术及市场的发展,加密货币的种类越来越多,与此同时也涌现出大量不同的区块链。不同链之间的协同操作及价值流通成为用户们的新需求。虽然区块链天生就适合多方协作的应用场景,但是如果每条链都独立存在,链与链之间由于各种原因不能互通,那么难免会形成一个个数据孤岛,影响区块链系统之间的应用拓展。如何解决多条链之间的数据融合问题,实现链与链之间的数据互通将是大部分区块链技术提供商和区块链应用企业面临的共同问题。在此背景下,解决该问题的跨链技术便应运而生。

10.3.2 跨链模式

一、公证人

公证技术:瑞波 Interledger 协议。

在解决两方跨链交易的确认问题上,公证人的机制比较简单,容易理解,即有一组或多个节点可以作为一种相对独立的角色,参与确认双方的交易。早在 2012 年,瑞波电子实验室就提出了一项 Interledger 连接协议,旨在把不同电子账本连接起来,实现账本之间的协同操作。Interledgerg 协议完全适用于所有金融记账管理系统,并能够与所有金融记账管理系统兼容。该安全协议的主要目标是帮助建立一个全球统一的支付安全标准,并建立一个网络化的金融数据传输安全协议。

公证人对相关数据资料进行不断地收集,并及时进行本次交易的数据确认和交易验证。也就是说,假设 a 和 b 之间不能相互信任,那么可以引入一个 a 与 b 都有可能相互信任的第三方机构作为法律公证人员。这样,a 与 b 就可以比较间接地相互信任了。

公证人的管理模式一般可以划分为4种:中心化/单人双签模式公证人的管理机制、多重文化签名模式公证人的管理机制、分布式文化公证对个人的管理机制和基于分布式文化单签公证人的管理机制。

二、侧链/中继模式

1. 侧链(Sidechains)—— RSK

侧链是指遵守侧链协定的,能够让比特币从主链中剥离流通到其他链上,并可以保证再安全流通返回主链的一类区块链。判断一个区块链是否属于侧链,看这个区块链是否符合侧链协定即可。侧链和主链是相对而言的,所有的现存区块链,如以太坊、莱特币和暗网币等,都可以变成侧链。侧链协议扩大了比特币的流通范围,给比特币的广泛应用创造了安全的平台基础。

2. 中继(Relays)—— BTC Relay

BTC Relay 是把以太坊当作比特币的侧链,与比特币通过以太坊的智能合约连接起来,可以使用户在以太坊上验证比特币交易。

三、哈希锁定技术

哈希锁定,全称哈希时间锁定合约(Hash TimeLock Contract),技术原理即两人之间通过共用一个密码获取资产,使用时间锁和智能合约保证交易的原子性(同时发生或不发生)。在这样的机制下可以实现小额支付的快速确认,也就是说,实现闪电网络快速确认的目标。哈希锁只能进行交换,不能实现资产和信息转移,因此使用的场景是有限的。

举例如下。

(1)a 生成锁定合同,设置解锁条件:在时间 t 内,b 猜出随机数 s,则取走该合同设置的资产,否则将交易返还到原始账户;对于 a 来说,如果在 $2x$ 秒内被解出了随机数 s,则对方拥有了资产转移的权利,超时将资产转移到 a 一侧;在 b 一侧,如果 s 在 x 秒内被提供出来,则该资产转移到 a 处,超时将该资产转移到 b 处。

(2)a 为了在 b 合同中获得锁定资产,将在 x 秒内显示 s;同时,这也确保了 b 可以观察 s 所在的链上的数据,从而在 a 的合同中获得锁定资产。

四、分布式私钥控制技术

分布式私钥控制,英文全名为"Distributed Private Key Control",利用了私钥的生成技术,通过不同的控制手段,将用户的个人数字资产映射到一个新的资产模版上,这个模版遵循了区块链的协议。原链资产将在跨链上分布控制权管理中进行锁定和解锁操作。分布式私钥将一个区块链中的私钥分为 n 份,将其拆成 n 份后,同时又分给 n 个参与者,每一个人都掌握了部分私钥,只有集齐规定数量的

私钥片段,才能重新恢复这个完整的私钥,并解锁该私钥上的资产。

分布式私钥控制技术的优点有以下几点。

(1)私钥保存采用分布保存,不单点依赖,但采用的分布方式存在一定程度的公证机制中心化的风险。

(2)账户原链锁定交易无须认证,采用双向账户锚定的交易方式,所有账户交易通过检验和认证后即可传送链接到用户原链接入网络,不需要改变其原链的网络特性,各链可以同时自由和低接入门槛地接入用户原链,降低了用户跨链的网络接入管理费用,因此技术适用性好,易于用户实现。

(3)互操作性很高。

延伸阅读:跨链技术

波卡区块链(Polkadot)是目前业界较为有名的跨链技术,主要通过中继方式实现跨链。波卡链可以用于公链的跨链,也可以应用于联盟链跨链。在波卡链中,主要有5个角色:普通用户、钓鱼者、收集者、验证者和提名者。普通用户,即使用该链的用户。钓鱼者主要用于监督和举报网络中其他角色的行为。提名者类似于区块链中的矿工,主要对网络中的交易进行打包。验证者类似于区块链中的矿池。平行链P1上的用户对一笔交易进行签名和广播,P1的收集者收集交易并验证交易的有效性,最后将交易打包成为候选区块并放入P1链的出口处。P1链的验证者小组从出口处拿到区块后验证候选区块,如果所有验证者达成共识,则区块验证成功。随后,这个区块传播至平行链P2时,如果P2中存在于这笔交易跨链交互的操作,则P2中的验证者会执行跨链的交易。P1和P2两条平行链上的验证者达成共识,也就完成了波卡链上的跨链交易。

Cosmos链是跨链技术的另外一个代表,在Cosmos中,将整个区块链划分为共识层、网络层和应用层3个层面,这种划分方式是为了方便开发者在开发相应层面的应用时具有更大的灵活性。Cosmos的跨链方式,主要是通过自己搭建一套区块链开发框架。在Cosmos中,存在一个重要的数据转发枢纽——Hub。Hub用于监听和管理来自其他区块链中的数据,这些区块链被称为Zone。每一个Zone都将自己产生过的新区块反向传递给Hub,同样的,每一个Zone也要同步来自Hub的信息。Zone与Zone之间的跨链交互通过Hub完成。

本章小结

为了解决公链性能上的问题,众多专家学者提出了很多解决方案,典型的便是侧链和分片技术。本章首先主要介绍了分片技术和侧链技术,其次介绍了区块链中的跨链技术。随着区块链技术的发展,区块链之间会形成数据孤岛,因此需要相关技术以支持不同区块链之间的数据交互。至此,区块链中的技术内容部分已经全部介绍完毕,后续将从更高的维度介绍区块链与其他信息技术的相关融合创新。

习题

一、思考题

1. 分片的主要作用是什么？主要手段有哪些？

2. 侧链的主要作用是什么？主要实现方式有哪些？

3. 侧链和分片有哪些异同点？

4. 跨链的主要作用是什么？主要手段有哪些？

二、思维训练

分片技术是不是提升区块链性能的最佳方案？

第十一章

区块链与新一代信息技术的融合

新一轮科技革命和产业变革正以前所未有的力量推进全球产业数字化和数字产业化发展，成为推动各大经济体质量变革、效率变革、动力变革的重要力量。而区块链技术的集成应用在构造我国数字化发展新格局、实现高质量发展、创造国际竞争新优势方面扮演着重要角色。要让区块链这个新兴领域走在理论最前沿、占据创新制高点、取得产业新优势，就要构建区块链产业生态，加快区块链和其他新兴前沿信息技术的深度融合，推动集成创新和融合应用。本章将以人工智能、大数据、云计算、5G、物联网等信息技术为例，探讨它们各自与区块链技术的结合点及融合应用的方向。同时，结合大量的技术融合应用案例，帮助读者深入了解区块链和其他信息技术的融合应用如何更好地服务于网络强国建设、数字经济发展、经济社会发展等方面。

11.1　区块链与人工智能的融合

11.1.1　人工智能定义

人工智能（Artificial Intelligence）是让计算机能够以类似于人类智能的方式做出反应的技术，它涵盖的领域有语音识别、图像处理、自然语言处理和专家系统等。人工智能通过在数据中寻找规律来获得知识。目前的人工智能系统基本都建立在大数据的基础上，而这些数据都集中在中心化服务器、中心化计算环境中。然而区块链为了保证全网节点都有一份副本，链上数据类型比较单一，数据量也不足。

11.1.2　人工智能与区块链的结合点

现有的区块链系统是一个封闭自洽的系统，与外界基本不发生数据交互。比如，比特币内部的数据仅记录交易，10多年来积累的数据仅几百 GB。假如区块链要在实际生产中发挥更大的作用，就要和现实生活更密切地联系在一起，要与其他系统发生交互，各种跨链、预言机技术也正是为此而诞生的。以太坊为了能够处理现实生活中的事件，通过智能合约和预言机实现了与外部的数据交互，虽然现阶段依然存在数据少、数据单一的问题，但是已经初步具备了跨系统数据处理能力。人工智能趋向于以数据量取胜，但是区块链系统在数据量较小的情况下依然能保证很高的质量，可以挖掘其中的规律。此外，人工智能也可以应用于预言机，帮助区块链获取更准确的数据，抵抗错误或恶意数据，保证数据源的真实性。

区块链也可以与分布式人工智能进行融合。分布式人工智能建立一个由多个子系统构成的协作系统，将总任务划分为几个相对独立的子任务，子系统间协同工作，对特定问题进行求解。现在主流的人工智能系统建立在云数据上，储存结构是中心化的。假如让每个计算节点从全网的数据存储节点中建立自己的智能系统，并且多个节点协同完成同一个人工智能任务，构建分布式智能与分布式协同，将形成与现在完全不同的人工智能的处理模式。

从区块链的角度来看，为了适应人工智能，需要扩充数据容量，扩展数据维度。为此，可以将链上数据和链下数据分开存储，将大部分数据存储在链下，以云计算或边缘计算的方式进行计算。用类似 IPFS 的方式实现传统关系型数据库和大数据的链下分布式存储，仅将数据的哈希值保存在链上，就能保证数据的不可篡改。此时区块链处理的不再是单一的链上交易数据，而是包含不同内容、不同维度的数据。

区块链与人工智能的融合，既需要对区块链的体系结构进行改变和扩展，又需要对人类智能系统的数据存储、数据传输、数据处理方式进行改变，这同时也是人工智能系统由单一智能系统向分布式智能系统的扩展。

11.1.3　科大讯飞人工智能与区块链智慧司法系统

现在人工智能与区块链的结合还处于非常早期的阶段，但已经有一些成果。下面以科大讯飞基

于人工智能与区块链的智慧司法综合解决方案为例,说明这两种技术的结合如何应用。

在传统司法业务流程中,参与主体多且杂。政法各单位均有自己的业务系统,其中司法业务系统部署于政务外网和互联网,公安机关、检察院、法院、监狱管理局信息化均基于各自内网建设,彼此之间数据标准不统一,且网络因物理隔离,形成了信息孤岛。跨单位的政法业务办理均为线下渠道,缺乏信息化协同手段,数据无法进行线上交换。而且各单位对相同或相似数据投入方向的重复投资、重复建设,造成了人力、物力和信息资源的浪费。

为此,可以利用区块链数据共享等特征,实现不同业务部门之间数据互联互通。同时应用区块链分布式账本、数据不可篡改等特征,保障司法业务数据的安全。另外能通过智能合约等技术简化业务流程,实现司法业务流程处理智能化。

智慧语音助手通过语音识别技术对音频信息进行智能化识别,结合专业定制的法言法语模型进行优化处理,为法官提供一套快速输入的工具。同时结合图文识别、离线音频转写、语音合成等核心技术,提供便捷、易用的辅助办公工具,全方面提升办公办案质效。智能庭审系统采用多语种多方言语音识别、语音合成等人工智能技术,运用专用的法言法语模型,实现庭审纪律自动播报、庭审笔录自动生成、庭审笔录音频即时回听及快速检索等功能,解决庭审笔录记录速度慢、记录不全、记录不准等问题,可有效提升法官的办案效率,大幅减轻书记员的工作强度和压力,从而提升审判质效,促进实现审判体系和审判职能现代化。通过区块链技术与人工智能的融合,实现了司法业务的信息化,提升了司法系统的工作效率。

除此之外,京东的智臻链也应用了人工智能技术。在智臻链提供的电子合同服务中,它通过身份证 OCR(Optical Character Recognition,光学字符识别)和人脸识别确保主体身份,减少用户身份被冒用的风险。合同签署方通过数字签章或手写签名进行线上合同的签署,通过区块链非对称哈希算法存证,确保合同原文和签名未被更改,杜绝了篡改和"萝卜章"问题。蚂蚁链的区块链版权保护不仅将作品哈希上链确权,还结合爬虫和 AI 技术,对全网进行监控,检测是否有侵权行为,目前已经应用于多家文化产业的头部机构。

人工智能与区块链的融合,有助于区块链获取更准确、有效的信息,同时帮助链上信息更好地发挥作用。

《11.2 区块链与大数据的融合

11.2.1 大数据定义

大数据一般指无法在一定时间范围内用常规软件工具进行捕捉、管理和处理的数据集合,是需要新处理模式才能具有更强的决策力、洞察力和流程优化能力的海量、高增长率和多样化的信息资产。

11.2.2 区块链与大数据的结合点

区块链具有数据不可篡改、数据公开透明等特征,在如此大体量的区块数据集合中,存储着每一笔交易数据信息的全部历史信息。区块链技术的广泛应用与迅速发展,使数据规模以难以想象的速度进行扩张,不同业务场景的区块链数据融合,有效扩张了业务数据规模,增强了业务数据的丰富性。一方面,区块链技术在保障账本完整性方面极具优势,但是对于数据统计分析的能力较弱;另一方面,大数据具有高效数学分析及海量数据存储功能。二者结合将显著提升区块链网络中数据价值的实现效率,扩展区块链技术的使用空间。

区块链技术具有安全性、可信任性及数据不可篡改性,一方面能够有效地推进数据的海量增长,另一方面能够将采集、交易、流通,以及计算分析的每一步相关数据都记录、存储在区块链上,因而区块链提供的数据具有可追溯性。全程数据上链有效地提升了数据质量,使信任背书水平将达到前所未有的程度,从而保证了数据分析和数据挖掘的准确性和可信性。同时,区块链技术可以显著地标准化规范数据的使用,使授权范围精细化,打通不同业务、不同场景、不同系间的信息孤岛,搭建数据横向流通生态体系,最终逐渐形成基于全球化的数据交易场景。

11.2.3　跨国物流行业全程货物追踪系统

以跨国物流行业全程货物追踪为例,在漫长的运输线路、复杂的业务环节中,涉及的参与方与运输方式众多。因此,可以借助区块链技术制订标准的数据模型,对物流业务中的每一个环节涉及的参与方、单证信息、管理计划等事件进行有效的定义和描述,针对不同参与方应有的权限及场景进行数据的共享交换,甚至可以衍生出一系列基于区块链的智能合约及单证电子流转等技术,优化报关流程,降低成本,对信息进行实时共享。

为了充分利用从各参与方收集上来的数据,进而更加方便、快捷地进行业务分析,就需要借助大数据相关分析技术及工具;同时随着业务的迅速发展,货物种类的复杂性和单据数量的急剧增多,数据规模会越来越大,不同业务场景区块链数据的融合会进一步扩大数据规模和丰富性,如何对这些数据进行完整的数据资产管理,以及更深度地分析应用及探索也成为一个不可避免的课题。

《11.3　区块链与云计算的融合

11.3.1　云计算定义

随着物联网和互联网的发展,应用需要支持更多的用户,需要更强的计算能力和储存空间。为了支撑不断增长的需求,传统企业需要购买各类硬件设备并组建运维团队,这会带来很大的开销。基于此,云计算应运而生。通过服务器集群组成的数据中心,云计算能够为外部提供计算服务和存储服务。用户通过高速互联网得到这些计算能力,避免对硬件资源的投入,而且可以按需购买资源。云服务商还可以针对一些计算类型做优化,如智能计算中心就是针对 AI 计算进行优化,为外部提供 AI 计算服务的。

云计算可以划分为 3 个层次:IaaS(Infrastructure as a Service)、PaaS(Platform as a Service)和 SaaS(Software as a Service)。IaaS,即基础设施服务,提供最底层的硬件资源,如算力资源(CPU)、储存资源

(硬盘)、网络资源(网卡)。PaaS,即平台服务,抽象掉硬件和操作系统细节,只关注业务逻辑。SaaS,即软件服务,是将软件的开发、管理、部署都交给第三方。它们实现了资源上的弹性、应用层上的弹性,并方便用户调用其他软件服务。

11.3.2 云计算与区块链的结合点

有趣的是,区块链 2.0 系统其实就类似于一个云计算平台,比如以太坊的愿景就是成为任何人都可以自由使用的"世界计算机",EVM 就是一个虚拟机。而从 EOS 的 RAM、CPU、NET 机制,可以明显看出它提供的正是云计算平台所提供的存储、算力、网络资源。区块链上运行的 DApp 消耗的计算、存储、带宽由矿工提供。

现在的主流云计算提供商都要求实名制,比如 AWS、阿里云和腾讯云。同时,用户的个人隐私数据也都储存在云端。因此,云计算的隐私安全问题非常严重,云提供商垄断了开发者和用户的数据。许多人认为互联网本来是去中心化的,并对现有的集中式客户端服务器模型不满。以太坊正体现了这种思潮,它希望以遍布全球的节点取代服务器和云。在以太坊上部署 DApp 无须实名,而且部署过程只需要支付一定的代币作为矿工费。同时,使用 DApp 的用户在区块链中也是匿名的。因此,区块链 2.0 实际上相当于匿名化的云计算。

但是用区块链作为云计算,性能会比较差。这是因为对于每一个交易,区块链中所有节点都要做相同的计算,并且保证结果相同。冗余的正面是安全,背面就是低效。现在很多 DApp 都比较简单,这也是许多用户体验不佳的原因。对于复杂一些的 DApp,开发者需要购买云服务器来作为辅助,比如大部分有图形界面的区块链游戏和钱包等应用。

区块链为了解决信任问题牺牲了效率,云计算解决效率问题则存在数据是否可信的担忧。云计算一直想通过加密云存储、可验证查询、数据审计等方法,来保证云上数据的完整性与安全性。

虽然两者在信任和效率之间做出不同权衡,但是可以在一些层面上结合起来。比如,区块链上的数据查询效率低,且支持的查询种类有限。这时,可以利用云计算的高效计算存储来重新组织区块链数据,对外提供快捷、丰富的查询服务,如各种区块链浏览器。用户查询云服务器上的数据时,云服务器可能恶意或无意地返回错误的结果。为了保证得到正确的查询结果,我们可以利用区块链的智能合约执行查询代码。同样为了解决查询可靠性问题,学界也提出了云存储和区块链存储结合的混和存储方案,其中源数据依旧存储在云服务器上,源数据的元数据存储在区块链上。每次向云服务器查询数据都需要服务器生成查询结果对应的证明(Verification Object,VO),用户得到 VO 后再结合区块链上的可信元数据,即可判断查询结果是否正确。

如果说区块链 2.0 是区块链向云计算靠拢的话,那么在 IaaS、PaaS、SaaS 的基础上创造出的 BaaS(区块链服务)就是云计算向区块链靠拢,将区块链技术嵌入云计算平台。微软的 Azure、IBM 的 Bluemix Garage 都提供 BaaS。

可信、可靠、可控被认为是云计算发展必须要翻越的"三座山",而区块链技术以去中心化、匿名性和数据不可篡改为特点,与云计算的目标相符。云上搭建区块链的好处是帮助企业简化运营流程,无须专设自己的基础设施,服务购买即用,削减了部署成本。同时它提供统一的标准规范,降低使用门槛,提供 API 和 SDK 等接口,方便开发人员开发。

11.3.3 京东 BaaS 平台

2018 年,亚马逊科技(Amazon Web Services,AWS)发布了它的区块链模板,使开发人员能够更轻松地创建基于以太坊和 Hyperledger Fabric 的项目。我国的腾讯、百度、阿里巴巴在这方面也有投入。2016 年,微众银行开发的金融业联盟链云(BaaS)发布,作为腾讯金融云(IaaS)平台与应用场景的中间层。2017 年,腾讯云发布金融级解决方案(Tencent Blockchain as a Service,TBaaS),它构建于金融云之上,降低用户对区块链底层技术的知识门槛,让用户可按照自己的业务需求,在云平台上快速搭建自己的联盟链。阿里巴巴出于对自己主营业务——电子商务的考虑,在防伪溯源领域进行探索。2017 年,阿里云推出了基于容器的区块链解决方案。2018 年,天猫推出基于阿里云区块链的正品溯源功能。同年 8 月,阿里云宣布发布企业级 BaaS 平台,支持快速部署区块链环境,实现跨企业、跨区域的区块链应用,适用于商品溯源、供应链金融、数据资产交易、数字内容版权保护等领域。下面以京东的 BaaS 平台为例进行介绍。

京东 BaaS 平台可以被划分为资源层、区块层、服务层、接口层和应用层。资源层可选择公有云、私有云或混合云,这种跨云组网能力使联盟链部署更方便、更灵活,通过支持多种类型的基础资源,而非捆绑在特定云平台,可提高区块链应用项目中基础设施建设的多样性,避免资源的集中导致区块链去中心化特征的丧失。京东 BaaS 平台基于容器编排工具调度资源,相比于裸机,具有分散调度、简化部署、提高资源利用率等优点。同时采用分布式存储作为区块链节点存储介质,支持海量数据,亦可动态划分节点,持久化存储。区块层可以按照不同的场景对 JD Chain、Hyperledger Fabric 和 Stellar 区块链协议进行选择。服务层抽象封装了企业服务、资源管理及监控运维这些服务模块。企业服务帮助企业快速部署区块链技术,降低企业对区块链的入门门槛。资源管理服务对平台中的用户、证书及链上合约进行管理。监控运维服务在平台与区块链网络运行时实时监控数据状态,帮助运维人员发现并解决问题。接口层提供 Web 控制台及 SDK&API 接口,应用层通过接口层与京东 BaaS 平台解耦,使平台可以支持多种业务场景,以此满足各个企业的需求。京东 BaaS 平台提供灵活易用和可伸缩区块链系统管理能力,简化区块链系统入门难度,降低企业应用区块链的技术及人力成本,促进应用落地。

如今,已有企业基于以上 BaaS 平台开发出了相关应用。比如,南威软件就基于蚂蚁链 BaaS 平台打造了区块链电子证照平台,实现一站式政务服务。随着电子证照推出,社会大众无论是出行还是到政府部门办事,不用再重复提交各类证件。但当电子证照全面推广之时,跨地域、跨部门的数据可信成为需要解决的首要问题。基于传统互联网的简单数据交换模式无法很好地保证数据的真实性、完整性、安全性,也无法保证证照的灵活授权管理,以及对居民个人信息的强隐私保护。2019 年 3 月,南威软件携手蚂蚁集团发布区块链技术创新证照通平台,以区块链底层技术为框架依托,覆盖证照信息化、证照深化应用等电子证照发展各个阶段,建立电子证照管理、应用的开放体系及信任环境,为政府、公众提供电子证照管理、应用过程存证和验证服务。南威区块链证照平台利用蚂蚁链 BaaS 平台进行底层数据共享交换,保证数据的不可篡改、使用留痕、审计留痕、多方互认。基于硬件的强隐私加密、高性能、多方互认共识等特性,加上政府的信用背书,解决了跨地域、跨部门的可信电子公文类、行

政审批类,敏感企业或个人信息传递,数据资产开放与共享的难题,提升了政务服务的效率。

随着各大云计算厂商都推出它们的 BaaS 服务,区块链和云计算的融合有望焕发光彩。

11.4　区块链与5G的融合

11.4.1　5G定义

第五代移动通信技术(5th Generation Mobile Networks、5th-Generation 或 5th Generation Wireless Systems,5G 或 5G 技术)是最新一代蜂窝移动通信技术,同时是继 4G(WiMax、LTE-A)、3G(LTE、UMTS)及 2G(GSM)系统之后的进一步延伸。

5G 移动网络与早期的 4G、3G 及 2G 移动网络一样,属于数字蜂窝网络。在数字蜂窝网络中,供应商覆盖的服务区域被划分为诸多被称作蜂窝的小地理区域。在手机中,表示图像与声音的模拟信号会被数字化,经过模数转换器转换并以比特流的形式进行传输。蜂窝网络中的每一台 5G 无线设备都会借助无线电波,与蜂窝网络中的本地天线阵和低功率自动收发器(发射机和接收机)进行通信。收发器自公共频率池分配频道,在地理上分离的蜂窝中这些频道能够反复使用。本地天线借助高带宽光纤或无线回程连接,接入电话网络和互联网。与现有的手机一样,当用户从一个蜂窝穿越到另一个蜂窝时,他们的移动设备将自动"切换"到新蜂窝中的天线。

5G 网络主要具有如下优势:其一,数据传输速率极快。5G 网络的数据传输速率最高可达 10Gbit/s,远远高于曾经的蜂窝网络,快于当前的有线互联网,接近先前 4G LTE 蜂窝网络的 100 倍。其二,网络延迟更低。5G 网络的响应时间极短,低于 1 毫秒,而 4G 网络的响应时间为 30～70 毫秒。由于具有更快的数据传输速率,5G 网络不仅能够提供手机通信服务,更有可能成为有线网络提供商与一般性的家庭和办公网络提供商进行竞争的突破口。

11.4.2　5G与区块链的结合点

作为新一代移动通信技术,5G 网络具有数据传输高速率、低延时及海量接入的优势。目前在全球各国政府、运营商及设备提供商纷纷积极推进与布局下,5G 产业链各环节逐步发展成熟。区块链技术作为新一代互联网信息技术的代表,其体现出的交易信息隐私保护、历史记录防篡改、去中心化、可追溯等特性,能够有效地促进 5G 技术的应用与高效发展。区块链技术与 5G 网络的结合,一方面能够利用 5G 网络加快区块链广泛、大规模落地应用的进程,另一方面能够利用区块链技术提供给 5G 网络发展更加高效率、更加安全的基础支撑。

5G 技术数据传输速度极快,能够以 10Gbps 的数据传输速率支持数万用户、多人办公场景,能以 1Gbps 的数据传输速率同时支持在同一楼办公的许多人员;其强大的网络支持能力,能够支持数 10 万的并发连接,从而支持大规模传感器网络的部署;相比 4G,5G 具有显著增强的频谱效率,覆盖率也有所提高,信令效率得到有效加强,延迟显著低于 LTE。

区块链技术采取的分布式存储与账本系统,能够保障系统中记录的信息具有不可篡改的特点,这为区块链技术在供应链、医疗等领域更为长远的发展提供了广阔的空间。但在现阶段,区块链系统相关设备的采购、布设成本始终处在较高水平,极大地限制了区块链技术在细分市场的实现空间。

如表11-1所示,在具体的应用场景上,区块链技术与5G技术各有优势与劣势,因此能够更好地互补。5G技术的优势主要体现于:网络覆盖广、数据信息传输的速率高、通信延时低、允许海量设备接入等方面,其最终目标是实现万物互联,构建起数字化的社会经济体系。但是,由于5G技术是在4G技术上的延伸与发展,因此并没有完全地解决4G技术遇到的瓶颈,其中包括虚拟知识产权保护、隐私信息安全、虚拟交易信任缺失等问题。而区块链技术的最终目标是重塑目前依赖中心机构信任背书的交易模式,利用密码学的新手段做到交易的去中心化、历史记录防篡改、交易信息隐私保护、交易数据可追溯等技术支持,但是同时具有交易速率慢、基础设备要求高、交易延时高等突出问题。

区块链技术与5G技术的结合,能够推进数字社会、智慧城市、资产上链等领域的进一步发展。[①]区块链技术可以实现数字确权现实物理资产,借助智能合约等技术,使通证化的物理资产在区块链上更自由、更灵活地流转,不仅丰富了市场层次,更能有效刺激生产力发展。5G技术能够突破现有区块链技术的局限性,广泛推进区块链技术在农业、物流、自动化管理等各个领域的应用,为成本、生产效率及安全性方面提供巨大创新优势。区块链技术能够提升工业生产、资产流转的效率,优化资源配置;5G技术作为这些活动的基础设施,能够保证在高速的数据传输下人与人、人与物、物与物之间更高效、可靠的连接。

表11-1　区块链技术与5G技术结合下的应用场景

应用场景	5G技术	区块链技术
	特点:高速率、低延时、海量连接	特点:去中心化、共识机制、智能合约、加密
物联网	低时延、D2D网络,NB-IoT	点对点网络大规模协作、安全性
大数据与人工智能	云端传输	数据运营:隐私保护、不可篡改等
车联网、无人驾驶、工业控制	低时延、D2D网络,NB-IoT	分布式网络协作、信息溯源、信息透明
智慧城市、数字社会、资产上链	低时延、D2D网络,NB-IoT	智能合约、不可篡改、隐私保护

首先,5G技术的高传输速率与区块链技术的数据不可篡改、安全性、全程可溯源、零知识证明的优势,能够在车联网、无人驾驶、大数据与人工智能、工业控制、智慧城市等领域起到极其重要的作用。5G的万物互联能够实时并快速地传输硬件数据,区块链技术可以为网络中的设备与设备之间的大规模协作贡献出独特的、创新的去中心化解决思路与方法。5G技术能够加速端与端之间的链接,进一步促进区块链技术大规模应用的落地,而落地实现的关键难点在于设备多样性所带来的网络性能、计算性能及开发平台上区块链协议实现不同产生的矛盾。

其次,区块链技术可以为5G提供基础服务。例如,借助区块链技术搭建起的去中心化网络基础设施DNet,能够调动用户利用其身边的电子产品形成能够进行传输的微基站,不仅可以有效地帮助

① 于佳宁,毛晓君.互相赋能,5G与区块链共同改变数字经济[J].中国电信业,2019(12):20-22.

运营商推进微基站的构建,显著降低运营商成本,而且每个参与的用户均可以成为区块链的入口。借助区块链智能合约的方式变现用户的闲置流量,协助运营商广泛建立5G相关基础设施,促进5G技术的快速落地与发展。5G技术和区块链技术的发展呈现相辅相成的关系,5G技术为实现高效率的数字化经济提供支撑,而区块链技术则为数字化经济提供安全和信任保障。

11.4.3 甘肃省区块链(移动)创新孵化基地

2020年1月9日,甘肃区块链信任基础设施平台启动上线,使甘肃在我国区块链发展中跟上步伐。为了进一步加速区块链技术和5G技术的融合进程,形成以区块链技术为核心的信息制高点优势,丝绸之路信息港股份公司与中国移动集团甘肃有限公司成功签订了"5G+区块链"合资公司意向协议,中国移动集团甘肃有限公司主导的"甘肃省区块链(移动)创新孵化基地"正式成立。

创新孵化基地将有效推进各类区块链创新应用落地实现,创新性地实现工业互联网、政务数据共享开放、农产品溯源、文化版权保护等领域的应用,显著推动大数据中心产业集群建设。2019年10月,国家信息中心、中国移动、中国银联等相关参与方在北京共同宣布,由6家具体单位协同合作设计并建设的区块链服务网络(BSN)正式内测发布。目前,已经上线的节点达到98个,作为全国第18个节点,兰州市已经成功商用该服务网络。

11.4.4 "5G+区块链"涉网执法新模式

2019年6月,杭州互联网法院借助其在线执行平台与5G区块链执法记录仪实现对执行现场的调度指挥,实现执行指挥中心、执行申请人、被申请人、执行法官利用5G技术的信息实时交互,同步固化音视频数据至相关司法区块链,成功地形成了"浸入式"的执行场景,有效地改变了封闭单一的现场执行模式,升级成为执行全过程可追溯、可见可信的互联网执行新模式。

杭州互联网法院司法区块链是我国首个跨地域、跨法院、跨层级的司法链联盟,在深化司法体制改革、推动审判能力及审判体系现代化方面具有不可忽视的重要意义。该区块链技术的应用能够有效地解决电子证据的认定难题,确保电子数据从生成、存储、传输乃至最终提交的整个环节的真实性及可信度;有利于前置化解纠纷,提升了我国司法机构维权的效率和解决纠纷的能力;显著地提升司法效率,法官能够更加专注于司法裁判;有助于简化电子证据批量汇集归类,为批量审理、批量立案、人工智能与智慧审理创造了重要的技术支撑。

截至2020年8月,杭州互联网法院司法区块链已经接入27个底层节点,上链数据超过51.1亿条。司法区块链奠定了未来诉讼的底层系统建设基础,杭州互联网法院将继续利用好区块链技术,从强调工具性的浅层运用推进至更深层次的规则治理和制度构建,持续探索更加符合网络规律的司法流程及审判机制,使我国人民群众更加深刻地体验和享受到互联网发展的成果。

《11.5　区块链与物联网的融合

11.5.1　物联网定义

物联网（Internet of Things，IoT），是指利用信息传感器、射频识别技术、红外感应器、全球定位系统、激光扫描器等新兴技术与装置，实时收集相关需要连接、监控、互动的物体或过程信息，采集其声、光、热、电、化学、生物、力学、位置等需要的信息，借助各类可能的网络接入，泛在连接物与物、物与人，最终智能化感知、识别和管理物品和过程。

物联网是一个在互联网、传统电信网等基础上的信息承载体，是在互联网基础上进行的延伸与扩展，让所有可以被独立寻址的普通物理对象构建起互联互通的网络。其用户端扩展与延伸到了任何物品与物品之间，是物物相连的互联网，能够促成所有物品的信息交换，最终实现智能化识别和管理。

物联网的基本特征包括：整体感知、可靠传输和智能处理。从通信对象和过程来看，物与物、人与物之间的信息交互是物联网的核心。整体感知指利用射频识别、二维码、智能传感器等感知设备感知获取物体的各类信息；可靠传输指利用对互联网、无线网络的融合，实时、准确地传送物体信息，以便信息交流、分享；智能处理指使用各种智能技术，分析、处理、感知传送到的数据、信息，实现监测与控制的智能化。

11.5.2　物联网与区块链的结合点

尽管物联网的发展已逐渐形成规模，但是在其长期的发展与演进过程中，仍存在许多尚未解决的痛点。设备安全方面，物联网尚未建立起设备与设备之间的互信机制，所有的设备均需要与物联网中心的数据进行核对，如果发生数据库崩塌的情况，会极大程度地破坏整个物联网。个人隐私方面，中心化的管理架构无法自证清白，个人隐私数据被泄露的情况时有发生。扩展能力方面，目前的物联网数据流均汇入单一的中心控制系统，未来，随着物联网设备的几何级数增长，中心化的服务模式难以负担高昂的成本。通信协作方面，全球物联网平台缺少统一的技术标准、接口，多个物联网设备彼此之间通信存在极大的阻碍，并产生多个竞争性的标准和平台。网间协作方面，当前的很多物联网都是运营商、企业内部的自组织网络，涉及跨多个运营商、多个对等主体之间的协作时，造成极高的建立信用的成本。

近些年来，随着物联网逐渐在通信行业中崭露头角，结合各种新兴的信息技术已经成为刺激通信行业物联网生态培育的重要手段，而区块链技术当仁不让地成为融合中不可或缺、不可忽视的重要组成部分。区块链技术具有数据不可篡改、共识机制、去中心化、分布式存储等特性，能够有效地助力物联网的发展与应用。

一、提升物联网运营与维护能力

传统的运营模式下，设备的运营与维护存在诸多问题亟待解决，例如，日常维护、巡检设备等工作会耗费大量人力、物力，并且无法保障运维数据的真实性、可信度。

而利用区块链技术,能够有效地解决这些问题。区块链技术去中心化的特质,能够从根本上改变物联网现有结构的中心化运营模式,大幅度降低中心化架构的高额运维成本,从而有效地降低物联网的维护与运营成本,从根源上减少成本负担。利用区块链技术,能够显著地提升数据的可靠性、可信度,保障运维数据的真实性,进而更好地结合物联网技术,最终使通信设备与感知设备的信息互联互通得以实现。

区块链技术与物联网技术的结合,能够大幅度提升物联网运营维护的能力,显著增强电信设备的日常运维及巡检效率,实现相关数据真实、可信,形成自动化、数字化的运维模式。

二、提升物联网边缘计算能力

传统的物联网模式下,绝大多数的网络仍然以中心化的分布式网络架构为基础进行构建,边缘节点的能力受到中心化的核心节点的能力制约。通信网络的扁平化发展趋势,如图11-1所示,使增强边缘计算能力进而提升网络接入和服务能力成为必然的发展方向。区块链的去中心化优势,能够天然地与通信网络的扁平化趋势互补,物联网的核心节点的能力能够借此技术下放到各个边缘节点。

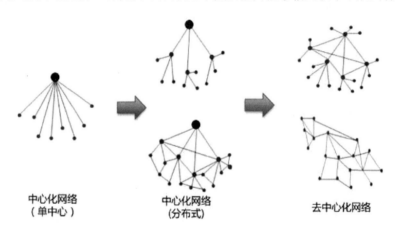

中心化网络   中心化网络   去中心化网络
（单中心）   （分布式）

图 11-1 　边缘计算与网络演进

通过区块链技术与物联网的结合,核心节点仅起到控制核心内容或备份使用的功能,由各边缘节点为各自区域内设备服务,借助于更加灵活的协作模式与相应的共识机制,能够很好地完成原核心节点承担的认证、账务控制等功能,保证网络的安全、可信和稳定运行。此外,计算和管理能力的下放,还能够有效地提升物联网的网络扩展能力,进一步促进支撑网络演进升级。

三、提升物联网身份认证能力

利用区块链技术,数据一经写入区块链系统,即无法篡改,依托于区块链的链式结构,有助于形成数字身份。数字身份是指将用户或物联网设备的真实身份信息浓缩后的唯一性数字代码,是一种可查询、识别和认证的数字标签。利用区块链技术,可以使用加密技术和安全算法来保护数字身份,从而构建物联网环境下更加安全便捷的数字身份认证系统。数字身份在上链之前需要通过认证机构的认证与信用背书,上链之后,基于区块链的数字身份认证系统保障数字身份信息的真实性,并提供可信的认证服务。

四、提升物联网设备安全防护能力

利用区块链技术,能够对系统中传输的所有数据进行加密处理,更加有效地保护用户的数据和隐私;独特的身份权限管理和多方共识机制,能够协助识别非法节点,及时阻止恶意节点的接入和作恶。传统的物联网模式下,由于成本和管理等方面的因素,大量物联网设备缺乏有效的安全保护机制。而借助区块链技术,能够及时地发现并禁止被劫持的物联网设备连接到通信网络,在它们访问目标服务器之前切断网络连接。区块链技术能够连接起物联网网关,共同监控、标识和处理物联网设备的网络活动,保障并提升网络安全。

五、提升物联网数据管理能力

未来,随着物联网的不断发展与应用,人与物、物与物的连接数据会呈现爆发式增长,通信运营商管理的数据规模将飞速扩张。数据管理过程中,相关信息的确权、追溯、保护等流程面临着全新的艰巨挑战。利用区块链技术,通信运营商能够实现数据的存储管理,有效地解决传统数据存储模式下系统中心化、易被攻击篡改等痛点。此外,能够利用区块链技术提供数据交易和交易确权服务,基于区块链技术天然的分布式存储架构与主体对等的特点,能够有效地助力连通物联网现存的多个信息孤岛,以极低的成本建立起互信关系,有效推进信息的横向流动和网间协作。

11.5.3 案例分析

一、Filament基于区块链技术的工业互联网

如图11-2所示,Filament是一个利用区块链技术的、去中心化的物联网软件堆栈,借助于创建智能设备目录的方式,Filament的物联网设备能够进行安全沟通、执行智能合同或发送小额交易。Filament专注于工业市场,特别是天然气、石油、制造业及农业等行业,其目标是协助这些行业中的大公司取得效率上的新突破。

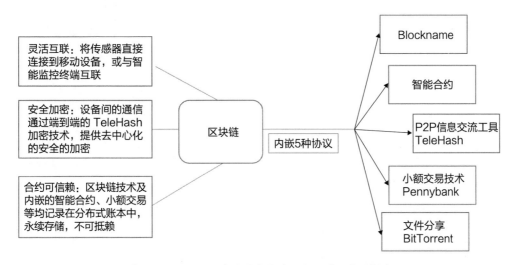

图11-2　Filament基于区块链的工业互联网应用探索

Filament主要具有如下优势:其一,加密硬件的使用,有效地保障了每一个智能设备的数据存储

与数据通信的安全性。其二,除了传感器 Filament Tap 外,Filament 同时提供给用户可黏附于设备表面的智能模块 Patch。安装了 Tap 或 Patch 的智能设备,能够实现脱离网络连接的长距离通信,目前支持的最远通信距离为 16 千米。这极大地便捷了工业规模的网络的部署,大规模的工业设备能够利用一个统一的界面进行管理,十分高效。其三,利用区块链技术,企业能够使用 Filament 对基础设施和其数据进行授权,为硬件设备提供经常性收入来源。

2015 年,Filament 已经完成了 500 万美元的 A 轮融资,随着 Filament 的发展,能够有效地推进工业产业智能化水平建设,显著提高工业产能效率,有效提升自动化和智能化水平,最终实现智能工厂、智能农业、智能城市等概念。

二、Slock.it 通过区块链实现闲置资源的共享

Slock.it 成立于 2015 年,是一家总部位于德国的区块链初创公司。该公司始终致力于将以太坊智能合约平台嵌入多个物联网设备和应用程序,达到去中心化,使参与各方可以不通过中间商,直接出租、出售或共享任何物品,进而搭建起未来共享经济的基础设施。

作为全球首个 DAO 架构平台,Slock.it 体现出透明、完整、简单、高效的优点。DAO 架构中,智能合约能够提供给用户在移动应用上随时随地追踪、控制出租或使用连入物联网各个物品的快捷渠道。每次共享完结时,能够十分及时、准确地收取费用,分配收入,分享者回报及时可见。

Slock.it 在物联网领域的下一步计划,是构建起一个能够实现小额支付和智能合约应用的自动化设备,将智能合约技术带入无数家庭和企业,使用户将闲置资产转化为收入。用户只需打开计算机或者家庭娱乐系统,就能够安全地与任何去中心化应用(包括以太坊钱包 Mist)交互,物联网网络中的智能设备将为用户提供强大的服务体验。

11.6 区块链与工业互联网、卫星互联网的融合

工业互联网、卫星互联网、5G、物联网等作为新型基础设施中信息基础设施的重要组成部分,在社会经济中所起的作用越发重要。本节探究区块链与工业互联网、卫星互联网融合应用的可能性。

11.6.1 区块链与工业互联网

一、工业互联网定义

工业互联网这一概念最早由通用电气公司于 2012 年提出,旨在消除人类智慧与冰冷机器之间的壁垒,用数字化的方式来集成控制工业机器设备,带领世界开启以工业互联网为基础的数字工业时代。

工业制造互联网不再局限于将传统物联网商业模式直接复制到工业制造领域中,而是把工业互联网(IoT)、运营管理技术(OT)和工业数字化技术融入应用到工业界的每一个产业细胞中,这将使其成为工业创新方向,也是数字制造产业的创新中心和发展基础。

二、工业互联网与区块链的结合点

目前,可信赖的区块链技术推进工业领域,主要广泛用于推进工业安全、提高装备制造企业效率、升级工业服务型安全生产和资源共享信息科技4个关键领域。

首先,工业安全领域拥有大量的智能设备,内部需要大批设备与人和物体交互。因此,我们需要充分利用诸如区块链和云技术等,来解决所有工业领域设备可信的用户身份认证问题,设备用户注册信息管理,设备访问控制,设备运行状态自动监测,从而有效确保工业安全。

其次,工业产品日益进化到"云化生产"或网络化生产。越来越多的产品不是按照同一个流水线加工,而是把原来的流程分成小块,每一个单元都由独立公司、专业公司来做。实际上,许多公司联合开发了新的工业流程系统,通过引进区块链分布系统这种可靠、安全的技术,提高供应链系统的生产效率和协同效率。

再次,随着需求个性化的提升,生产也逐渐走向了个性化,即升级到服务型生产,其本质就是按需要定制生产。未来作为生产硬件的主体企业,在研发制造和生产销售时,不单是为了出售一种新的硬件,而且越来越多地需要提供各种诸如硬件供应链服务金融、资本市场租赁、二手交易和大型工业零件回收这样的金融服务,从而彻底实现传统服务型硬件生产企业升级的战略目标。

最后,网络生产。网络协作越多,越需要软性监管。在目前区块链信息技术的应用基础上,可以为整个产业链和生态系统中的多个协作参与者之间创造一种信息协作共享平台,大家都希望可以保留他们的个人隐私和一些相关知识,同时在这个协作共享平台上与其他参加者之间共享协作程序、规则和用户隐私安全保护过程中的相关数据。

三、区块链技术在工业互联网的应用

区块链技术数据共享、真实可信等特征,与工业互联网数据安全等需求高度吻合,特别是在工业互联网的跨行业征信服务、供应链透明管理及设备工控监管等领域。

1.跨行业征信服务

诸多制造业企业均在建设企业信用系统,系统之间彼此割裂,政府、金融等领域信用板块之间并不互通,导致企业信用信息不对称。信用数据的共享是互联网金融的基础。区块链技术分布式数据存储等特征实现不同节点间数据的同步共享与不可篡改,有助于统一信用体系的建设,保障制造业企业征信信息安全共享,降低企业征信成本、融资成本和交易成本,进而极大地提高数据资产价值和创新应用。

2.供应链透明管理

供应链管理机制难以实现物流全流程实时追溯,为工业物料中间链的偷、跑、漏提供了风险漏洞。按照区块链设计理念,将供应链管理与工业互联网结合,有利于创新云制造认证服务技术和模式,通过区块链源头追踪功能实时追踪物料流转信息,为供应链中的物流信息提供认证服务①,支撑工业互联网跨企业业务协同,实现供应链全链透明管理。

---

① 刘江,霍如,李诚成,等.基于命名数据网络的区块链信息传输机制[J].通信学报,2018,39(01):24-33.

3. 设备工控监管

基于工业互联网平台可推动"三哑"设备走向互联互通,但工业设备工控监管问题也随之而来。传统的防火墙、网闸等中心化防护设备及工控防护策略缺乏有效的交互校验机制,危险性较高。特别是流程工业,一旦关键控制指令被篡改,其故障流将随生产的进行向制造流程上下游传递。基于区块链技术,可建立设备工控可信鉴别机制,有效提升设备工控安全防范能力。

11.6.2 区块链与卫星互联网

一、卫星互联网定义

卫星互联网指的是基于卫星通信技术实现的有效实时处理数据信息的卫星系统,其本质为向地面与空中终端提供相应互联网接入等服务的系统体系。

卫星互联网诞生于20世纪80年代,至今已发展30多年,主要经历了3个阶段的迭代升级。从2014年开始,卫星互联网产业进入第三发展阶段,该阶段以星链(Starlink)、鸿雁等为代表,其主要作用定位于实现与地面通信互补合作、融合发展。

卫星互联网产业链的上游主要包括电子元器件、金属材料及燃料厂商等;产业链的中游主要包括地面设备生产制造、卫星生产制造、卫星发射和卫星运营及服务4个环节;产业链的下游主要是企业、政府、高校、个人等终端用户。

二、卫星互联网与区块链的结合点

区块链使用分布式网络结构,与卫星结合有着天然的优势。地面通信网络难以抵御意外或自然灾害引起的断网,卫星区块链网络能够更好地抵御网络干扰和中断。卫星通信覆盖全球,能够让地球上任意两个地点的节点经由卫星通信连接起来。卫星通信节点参与其中的区块链网络,使地面节点没有了上链的地域限制,这对扩大区块链应用范围的影响极大。卫星区块链网络,让没有地面通信网络覆盖或遇到天灾人祸引起断网的地区,能保持区块链业务系统的运行,是可信的计算资源。另外,卫星通信的广播能力和量子卫星加密通信技术,也将在区块链核心功能中发挥特殊作用。所以说,卫星区块链网络是目前最安全、最可信的网络系统。

没有区块链与卫星互联网,新基建便只是一国的建设,而有了区块链与卫星互联网,新基建将会是未来全球共识的一部分。区块链让人们不需要某个中心就可以信任彼此。有了区块链,卫星互联网才可以连接人类,否则卫星就只能成为武器或被反卫星武器摧毁。

卫星互联网对于增强和加强现有的区块链应用非常有用。第一个应用是提供持久且不受国家主权影响的跨境金融结算系统,在如非洲这样的发展中国家中,利用卫星区块链网络也可能把地面互联网络欠缺的地区带进全球互联网贸易经济;第二个应用是卫星遥感数据星上链,利用数字签名做到数据不可篡改,大大增强了数据可信度,满足业务系统自证清白的诉求;第三个应用是使用区块链将数据储存、边缘计算处理带入太空。卫星作为空间数据的重要来源,可用于区块链网络更新块并验证数据的完整性和源头数据真实性,推动区块链智能合约技术的应用,因为外太空提供大量无须人工干预即可自动执行("信任机器")的理想环境。

三、卫星与区块链的结合应用

在国外,卫星与区块链的结合已有很多成功案例。例如,总部位于新加坡的创业公司SpaceChain启用了区块链的卫星有效载荷,在轨道上建立一个数据中心,向企业提供全球连接和安全在轨数据存储,卫星上的区块链不仅消除了数据传输、存储或计算对地面基础架构的依赖,还消除了因数据泄露而造成的重大漏洞。企业可以在其中上传、下载数据,而不依赖于地面网络。任何具有敏感数据和许多需要从不同来源获取信息的远程站点的行业都可以使用空间区块链。这一技术首先应用于政府、金融,此类例子包括石油和天然气、采矿和广播新闻业。[1]

另外,2019年年初,区块链科技公司Blockstream宣布推出Blockstream Satellite卫星服务,期望通过卫星信号与比特币网络建立连接,让没有网络的地区也能使用比特币,提高稳健性,并允许用户从世界上的各个角落发送比特币。

将卫星技术与区块链技术结合,同时与防伪溯源技术融合,将给消费者场景中二维码溯源数据信任带来飞跃式体验。利用卫星高分遥感影像技术对生产区域进行周期性监控及比对,可了解当前生产进度,为产量预测、库存控制、未来生产计划的制订及调整提供合理决策依据。运用区块链技术,加上高分遥感卫星数据,可助力溯源体系在空间加时间动态保真的模式创新,从而解决溯源系统源头信息采集的可信度问题。

延伸阅读:区块链与边缘计算融合面临的挑战

基于边缘计算的网络基础,将边缘设备节点赋予区块链属性,从而形成移动区块链系统模型,如图11-3所示。该系统结构主要由3层组成,即云服务层、边缘计算层和区块链层。

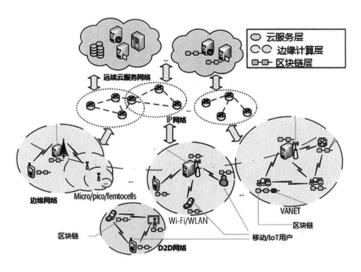

图11-3　基于边缘计算的移动区块链网络

---

① Anne Wainscott-Sargent,沈永言.区块链:下一个突破性的太空颠覆者[J].卫星与网络,2019(10):42-45.

区块链作为分散的公共分类账，可以存储数据(交易记录)。区块链的性能优于集中式分类账方法，数据由区块链记录为块(如交易的集合)，其形成链表数据结构以指示添加到区块链的数据之间的逻辑关系，不需要中央实体或中介来维护数据块。尽管如此，其安全性和私密性仍然是巨大的挑战。

边缘计算的结合使系统拥有大量计算资源和分布在网络边缘的存储资源，从而有效地减轻了功率限制设备的区块链存储和挖掘计算负担。尽管边缘计算的分布式结构具有许多好处，但其安全性是一个重大挑战。在下一代互联网中，边缘计算处于多种不同技术的复杂交织中，异构设备及边缘服务器的相互作用及跨全球和本地规模的服务迁移，都可能产生恶意行为。

尽管区块链和边缘计算的融合具有相当的发展前景，但在广泛部署之前，其可扩展性、自组织性、功能集成、资源管理和新的安全性等问题仍有待解决。

一、身份验证与可扩展性

在具有多个交互服务提供商、基础架构和服务的边缘计算环境中，至关重要的是验证这些实体的身份，这些实体通过各自的接口进行协作以通过签署智能合约来达成协议。实体的权利和要求在合同建立过程中由区块链记录。这对于在边缘生态系统的元素之间建立安全的通信通道是必要的，即使它们属于不同的安全域。由于区块链无法扩展，以其当前形式处理大量数据，需要建立可扩展区块链数据库，通过将区块链特征添加到经过验证的可扩展大数据的数据库中，以此解决扩展问题。

二、安全性与隐私性

由于异构性和攻击漏洞，网络安全是边缘计算网络的主要关注点。通过将区块链集成到边缘计算网络中，可以代替某些通信协议中的密钥管理，为维护大规模分布式边缘服务器提供方便的访问，并在控制平面中进行更有效的监控以防止恶意行为，但对于丢失的交易来说，仍然存在风险，可能遭受对抗性大规模撤回攻击以防止欺诈证据。尽管区块链最初存在安全性和隐私问题，但在区块链和边缘计算的集成系统边缘的外包服务中仍然提出了新的安全和隐私挑战。

三、自组织性

随着边缘计算节点的增长，网络和应用程序的管理将成为巨大的挑战。为了促进边缘计算的部署，引入了自组织以添加自治机制，从而使运营商和用户可以掩盖该技术的复杂性。它被定义为自组织网络中无线电接入网络的规划、配置、管理、优化和修复。在物联网环境中，拟议的自组织物包括自组织监视、网关部署、故障恢复服务、配置文件的管理和平衡。

四、集成度

边缘计算结合了各种平台、网络拓扑和服务器的组合，难以管理在各种异构平台上运行的各种应用程序的数据和资源。关于数据管理，各种存储服务器都在各种操作系统上运行，应根据其不同的强度，将它们投入不同的应用，或对其进行修改以适应边缘结构。对于集成计算也有相同的要求。因此，这些基于区块链的计算系统的集成成为自然趋势。此外，将网络、存储和计算功能集成到一个系统中不仅可以为高度可伸缩的数据检索提供支持，而且还可以提供强大的数据处理能力，从而减少重复的数据传输并实现计算密集型任务。

五、资源管理

在各种情况下,资源管理作为网络中的主要技术已得到广泛研究。例如,对动态环境的适应和针对多个边缘服务器协作的大规模优化。这些问题在区块链和边缘计算的集成中更为严重,因为服务器的协作以基于区块链的安全方式更为紧密,并且考虑的范围更广。在此分布式集成系统中,用于资源供应的配对协议用于将资源请求与资源提供配对。它根据 RAM 的数量、CPU 类型和磁盘空间来描述计算资源的特征,并使用不同类型的策略实现配对。此外,为了正确地分配任务以在一组计算资源上运行,还需要一个多准则度程序,该程序可以收集计算资源并使用几种策略来调度任务。

六、负载均衡

边缘计算和区块链网络是集成度很高的计算网络,终端设备发送数据到服务器存储和计算,将消耗大量的网络带宽和计算资源,并且,大量的终端设备也会增加网络流量,进而引发网络中断、服务延迟等一系列问题。

七、时延性能

通常来说,应用程序的延迟包括两个部分:传输延迟和处理延迟。计算等待时间表示花费在数据处理和区块链挖掘上的时间,这取决于系统的计算能力。从终端用户到云服务器,提供快速计算的能力不断增加,但同时也导致传输延迟显著增加。因此,区块链与边缘计算的集成是确定计算方式与执行位置之间的映射,从而实现传输等待时间与计算等待时间之间的平衡。

尽管区块链和边缘计算系统在融合方面还面临各种各样复杂的挑战,但是对于网络社区来说,应对挑战并向前发展的前景是令人十分期待的。

本章小结

无论是从国内外区块链技术发展趋势来看,还是从其本身发展演进的路径来剖析,区块链技术的持续推广与扩展应用,都与人工智能、物联网、云计算等新一代信息技术具有密切的联系,需要这些信息技术作为基础设施支撑。因此,本章剖析区块链技术与其他新一代信息技术融合的本质及方式,旨在帮助读者理解区块链与其他新一代技术融合是如何协同、共同致力于社会治理现代化体系的建设的。学习本章后,想必读者对区块链技术与其他技术的关系有了较为全面的认知。技术只有实现落地应用才能实现其真正的价值,下一章将从区块链与数字货币的视角分析区块链技术的应用。

习题

一、思考题

1.区块链哪些方面的特征与人工智能技术互为支撑?

2.区块链技术如何与大数据结合?

3.区块链如何实现与云计算技术的结合?

4. 区块链技术与5G技术如何融合应用？

5. 区块链技术如何结合物联网技术？

6. 剖析区块链在与工业互联网、卫星互联网融合应用中分别起到的作用与担任的角色。

二、思维训练

试想区块链与其他信息基础设施融合应用后的社会治理将呈现怎样的场景？请从数据共享、业务协同的角度探讨。

第十二章

区块链与数字货币

区块链作为数字货币最重要的底层技术手段不断助力数字货币的发展。数字货币通常分为法定数字货币和非法定数字货币。世界各国发行自己的央行法定数字货币，目前主要是为了替代实物现金，降低传统纸币发行、流通的成本，提高便利性。非法定数字货币中，最典型的是比特币和以太坊。货币对于国家整体经济体系的重要程度不言而喻，而数字货币改革则是弥补传统纸币缺陷、强化央行中心化地位的重要举措。中国央行关于数字货币的构想和规划逐渐明晰，采用双层运行体系的中国数字人民币，代替了M0（流通中现金），发挥着拓宽原有货币政策选择范围、稳定国家金融体系等作用。数字货币的发展给人民币国际化进程带来机遇的同时也带来巨大挑战。拥有27亿活跃用户的Facebook发行了数字货币Libra的白皮书，倘若Libra能发行成功，必将进一步巩固美元的霸权地位，为人民币数字化和国际化进程增添不少压力。本章将从货币的角度一览不同数字货币的职能与意义。加密数字货币，如比特币、以太坊等是采用或借鉴了区块链技术及其原理，采用共识算法与密码学验证的数字符号，可执行货币的基本功能，充当一般等价物。通过本章的学习可以深入了解数字货币与区块链是如何将通证经济推向未来的经济模型，以及通证经济在政府监管、生产力与生产关系和商业模式等方面对社会产生的不可估量的影响。

《12.1 数字货币简介

12.1.1 货币的定义

货币是指被社会普遍接受的交易媒介、支付工具、用于价值储藏的商品。货币的产生与使用提高了社会交易效率,而在市场的经济活动中,交易效率决定货币的价值。

12.1.2 货币的职能

按照著名经济学家弗雷德里克·S.米什金的观点,货币主要有以下3种职能。

一、交易媒介

货币有交易媒介的职能,用于交换商品和服务。相比远古时期的以物换物,货币交易媒介的职能提高了经济效率,使人类脱离了以物换物的时代。

二、记账单位

货币既是商品也是一般等价物,是衡量所有商品价值的尺度,可衡量经济社会中的价值。货币记账单位的功能,能完整反映经济活动的财务状况、经营成果等情况。

三、价值储藏

货币可作为交易媒介购买商品和服务,而持有货币等于拥有社会财富,这引起了社会储藏货币的行为。当货币被当作财富进行储存,退出流通领域而处于静止状态,便是在执行价值储藏的职能。

12.1.3 货币的发展

如图12-1所示,随着社会和经济的发展,货币的演化路径主要分为以下5个阶段。

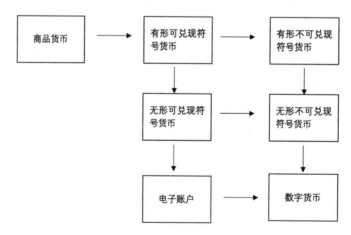

图12-1 货币的历史演化路径

一、实物商品货币

在历史长河中,社会交易始于物物交换。当社会分工不断细化,交易需求上升,物物交换的方式已不能满足社会对一般等价物的定义,于是产生了货币。现存记录最完善的古代货币是美索不达米亚苏美尔人的货币。远古时代，人们用盐、贝壳、珍稀鸟类羽毛等珍稀物品作为货币。实物商品货币解决了远古时代物物交换不便利的问题。

二、金属货币

铜贝是世界上最早的金属货币。古希腊人、罗马人和波斯人铸造了重量、成色统一的硬币。公元前7世纪，吕底亚王国铸币采用琥珀金，其本身具有价值，便于携带，不会腐败也不易降解。金属货币的使用一直延续到1716年，在此之前，欧洲广泛使用金银铸币。

同样地，东方也出现了金属货币。战国时期，黄金流通以斤为单位。秦朝时用黄金铸币，西汉用三铢钱、四铢钱、白金币。直到隋唐，隋文帝统一铸币——五铢钱。铸币的广泛使用满足了军事需要，铸币被充当支付工具，也是动员军队、控制民众的方式。

在金属作为货币的阶段，人类通过铸币提高货币使用的便利性，将实物价值量化，无须通过称重等方式确定内在价值，其价值由国家权力作为信用背书，但随着金属开采能力的增长造成了通货膨胀。

三、代用货币

1720年到1776年初，欧洲发行纸币，可与铸币自由兑换。东方的宋朝出现了纸币"交子"，纸币的诞生催生了信贷与证券的发展。以上是代用货币的典型。代用货币所含的价值低于货币价值，只是货币价值的替代，可与其代表的货币自由兑换、参与流通。

四、信用货币

随着中世纪对金属货币的需求量上升，铸币质量下降。为满足交易需求，货币开始虚拟化。直到20世纪后期，货币虚拟化的趋势愈发明显。货币虚拟化与信用货币发展相辅相成。社会经济脱离贵金属的同时，货币也逐渐被转化为信用货币。货币渐渐被剥离其价值实体，成为单纯的价值符号。严格来说，法币流通带动了货币虚拟化。法币是指，主权国家以国家信用背书的、法定强制流通的、不可兑换的纸币。法币的价值量受国家金融对其发行量限制的影响。货币的虚拟化是金融创新的本质。

五、数字货币

数字货币是数字经济发展的基石，包括虚拟数字货币和法定数字货币。在经济发展方面，随着经济的发展，各类支付结算行为愈发频繁，社会对货币需求量上升，而数字货币虚拟化的属性和强大的功能使其逐步替代纸币。此外，在经济数字化方面，每个时代的发展都有对应的货币形态，农业经济时代的实物货币、贵金属货币，工业经济时代的纸质信用货币，数字经济时代也需要数字货币来完善金融基础设施，更好地服务经济发展。

2009年1月比特币上线，成为最有影响力的数字货币之一。数字货币是数字化的、不受管制的货币，数字货币被开发者发行后管理，被特定社区用户使用。

虚拟数字货币不由央行或当局发行，且不与法币挂钩；但因被社会接受，虚拟数字货币可作为支付手段，被允许用数字、电子形式转移、存储、交易。

而法定数字货币是主权国家中央银行发行的，用于替代M0的支付工具，地位等同法定货币，在经济学概念里是流通中现金。法定数字货币与法币的区别：法定数字货币是法币的数字化形式。世界各主权国家积极研究法定数字货币，中国在这方面的进程领先于全球。2014年，中国人民银行成立

研究央行数字货币的专门团队;2020年4月,中国逐步在苏州、雄安新区、上海、深圳等城市试点。

12.1.4　数字货币对于社会发展的重要意义

数字货币构建新型经济运行机制,优化货币在经济领域的支付手段方面的性能,通过智能合约和点对点机制,提高支付效率。通过区块链技术追踪交易,保障社会交易的安全与透明。

数字货币构建新型社会治理手段。具体来看,数字货币中的法定数字货币更能够为社会治理贡献力量。采用双层运行体系的中国数字人民币,代替了M0,有拓宽原有货币政策选择范围、稳定国家金融体系等作用,使人民币的国际化进程更进一步。

数字货币推动经济方式变化,以通证奖励刺激社会经济行为。数字货币及区块链技术与产业结合,从区块链产业走向产业区块链,构造新型经济运行机制,形成分布式商业经济圈。

12.2　去中心化的数字货币:比特币与以太坊

12.2.1　比特币

一、比特币概述

1.比特币的起源

2008年,中本聪发表著名作品《比特币:一种点对点的电子现金系统》,比特币概念诞生了。比特币是密码学与计算机科学发展的共同结果。

次年,出现了第一批比特币的挖掘与转账。而后的2010年,全球首个比特币交易商MT.GOX成立。两年后,在欧盟法律框架下的比特币交易所诞生。

2.比特币的特征

比特币具有以下5个特点。

(1)去中心化:比特币的发行与管理不需要中心化的国家货币当局,不受第三方权威监管。

(2)匿名交易:交易者无须实名认证,在需要匿名的情况下可通过生成新的密钥、变换公钥地址隐藏身份。

(3)交易成本低:比特币交易无中介机构介入,网络直达便捷汇款,降低了交易成本。

(4)数量有限:比特币发行算法将其总量限制趋近于2100万枚。

(5)代码开源:各方主体均可基于比特币开源代码建立比特币生态,任何开发者都可对比特币生态做出贡献。

3.比特币的意义

从现实应用上看,比特币有以下两点意义。

(1)从货币体系角度出发,比特币总量固定,具有去中心化、流通便捷、交易成本低和私密性的特点,一定程度上为克服当今国际货币以美元为主导地位而出现的问题提供了解决方案。根据著名经济学家弗雷德里克·S.米什金的观点,货币需满足价值交易、记账单位和储藏手段的属性;而比特币可被用作交易手段,同时也满足价值交易和记账单位的属性。例如,比特币用户可在澳大利亚 Blueshyft 的 1500 余个零售网点支付比特币;Paypal 等金融科技企业也拟提供比特币交易服务。比特币可被储藏、投资,满足了储藏手段的属性。综上,在满足货币职能的前提下,比特币被看作一种货币。

(2)从金融体系角度出发,比特币交易绕过跨境结算体系。外汇兑换、跨境贸易结算流程需要中心化的机构支持,而比特币交易可实现点对点交易,不需要依赖中心化结算系统。所以,采用比特币交易能提高交易效率,降低交易成本。比特币交易以匿名方式进行,基于时间戳技术,比特币交易可回溯、可验证;基于分布式记账技术,交易真实可信,难以伪造。因此,比特币相较于纸钞拥有防伪功能,相较于电子货币更能够保护隐私。

尽管如此,比特币法律地位尚未被明确,且尚无主权国家的信用背书,是经济市场里特殊的个体。它的出现对中央银行功能发出了以下挑战。

以比特币为代表的数字加密货币有可能影响物价稳定。比特币具有货币属性,数字加密货币的发展使其数量不断上升,因此比特币在一定程度上增加了市场中的货币供应量,对市场中货币的周转速度、现金使用造成影响,还可能对货币调节产生影响。总的来说,以比特币为代表的数字加密货币可能对实体经济有替代效应。

比特币特殊的设计机制使它区别于一般货币的支付手段和价值储藏职能,且比特币用户面临着大幅度汇率波动带来的市场风险。比特币是法币外的货币,可与法币取长补短,促进国际货币体系稳定发展。它的出现使人们进一步加深对经济的思考,为通证经济的应用、发展奠定基础。

二、比特币与区块链的关系

比特币是数字加密货币,通过特定计算机算法运行,存储在计算机中。而区块链则是数字加密货币正常运行的核心底层技术,这一技术为中心化机构的高交易成本、安全性不足、交易低效率等问题提供了未来解决方案。

概括来说,区块链是比特币的底层技术,而比特币是基于区块链技术的成功应用场景。之后,区块链又被作为底层技术应用在其他加密数字货币中,又拥有除比特币外的更多应用场景。

三、比特币的监管与未来

全球各国政府对比特币等数字货币的态度并不统一。以美国、日本为代表的国家对比特币实施牌照化管理,对其进行监督;以俄罗斯、中国为代表的国家禁止比特币交易,禁止初始货币报价(ICO)代币发行;而以新加坡、英国为代表的国家对比特币持开放态度,对其监管较为宽松。下面让我们具体了解各个国家对比特币的态度。

2017 年,美国证券交易委员会拟将虚拟组织发行和销售的数字资产纳入联邦证券法监管范围,包括比特币。监管范围主要包括起诉调查、道义劝告、发表声明等。2019 年,美国证券交易委员会允许数字货币合规项目实施,采取豁免措施或出具无异议函。

日本也在对数字货币监管方面表现出积极态度,通过立法明确数字货币的合法地位,并严格监管数字货币。2016 年,日本国会通过《资金结算法》修正案,正式承认虚拟货币为合法支付手段,并将其纳入法律体系内。这标志着日本成为首个为虚拟货币交易提供法律保障的国家。

中国对比特币持强硬态度。2017 年,中国人民银行发布《关于防范代币发行融资风险的公告》,

认定代币发行活动本质上是一种未经批准非法公开融资的行为,要求任何组织和个人不得非法从事代币发行融资活动,各金融机构不得开展与代币发行融资交易相关的业务。

英国对数字货币采取沙盒监管模式。英国将监管沙盒定义为数字货币交易的安全地带,金融科技企业可在监管沙盒内测试其创新金融、服务、商业模式。

新加坡明确比特币不具有信用货币地位,但可作为金融资产进行投资。2016年,新加坡金融监管局提出了金融科技产品的监管沙盒,成为继英国后全球第二个应用监管沙盒的国家。

未来,通过建立完整的数字货币监管框架、加深国际交流合作等,可不断完善对比特币的监管。

12.2.2　以太坊

一、从比特币到以太坊

以太坊和比特币等数字加密货币都以区块链为底层技术。两者使用价值的不同在于:比特币是广泛被接受的、用于交易的国际数字货币;而以太坊是在以太坊网络上运行的数字应用程序交易,尚未被广泛接受并用于交易。

首先,随着比特币交易量上升,1MB区块容量的交易速度缓慢,不能满足交易量的存储需求,需要扩容。其次,比特币的区块链结构、性能单一,人们难以在此基础上规模开发应用,这体现出比特币的不易扩展性。

为了适应使用需求,弥补比特币在技术使用上的不足,2013—2014年,维塔利克·布特林在比特币系统基础上,开发了新的以区块链为底层技术的系统,取名以太坊。以太坊的模块化原则弥补了比特币"扩展性不足"的缺陷,它为用户提供模块,进行搭建,建立应用。以太坊将去中心化应用带入了人们的视线,由以太坊社区集体管理、以太坊基金会监督管理。

二、以太坊的特征

(1)去中心化:以太坊采用PoW机制,消除中间机构验证交易流程。

(2)无须授权:任何人均可参与网络。

(3)开源:以太坊的源代码可在互联网上获得,任何人可访问、贡献或分叉。

(4)伪匿名:公共钱包地址和个人信息无直接联系。

三、以太坊的意义

以太坊是区块链继比特币之后的进阶运用,是全新开放的区块链平台,设计灵活,极具适应性,进一步针对比特币的不易扩展性做出解决方案。同时,以太坊也是首个结合平台与智能合约功能的数字资产,其开采方式与比特币相同。除金融交易外,平台还提供高程度的可编程性。

根据著名经济学家弗雷德里克·S.米什金对货币功能的描述,货币有交易媒介、记账单位及价值储藏的职能。在以太坊经济中,DApp供应商接受基于以太币换取同质的或非同质的代币或其他服务,此项活动类似货币的交易媒介职能。此外,以太坊具有相对稀缺性,在供应量增长方面有可预测性,并且兼具内生功能。所以,以太币可被用于价值存储,市场上有投资者和投机者通过投资以太坊满足投资需求。

市场上多以比特币为结算工具,它是被普遍接受的数字货币交易媒介,但以太坊并未被普遍接受为交易媒介。以太坊具备记账单位和价值储藏的职能,但并未在广泛程度上满足交易媒介职能。所以,以太坊是一种投资品,而不是货币,只具有类货币的属性。

四、以太坊的不足

以太坊具有可扩展性不足、智能合约成本高的缺点。以太坊是中心化的应用平台,智能合约和中心化应用丰富了它的应用场景,却也因应用场景需求不断增加,导致以太坊在扩张性上承担压力。为了实现以太坊社区的大规模使用,可扩展性是以太坊应用程序需要解决的关键问题。另外,以太坊读取本地区块链虽然是免费的,但写入、运算和储存成本昂贵。

以太币是在以太坊网络中使用的货币,应用范围有局限性,不像去中心化的比特币那样能广泛流通。从货币的角度看,以太坊只属于类货币,还未承担起广泛地支付手段职能,在交易广度方面暂时落后于比特币。

12.3 由权威机构发行的数字货币

12.3.1 数字人民币

一、数字人民币的定义、发展与应用

1. 数字人民币的定义

数字人民币是中国人民银行推出的法定数字货币,是人民币的数字化形式,如同传统纸质人民币一样,由国家信用背书,具有无限法偿性。

2. 数字人民币的发展脉络

2014年,中国人民银行进行央行发行法定数字货币的可行性论证工作,由法定数字货币研究小组负责研究;次年发布了数字货币系列研究报告。2016年,中国人民银行召开数字货币研讨会,确定使用数字票据交易平台为法定数字货币应用场景。2018年,深圳金融科技有限公司成立,该公司由中国人民数字货币研究所全资控股。2019年,央行数字货币基本完成顶层设计和标准制定,开始闭环测试。

2020年,数字人民币试点项目由中国人民银行牵头,工、农、中、建四大国有银行,中国移动、中国联通、中国电信三大运营商共同参与。同年诞生首单电商平台数字人民币消费,工行融e通上线数字人民币公益捐赠项目。2020年4月,数字人民币在雄安新区试点;同年9月,上海长宁区人民政府签署与数字人民币相关的战略合作协议;10月,数字人民币在深圳罗湖区测试;12月,在苏州市进行数字人民币红包试点。

2021年,中国计划稳妥开展数字人民币试点测试。2021年1月,数字人民币在上海交通大学医学院附属同仁医院员工食堂展开试点。此试点由中国邮政储蓄银行率先提供数字人民币"硬钱包",实现点餐、消费、支付的一站式体验。这次测试是继深圳、苏州之后,为运用智能终端困难的人群使用数字人民币提供解决方案的又一次实践。

二、数字人民币的运行机制

1. 双层运营体系

如图 12-2 所示,数字人民币采用双层体系构想,中央银行作为第一层,商业银行、网络通信运营商和互联网公司等作为第二层。在这个体系下,中央银行发行数字人民币至商业银行等机构,再由机构将数字人民币兑换给社会居民。然而,为保证币值稳定,人民币发行量须被控制,这就要求商业银行等机构须向央行缴纳全额准备金。这一架构可以容纳多种方案,尤其重视零售系统。双层运营体系的实施与发行纸币的性质相同,数字人民币的出现并不会对现有金融体系产生冲击,它在代替纸币流传体系的同时,也为商业机构未来在支付结算场景的创新埋了下种子。

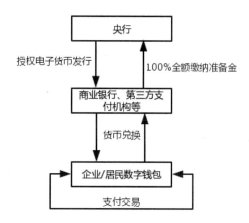

图 12-2 数字人民币双层运行体系示意图

2. UTXO

UTXO 是指在执行诸如比特币之类的加密货币交易后,用户剩下的数字货币数量。与比特币一样,数字人民币采用 UTXO 体系,每笔交易生成新的 UTXO,实现交易记录以区块链数据的形式储存。数字人民币可溯源、可追踪。

3. 账户松耦合

为使数字人民币易于流通,其设计采用账户松耦合形式(松耦合系统通常是基于消息的系统),无须依赖账户便可流通,能实现可控匿名。去中心化管理的账户松耦合模式开放性强,使数字人民币的流通方式更接近现金。

4. 中心化发行

数字人民币中心化的发行保证了法定货币的地位,以及央行货币的发行权,还保证了数字人民币的发行服务于国家社会经济发展,同时使数字人民币币值具有稳定性、安全性、法偿性的特点。央行发行可确保数字人民币有国家信用背书,中心化管理能避免在运营机构中货币超发的现象,更易于宏观调控货币政策的实施。

数字人民币中心化发行优化了社会经济支付流程,提高了交易效率。用数字人民币交易,节省交易时间,从而提高商户的资金周转率,利于解决企业流动性问题。

中心化发行可维护社会金融稳定。数字人民币采取可控匿名机制,中国人民银行掌握了交易信息,有权追踪交易、溯源交易,这对防范违法犯罪行为、维护金融稳定有良好作用。

5. 智能合约

央行将考虑使用智能合约,这有利于数字人民币实现货币各项职能,但不考虑将超出货币职能的智能合约应用在数字人民币中。所以,数字人民币具有可编程的特性,能缓解现有产品与银行账户体系之间的摩擦,同时丰富数字人民币的应用场景。

6. 双离线模式

数字人民币可实现双离线支付,即在收付款双方均脱离网络环境的情况下完成支付行为,在脱离网络环境的情况下也可完成收付款行为。数字人民币双离线模式克服了电子货币只能在线支付的弊端,适应了更复杂的应用场景。

三、数字人民币与区块链

央行运用区块链技术发行数字人民币时,注意到两方面问题。第一,区块链的去中心化特性与中央银行数字人民币中心化互相矛盾。采用双层运营体系可提高交易效率,在保留区块链优势的同时,也满足数字人民币中心化管理的需求。第二,重视区块链技术监管。国家不断健全区块链与数字人民币相关法律,来确保数字人民币的法偿货币地位。

区块链技术确保央行发行数字人民币的安全性,使用基于区块链构建的"确权链"确认数字货币状态,且可储存多方信息,增加交易隐私性。而数字人民币的发行维护了区块链项目流通价值,未来有潜力可通过跨链技术在其他链上流通,代替私人发行的数字货币,规避币值波动和私人部门中心背书的风险。数字人民币不仅发挥了比特币等以区块链为底层技术的加密数字货币的安全、私密、方便记录的优势,还弥补了比特币缺乏监管的不足。

综上所述,区块链技术是数字人民币的主要备选技术之一。

12.3.2　数字人民币的重要意义

一、数字人民币可替代M0

数字人民币与纸币一样,也是央行的负债,有中央银行信用的担保,具有法偿性。数字人民币的发展目标是构建安全、高效、符合中国国情的数字货币发行流通体系。数字人民币的流通并不影响我国货币总量,与通货膨胀无直接、必然的联系。数字人民币拟对中国法定流通货币中的5%数字化,从实物形态过渡到记账形态。特别是在全球新冠疫情时期及后疫情时期,数字人民币有助于国家刺激消费、拉动内需。

二、数字人民币的发行扩展现有货币政策的范围

数字人民币提供新的量化宽松工具。央行以无偿支付的方式向每一位公民发放等量的数字货币,可绕过危机期低效率的金融市场,提高公民消费和偿还债务的能力,从而更易实现央行平抑波动的货币政策目标。

三、数字人民币的发行使货币政策透明化

央行通过发行数字人民币,可建立稳定的、用具体价格指数来规定的价格水平目标,为市场经济提供长期、信任的名义锚,以此达到与通货膨胀目标制一样的作用,使货币政策更加透明。

四、数字人民币可增强金融系统稳定性

数字人民币允许交易直接通过央行数字人民币结算,可分担商业银行部分结算职能,分散部分市场中流动性和信贷风险。居民从持有银行存款向持有数字现金过渡,这样降低了部分存款对政府担保的需求,进一步削弱了金融体系中道德风险来源。

五、数字人民币提高支付效率、增强支付弹性

区块链去中心化可提高支付效率和弹性。去中心化机制可实现用户间的点对点交易,提高支付效率。数字人民币交易无须第三方干预,降低交易成本,增加资金流动效率,为跨境交易提高效率。数字人民币采用双离线支付模式,拓宽了允许交易的环境,增强支付系统弹性。

六、数字人民币可打破第三方支付市场垄断

数字人民币的使用可完善我国支付手段基础建设,促进市场公平。首先,广泛使用第三方支付的行业集中度高,在营销和定价方面有打压竞争对手的行为,例如,淘宝网站不可使用微信支付作为交易方式。这种情况不利于市场公平竞争。其次,第三方支付平台利用跨行清算等手段获取利息,曾被要求整改。

使用第三方支付是居民使用银行存款的行为,属于M1、M2范畴。在数字人民币测试阶段,数字人民币的使用将提高M0的便利程度,并不会对现有移动支付工具产生较大影响;然而,长期来看,由于数字人民币的高度便利、安全和逐渐普及,其将打破第三方支付市场的垄断,在弥补第三方支付市场不足的同时,促进市场公平。

七、数字人民币加快人民币国际化进程

中国发行数字人民币的目的是结合金融科技和区块链等技术解决金融基础设施问题,完善法定数字货币与黄金、石油、新能源的结算机制,提高人民币在全国市场的流通占比。数字人民币的流通有助于加快人民币的国际化进程。

12.3.3　Diem3Diem

一、Diem 的来源

2019 年 6 月,Facebook 发布 Libra 白皮书,提出建立以私营企业研发的数字货币为基础的全球支付网络的目标。但在各国的监管压力下,Libra 成为美元的数字形式载体。2020 年 12 月,Facebook 宣布稳定币项目 Libra 正式改名为 Diem。

二、Diem 的应用

Diem 协会的目标是推出以美元支撑的数字货币,并推出高吞吐量的区块链和数字钱包 Novi。Diem 类似于 USDT 类稳定币,但 Diem 会在自主的 Diem 区块链上运行,且所有数字货币都会存储于 Novi 中。同时,Diem 的可编程性使人们可基于智能合约完成更多功能,使用智能合约开发语言创建

自定义的 APP。

三、Diem 的性质

Diem 的本质属性仍是中心化货币，须受监管部门的监管。Diem 区块链由一组验证者控制，验证者节点负责验证区块、确认交易。即使验证者是依据共识协议确认交易，但他们仍可能将部分地址纳入黑名单，或拥有禁止某些交易的权力。可以看出，Diem 是中心化运营的。

四、Diem 对国际社会的重要影响

Diem 将完全由美元支持，并与美元锚定，所以 Diem 实质上是数字化的美元。与 USDT 不同，Diem 的身后是庞大的 Facebook 网络帝国。因此 Diem 的影响力不可小觑。

Facebook 的全球用户量约 27 亿，在与 Diem 协会等诸多同样具有全球影响力机构的合作下，Diem 有可能成为最贴近"全球货币"概念的数字货币，并进一步巩固和扩张美元的全球霸权地位。

所以"数字美元"可更直接地冲击他国货币金融体系，影响全球的货币与金融主权。同时，对于部分自身货币信用不佳的国家和地区而言，Diem 的低成本与可靠性可帮助其稳定货币环境。除影响国家和地区金融体系外，Diem 还可能改变诸如国际资金清算系统 SWIFT 等中心化的金融机构的地位。

12.3.4　其他法定数字货币

一、英国法定数字货币 RSCoin

RSCoin 是英国央行研发的法定加密货币原型。

RSCoin 有如下 5 个主要特点。

(1)不完全去中心化，货币发行权在央行手中。

(2)采用分组记账，将账本分层、节点分组，交易速度随记账节点个数增长而呈线性增长。

(3)采用"央行+商业银行"的模式。

(4)货币交易可追踪。

(5)交易日志可防止节点篡改信息，支持交易审计。

RSCoin 尚未正式投入使用，其有效性与可行性有待验证。作为金融强国，英国希望在数字货币发展潮流中占据领先位置，而 RSCoin 将是其参与全球数字货币博弈的重要工具。

二、美国法定数字货币 FedCoin

FedCoin 是美国调研的央行数字货币。2015 年，美联储经济学家在论文中提出 FedCoin 这一尚处于构想中的法定数字货币。

因为美国对现有体系仍较满意，研究发行 FedCoin 的动力不足，所以 FedCoin 至今尚未正式投入使用。FedCoin 在技术与体系上不足以达到正式发行、流通和使用的标准，落后于数字人民币。

三、新加坡法定数字货币 Ubin

Ubin 是新加坡金融管理局领导的国家项目，用来验证利用区块链技术进行银行间支付的可行性。

当前，该项目发展到第五阶段，对基于区块链支付体系的商业可行性进行了验证。新加坡正寻求与中国合作，共同开发央行数字货币。新加坡预计通过与在央行数字货币上处于国际领先地位的中

国合作,推动自身区块链技术用于银行间清算、结算及更多商业运用的发展。

四、瑞典法定数字货币 E-Krona

E-Krona 是 2017 年由瑞典央行提出的将一揽子货币作为抵押物的数字货币。

瑞典是朝着无现金社会演化较彻底的国家之一,其现金使用量连年走低,E-Krona 作为现金补充以应对现金使用量的降低。E-Krona 以分布式记账为技术基础,通过各类移动电子设备,可进行充值、提款与支付,同时满足易用性与安全性的要求。但瑞典央行没有正式发行电子克朗的计划,还在继续进行试验、测试。

五、泰国法定数字货币 CTH

CTH 是泰国国家政府正式授予数字货币许可证的合法数字货币。CTH 作为官方批准的非现金支付工具,价值与泰铢挂钩,可用于娱乐、旅游、房地产等多种项目,这些项目将逐步开放并进行测试。

六、委内瑞拉法定数字货币 Petro

2018 年,委内瑞拉发行加密数字货币 Petro。每一枚 Petro 背后有委内瑞拉一桶原油作为实物抵押。作为一种法定数字货币,Petro 成为委内瑞拉的国际记账单位。但美国签署行政令,全面禁止了石油币在美国的购买、使用和交易。

《12.4 通证经济

12.4.1 通证经济概述

一、通证的定义

通证是"可流通的加密数字权益证明"。可从以下 3 个方面了解通证的概念。

(1)可流通:通证可在网络中流动,各个节点可对其进行验证,某些通证还可用于交易兑换。

(2)加密:通证具有强隐私保护的特征,且这一特征背后有密码学作为支撑。

(3)数字权益证明:通证是数字化的权益凭证,代表着一种社会共识认可的权利和价值;同时,通证作为一种凭证,还具有防篡改的优势。

理论上,人类的全部权益证明,都可成为通证,运用密码学来保障其安全。无论是作为价值载体的储值卡,还是标志特定场景使用权的优惠卡,或是持续产生收益的债权、股票,抑或是身份或权属证明的房产证、老年证,更或是数字货币等,都属于通证涵盖的范围。

但是,通证并不是货币。货币的产生需要信用、权力机构的参与,本质上以信用做背书。然而,通证的背后并没有像国家主权这样强有力的信用主体支撑其信用,不可以在经济市场中流通。通证因其属性无法取代货币的地位。

二、通证与数字货币和区块链

通证是区块链发展到高级阶段的结果。通证经济是通证以区块链为技术进一步发展的产物。

1. 通证与数字货币

在通证的定义中,我们知道通证具有可加密、可流通的属性,它还是数字权益的证明,可在市场流通。在区块链生态中,通证可代表价值、权益,其范围不仅限于代币权益证明。因此,通证也是某种加密数字货币,根据其属性可看作加密数字凭证。数字货币为通证经济提供了工具和机制保障。

2. 通证与区块链

通证是区块链实现激励的主要手段,区块链中的价值通过通证表达,例如,"挖矿"获得比特币。区块链还是通证的实现平台,保证通证的安全与信任。

倘若区块链中没有通证,仅是数据存储与流通的升级,则无法达到经济金融生态的高度。区块链技术从比特币到智能合约,再到通证经济,不断地实现赋能实体经济。区块链的应用与通证经济互相依托,资产与通证结合俗称"上链",指的是授信机构规范化通证与资产的对应关系。

12.4.2　通证经济

一、通证经济的内涵

通证经济包含两层含义:基于通证激励性的协作新方式出现,万物通证化带来的社会价值观重塑。通证经济是一种新的金融和治理模式,其运行本质就是对通证的运用。

1. 经济激励性

通证经济模型的基本假设基础是激励驱动行为。在通证经济中,激励就是系统中流通的数字货币,它们被用于激励网络内的参与者做出有益于整个网络的事情。现有社会中,储值系统就是通证经济的形式之一。例如,商家向客户推出储值卡,储值卡即是通证。客户享受通证带来的正向激励效应,即公司的返利或折扣。这种方式弥补了客户将资产投放在其他领域造成的机会成本损失;同时,对于商家来说,客户用储值卡消费的忠诚效应是他们给予客户激励的动力。类似的通证还有积分卡、消费券等。

在经济生态方面,企业在经济体系中发行通证,通证在市场流传中进行价格发现和价值增长,同时与其他价值体系互相关联。这种价格发现的过程是消费者参与市场的过程,消费者在市场中进行交易,实现价值转换,通证得以流通。企业在通证价值上升后获取资源,拓展业务范围,进一步发行通证,最终使企业通证更加广泛地在市场中流通。

在社会方面,政府可发行通证促进社会公平。居民通过使用政府发放的通证换取相应福利,政府也可通过发行通证规范人们的行为。

2. 价值观重塑

通证可以重构社会价值观。它把以往一些难以用法定货币来衡量的东西通证化,并赋予它应有的价值,赋予人们更多自由选择的权利。

二、通证经济的意义

通证是区块链发展到高生态的结果,通证经济是通证基于区块链技术推进的结果。

通证引发了金融和治理模式的变革。借助通证,个体与组织均可基于自身创造的价值发行通证并

形成自金融范式;价值创造者可公平地分配价值,激励并驱动广泛的社会参与,从而形成自组织结构。

通证经济标志基于通证的分工协作模式出现,社会价值观上的通证化重塑。分工协作上,基于通证的协作使参与者成为体系的主人,价值交换的成本降低;社会价值观上,金钱不再是价值的唯一衡量尺度,难以被货币衡量的多元多维价值将通过通证得到展现。

12.4.3 通证经济的应用

一、通证经济的优势

相比以往的经济模式,通证经济具有以下3个重要优势。

(1)供给侧变革:社会中的政府、企业、工人可基于自身需求和能力发行权益证明。

(2)流通速度快:基于密码学,区块链上的信息流转深受信任,将交易摩擦概率大大降低。

(3)价格发现快:基于流通速度快的特点,通证也能在市场上被快速确定。其速度比普通市场价格讯号更加灵敏,促进有效市场的发展。

二、通证经济的特点

通证经济可提高资产流动性,优化业务流程,最终达到商业模式优化和治理模式优化。通证带来了更高的自由度与更快的速度,体现在以下3点。

(1)发行:通证可自由发行,任何实体都可基于自身的价值发行通证,在得到社会共识认可的情况下形成有效的通证供给,权益证明不再被中心化与巨头化垄断。

(2)流通:在区块链技术下,通证的流通快速、安全、可靠,减少了流转过程中的摩擦与成本。

(3)价值:通证的价值在市场上可获得较以往市场更高效的确认,人类向理想状态下的市场又迈进了一步。

三、通证经济的应用

通证经济赋予实体的不仅是不可篡改和去中心化的数据,还是产业链条端到端的打通,不断优化体制的效率。

1. 通证经济辅助政府发挥监管职能

通证经济与区块链的结合可使法律法规直接写入智能合约,这体现了通证的激励和惩罚机制。

通证经济与区块链的结合也有利于打造数字政府,即将公民信息生成数字身份证。公民在行使选举权、税务申报、养老金、保险等诸多事务时,可直接通过数字身份证记录流程和结果。这种方式可以使社会运作流程高效,促进政务透明。

下面举例说明通证经济在农业监管中的作用。

农产品市场的特点是品类多、地区偏远、人力监管难度大。在电子商务普及的时代,要辅以网络监管。通证经济可通过保护农产品信息不被市场竞争对手恶意篡改、保证真实农产品信息等手段优化市场监管。通证经济的主要应用方法是,在网络中,将农产品市场中的参与者对销售价格占比作为农产品的"期货通证",代表企业的权益;把企业等级作为"企业风险等级通证",代表企业的信誉。权益与信誉可流通,农产品市场参与者掌握着农产品信息决策权,区块链技术保证产品信息不被篡改,促进市场高效公平。

此外,通证经济与区块链可实现供给侧结构性改革。在健康高效的通证生态中,通证的供给可实现自由化,即市场化。每一个在区块链上运行的通证均可被追溯、验证、交换,体现了它的安全性与高可信度;市场供给侧一端的企业为消费者提供多样化商品与服务的同时,消费者也可以放心、自由地选购心仪的商品与服务,这样既满足了供给侧改革中多样化交易的需求,又拉动了经济增长。

2. 通证经济简化商业模式

通证经济基于区块链,依托社群共识,可以实现原有互联网和商业不够重视或无法落地的需求,如全球分布式协作。它通过改变利益分配模式来变革生产关系,重构了原有的商业模式。

通证经济将权利、利益和责任分散化,通过分布式协作形成一种去中心化的资本模式。通证经济下的项目没有管理者与集权者,取而代之的是星罗棋布的节点和开源代码。每一份通证的持有者都相当于项目的股东,大家为了同一个目标——"推动项目发展,把它做成功",都是项目的一分子,为项目作贡献,推进所持的通证增值,大家一同获利。

通证经济下的商业模式被大大简化,原料、半成品及商品在产业上中下游的流转效率提升;在土地、汽车、不动产和金融资产的交易中,由于可追溯、不可篡改、点对点的特性,提高交易效率。下面例举通证经济为版权运营带来的新模式。

传统版权在确权、定价和交易中存在问题,效率低下。在确权上,传统版权确权需要中心化机构,确权过程耗时;在定价上,传统版权定价有信息不对称的现象;在交易中,传统版权对盗版监督成本很高,保护不到位。

通证经济下,版权管理实现信息完整化、信息不可篡改、版权去中心化管理,确保了版权的归属。在版权定价方面,通证经济为确权定价带来的便利使市场价格信号更灵敏,交易效率提高,降低信息不对称带来的风险。在版权运营方面,通证经济下的版权运营平台为每个作品生成版权ID标志,实时监测是否有侵权行为发生。德国Ascribe企业已在版权运营中采用通证经济的手段。通证经济逐渐改变版权运营模式,提升了市场价格发现功能和交易效率。

3. 通证经济对生产资料与生产关系的影响

社会生产关系是人类在物质资料生产、交换、分配及消费过程中产生的社会关系。生产力与生产关系相互作用,生产关系的改善能推动生产力的发展。区块链技术的使用增强了社会中人与人之间的信任,进而增强了企业间生产活动的交互效应,增强了生产关系之间的信任和细化分工,具体表现在以下几个方面。

首先,通证经济使生产资料真实被个人所有。人们的资产都可通过区块链技术被真实标记,中心机构无权更改。通证经济将可能实现保证土地电子化注册登记、房屋交易等行为不被篡改。其次,通证经济未来可能保证劳动者切实拥有其劳动成果。最后,通证经济还可能保证生产所得的明确分配、生产者被充分激励。

基于新制度经济学,通证经济是社会"协作方式和生产关系"的革命,应用区块链技术能有效降低交易成本,智能合约促使交易执行,实现社区共治、价值共享,是一种高级的社会生产交换方式。

4.通证经济促进多价值尺度形成

通证经济有助于发展多价值尺度的现代社会,其通过万物通证化的多价值尺度,打破以往只以货币为单一尺度的价值衡量。这可以使很多以往难以规范管制的行为得到直接的价值尺度衡量,从而制定新的社会标准,对社会管理和发展产生深远影响。

延伸阅读:数字人民币对人们生活的影响

2020年,数字人民币试点工作在苏州、深圳、上海、雄安新区逐渐展开,其他地区也纷纷出现了数字人民币的身影,引起了人们对于它的思考和讨论。数字人民币的使用将为人们生活带来切实变化。

一、数字化的人民币现金

数字人民币的出现既不能影响现有法定人民币现金的流通量,又不能改变中央银行的货币政策,它仅仅是被数字化的人民币现金,等同于M0。M0代表流通中的货币,M1代表流通中的货币和企业活期存款,M2代表在M1基础上更多的居民存款、证券公司保证金等。虽然数字人民币将实物法定货币数字化,但是它并不能全部代替实物现金,其流通量仅为全部法币的5%。未来数字人民币占比是否提高,还有待市场的应用反馈。长期来看,法币数字化是数字经济的趋势。

二、数字人民币与电子支付

21世纪,电子商务的迅猛发展为电子支付系统发展带来了契机。消费者将款项交付给值得信任的第三方,再由第三方转至商家的账户。之后,随着国内腾讯和阿里巴巴公司在第三方支付平台的深耕,国际上有Paypal等公司的拓展,人们进入了以第三方支付为重要支付方式的时期。配合着二维码的出现,第三方支付的安全性和效率得到提升,而银行卡等其他支付手段的使用率下降明显。即使有了二维码等保障支付安全的工具,其背后的商业公司信用与国家中央银行相比,效力仍不足。数字人民币的出现将进一步提高人们支付的安全性,真正做到点对点交易。它的使用绕过了第三方支付平台,无须依赖银行系统和金融机构即可实现交易。对社会而言,交易效率的提升利于现金周转率的加快。

长期而言,国家中央银行作为非营利机构,与商业机构第三方支付平台相比,不仅在信用上更胜一筹,还降低了社会交易的交易成本。数字人民币交易等同于现金消费,没有手续费,这可能会冲击现有的第三方支付平台手续费收入来源。

本章小结

除了石油币、中国的DCEP、Facebook的Diem外,目前还有23个国家展开了数字货币试点工作。本章从私人发行的加密数字货币与央行发行的法定加密数字货币两个角度,探究区块链与数字货币的关系,并剖析得出数字货币的未来目标是打造通证经济即区块链4.0。通过本章的学习,初步构建区块链在加密数据货币领域落地应用的逻辑框架,但区块链技术内在目标是实现社会治理现代化,要求其赋能革新实体经济部门,那么区块链如何应用于实体经济呢?下一章将具体阐述区块链应用的基本逻辑。

习题

一、思考题

1. 数字货币是什么？包括哪些种类？

2. 比特币与以太坊有什么特征？

3. 比特币与区块链有什么关系？

4. 数字人民币如何运行？

5. 数字人民币与区块链有什么关系？

6. 通证经济与区块链有什么关系？

二、思维训练

如何认识数字人民币与Diem之间的辩证关系及中国法定数字货币的推出与加快推进人民币国际化之间的关联？

第十三章

区块链应用的基本逻辑

当前,在社会和技术双重发展的特殊背景下,产业发展面临着诸多痛点问题,区块链作为一种创新应用模式,分布式数据存储、点对点传输、共识机制、加密算法等特性使其应用刚好契合行业发展的需要,在提高社会治理效率方面发挥着重大作用。与此同时,随着第四次信息技术革命的到来,区块链的市场价值与发展潜力已经被世界各国广泛关注,其应用也逐渐表现出由单一向多元转化的发展趋势,在诸多实际场景中,逐步实现了"区块链+"的完美融合。然而,为了实用价值的发挥,区块链必须遵循一定的使用原则与标准才能够保证应用的顺利落地。通过本章的学习可以深入了解区块链落地应用的使命、目标、工具、应用原则和判断标准,以及区块链在当前实体领域的应用现状。

《13.1 区块链应用概述

13.1.1 背景

区块链的应用是基于当前社会发展和技术发展的双重背景下发展起来的,二者相互呼应,缺一不可。社会的发展对科技技术的进步提出新要求,反过来科技技术的发展又不断推动社会进步。

我国当前的经济增速已逐步放缓,现在面临的是一种"经济新常态"。习近平总书记多次在讲话中阐述了"经济新常态"的内涵,即经济增长从高速转向中高速,经济结构不断优化升级,动力从要素驱动、投资驱动转向创新驱动。当前社会发展是在"经济新常态"的背景下展开的。"经济新常态"下,要明确高质量发展的思路、方向和着力点,不仅重视经济增长的速度,更追求经济发展的质量。而增量的"动能"来自哪里呢? 可以从供给端和需求端出发,也就是供给侧改革和需求侧管理。

供给侧结构性改革,是立足提高质量和效益,用改革的方法推进供给结构调整,提高供给结构对需求变化的适应性和灵活性,目的在于矫正要素价格扭曲程度,化解有效供给的约束与抑制,提高全要素生产率及其贡献率,更好满足广大人民群众的需要,推动经济社会持续健康发展。

需求侧管理,是一项以"形成强大国内市场、满足国内各类市场主体需求,全面释放需求活力与潜力,牢牢把握需求变化趋势,推动需求与消费升级,形成供需良性互动"为目标的一项复杂性、系统性、战略性工程。其中我国比较突出的问题是产能过剩和需求结构有待升级,在产能过剩问题大致得到解决后,需求本身的问题则更加突出。由于互联网的飞速发展已使需求侧管理的压力大大降低,要寻求经济高质量发展的新动能,当前更适合从供给侧出发,把供给侧改革作为经济发展的重要抓手。

供给侧改革,实际上是要实现产业端即供给侧的高质量发展,从而达到优化产业发展模式的目标。然而,当前产业及行业的发展仍然面临着诸多的痛点问题。针对这些痛点问题,可以从以下3个层面加以分析。

一、企业层面:有限资源与高成长需求之间的矛盾

目前,企业尤其是中小型企业,面临着有限资源与高成长需求的矛盾。中小型企业的发展存在许多问题,如融资难、人才缺失、技术瓶颈。在资金资源方面,外部环境因素有政府、金融机构、信用担保体系、法律等;内部自身因素有中小型企业素质低、信用状况差、缺乏融资担保物等。内外的一系列因素导致了中小型企业从外部获取资源的能力远低于大型企业。在人才方面,外部因素是社会的价值观、劳动力市场供求、区域发展等;内部因素是中小企业资源有限、员工缺乏成长空间、激励制度不够完善等。如何更加有效地利用手中现有的资源来实现企业的高效成长,是中小型企业发展过程中最重要的瓶颈之一。

二、政府层面:有限资源与有为政府之间的矛盾

政府面临的问题与企业有所不同。政府是非营利组织,需要组织有限的资源以达到社会效益的最大化,这可以称为有限资源与有为政府之间的矛盾。而政府在不同时代,目标选择是不同的。在工业时代,政府为企业提供机器、厂房、土地、人力等生产要素;在信息时代,政府为企业提供园区环境、配套设施等聚焦要素;在数字时代,政府通过建设新型基础设施、5G网络、大数据存储计算等促进企

业数字水平的提升。政府想做或需要做的事情总是很多,但是可获得的资源有限,原有的组织、执行、监管等方式显然已经不能适应当前的社会发展,因此需要做出改变。一方面,利用区块链技术和有限的社会要素可以搭建新型的组织形式,实现共识、共建、共享、共赢的价值观;另一方面,利用区块链技术搭建的平台作为价值流通平台,可以有效加快数字资产化的进程。

三、社会层面:生产关系优化的需求

生产关系是人们在物质资料生产过程的各个环节中发生的相互关系的总和,包括3个方面:生产资料所有制形式、生产资料在生产中的地位和相互关系、产品的分配形式。其中,生产资料所有制形式起决定作用,它决定人们在生产中的地位和产品分配形式,进而决定生产关系的性质。[①]

当前社会的生产关系矛盾逐渐显现,由于所有者、生产者和使用者三者并不统一,从而导致了社会利益格局的不均等,逐渐产生了垄断或寡头企业,市场的公平和效率受到了一定程度的负面影响。考虑到生产关系始终应该是在公平的基础上提升效率,因此,只有将所有者、生产者和使用者三者统一,才能最大程度地促进社会公平,提升社会生产效率,引领经济高质量发展。

13.1.2 使命、目标和工具

一、一个使命

作为一种新型治理模式,区块链的使命是提高社会治理效率。管理和治理有着本质区别。管理的主体是人,是通过人来实现效率;而治理是通过制度、工具、模式来达到追求公平的目标。治理与管理不同,管理是通过人为途径提高系统的效率,而治理是通过工具和制度来使体系更有规划性。

区块链的出现在一定程度上促进了社会管理到社会治理的转变。管理的焦点在于效率,而治理的焦点在于公平。但是,公平和效率不能被割裂地看待,公平是效率的保证,效率是公平的物质前提和基础。效率和公平是讨论一切经济和社会问题的中心。经济发展总是要在效率与公平中做取舍,由于过去追求效率过度,我国经济现在需要往更公平的方向发展。从科学技术的角度来看,区块链去中心化的特点将是促进社会公平的合理手段。

总的来说,区块链是为了促进社会公平,在公平的基础上提高效率,并减少人为干预,达到向社会治理的转变。一方面,区块链能够通过数据归属和使用权利的重新分配,避免数据篡改、造假等风险,提升共享业务网络上各参与节点的信任度,从而实现公平;另一方面,区块链通过链条发布相关资源信息,简化了集中处理流程,节约了大量的时间,重新定义了价值,允许价值点对点快速转移,实现高效的价值流动,从而提高了效率。

二、两个目标

在区块链提高社会治理效率这一使命下,又包含了国家层面和社会层面的两个目标。第一个目标,在国家层面,要实现国家治理体系和治理能力的现代化;第二个目标,在社会层面,要用更加有效的方式组织,提高社会资源利用效率。

---

① 许光伟.生产关系的三层次解读关系及其意蕴[J].当代经济研究,2016.

1. 实现国家治理体系和治理能力现代化

国家治理体系和治理能力是一个国家制度水平和制度执行能力的集中体现。国家治理体系是在党领导下管理国家的制度体系,包括经济、政治、文化、社会、生态文明和党的建设等各领域体制机制、法律法规安排;国家治理能力则包括了国家制度管理社会各方面事务的能力,包括改革发展、稳定内政、外交、国防、治党、治国、治军等各个方面。

区块链技术在新型治理体系中具有重要价值。从国家层面来讲,主要有两点:第一,区块链可以实现从国家管理到国家治理的转变、从技术到应用的实践,实现国家治理的服务化、智慧化、系统化和精准化。数据的分布式实时共享、不可篡改、智能合约能够保证透明化、自动化,让社会管理的执行者的角色转变为社会治理规则的设计者,并由机器来保证实施,实现社会治理现代化,从而为供给侧和需求侧双侧改革提供强有力的抓手,实现经济社会的高质量发展。第二,区块链可以优化社会治理体系。社会经由熟人社会到社会化大生产再到信任社会演变的过程中,监管思路、社会协作与组织方式、国家治理矛盾均发生了改变。区块链技术对于这3个改变产生了极大的积极作用。

首先,监管思路的演变蕴含了由社会管理到社会治理演变的必然性。随着监管思路从被动监管转向主动监管,一方面,区块链技术提供的透明度和自动化可能会降低管理者对内部合规管理方式的控制,限制管理者的权力;另一方面,区块链技术加强相关参与方参与提高社会治理的效率,以多方参与治理的形式替代原有管理模式。

使用区块链技术自动化监管报告,可以使监管机构从被动地搜索、记录问题事件转向主动监控事件并从源头解决问题。这是当前情况的一个重大改变。例如,银行可以自行进行监管,在发现问题后向监管机构自我报告。

其次,社会协作、组织方式的改变意味着向智能合约转型的必要性。以财产转让为例,传统财产所有权的转让是通过权力部门进行的。这不仅让文件的管理变得费时、需要大量的额外支出,而且还会增加文件管理的负担。同时,由于系统是集中管理的,所以也存在数据信息欺诈的可能性。利用智能合约这一技术,不仅可以简化管理和交易流程,还可以让各方(如金融机构、政府、买方和卖方)都能看到财产转让的细节,这样既保证了效率,又促进了公平,并且,分布式账本、数据不可篡改等的特征解决了数据的不真实和不准确问题。

最后,国家治理矛盾突显意味着需要一种新型的治理模式来加以缓解。目前,我国在治理方面存在着许多难题,其中包含对特定行业的监督管控、政务数据的脱节、公民隐私的保护、金融风险的不稳定等。区块链技术具备分布式、透明性、可追溯、防篡改等特征,对于国家治理而言,可促进社会治理结构向扁平化发展,治理及服务过程向透明化发展,以此来提高社会治理领域数据的可信性和安全性。

2. 高效组织社会资源,提高资源利用率

中国经济体制改革,是指推进重点领域和关键环节的改革,处理好政府和市场、经济增长和社会发展、深化改革和保持稳定、应对当前挑战和完善体制机制之间的关系,更加重视改革顶层设计和总体规划,加快破除制约科学发展的体制机制障碍,促进经济发展方式转变,推动经济社会全面协调可

持续发展。[1]

社会资源的组织方式与经济体制密切相关,社会资源组织方式的变化必然与经济体制改革相伴随。经济制度是一定社会组织内部对资源配置机制、形式和结构的统一,是对某种社会经济运作模式的概括。

区块链为何能带来社会资源组织方式的变革,从而推进经济体制改革?其原因主要包含两方面:第一,区块链推动社会活动的转型和升级。区块链在提升传统社会活动效率方面,有4个突出的表现。

(1)提高业务效率:智能合约简化了业务流程,数字资产可编程加快了资产流转,点对点结构便利了多方业务对接。

(2)降低拓展成本:区块链接口保障了网络高拓展性,数字资产实现了不同行业数据的高效流转(上一点强调资产数字化编程,这一点强调资产在不同部门流动),价值网络自繁殖实现了多方业务协同。

(3)增强监管能力:分布式记账与共识机制带来的数据不可篡改性、非对称加密身份保证带来的隐私保护、智能合约带来的规则强化等,都大大地提高了相关部门的监管效率。

(4)创造合作机制:区块链的分布式架构促进了分布式商业的开展;而基于数据的高可信度也可实现业务协同,进而促进多方的互信合作;被广泛认可的通证经济亦可给予每一个参与方最优的激励机制。

第二,区块链可以优化社会分工。区块链技术使数据突破移动互联网阶段的界限,成为可独立流转的资产,充分发挥了数据的价值;数据开始作为重要生产要素,参与生产与分配过程,从而使社会分工更加优化完善。

三、三个工具

区块链要在实体行业实现落地,需要建立在三项基本工具之上,这三项工具从下至上依次是服务网络、技术底层和应用场景,三者缺一不可。首先是区块链服务网络,类似于互联网中的云服务器,是区块链运行的重要基础。目前主流的区块链服务网络是BSN和星火链网;其次是区块链的技术底层,是指用来搭载区块链产业应用的技术底层平台,是区块链应用于产业的基础;最后是区块链的应用场景,可分"+区块链"和"区块链+"两种。"+区块链"是指从分析传统业务流程开始,找出痛点,解决痛点,设计解决方案,技术落地等一系列流程,如"电力+区块链"。"区块链+"是指在分析市场诸多方面的共性痛点后,基于区块链思维打造区块链系统,体现形式可以是平台、工具等,如"区块链+供应链金融""区块链+教育""区块链+医疗"等。

1.服务网络:BSN

服务网络较之区块链,好比基站之于5G通信。区块链软件是在服务器上或说是在计算机上运行的,没有服务器来支持区块链节点,相当于5G没有基站做底层基础设施。服务网络就是通过把一些城市的云计算平台(相当于服务器集群)整合起来,在上面搭建可以运行区块链软件的环境,从而在这

---

① 汪海波.中国经济体制改革(1978-2018)[M].科学社会文献出版社,2018,9:1-7.

些节点上运行区块链。服务网络将众多的城市节点组织在一起,类似中国移动让北京的基站和天津的基站连在一起,从而提供一个可供整个国家通信的基础设施。

服务网络是一种供区块链快速部署和运行的底层基础设施。有了服务网络,就不需要企业自己购买服务器和计算机来搭建设备运行区块链,只需通过服务网络来部署区块链服务就可以,好比5G用户不需要自己搭建基站一样。

区块链服务网络的设计和建造初衷就是提供一个以低成本开发、部署、运维、互通和监管区块链应用的公共基础设施网络。服务网络的设计和建设理念借鉴了互联网:其一是互联网和服务网络都是以建立基本协议将所有数据中心连接而成,其二是与互联网类似,服务网络也是覆盖全球的跨云计算服务、跨门户、跨底层框架的基础设施网络。同样的,服务网络的直接使用者是开发者和科技公司。区块链应用开发者可以通过任意一个服务网络门户,在全世界任何公共城市节点上购买以 TPS (Transactions Per Second)、存储量和带宽作为计费标准的云资源,并选择任何已适配的底层框架,以极低的成本和方便的操作进行区块链应用的开发、部署和运营。区块链应用的发布者只需将该应用的所有记账节点部署到服务网络的单个或多个公共城市节点上,参与者即可通过任何一个公共城市节点网关进行几乎无成本的接入。在每个公共的城市节点内,所有部署的应用共享服务器资源。对于高频应用,公共城市节点可以为其智能化地自动分配单独的高处理性能的记账节点;而对于相对低频的应用,则可多个应用共享一个记账节点。这种资源共享的机制能使服务网络提供的资源成本降低至传统区块链云服务所需成本的1/3到1/5。

2. 技术底层:IBM Fabric、Fisco-bcos 和 CITA

IBM Fabric、Fisco-bcos、CITA 等成型的联盟链区块链底层技术,就是将区块链的各个功能,如共识算法、密码学、P2P网络、存储等模块,进行代码的编写,形成一个完整的软件包。这个软件包可以部署到服务器或计算机上,通过写好软件的配置文件,搭建起一个区块链网络。由于整个区块链的所有功能模块都已经预先写好了,并且提供了许多使用区块链软件的相关工具包,开发者只需要关注使用区块链的业务逻辑,把区块链软件和工具包应用起来,搭建服务就好了。

为了区分区块链不同的实现路径和设计思路,首先要明确区块链自身的定义。通常,区块链本身的定义是一个去中心化和分布式账本,同时又是一个记录事件和交易的不可篡改账本。在这个账本中,不可篡改的特性是由共识算法保证的。[①]由此看来,现有的联盟链可以分为两大类:一类是以 IBM Fabric 为代表,传统数据库主导的分布式数据库技术;另一类是更符合"区块链精神"的 Fisco-bcos 和 CITA。

IBM Fabric 特性:IBM Fabric 保证了区块链中的分布式和不可篡改性两点,省略了去中心化的共识机制,IBM Fabric 在框架中并没有真正的去中心化共识机制。在 Fabric 架构中,将参与方(节点)分成了3种角色,即排序节点、背书节点和提交节点。对于每一笔交易,共识状态的过程是由客户端、背书节点、提交节点共同参与完成的;排序节点只负责交易顺序的共识,而不负责状态共识。

Fisco-bcos 和 CITA 的特性:对于 Fisco-bcos 和 CITA 来说,虽然保证了以上所述区块链的所有特

① 庄鹏.深度解析区块链架构、跨链和演进[J].区块链大本营,2018.

点,但是在使用的时候,设计范式会和传统项目差异较大。作为一个分布式账本,可以保证数据的不可篡改,同时也可以使用去中心化的共识机制拜占庭容错,保证了 1/3 的容错率。在这两种框架中,将链的参与方分成了共识节点和只读节点两种,共识节点即拥有记账权利的参与方,而只读节点是拥有查阅所有数据的参与方。

3. 应用场景

每一项技术要想得以不断延续,就需要找到其适合的应用场景。这也说明了区块链并不是适用于社会的方方面面,其应用也需要满足一定的条件。区块链现在应用最为成熟和广泛的是金融与数字货币领域,这是因为二者的起源与区块链有着密不可分的联系。

目前,区块链技术在金融方面的应用主要集中在支付、房地产金融、企业金融、保险、资产管理、票据金融等领域。利用区块链的去中心化、不可篡改的特性,各机构对于金融各个环节的风险有了更好的把控,从而降低了金融流程中的成本。而在数字货币领域,则衍生出了大量数字货币交易所、钱包和相关投资项目。

除了金融和数字货币领域外,区块链在能源领域也有大量应用,其中最突出的是智能电网。区块链可以针对每一度电,从来源到使用,建立完备的数字档案,为电站提供数据支持和资产评估依据。区块链还可以释放分布式资源的多余电力,如回购民用屋顶太阳能产生的冗余资源。

在医疗和大健康领域,针对医疗的数据安全和患者隐私保护,区块链的匿名和去中心化的特性得到了很好的应用。

在公益事业和农业方面,应用最多的是区块链的溯源能力,追溯善款的去向,让捐赠者安心;追溯农产品的来源,让食用者放心。

在法律层面,主要体现在版权保护、证据保全和电子智能合同 3 个方面。对于版权保护,区块链让版权交易标准化成为可能;而对于电子证据来说,区块链实现了保真和验真。

13.2 应用基本原则

区块链技术应用虽然具有多元、广阔的前景,但是从其技术特征和商业价值来看,区块链技术在实际应用中也存在着壁垒和制约。因此,在规划现实区块链场景及选择区块链技术前,必须遵守区块链应用的原则,判断、分析和评估改进现有模式的可行性,以及区块链技术在此种应用场景下的适用程度,否则就不能收获显著的成效甚至可能适得其反。具体而言,区块链的核心应用原则有 4 项,即协同原则、高效原则、信任原则和自治原则。只有在 4 个原则都被满足的情况下,区块链技术才能投入使用。

13.2.1 协同原则

协同原则,是指各系统在实现本职工作的同时,通过诸如共享业务行为、共享资源等方式进行相互协作,获得比各系统分别单独运行的情况下更大的效益,简单来说,就是"1+1 > 2"的效应。

传统的业务协同模式利用电子数据交换、互联网信息搜索体系、供应链数据库等技术，以实现资源获取、信息整合、生产过程衔接、物流运输等方面效益。一般而言，传统业务模式具有单中心化或多中心化的特点，各参与方地位不平等，核心企业处于中心的环节，不仅拥有所有重要的数据资源，还可以利用设置管理权限，影响链上的其他企业发展。这种模式主要适用于两种情形，中心化的制度设计更为便捷，使用区块链的必要性也不高。

在应用场景中，核心企业作为绝对的强信用主体，其他企业对其信息和资源有较强的依赖性和信任度，极少有交易对手方风险。

但是，如果传统的业务协同模式已经存在信息共享能力较低，核心企业阻碍非核心企业获取对其自身业务经营有用的信息和数据，例如，在传统模式中，以产品供应商–产品生产商–产品分销代理商–销售商的物流供应链体系为例，产品分销商到产品销售商的物流信息，对于核心企业来说缺乏价值，不受其重视并存在被删去的可能性，但是这部分信息会影响产品分销商的客户响应速度和产品销售商对库存的控制。在这些情况下，无论是从企业内生发展要求角度，还是从产业供应链的总体效率角度，区块链都可以发挥更好的协同效应。

与传统模式相比，一方面，区块链通过提高信息透明化程度，对数据资源进行充分共享，打破以核心企业为中心的规则，增强参与方进入供应链的灵活程度，避免不同主体角色固化。另一方面，通过分布式存储、共识机制等，可以让上下游企业与核心企业进行有机结合，利用环境信息和各主体的优、劣势信息生成有共识的经营策略，并针对不断变动的内外部环境形成敏捷动态的业务协同，加强供应链内部的整体性，为提高运行效率提供保障。因此，选择是否应用区块链技术，需要考察应用场景对信息共享是否有较高要求，以及是否属于多个参与主体的分布式协同模式，主要应用场景有以下5个。

（1）企业间信任度不高：由于区块链是增强信任的技术，适用于互相信任关系不强的企业巩固信用关系。如果参与企业数量多，且相互间未存在天然信任关系，区块链技术能够通过利用智能合约、共识机制等特性搭建信任关系。

（2）激励生产的需要：如果参与企业积极性较低，为了提高生产效率，区块链技术凭借其预先设定的公开透明的规则和计量优点，实现各主体权益的公平分配。

（3）降低成本的需要：当应用场景中，协作方众多且贸易背景调查成本高时，在区块链底层的共享账本上搭建的智能合约能够降低相关成本，从而提升效率。

（4）降低信息不对称和风险程度：如果参与企业存在选择性共享信息、制造虚假信息的倾向，应用区块链技术有助于抑制这种行为，通过分析供应链各节点的实时数据，进行智能化信息追踪，将信息共享至链上各参与方，从而改善需求预测合理程度，增进信息透明度，保障信息的可信性、准确性，保证协同的高效性。

（5）拓宽商业合作边界：区块链解决了数据业务和交易对象信任问题，拓展协作空间，让原本无法串联的合作伙伴及新的业务协作方式可以在区块链中得以实现，这使新的商业模式释放出更加强大的协作力量。

13.2.2　高效原则

高效原则,是指通过应用区块链技术,可以缩短业务流程及所需时间,降低成本,从而实现效率提升。区块链可以实现效率提升和环节简化,适用于想要改进业务运行效率的情况。一般而言,区块链的高效特征主要在以下场景中体现。

(1)适用于机构冗余、交易中间组织较多的情形。区块链采用点对点结构,所有节点均具有同等地位,各参与方数字身份被部署在区块链上,没有中心服务器,所以各节点实现功能时具有相同的身份,信息交流充分而且相等,便于多方业务中的不同参与主体的互相衔接,而不需要专门核心机构管理业务过程。在区块链中,人、企业、系统之间的复杂关系简化,使交易主客体可以直接进行业务沟通,不必和中介机构建立代理关系,并取消第三方结算环节,从而缩短业务流程,提升业务办理速度,缩短业务运行周期,实现更高效率。同时,智能合约可及时、自动呼应客户需求,不需要第三方中介机构的参与,降低了服务费用。

(2)适用于业务流程和环节较多的情形。首先,区块链的智能合约条款于事先决定,可以自动进行适用条件判断、自我验证,减少交易双方在业务过程中的矛盾冲突;其次,智能合约也能提高业务流程中每一个环节的可见性和流动性,及时跟踪管理资产和产品,具有可追溯性,明确其去向,减少遭遇某一参与方诈骗的风险及产品失窃的风险。诸如将区块链应用于保险行业,可以实现自动化索赔程序、智能匹配最佳投保方案等,减少了保险行业的服务成本。

(3)适应发展数字经济、助力数字资产确权和流通的需要。区块链创造了包括比特币等在内的数字资产,通过计算机编程,交易时只不过是进行代码间的转换,可以根据规则实现无须中介、无须人为参与的交易,破除了资产交易的空间限制,节约人力资本,排除操作误差。数字技术正日益扩展到实体资产行业,文化、金融、商品等诸多领域逐渐具有向数字资产转化的条件,可以简化全球商品转移,增加资产流动性,实现信誉证明和贸易支付流程自动化发起,并在客户、供应商、中介机构之间创建更高效、更低风险的交易流程。

13.2.3　信任原则

信任原则,即区块链依靠智能化记账和多方共同参与,经过各个节点交互核验,保证数据真实性、准确性和全网可验证性,并实现交易信息透明、隐私保护,建立多方信任体系,从而形成基于区块链技术的算法信任。具体而言,区块链的信任特征体现如下。

(1)适用于传统信用制度存在缺陷、市场风险较大的场景。信用制度的建立和完善能够规范市场主体的守信能力和交易行为,直接影响市场的运行效率,利于稳定的市场秩序形成。然而,市场主体往往在利益最大化动机驱动下,由于政策漏洞或信息不对称产生"逆向选择"和"道德风险"问题,从而加剧各应用场景中的信用风险,阻碍资源和信息交换。在大数据时代,传统征信体系由权威机构对企业个人信息进行收集、整理与发布,其来源单一狭窄、系统数据分散、更新缓慢,导致时效性低、手续烦琐且征信成本较高等问题不断暴露,不能在市场经济条件下广泛普及和应用。尽管近年来国家政策积极调整以改善征信市场情况,但是许多系统性问题仍难以在传统理念上实现突破。

（2）适用于信息不对称领域。较于传统信用制度，区块链在实现信用上有明显优势。区块链提供信用的方式，是通过点对点信息运输，让参与主体均可充分获知链上的所有信息，减少企业选择性公开信息、数据造假的倾向，增强信息透明度，大大降低了信任成本，有助于人们运用相同的信息达成同一共识观点，减少信息不对称和意见冲突，促进合作。

（3）适用于参与主体复杂、信用基础缺乏、信息调查成本高的应用场景。首先，区块链通过共识机制去除中介信用机构，直接建立不同群体间的互信网络。区块链技术设置有独特的加密机制，可以增强对企业隐私信息的保护，减少交易过程中的安全隐患，实现在信息不泄露基础上的数据共享。其次，在各应用场景中，市场主体事先进行约定，当彼此满足对方所设条件时，区块链自动执行交易，对交易各方都有很强的约束力，防止发生临时毁约的情况，巩固社会信用体系。最后，在执行过程中，区块链运用智能技术手段，将所有交易记录以最高级别的加密技术储存于全球各个账本中，其储存的信息均可溯源，不仅易于查找，在产生问题的时候能够更快锁定问题根源，减少了搜寻成本，而且能储存、保留更多信用信息，数据难以篡改，以确保系统相关交易的记录，存储结果可信度极高，这让其他参与方能使用更全面和可靠的信息去评估企业信用、建立信任关系。

13.2.4　自治原则

自治原则，是指区块链可以通过自身机制实现自我监督和自我治理功能，并在不同业务链之间的信息交互条件下，引入验证者和监督者机制，实现快速的信息自动交换和核验，使更多业务主体加入其管理和监督过程中。具体而言，区块链的自治原则主要在以下应用场景中体现。

（1）适合应用于开放、平等的参与主体之间。区块链的自治功能并非能适用于所有应用场景。现实中存在许多企业之间层级分明、权力差距大的体系，这些体系更适于中心化模式的运行。在参与主体权力相近、地位平等的体系中，区块链能够发挥更高价值。

首先，区块链的自治功能可以通过共识机制、智能合约等渠道实现。区块链所具有的共识机制，通过制订系统性法则，让业务活动中各个主体都能使用共享的数据和资源，针对当前阶段或下一阶段提出经营策略，而各主体提出的决策会被发送到参与决策的其他主体处，所有参与方依靠效率最优、成本最低等准则进行投票，选出最优策略，而且系统会给予入选方案的提出方相应的奖励。这种激励机制能够提高各方提供策略、参与管理的积极性，制约欺诈行为，并通过选举出适合运营的最优方略，维持整个系统的业务平稳、高效、有序的运行。其次，区块链在所有业务主体间实现信息共享，还能促进不同参与方之间进行多向、开放的监督，使即使不存在专业的第三方监管机构，个体间也可以用较为复杂的方式组织起来，形成新的治理机制。

（2）适合合约风险较大、监管成本高或机制不健全的情形。第一，合约的预设性和不可更改性。区块链所使用的智能合约技术，其含有的所有条款和运行机制均为提前设定，并通过数字签名和时间戳保证合约具有不可篡改的特性。一旦开始运行，合约中的任何一方都不具有单方面修改合约内容或干预合约执行的权力，换句话说，整个交易过程是机械进行的，不受人为影响。这种特性可以保证交易按最初的设想进行而不至于中途出现变更，降低人为干预产生的风险，保障业务流程顺利运行，

实现自治能力。[①]第二,自主对资格和合约进行监督、对问题进行仲裁。区块链的监督和仲裁也是凭借计算机预先制订的规则进行,既明确不同主体应承担的义务,又保障各主体的应有权益,提高了监管效率。

(3)适合跨部门、跨区域、跨体系的应用场景。首先,区块链通过信息联通,能够削弱不同区域的机制间的消息壁垒,减少监管等所需的成本,实现信息共享和监管合作机制,加强跨地区、跨部门、跨层级协同联动。其次,充分挖掘、整合、深入分析文化、金融、生态、社会等方面的相关数据,还可以提前预测未来社会发展的热点领域,为各参与主体进行风险决策提供参考内容。

《13.3 判断标准

当前区块链行业正处在稳步爬升复苏期。作为传递信任的机器及分布式商业基础,区块链已经在社会的方方面面实现了落地应用。但区块链作为新兴技术,在实际运用中不可能面面俱到,同样面临着诸多的应用痛点。区块链在不同产业中发挥的优势不尽相同,如何判断其落地应用的可能性呢?只要能够满足以下五类标准之一,区块链就能够实现运用价值:节省时间、降低成本、创造新的收入渠道、创新业务模式、提供有效管理工具。

13.3.1 节省时间

随着"互联网+"不断深化,跨部门、跨系统的数据共享和业务协同需求日益迫切。传统的模式仍然是建立统一的数据中心,由各个数据提供方将各自数据集中提供给数据中心。在复杂产品和系统研制过程中,数据中心可以依靠其完善的系统机制和强大的算力,解决数据管理和数据协同方面的问题。但是中心化的系统使信息的流动速度明显降低,所有信息需要首先经过数据中心进行处理,再由唯一的数据中心进行协同,因此会消耗更多的时间。

为了有效解决以上问题,需要从简化业务流程开始。依靠区块链去中心化、不可篡改和可追溯的特征,可以化繁为简,大大提升各行各业的生产效率。区块链从本质上讲是一个去中心化的分布式账本数据库,整个数据库由一串使用密码学相关联所产生的数据块组合而成,每个区块在生成时都会自动地加盖时间戳并被附上唯一的数值。

去中心化是区块链最典型的特征之一。一方面,区块链通过使用分布式储存与计算,使整个网络节点的权利与义务相同,系统中数据本质为全网节点共同维护,从而区块链不再依靠于中央处理节点,实现数据的分布式存储、记录与更新。这样一来,不仅简化了数据处理流程,还大大减少了数据的流转时间。另一方面,由于每个区块链都遵循统一的规则,该规则基于密码算法而不是信用证书,且数据更新过程都需要用户批准,由此奠定区块链不需要中介与信任机构背书的基础。相较于每个数据都由统一的数据中心或相关中介机构审核而言,由共识机制下产生的数据可以省去烦琐的数据审核工作。数据自产生起就是值得信任的,从而节约了大量数据审核的时间。

---

① 王璞巍,杨航天,孟佶,等.面向合同的智能合约的形式化定义及参考实现[J].软件学报,2019.

区块链在节省数据流转和数据审核的时间方面,可适用于各大场景,这也是区块链技术最大的优势之一。能否提升企业效率,一直是工业革命以来的重大议题。因此,区块链应用落地的实用性,时间要素是一项重要的判断标准。

13.3.2 降低成本

在每天都有无数信息和数据产生的时代,环境是异常复杂的,而人类是有限理性的,这也是交易成本理论在大数据时代的主流观点。但是在信息的收集、处理、传输乃至交易的协商和监管过程中,都会产生大量的交易成本。如何避免或减少这些成本,也影响着企业的决策。

当前许多行业存在的问题仍然是,数据获取难度大、准确性低、审核流程长,这些都使企业将大量的成本花费在数据的甄别上,或者有效数据的购买上。而区块链可以打破这些交易壁垒,从而节省大量成本。

首先,区块链的去中心化、信息准确性、可溯源等特征,形成了一种可相互信任、无须第三方背书的社会关系。从本质上来说,区块链构建了一种低成本的相互信任机制和实现网络的价值传递。

其次,信息透明度的提升,可以使上链的单位有效地甄别企业和个人信息,与此同时,私人信息的公开化,大大减少了信息的搜寻和审核成本,也避免了传统第三方平台抬高信息使用成本的问题。

例如,假设读者要购买一本电子书,传统的购买方式是,读者到某第三方平台进行检索,然后从第三方平台手里购买由作者授权给平台的该本电子书。其间作者或读者(或双方)会向平台支付一定的手续费。而区块链技术下的购买方式则是,读者与作者在上链后,可点对点地沟通,达成协议后可直接交易,从而省去了第三方中介费用,降低了交易成本。

如何降低成本一直是企业关注的话题,若区块链的引入能带来成本的削减,那这将是企业积极考虑的增加盈利的措施。

13.3.3 创造新的收入渠道

在互联网经济时代,互联网平台企业最核心的资源是数据,从而衍生出了最核心的盈利模式——用户数据盈利,即平台企业免费占据用户数据,着力开发、挖掘数据价值,并利用数据精准地预测用户需求,从而获取丰厚的数据租金。

区块链经济下,数据关系的变革让企业不再具有无偿侵占的权力。用户的个人信息、生活信息、交易记录、互动数据等高价值数据信息都存储在自身的区块里,各区块主体都能对自身数据进行加工处理,通过灵活、自主的劳动创造增加数据价值,并且可以选择其中有价值的数据进行交易。企业等利益相关者要想获取用户的数据信息进行开发利用,就需要向用户支付相应的酬金;同样,用户要想获得利益相关者的数据分析结果以有效促成供需匹配,就需要向企业购买数据处理结果。由此产生了企业与用户之间、企业与企业之间、用户与用户之间即各利益相关者之间的数据交易,平台企业不再是唯一的数据盈利者,各个参与方都可以受益。

因此,区块链经济下的盈利模式本质上是各利益相关方占据自身的生产资料。以数据为例,利益相关方可通过劳动增加数据价值从而获取收益,改变了互联网经济下平台企业占据用户生产资料获

取租金的传统盈利模式,同时也扩宽了企业与用户双方的收入渠道。

例如,在某一应用场景下,用户能够对自己的生产资料进行经营,自行实现生产资料的变现。此外,用户观看广告也可以获得应有的收益,盈利方式更加灵活多样;数据价值密度普遍提高,利用高维度、全方位、高价值的数据为需求方提供个性化、精确化的解决方案,拓宽了利益相关方的盈利空间。

在当前日益激烈的商业竞争中,另辟蹊径地开创新的收入渠道,也是用来判断一项新技术的最佳标准之一。

13.3.4 创新业务模式

"价值网络"是互联网环境下的产物,它将顾客日益提高的要求和灵活有效、低成本的制造相连接;利用数字信息,快速配送产品,避开了代理费用高昂的分销层;将合作的多方连接在一起,以便交付定制的解决方案;将运价提升到战略水平,以适应不断发生的变化。

区块链技术是互联网发展到特定阶段的自然产物,是为了解决信息孤岛效应所产生的技术应用,同时也是由于互联网的垄断趋势越来越明显而产生的新的技术范式革命。区块链技术依据其去中心化、信息不可篡改等特点,被称为"价值网络2.0"。

传统的价值网络是割裂、低效、昂贵且脆弱的,参与其中的多方并未实时地记录所有参与者的交易信息,也缺乏辨认、剔除和管理数据的能力。而区块链下的共享账本,解决了多方参与的业务网络的问题。由于区块链去中心化的特点,使其在任何节点都能够自动地记录大量的数据,剔除信息收集的复杂环节,实现完全自动化的数据管理,降低了数据搜集成本和营运成本,在提高了数据管理效率的同时,也优化了业务流程。

区块链下的"价值网络2.0"通过业务流程优化,高效匹配用户价值,同时也大大提升了服务的效率,可作为区块链落地的判断标准之一。

13.3.5 提供有效管理工具

区块链在作为管理工具时,可以提供更完整的数据记录、更高级别的数据安全性、更高效的自我管理等。

区块链被广泛用于数据中心的管理。在边缘计算、物联网蓬勃发展、指数级数据增长及面临着减少延迟的持续压力的时代,区块链技术可以使数据中心在保持数据安全性的同时保持数据同步,也许未来 DCIM 或 DMaaS 工具可以依赖分布式账本技术来协助更多的数据中心站点和主机托管租户实施更好的容量管理。

部署了云技术的数据中心也需要区块链,虽然云计算本身是分布式和容错的,但仍然使用集中式方法来运行,中央实体负责云计算。由于在整个云"网络"中建立了多个数据库,区块链的分散性将提供更多自主操作和更高级别的数据安全性。区块链可将数据中心的各种运行数据、操作记录、历史经验数据都记录下来,同时做相应的关联,形成复杂的关系网。进一步而言,可以利用人工智能技术对区块链数据继续训练,利用学习算法,从而让数据中心步入人工智能时代,通过AI进行智能管理。AI管理能达到什么样的程度,海量的数据是关键,如果是一些杂乱无章的数据,AI就难以学习并找出正确的规律。反之,通过区块链整理过后的数据会有很大价值,也便于 AI 学习,形成高效的算法,从而实现数据中心的自我管理,减少人为干预环节,提升数据中心运营效率。

数字化管理和智能化管理都是为了提升企业管理效率,区块链在优化管理系统上也卓有成效。因此也可纳入评判标准。

从当前区块链广泛的应用场景来看,区块链技术带来的革新远不止以上五类。当前涉及区块链的应用场景包括金融、民生、司法、政务、制造、能源等。仅从以上 5 个标准来判断区块链技术应用是否能够落地并不全面,如提升品牌效应、扩大销售、社会贡献等,虽然也可以作为区块链应用是否发挥使用价值的判断标准,但这些均是建立在以上 5 项中的一个或多个满足的基础上才可以实现,在此便不做赘述。但是,以上标准并不必须全都满足才可作为确定依据,仅满足一项或多项即可对区块链进行合理应用。

《13.4　应用场景

13.4.1　区块链发展趋势与应用场景

区块链技术根植于信息时代,其巨大的市场价值和发展潜力已被世界各国政府和市场广泛关注。随着区块链场景落地,区块链应用发展主要表现为以下两个特征和新趋势。

第一,区块链应用发展从单一技术转向多种技术集成,搭建高性能、高安全、高灵活的技术基础设施底座,提升区块链的使用价值。如图 13-1 所示,区块链与大数据、人工智能、5G、物联网等多种新一代信息技术有机结合,推动技术的集成创新和融合应用,实现可信传输、安全传输和协同生产,实现产权可界定、价值可存储、可评估和可流通,以扩宽区块链应用新场景,充分挖掘新技术价值,有效促进构建全新产业生态并释放生产力。

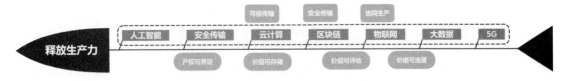

图 13-1　区块链技术融合

第二,区块链应用场景从产业链某单一环节或单一产品向整个行业蔓延,从少数行业向多数行业蔓延,日益呈现出鲜明的全局性特征。如图 13-2 所示,区块链技术现已从金融领域扩展到多个领域。例如,"政务+金融"基于区块链技术,打通政府部门与金融机构之间的信息壁垒,一方面,实现政务数据在金融领域的共享应用;另一方面,政府充分利用金融领域的专业优势,协助提升政务服务水平,降低监管成本,实现资金的透明使用及有效监管。总的来说,区块链有六大应用方向,包括金融、商业、民生、智慧城市、城际互通及政务服务。

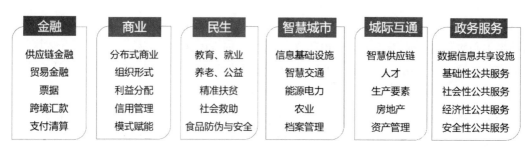

图 13-2　区块链的六大应用方向

13.4.2　区块链的实际应用：以供应链金融为例

一、供应链金融业务

1. 发展现状

供应链金融（Supply Chain Finance），是指将供应链上的核心企业、与其相关的上下游企业、金融机构及风控管理看作一个整体，以核心企业为依托，以真实贸易为前提，运用自偿性贸易融资的方式，把商流、资金流、信息流和物流等整合到一起，为供应链上下游企业提供的综合性金融产品和服务，如图 13-3 所示。

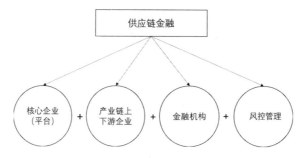

图 13-3　供应链金融的生态圈

目前，供应链金融市场规模庞大并且发展迅猛。2011 年，供应链金融在发达国家的增长率在 10% ~ 30%，而中国、印度等新兴经济体的增长率也达到 20% ~ 25%。[①] 2018 年中国供应链金融的市场规模已高达 13.7 万亿元。未来 5 年内，供应链金融市场规模仍将保持平稳增长，预计到 2023 年，中国供应链金融市场规模将增长至 23.8 万亿元人民币。[②]

供应链金融产品种类繁多，可选择性强，适用行业范围广，普及率较高。其中，金融行业使用率最高，同时供应链金融的需求也蔓延到医药器械、批发零售、大宗商品、汽车和"三农"等领域。

传统供应链金融业务流程从融资申请开始，以到期还款结束。业务主体包括供应商（上游企业）、经销商（下游企业）、核心企业、银行、仓储机构及物流公司等。传统供应链金融业务主要分 3 种模式，包括应收账款融资模式、保兑仓融资模式和融通仓融资模式。其中，应收账款融资模式是供应商对核

---

① 数据源于国家统计局。

② 数据源于前瞻产业研究院。

心企业有应收款项,同时又向银行申请融资项目;保兑仓融资模式也称预付款融资模式,是金融机构向下游企业提供贷款,而融资方向核心企业提供购销协议,同时,金融机构与仓储机构签署监管协议,仓储机构向核心企业发货;融通仓融资模式即动产质押融资模式,首先中小企业向物流公司移交货物,在这中间金融机构一方面向中小企业提供动产质押贷款,另一方面向物流公司委托货物评估,而核心企业也会向金融机构提供担保和承诺回购。

2.发展困境

供应链金融的发展困境如图13-4所示,具体痛点分析如下。

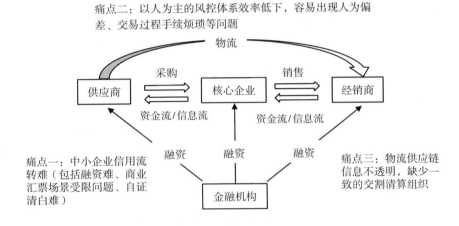

图13-4 供应链金融的发展困境

痛点一:供应链上的中小企业融资难,信用流转难。

第一,供应链上的中小企业融资难,成本高。

银行难以对中小企业做出全方位、精确的评估,出于风控考虑,银行仅愿意对核心企业有直接应付账款义务的上游供应商(限于一级供应商)提供保理业务。而有巨大融资需求的二级、三级等供应商/经销商的需求得不到满足,供应链金融的业务量受到限制。

第二,商业汇票、银行汇票使用场景受限。

商业汇票是由出票人签发的,委托付款人在指定日期无条件支付确定的金额给收款人或持票人的票据。银行汇票是指由出票银行签发的,由其在见票时按照实际结算金额无条件付给收款人或持票人的票据。两者区别主要在于出票人不同,银行汇票的出票人是银行,商业汇票的出票人是非银行的组织单位。其使用运作流程如图13-5所示,原材料商向生产商出售原材料,而生产商向原材料商提供商业票据,这时候由贴现机构作为中介,一方面,贴现机构需要审核企业信用,并决定是否接受商业票据,另一方面,原料供应商拿到商业票据后可以在贴现机构进行贴现或以票据进行融资。

这种结算方式有其自身优势,能够减轻企业的资金压力,减少企业的费用支出,但是也有以下3点缺陷。

(1)使用条件受制。商业汇票的使用受制于企业的信誉,银行汇票贴现的到账时间难以把控。

(2)流动性差,要把这些债券进行转让的难度大。

(3)银行授信难。在实际金融操作中,银行非常关注应收账款债权"转让通知"的法律效应,如果核心企业无法签回,银行不会愿意授信。

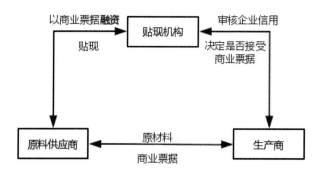

图13-5 商业票据在供应链金融的运作流程

第三,企业系统难以自证清白,资金端风控成本不平稳。

目前供应链金融的相关业务中,银行或其他资金端除了担心企业的还款能力和还款意愿外,也很关心交易信息本身的真实性,而交易信息是由核心企业的ERP系统记录的。银行依然担心核心企业、和供应商/经销商勾结修改信息,因而需要投入人力、物力去验证交易的真伪,这就增加了额外的风控成本。

痛点二:以人为主的风控体系效率低下。

一方面,容易出现人为偏差。供应链金融的大部分业务目前仍然依赖于人工操作,并且采用传统的以人为主的风控体系,如图13-6所示,从交易监控、流程控制到欺诈防范,具体工作内容包括检查各式各样的纸质交易单据、审阅公司账务,以及完成各种认证工作等,都是通过人工审核的方式进行风控,其余风控方案、网络安全和系统安全,也是人力完成。这种风控方式存在人力成本高、效率低下、容易出现人为偏差等问题。

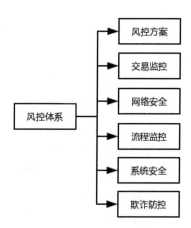

图13-6 供应链金融的风控体系

另一方面,交易过程手续烦琐。在供应链金融中,交易过程中的手续办理十分烦琐。第一,银行贷款时必须进行风险控制管理,让各个环节都有据可查,每进行一步操作,都要有加盖公章的纸质单据作为凭证,涉及交易事项需要留下凭证方便日后查证。第二,业务牵涉诸多主体,流程复杂,认证工作烦琐,工作量较大。

痛点三:物流供应链存在信息不透明、缺乏基础设施的问题。

物流供应链就是将供应商、制造商、批发商、零售商及最终用户整合起来,上链向下链提供物流,下链向上链提供资金流和信息流,我们可将这个过程称为完全物流链或完全供应链,如图13-7所示。

首先,物流线具有不透明性,信息不对称导致摩擦成本高昂。在供应链中,存在业务流程透明度低的问题,一旦出现贸易纠纷,很难分清双方各自应该承担的责任。其次,商场基础设备滞后,缺少一致的收据挂号、买卖、托管、查询和交割清算组织。

图13-7　物流供应链示意图

二、区块链技术在供应链金融上的实践

1. 解决方案

如何解决供应链金融的痛点? 区块链技术的具体解决方案基本是以下3点。

(1)数据公开透明,上链数据隐私安全。针对痛点一,区块链基于联盟链的方式,通过分布式节点共享以集体维护数据库,将供应链金融的信息流、商流、物流和资金流连接起来,一方面形成线上化完整、严密的记录,确保统计数据可信、可靠,降低银行等参与成本;另一方面解决数据割裂和信息孤岛问题,从而整合多方资源,打破信息壁垒,促进交易双方有效对接。同时,区块链供应链金融项目涉及交易信息、信用信息等敏感性商业信息,授信平台对数据隐私保护要求很高,数据存储必须有很强的防截获、防破解能力。

(2)操作简单,运作有效。针对痛点二,区块链技术有自动执行合约的特点,智能合约作为区块链上运行的合约条款应用或程序,不仅能够约束参与方行为,保障交易过程的顺利进行,还能节约人工和时间成本,同时也能极大地提高信任度和交易效率。

(3)数据可拆分、多方共享,流程可溯源。针对痛点三,核心企业的信用在供应链中表现为可传导的线上电子权证,可以沿着可信的金融链数字凭证向多级供应商传递,并在可溯源的拆分和流转过程中,提高资金的利用率,解决中小微企业运营资金流动性等问题。

2. 预期效果

"区块链+供应链金融"在一定程度上实现了实体产业的经营信息向金融机构准确传递的机制,有效推动金融更好地为实体经济服务,有望实现中小企业、核心企业、金融机构的多方共赢。

(1)对于中小企业,融资成本显著降低,融资困境显著改善。

(2)对于核心企业,因为供应商能够以更低的成本、更高的效率进行融资,所以核心企业可以优化账期,减轻贸易谈判与兑付压力。此外,核心企业的线上注册及确权操作无须经由线下烦琐的盖章审批流程,可有效防止票据、合同造假,更可提高操作效率。

（3）对于金融机构，区块链新型供应链金融与传统业务相比，在降低信用风险的同时，使金融机构对多级供应商享有更多的自主定价权，可以提升金融机构的业务收入。而且，业务开展无须自建平台，减少了研发成本，全部业务采用线上操作，方便金融机构在全国各地开展业务。

3. 微众银行如何发展"供应链金融服务平台"

（1）背景介绍。

2019年，微众银行发挥其互联网银行的优势，自主研发了供应链金融服务项目。基于供应链上下游真实贸易背景，实现供应链多级链属企业之间应收账款的债权融资，在盘活存量资产的同时，解决链属小微企业融资难、融资贵的难题。

（2）业务痛点。

商业银行主要依赖核心企业的控货和销售能力，由于其他环节的信息不够透明，银行在严谨尽职调查的基础上，往往仅愿意对上游一级供应商提供应收账款保理业务，或对其下游一级经销商提供预付款或存货融资，但对于二级、三级甚至更长的链条，便无法有效确认贸易真实性，从而导致了以下问题。

① 供应链核心企业信用传递难度大、成本高、链条短。

② 供应链中商流、物流、信息流、资金流协同性差。

③ 银行等金融机构缺乏对供应链贸易背景真实性判断的信息保障。

④ 银行等金融机构难以有效监测和管理中小企业履约风险。

（3）业务模式。

总体来说，微众供应链金融服务平台发展模式如图13-8所示，平台系统包括从供应链交易、风险管理到四流（货物的流通、商业资源的流通、资金的流通与各种信息的流通）合一，再到金融服务的供应链服务四大分平台。

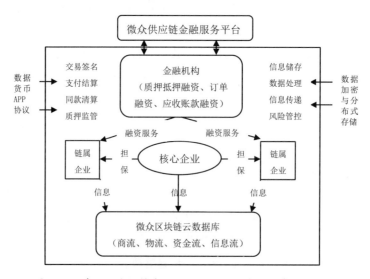

图 13-8　基于区块链技术下的微众供应链金融业务总体模式

（4）解决方案。

①信息透明，节点共享。区块链在供应链金融场景的运用，主要基于以下方面：加密数据的交易

确权、存证的真实性证明、共享账本的信用拆解、智能合约的合约执行。最终,可以实现供应链上各个信息来源相互印证与匹配,解决各参与方之间信息割裂、资金方对交易数据不信任的问题。

②共享账本,智能履约。在供应链金融场景中,可通过区块链连接供应链中的各个企业,完整真实地记录中小企业对核心企业的应收账款信息。区块链是分布式账本,分布式账本在中小企业、核心企业、银行等金融机构之间实时更新、不可篡改,保证信息的真实有效。此外,使用智能合约作为执行工具,可以有效控制中小企业的违约风险。

③信用穿透,破解困境。资金方可以通过区块链得到真实可信的企业背景及贸易信息,在此基础上,为中小企业放贷,可以解决中小企业的授信融资困境。更进一步,在供应链金融场景中应用区块链,可将应收账款、预付账款的拆分转让追溯至登记上链的初始资产,证明债权凭证流转的真实有效性,保证债权凭证本身不能造假,即通过技术手段实现供应链金融体系的信用穿透。也就是说,中小企业可以利用大企业的信用融资,把风险从中小企业本身转移到以核心企业为代表的整个供应链。这就提高了中小企业的融资效率,降低了中小企业融资成本。更重要的是,一旦数字权证能够在链上被锚定,智能合约还可以实现对上下游企业资金的拆分和流转,极大地提高了资金转速,解决中小企业融资难、融资贵的问题。

微众银行在区块链+供应链金融业务上的操作模式如表13-1所示。

表13-1　区块链在供应链金融业务中的实际操作

平台功能	运作方式
应收账款	● 使用自主研发的区块链技术,即底层开源平台技术,提供平等、互信的分布式供应链金融系统设计 ● 大量的贸易真实性核查,具备金融级的安全,合约自动清算 ● 全流程线上化
信用模式	● 信用穿透,多机构、多角色参与合作运营,提升效率 ● 将所有的电子档集中于一个平台上,最终利用智能合约,实现供应链金融的完全区块链化,给供应链金融带来新的信用
风险识别和调研	● 使用基于活体检测的人脸识别技术,完成企业关键角色在平台线上开户的身份核实。 ● 运用线上大数据舆情技术辅助产品运营及风控,及时甄别企业运营及行业风险,通过多维度穿透分析及机器学习能力,多层级穿透关联企业及业务风险,实时监控企业风险表现 ● 贷后的风险预警、管理,实时输出企业风险调研报告,触发监控预警
资产对接	● 基于多租户数据管理设计,通过对供应链业务资产端、资金端的封装和抽象,建立供应链金服产业端接入系统,支持灵活地适配不同行业、不同类型的渠道资产数据接入 ● 搭建面向合作金融机构的供应链金服管理平台系统,支持差异化配置和灵活的产品定价,可以帮助合作机构低成本的快速接入微众银行的供应链服务 ● 平台通过与供应链协同电子商务平台、物流仓储管理平台无缝衔接,将供应链企业之间交易所引发的商流、资金流、物流展现在多方共用的网络平台上,实现供应链服务和管理的整体电子化,据此为企业提供全线上、标准、高效、便捷、及时、低运营成本的金融服务

(5)实现效果。如表13-2所示,微众供应链金服平台表现突出在于不仅解决了供应链上某一方

的痛点,还综合了银行、核心企业、链属企业等所有链上参与方的痛点及需求,建立起多方互惠共赢的优选解决方案,确保整条供应链皆可受益,实现核心企业、中小企业、金融机构及监管机构的多方协作共赢。

表13-2　供应链金融业务中的不同主体

组织机构	运作	平台优点
金融机构	● 微众供应链金服平台连接渠道方及客户,有效放贷 ● 联合营销其上下游,批量获客,存量客户挖掘沉淀资金,增加结算 ● 快速完成了转让登记到融资放款的全流程操作,包括企业的注册、实名认证、上传财报、确权材料(合同、发票审核及验真) ● 控制小微企业贷款资产质量和综合成本	● 充分利用其闲置授信额度 ● 整合信息流,降低风险 ● 增强单一客户的盈利能力 ● 沉淀资金,增加结算 ● 改善资产结构
核心企业	● 通过线上微众供应链金服平台可为其应收或应付账款注入流动性 ● 在其票据等结算方式外,提供更为简便快捷的结算方式 ● 对比银票,无须保证金 ● 应付账款周期拉长,现金周期变短 ● 整合供应链体系,上游供应商融资渠道增多,触达2～N级供应商 ● 引入供应链金融服务,打通其供应链上下游,整合供应链体系	● 优化企业财务报表结构 ● 减少财务费用并增加金融收益 ● 提高融资渗透率和续贷率 ● 提升了议价能力,降低了链条成本 ● 提升其供应链黏性,与供应链上下游企业互惠共赢 ● 推广商业信度
链属企业(供应商或经销商)	● 新的按需融资渠道,灵活把握应收账款的质量及账期 ● 纯线上操作,友好的操作体验	● 融资较为灵活 ● 面对强势核心企业,提高议价能力

从实践效果来看,加入联盟链的合作者增多,目前已经有超过150家核心企业与微众银行达成合作共识,建立了供应链金融业务合作关系,通过供应链金融服务渗透至上万家企业,覆盖全国30个省、200个城市,使上下游客户的融资额度提升了70%,融资成本降低了15%,促进企业上下游的健康发展。在众多合作者中,商业银行占比最高,其次是上市公司。

延伸阅读:区块链与组织效能

当前,互联网处于从移动互联网到价值互联网转型的重要时期。作为新一轮价值互联网的重要基石,区块链技术在支撑实体经济数字化、网络化、智能化转型方面发挥着日益重要的作用。特别是伴随着国家级区块链新型基础设施"星火·链网"的启动,以及国家间互联互通网络逐步形成,区块链技术将与5G、人工智能、大数据、物联网等新一代信息技术在垂直领域进行技术的融合创新,能够在企业、政府、社会非营利性组织等多个领域,为不同组织间的全方位、纵深化合作提供重要的技术保障,助力各组织共享价值互联网的发展红利。

那么如何衡量区块链赋能组织的效果呢？现有研究一般认为,组织效能是对组织运行目标实现的程度的有效估计,因此,下文将从组织效能视角探讨区块链赋能对组织运行的影响。

一般地,组织效能是指组织实现目标的程度,主要体现在能力、效率、质量和效益4个方面。

(1)能力是组织运作的基础和发展潜力,包括土地、资本、资源、工具、技术、人才和组织能力等。

(2)效率是任何一个组织的天然要求,组织的存在就需要不断提升效率,效率包括管理效率和运营效率。

(3)质量是指组织所提供的产品(服务)的品质或功能满足目标客户的需求,真正体现组织存在的价值。

(4)效益是指增加值或附加价值,是组织运行的产出,也是组织存在的基础,包括利润、员工报酬、税收、利息和折旧等。

提升组织效能是提升组织预定目标的实际结果,体现了组织存在的价值,进而完成组织使命。因此,无论组织战略如何改变,提升组织效能是永远不变的。组织效能的提升一方面与组织架构、制度等因素息息相关,另一方面离不开技术的支持。

那么,区块链作为国家意志推动的技术创新与产业应用,如何赋能于各组织领域,从而提升组织效能呢？基于现有组织一般分类,下文将从企业组织、政府组织和社会非营利性组织3个角度加以分析。

一、企业组织

传统企业组织存在信息鉴证成本高、企业间数据孤岛、企业合作信任难题等痛点。以供应链金融为例,由于核心企业信用难以有效传导至上下游企业,一方面导致中小企业融资难,另一方面造成金融机构信息核验成本高、资金运用效率低下、授信任务难以完成等问题,使企业组织效能低下。而区块链通过搭建可信数据共享网络,打通企业间信用传导渠道,降低金融机构业务风险,提升金融市场资金效益,减少企业融资成本,增大实体经济可用资金规模。

如图13-9所示,区块链赋能于企业组织,能够在以下4个方面促进企业组织效能的提高。

(1)提高业务效率:区块链智能合约、点对点架构等特征减少中间环节,简化业务流程,大幅提升业务效率。以区块链电子票据为例,区块链模式人均就诊时间从传统的170分钟降低至75分钟,保险理赔从半个月降低至几分钟。

(2)增强监管能力:区块链数据不可篡改、公开透明等特征极大增强企业组织间的监管能力。以区块链版权平台为例,区块链模式实现全天候全网实时侵权监测,将监测成本由数十万元一件降低至数元一件。

(3)降低拓展成本:区块链标准化接口等特征有效保障区块链价值网络自繁殖机制。以区块链征信平台为例,区块链模式下任何相关参与者均可经过一定流程成为区块链网络节点,拓展征信网络规模,构建覆盖面较广的征信体系。

(4)创造合作机制:区块链数据可追溯等特征促进数据成为全新的生产要素,参与生产与分配过程,促进多方可信合作。以区块链信息共享平台为例,优质数据信息提供者可基于区块链网络实现线上存证确权,并通过产权获取相关收益。

➤ **提高业务效率**
1. 数字资产可编程
2. 多中心实时清结算
3. 减少中间环节

➤ **降低拓展成本**
1. 标准化对接
2. 数字资产多行业流通
3. 价值网络自繁殖

➤ **增强监管能力**
1. 数据历史不可篡改
2. 非对称加密身份保证
3. 智能合约规则约束

➤ **创造合作机制**
1. 分布式商业基础
2. 多方可信合作
3. 公平激励机制

图 13-9　区块链赋能企业组织的价值

二、政府组织

传统政府组织存在数据壁垒信息孤岛、缺乏有效管理抓手、服务精细化有待提高等痛点。以政府政策落地为例,现有政策执行一般采取发布公告的形式,加之政府和企业之间存在信息不对称的问题,难以针对企业特征进行个性化发布,同时政策执行落地的流程较为烦琐、周期也较长。而区块链智能合约、点对点网络等特征能够有效实现政策个性化发布,简化政策执行流程,显著提高政策执行效率,优化政策执行效果。

如图 13-10 所示,区块链赋能政府组织,将政府组织由社会管理执行者角色转变为社会治理规则的设计者,并由机器来保证实施,不仅提升了社会治理效率,而且完善了社会治理效果,实现社会治理现代化,从而能够为供给侧和需求侧双侧改革提供强有力的抓手,实现经济社会的高质量发展。

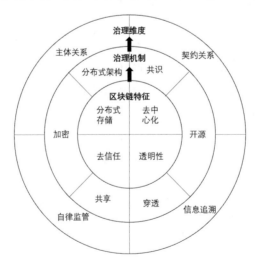

图 13-10　区块链赋能政府组织的价值

三、社会非营利性组织

传统社会非营利性组织存在信任问题、成本问题、多方合作共享问题等弊端,导致组织相关资金流、物品流等信息造假现象层出不穷,特别是在新冠疫情背景下,红十字会捐赠物资丑闻更是将社会非营利性组织痛点推到公众视野。以区块链公益为例,区块链模式实现物资从捐赠人到被捐赠人全流程信息的公开透明,保障公益事业真正落到实处。

如图13-11所示,区块链赋能社会非营利性组织,不仅简化了组织运作流程,提升业务运营效率,极大提高业务效益,而且构建了可信、协同、高效的社会非营利性组织。

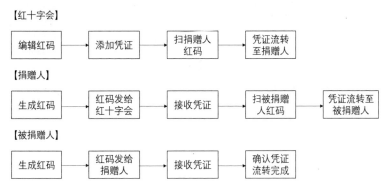

图13-11　区块链公益

区块链赋能各组织不仅有效提升组织本身组织效能,如图13-12所示,还搭建不同组织间数据共享、业务协同网络,促进组织间业务高效开展,激发组织间合作潜力,推进社会治理体系建设。

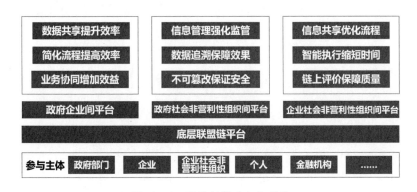

图13-12　区块链提升组织效能

但值得注意的是,区块链的大规模应用不是一蹴而就的,需要经过"找到业务实质,形成法律依据""多方场景的流程改造""大规模分布式商业协同网络"这样3个递进的应用演化阶段,才有可能迎来区块链落地应用的大面积爆发。

本章小结

本章总结区块链应用模式,提出"一二三四五"方法论:一个使命,即提高社会治理效率;两个目标,即实现国家治理体系和治理能力现代化,提高社会资源利用率;三个工具,即服务网络、技术底层

和应用场景;四个基本原则,即协同原则、高效原则、信任原则和自治原则;五个标准,即节省时间、降低成本、创造新收入渠道、创新业务模式和提供有效管理工具。本章旨在帮助读者认知区块链应用的基本逻辑,形成准确的区块链应用思维,避免落入区块链滥用困境,助推经济高质量发展。在了解区块链应用基本逻辑后,自然需要将目光聚焦于具体应用场景加以剖析理解,后面的4章将分别从金融、公共服务、公共专项服务和政务服务4个领域具体分析区块链技术在其中的应用与价值。

习题

一、思考题

1. 区块链的"一二三四五"方法论是什么?

2. 简述区块链的两个目标。

3. 从协同原则的角度讲,区块链应用场景需要满足哪些条件?

4. 简述区块链应用的信任原则和自治原则。

5. 判断区块链是否能落地应用的标准是什么?

6. 区块链的应用场景主要有哪些?

二、思维训练

为什么说区块链是一种治理模式而不单是一种技术?

第十四章

区块链在金融领域的应用

习近平总书记在中央政治局第十八次集体学习时强调要推动区块链和实体经济深度融合，解决中小企业贷款融资难、银行风控难、部门监管难等问题。传统金融存在以下痛点：传统的金融机构和业务存在信息不对称、分业协同作用较弱、数字化程度较弱等问题；此外，金融监管机构的协调能力和措施效用也有待进一步提高。当下传统的数字化和金融业务手段，已经无法满足日益变化的金融市场的需求，但区块链分布式账本、智能合约、多中心化、数据不可篡改和可信协同等技术特点能有效解决该行业的痛点。本章将剖析区块链技术与金融领域各职能部门如商业银行、保险、证券、金融监管、其他金融等结合应用的本质，阐述具体如何解决金融行业的数据造假、信息不对称和分业协同效率低等问题，充分发挥区块链金融的应用优势。在未来，金融业和金融监管都将迎来更高效、协同可信性更强和信用程度更高的金融新时代。

《14.1 金融与金融业

14.1.1 金融与金融业概述

一、金融和金融业基本定义

金融的最基本定义是指在经济生活中,银行、证券或保险业者在市场主体进行募集资金,并借贷给其他市场主体的行为。从广义上说,政府、个人、组织等市场主体募集、配置、使用资金等所有产生资本流动的行为都可被称为金融。打个比方,个人的筹资(募集资金)、投资(使用资金投资股票或基金等理财产品)和融资(借钱买股票)都可以被定义为金融相关的经济行为。

金融业是指经营金融商品的特殊行业,包括银行业、保险业、信托业、证券业和租赁业。中国的金融业的主要特点为指标性、垄断性、高风险性、效益依赖性和高负债经营性。指标性指金融数据可以反映国家的经济状况;垄断性一方面指政府可以严格管控金融行业,另一方面我国的金融业务主要集中于各领域的龙头企业;高风险性指因金融业涉及的巨额资金,以及其与各行业的紧密关联,任何金融决策失误都可能影响其他行业;效益依赖性指金融业的发展在很大程度上受到国家政策和经济变化的影响;高负债经营性则指金融市场中的多数企业,自有资金比率普遍较低。

金融业的整体运行逻辑为资金融通,其主要功能为资产配置,而资金融通和资产配置都会带来经济体系中的资金流动。因此,接下来将会详述资金融通、资产配置和资金流动,以及探讨资金融通和资金流动的关系与区别。

1. 资金融通

金融,顾名思义即资金的融通。融通资金是金融最基本也是最重要的功能之一,它主要是指个人、企业或政府进行资金筹集和调剂的活动。资金融通是指在经济运行的过程中,资金的供需双方运用各种金融工具调节资金盈余的活动,是所有金融交易活动的总称。而我们平常说的金融产品则是指资金融通过程中的各种载体,如货币、黄金、有价证券等。换句话来说,这些载体就是金融市场的买卖对象,其需求和供给由供需双方的竞争产生,价格也在这个过程中随之确定。金融市场中的利率或收益率是其市场价格的一种。交易双方最终通过价格完成交易,达到融通资金的目的。

资金融通的种类有许多,其中最基本的便是股权融资和债券融资。前者指公司以出让股份的方式向股东募集和筹措资金,后者则是公司以发行债券或银行借贷的方式进行资金的筹措活动。两者的本质区别是所有权的不同,但两种融资方法都发生在金融市场。资金融通发生的平台是金融市场(筹资和融资的平台),它是一个具有很多渠道、灵活自由的场所。金融市场还具有跨时间和空间的属性。在金融市场中,各个国家、组织或个人可以不限国籍、不限时间地进行资金的融通。

2. 资产配置

金融所研究的主要问题是资产配置,其目标是通过对资产进行合理配置以达到最大效用。从狭义角度出发,每个人根据自己对回报的不同期望把闲散资金在不同种类的资产之间进行分配的过程叫作资产配置。这种分配通常发生在风险和收益各不相同的证券之间。通过对冲风险及其他合理有效的配置,使整个投资的组合风险最小、收益最大。比如,通过使用不同的投资策略,合理在组合中分配不同比例的股票、基金、债券、金融衍生品(如期权、期货)等,从而在保留收益的情况下最大化降低风险,这就是合理的资产配置。

同样的,从广义的社会及经济学角度来说,社会需要根据不同国家生产某一种商品或经营某一种活动的效率进行资源配置。资源配置和资产配置略有不同,它是指对稀缺的资源在各种不同用途上通过比较选出最优的利用方式。在社会中,相对于需求而言,资源总是表现出相对的稀缺性。因此,对并非无穷无尽的资源进行合理配置,同样可以用最小的成本产生最大化的价值。比如,社会中的人们往往各司其职,根据各自的长处从事某一个职业。

3. 资金流动和资金融通的对比及详述

在资源配置的过程中,资金会随之发生转移,而金融业的主要业务活动即为资金的生产与交换,其涉及的参与对象有资金盈余方(家庭、企业、政府等)、资金短缺方(公司、政府、家庭等)和金融机构等。举个例子,家庭的成员在从事工作后可得到工资作为报酬,因此家庭这一角色在金融业中充当资金盈余方。相反的,家庭成员也有消费的需求,而日常消费需要资金作为支撑,因此家庭在金融业中也充当着资金短缺方的角色。资金在市场中的不同角色之间通过交易进行流动和转移,促成了金融业的蓬勃发展。

资金流动一般通过经济交易产生。假设一个只有两个角色的经济体系,分别是家庭 A 和企业 B。家庭 A 通过在企业中打工赚取了 10 元钱的工资,此时的资金流动便是 10 元钱从企业 B 流向了家庭 A。如果家庭 A 再在企业 B 买了 10 元钱的货品,那么资金流动便是 10 元钱从家庭 A 流向了企业 B。虽然现实的经济体系往往更加复杂,有政府、银行、保险公司和数以万计的家庭和企业等,但资金在这些角色中进行转移的过程都可以按上述的例子简化。

资金流通和资金融通的概念有所不同。正如上述例子,资金流通实际是资金的流动。任何经济交易带来的资金往来都可以被称为资金流通。而资金融通,实际上是资金的借贷,是指经济单位之间资金余缺的有偿调剂。因此,资金流通在概念上大于资金融通,资金流通可以指经济单位内部的资金循环周转,也可以指不同经济单位间的资金收付、往来和借贷,但资金融通只能指不同单位间的资金往来和借贷。

如图 14-1 所示,资金融通分为直接融资和间接融资两类。如果家庭 A 在金融市场通过投资 10 元钱的股票获得了 1 元钱的股息,因为该过程中并没有金融中介的参与,所以这是直接融资。相反的,如果家庭 A 通过在银行借取 10 元钱的资金在金融市场通过投资赚取了 1 元钱的股息,因为中间有银行的直接参与,即为间接融资。如果将不同的角色连接为一个完整生态闭环系统的是支付体系(本质为账本集合),则这个系统可以为资金流通创

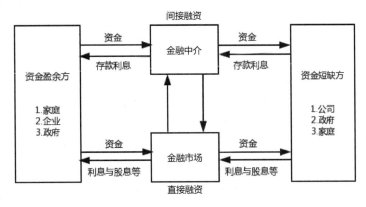

图 14-1　金融资金融通

建有效渠道,从而实现资金高效流转。

14.1.2 金融业体系架构

金融业体系有5个构成要素:由货币制度所规范的货币流通、金融工具、金融中介机构、金融市场、国家的管制框架。货币流通指货币作为支付和流通手段,通过商品流通在社会中流动。金融工具是金融市场交易的对象,如股票、期货、黄金、外汇等。金融中介机构是指从资金的盈余方吸收资金并提供给资金短缺者的媒介,如储蓄机构、保险机构和信托机构。金融市场包括货币市场(融通短期资金的市场)和资本市场(融通长期资金的市场)两类。最后,国家的管制框架则是对金融市场的有效监管,这不仅有助于规避金融市场的潜在风险,还有利于金融业长久、稳定的发展。

金融业实质为实现金融职能的部门。根据部门职能的不同,金融业可细分为银行、保险、证券、监管、其他金融等,如图14-2所示。

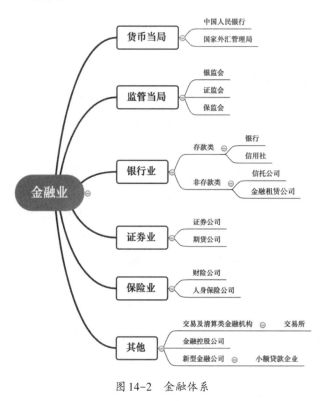

图14-2 金融体系

一、商业银行

商业银行是银行的一种类型,其定义为以存贷款、汇兑、储蓄等业务承担信用中介的金融机构。总而言之,商业银行的传统业务主要是经营存款和贷款。个体去银行存款或企业去银行贷款都可以体现商业银行的职责。商业银行在金融体系中有举足轻重的作用。首先,商业银行作为借贷双方的中介,可以收集社会上的各类零散资金并将其投放到具有资金需求的国民经济部门,从而实现资本的融通。其次,商业银行作为企业和个人的货币代理者,通过存款转移,可以帮助客户支付;基于储户存款,为储户兑付现款。商业银行的目标是通过作为借贷的中介实现资本的融通。

二、保险业

保险业是指将通过契约形式集中起来的资金,用以补偿被保险人的经济利益业务的行业。保险的业务范围包括人身保险业务、财产保险业务,以及国家批准的其他相关业务。保险公司的被保客户越多,承保范围越大,所承受的风险就越分散,这样才更能够既扩大保险保障范围又集聚更多的保险基金,推动经济的增长。保险业是现代金融的支柱,保险业的蓬勃有利于优化金融体系结构,进一步推动金融创新,增强金融体系的稳定性和安全性。

三、证券业

证券业为证券投资相关活动提供了专门的平台。根据《中华人民共和国证券法》,我国证券公司的业务范围包括证券经纪、证券投资咨询、证券交易等。证券业的发展让中小投资者有了更多的投资渠道,可以有效促进经济增长,完善金融体系和社会保障体系,有利于证券市场的稳步发展。

四、金融监管

金融监管的定义为政府通过特定机构,如证券交易委员会、中央银行等,对金融交易行为主体进行的某种限制或规定。金融监管可以分成金融监督与金融管理。金融主管当局为促进金融机构依法稳健地经营和发展对金融机构进行全面和经常的检查和督促被称为金融监督。金融主管当局依法对金融机构及其经营活动实施的领导、组织、协调和控制等一系列活动被称为金融管理。简单来说,金融监管就是对金融机构和金融市场的各项操作活动进行监督和管理,对金融业的安全稳定发展、规避和防范金融风险有着重大作用。

14.2　区块链在商业银行中的应用

14.2.1　区块链在商业银行业务应用概述

一、商业银行业务概述

商业银行是银行的一种类型,是承担信用中介的金融机构,主要职责包括存款、贷款和储蓄等。商业银行有两种经营模式。

一是融通短期商业资金的英国模式。商业银行以低利率借贷,再以较高利率放贷,通过利差实现盈利。该模式能够较好地保证银行的安全性和清偿能力,但银行业务发展受到一定程度的限制。

二是综合银行的德国模式。商业银行除了提供短期贷款,还会融通长期固定资本,甚至进行债券和股票投资。这一模式有利于银行全面开展经营活动,为企业提供全方位金融服务。但同时该模式相较于英国模式,加大了银行运营风险,要求较高的银行经营能力。

我国商业银行目前采用分业经营模式,主要业务包括负债业务、资产业务、中间业务、国际业务等。商业银行通过负债业务,从个人、企业、中央银行和其他商业银行等吸收资金,并通过资产业务将资金释放到个人、企业、事业单位和其他商业银行。商业银行借此实现资金流通,并通过借入资金和

借出资金的利率差盈利。

二、痛点梳理

痛点一:供应链业务问题。虽然供应链融资业务对商业银行经营有着较为积极的作用(促进企业与银行的互利共赢,提高商业银行盈利水平,降低商业银行资金闲置率,把控银行运营风险等),如图14-3所示,但供应链融资业务存在以下3个问题。

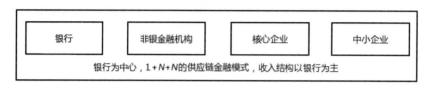

图14-3 商业银行供应链金融模式

(1)信任问题:由于市场频繁的资本交互和信息互动,供应链数据有多个方向的来源,牵连经济社会众多角色。但是,这些信息缺乏中心机构的信任背书,所涉及企业信息难以核验。

(2)数据问题:商业银行基于企业数据分析其经营管理状况与信贷要求之间的匹配程度,但是由于相关数据来源有限,难以保障商业银行分析结果的有效性。

(3)效率问题:由于供应链涉及物流、资金流和信息流等多方面,采用人工的互动方式,效率和正确率都不高。

痛点二:信用证业务问题。信用证业务相关参与主体较多,且信用证间的传输和审批流程较长,不仅产生高昂的流通费用,而且严重阻碍业务效率的提升。另外,商业银行传统中心数据库模式导致信用证业务多方信息核验难题。

痛点三:信用报告问题。目前我国商业银行信用报告系统具有以下问题。首先,部分聚焦于实体的信息信用机制由于信息来源多元化,导致数据信息无法做到及时更新。其次,由于薄弱的信息交流机制和较低的数据集中度,导致现有系统普遍丢失大量敏感信息。

三、区块链赋能逻辑框架

1. 适用性分析

综上所述,商业银行中的痛点可以归结为供应链业务带来的信任问题、数据问题和效率问题,其中,信用证业务问题涉及的业务效率问题,以及信用报告问题中的数据来源问题和敏感信息丢失问题,可以被抽象地概括为效率问题和信任问题。

如图14-4所示,基于区块链数据真实可信、不可篡改、公开透明等特征,可有效解决商业银行信任问题,同时在数据共享的基础上可建立可信业务协同体系,从而解决商业银行的效率问题。

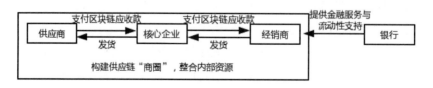

图14-4 区块链与资产业务

此外,商业银行运营模式与区块链应用四大原则相吻合。基于区块链分布式数据存储等特征,可保障在商业银行敏感数据真实可信及存储安全的前提下,构建商业银行间数据共享体系,实现更广阔的业务协同,商业银行业务得以高效开展。

2. 解决方案与价值梳理

针对供应链业务模式的改善问题,区块链构建商业银行可信数据库和信息流,减少信息核验成本且最大程度规避风险,在一定程度上缓解信息不对称问题。另外,区块链技术实现数据隐私保护前提下的数据共享,构建银行间业务协同体系,提升商业银行运营效率。同时,区块链智能合约等特征实现相关业务智能化处理,简化业务流程,减少人工参与带来的风险。

针对跨境信用业务的优化问题,区块链技术可建立涵盖交易双方、商业银行等在内的业务协同体系,并通过智能合约、分布式账本等技术保障多方数据的可信流转。同时,区块链非对称加密等技术最大程度确保交易的安全性和高效性。因此,区块链可增加跨境信用业务的透明性、高效性和数据可信性,保证参与方信息真实、可靠。

针对信用机制问题,如图14-5所示,基于区块链数据不可篡改、公开透明等特征,可实现多方数据有效共享,同时区块链加密算法等技术保障隐私数据安全,进而构建更广阔的数据可信共享机制。

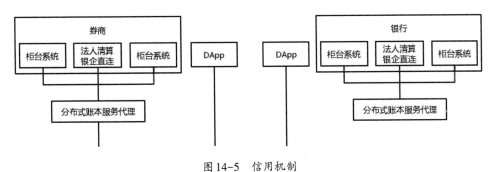

图14-5　信用机制

四、巴克莱银行应用区块链解决信用证问题

1. 案例介绍

巴克莱银行(Barclays Bank)将区块链技术引进并用于信用证、贸易金融和供应链金融等业务领域。

2. 解决方案

巴克莱银行把国际贸易流程相关文件(如信用证和提货单)和相关交易数据储存在区块链网络中。区块链数据真实可信、不可篡改等特征,可有效解决数据信息验证、安全存储等难题。另外,区块链智能合约、点对点网络等技术简化了传统商业银行业务流程,提升了业务效率。

3. 业务流程

商业银行业务相关参与方可通过相应区块链节点直接参与业务流程,基于区块链的商业银行可信数据系统实现参与方身份自动识别,相关信息智能匹配,缩减业务手续,提升业务办理效率。另外,商业银行通过区块链网络节点基于一定的权限可查询参与方可信数据信息,降低业务风险。

4. 案例评价

由巴克莱银行的案例可以看出,区块链保障商业银行业务相关参与方的数据真实性,助力商业银行可信数据分析事项的进行。同时,区块链数据共享体系有效打通传统商业银行业务数据可信流转通道。通过提高商业银行业务的准确性和效率,可以使中小企业的融资进行得更加方便、快捷,从而促进实体经济健康发展。

14.2.2　基于区块链的负债业务系统构建

一、商业银行负债业务概述

负债业务是商业银行借以形成其资产的业务,主要包括存款业务和借款业务。简而言之,负债业务为商业银行通过存款、借款等方式吸收社会闲置资金的业务。

其中,存款是商业银行资金的主要来源。存款业务一般有活期存款、定期存款和储蓄存款三类。

活期存款是指无须客户预先告知,可随时提取或支付的存款。活期存款是商业银行的重要资金来源,提高银行的盈利水平和信用创造能力。

定期存款是客户须预先约定存储期限的存款。相较于活期存款而言,定期存款具有较长的储蓄年限。对于存户来说,定期存款以较小的风险获得稳定的利息收入,同时可作为动产抵押品取得贷款。对于商业银行来说,定期存款提供稳定的资金来源,降低经营成本,提高盈利水平。活期存款和定期存款都可面向个人、企业单位和政府机关。

储蓄存款是指个人为积蓄货币并获得利息收入而开立的存款账户,也分为活期和定期两类。在国内,储蓄存款专指居民个人在银行的存款。

而借款业务分为同业拆借和向中央银行借款两类。

同业拆借与存款准备金密切相关。由于商业银行时刻变化的资金结构和余额,有时会形成超额储备。为避免储备利息损失,商业银行会将超额储备拆放出去;而在储备不足时,则会通过拆进资金进行补足。这样就可以实现资金在商业银行间的流通,有利于银行进行资产负债管理。

向中央银行借款主要有直接借款(再贷款)和间接借款(再贴现)两种方式。我国商业银行主要以再贷款的方式向中央银行借款。

二、痛点梳理

痛点一:交易风险大。在客户身份识别(KYC)的步骤中,银行往往难以获知客户的真实身份,因此交易的风险较大。

痛点二:效率低。在负债业务的运作流程中,业务涉及的数据分类复杂,导致用户难以理解,因此需要人工指导。这会增加商业银行的人工成本,并降低存款业务的执行效率。

痛点三:不公平。在吸引存款的过程中,可能会发生权力寻租,这会加大社会不公平,造成不必要的资源分配不均匀问题。

痛点四:传统业务受负面影响。在商业银行拉新留存的过程中,由于数字货币的兴起,储蓄率下降,还有存款向理财产品的转化,商业银行的存款业务会受到负面影响。

痛点五:运营成本增加。在促活营收的过程中,由于涉及人工及数字的繁杂,会进一步增加银行的运营成本。

三、区块链赋能逻辑框架

1.适用性分析

综上所述,负债业务中存款业务的痛点可以归结为风险问题及效率问题。如图14-6所示,基于区块链的数据真实可信、公开透明等特征,可有效解决存款流程中的数据风险等问题,并在此基础上建立多主体可信协同的业务模式,从而解决负债业务痛点中的效率问题。

此外,商业银行负债业务运营模式符合区块链应用四大准则。区块链技术的应用使存款业务流程得以透明、清晰和快速地进行。首先,区块链可以帮助商业银行的信用网络建立更大的协同;其次,区块链也能够提高商业银行存款业务的业务效率并且降低相关的风险。

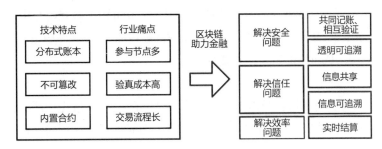

图14-6　区块链与负债业务

2.解决方案与价值梳理

对于客户身份识别中的风险问题,区块链的技术可以引入一次性身份验证。通过电子的一次性身份验证,可以帮助银行获知客户的真实身份,从而降低风险。

对于存款业务流程中的效率问题,区块链智能合约等技术可为商业银行创建智能协议模板,允许参与方链上查看、修改、签署姓名和记录信息。因此,如图14-7所示,区块链网络所有参与方均可看到该交易所有信息,从而帮助参与方做出正确的判断。此外,区块链点对点架构简化业务流程,减少人工错误,从而提高了商业银行的负债业务效率。通过系统自动触发并且把传统的人工纸质负债业务合同转化为智能合同,可以进一步提高负债业务的有效性、效率性及准确性。

对于拉新留存中数字货币和理财产品的兴起问题,区块链作为数字货币的摇篮,可以推动数字货币业务的进步,从而帮助拉新留存业务。

对于促活营收业务,区块链可以引进电子的积分系统,在其中内置多种变现渠道,用以激活旧客户、吸引新客户。同时,使用电子记分系统不需要耗费大量人力和时间,既可以留住客户,又可以增加业务办理的效率。

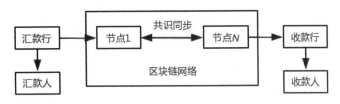

图14-7　"区块链+负债业务"解决方案

四、中国银联和IBM利用区块链完成存储卡积分项目

1. 案例介绍

为了增强存款业务的吸引力,许多银行除了提高利率和使用送礼、送券等营销手段,还引入区块链技术用以丰富存储卡积分模式。区块链可实现客户跨行积分兑换,有效提升客户的忠诚度及黏性。中国银联和国际商业机器公司(International Business Machines Corporation,IBM)在2018年就完成了存储卡积分的项目试点。

2. 解决方案

(1)中国银联通过区块链技术整合个人在不同银行的积分,由此世界各地的消费者可在短时间整合多家银行奖励积分并兑换礼品。

(2)区块链技术实现不同商业银行积分数据信息共享。IBM中国研究院和中国银联电子支付研究院经过研究和创新改革,共同推出由区块链技术支撑的超级账本,允许中国银联在IBM区块链上搭建存储卡积分共享平台,从而鼓励积分链上跨行交换。

3. 业务流程

基于超级账本Fabric,中国银联开创跨行自由兑换积分的先例,一改先前严格积分政策和有限可兑换商品选择对客户积分兑换积极性的抑制,客户仅需几分钟便可完成不同银行间积分聚拢及积分兑换等操作。

4. 案例评价

IBM的区块链技术和中国银联支付业务创新的结合有效缩减了积分兑换时间,降低了人工成本,同时增强了客户对中国银联的忠实度。

此次革新创造存储卡积分新的业务模式,具有极其重大的意义,帮助商业银行定义和开发更多行业应用项目,完善传统业务网络,助力商业银行业务转型升级。

14.2.3 基于区块链的资产业务系统构建

资产业务是商业银行运用其资产从事各种信用活动的业务,主要包括贷款业务、票据业务和贸易金融业务。

一、区块链在贷款业务中的应用

1. 贷款业务概述

贷款业务作为商业银行最重要的资产业务,主要通过放款后回收本息的方式获取收益,是银行主要的盈利手段之一。贷款参与方包括个人、经济组织、事业单位和企业单位等。

根据期限可将贷款分为活期贷款、定期贷款和透支。活期贷款即指偿还日期不确定的贷款,可由银行随时收回;定期贷款则是有固定偿还期限的贷款;透支是活期存款账户依合同向银行透支的款项,本质上也属于贷款。

贷款按保障条件分类包括信用贷款、担保贷款和票据贴现等。信用贷款是指银行完全依据客户信誉而无须其他抵押物或担保人发放的贷款,具有风险大、利率高的特点;担保贷款则是需要具有一定信用或财产作担保的贷款,可以依据还款保证的不同继续细分;票据贴现比较特殊,是指银行依据客户要求,以现款或活期存款购买客户持有的未到期的商业票据的形式发放的贷款。

2．痛点梳理

痛点一:效率低下。在客户申请和银行受理的过程中,手续十分烦琐,并且需要人工的介入。烦琐的手续和人工问题会导致负债业务的效率低下。

痛点二:准确性低。在贷款审批和贷款发放的过程中,人工审批会造成贷款人的信息分散及不透明的情况,可能影响业务的准确性。此外,贷款审批和发放的等待时间也比较长。

痛点三:信息不对等。在贷后管理时,负债业务往往需要贷款人、银行、公证、律师等多方参与,可能造成信息不对等及效率低下的问题。

痛点四:风险高。商业银行贷款业务一般伴随较高的业务风险,特别是信用贷款、消费贷款等背景下,普遍存在难以充分掌握客户敏感数据进行风险评估而急于放款所带来的高风险运营的情况。

3．区块链赋能逻辑框架

(1)适用性分析。综上所述,贷款业务的痛点可以归结为贷款申请、受理和发放过程中的数据问题、效率问题和风险问题。这些可以被抽象地概括为效率问题和信息不对称问题。

如图14-8所示,区块链数据不可篡改、公开透明等特征可有效解决贷款流程中不同参与主体间数据信息真假难辨、数据泄露风险等问题,并在此基础上建立业务数据共享网络、业务协同网络,简化传统贷款业务流程,提升贷款业务效率。

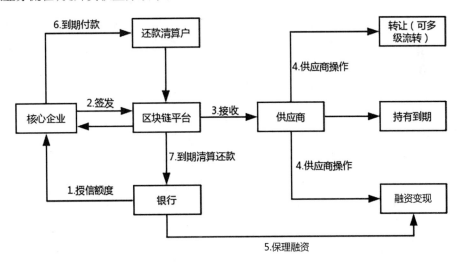

图14-8　区块链与贷款业务

此外,区块链贷款业务模式符合区块链应用四大准则。通过区块链的集成分布式数据存储、对多方公开的可追溯性和有效防止外部获取数据的特点,贷款业务得以透明、清晰和快速地进行。首先,区块链可以帮助商业银行的信用网络建立更大的协同;其次,区块链也能够提高商业银行的业务效率并且保留更多信用;最后,区块链可以推动整个贷款业务系统的自治。

(2)解决方案与价值梳理。贷款业务流程中的客户申请及银行受理的过程,如图14-9所示,区块链技术可为商业银行创建智能协议模板,实现相关业务系统自动触发执行。相关合同可被链上相关

方依权限查看、修改、签名和记录。因此,相关方均可基于区块链的数据共享网络查看业务相关可信信息,从而帮助相关操作的评估的进行。此外,区块链智能合约、点对点网络等特征可简化业务流程,减少人为参与,降低业务风险。

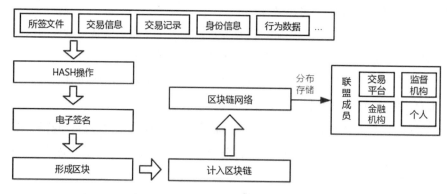

图 14-9 "区块链+贷款业务"解决方案

对于贷款审批及贷款发放的步骤,区块链智能合约等技术实现贷款审批智能化。通过让审批过程无须担保及推动无纸化工作,区块链让贷款的审批和发放更有效率和准确性。

在贷后管理环节中,区块链数据可追溯等特征实现贷后资金全程可监管,最大程度降低贷款风险,此外整个流程无须第三方加入,减少业务成本,大幅提高沟通效率。

对于逾期贷款清收问题,一方面区块链智能合约可实现对相关款项智能处理,减少人为清收带来的成本,另一方面区块链业务协同网络的构建实现跨银行资金的调配,极大降低客户资金隐匿的可能性。

4. 基于区块链的"我的南京"APP

(1)案例介绍。在2017年下半年,南京政务办联合南京市房产局和银行,利用区块链技术实现不同政府部门的政务系统和多个商业银行的业务系统的有效业务协同,实现了不同部门之间可信数据快速流转,简化了业务流程。在该业务模式下,烦琐的政府证明和资质认证都将变得智能化、简单化。南京市民可通过"我的南京"APP一键申请信贷业务,相关部门可在链上实现审批,所有业务相关信息都将在链上可信存储,实现业务全流程可追溯。

(2)解决方案。

①南京政府联合银行和机构,利用区块链的技术把政府各个部门的系统和银行业务系统连接起来。区块链的可追溯性和透明性使之前的各类纸质证明和资质都得以简化,完全实现了线上的自动化信贷业务流程。

②南京市民可直接在"我的南京"APP上进行实名认证,并进行贷款业务相关文件的提交,而银行只需链上操作即可完成授信。

(3)业务流程。南京市民在"我的南京"APP上提交贷款申请,政府和银行收到申请后,可直接在链上审批各种证明和资质,并进行后续操作。简而言之,通过该平台,申请人、政府和银行可在链上简化烦琐的申请流程,实现贷款业务流程透明化,降低业务成本。

(4)案例评价。区块链大幅提升相关业务的办事效率和准确度,简化传统纸质文件部门间共享流程,缩短业务办理时长,降低人工成本。此外,区块链分布式账本等技术使申请、审批、发放贷款的流程变得更加透明,为参与方提供有力的管理抓手。

二、基于区块链的票据系统构建

1.票据业务概述

票据业务是指商业银行依据一定的要求和方式为票据的设立、转移和偿付进行的经营性业务活动,如图14-10所示。这是一项建立在商业信用和银行信用基础上的传统资产业务,主要包括票据的承兑、贴现和票据抵押放款。

承兑是指商业银行开设特定账户,保证票据付款人在期限日完成足额付款的业务,适用于远期汇票;贴现是商业票据持票人在到期日前,为了获取资金,通过贴付利息将票据权利转让给商业银行的行为;票据抵押放款即商业银行以未到期的票据作为抵押依据放出的贷款。票据业务可以使资金在个人、企业和银行之间流动,减少社会闲置资金规模,促进资金融资,提升实体经济发展潜力。

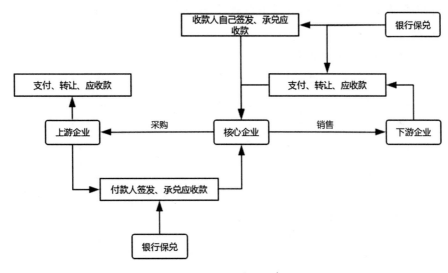

图14-10 区块链与票据业务

2.痛点梳理

痛点一:效率问题。无论是证券交易所还是票据交易所,票据的有关交易都需要经过多方参与才能完成,导致整个业务流程相当烦琐,效率低下。

痛点二:造假问题。针对纸票的诸多弊端和造假问题,央行正在积极推进电票。但是电票仍不够安全,如内部人员篡改或黑客入侵修改电票金额等,导致票据系统高风险和票据造假问题。

痛点三:不公开问题。票据业务有众多参与方,但传统流程并不能保证每一个角色所知信息都是对等的。因此,票据相关流程的烦琐及不透明导致相关业务风险较高。

3.区块链赋能逻辑框架

(1)适用性分析。综上所述,票据系统的痛点可以归结为票据流程中的不透明问题、效率问题和造假问题。

区块链数据公开透明、不可篡改等特征实现不同参与方间数据可信共享,确保票据业务相关信息真实可信,多方验证机制降低票据造假的可能性,并在此基础上建立多主体可信协同的业务模式,从而提升票据业务效率。

此外,商业银行票据业务模式符合区块链应用四大准则。通过区块链数据公开透明、可追溯等特点,票据业务流程得以透明、清晰和快速地进行。

(2)解决方案与价值梳理。

针对第一个痛点,区块链分布式技术架构将各参与方纳入区块链网络相应节点中。各参与方可在节点上实现相应业务操作,简化传统部门间业务协作烦琐的手续。同时,区块链网络实现业务数据共享,简化传统票据业务流程。

针对第二个痛点,区块链数据真实可信、不可篡改等特征保证链上数据真实可靠,从而避免传统票据造假造成的票据风险,同时区块链多方验证进一步保证票据的真实性。

针对第三个痛点,区块链时间戳等特征可有效追溯资金流向及交易记录,链上所有相关信息均公开、透明,同时所有参与者都可基于一定权限查看、修改相关数据。因此,区块链完美解决信息不公开和不透明的问题。

4.上海票交所上线数字票据交易平台

(1)案例介绍。2018年初,上海票交所推出并试运基于区块链的数字交易平台,允许各商业银行(如中国银行、浦发银行等)在该平台开展数字票据相关业务,如数字票据的贴现、转贴现、签发和承兑等业务。

(2)解决方案。

①通过引进区块链技术,企业署名的唯一性、真实性得以保证。因为在区块链网络中相关主体身份一旦形成密钥,该密钥便不可进行任何形式的修改。所以,任何第三方都不能修改相关信息,只能添加一定信息,从而保障票据署名真实、可靠。

②区块链分布式存储等特征有效缓解传统线下纸张及线上电子数据带来的造假风险。因此,区块链的分布式账本技术保证数据真实、可信。

③通过引进区块链的智能合约技术,可以让各种类型的交易根据线上智能协议的规定自行履行相应的责任和义务,简化业务流程。

(3)业务流程。该平台进行结算方式改革,通过"链上确认,线下清算"的结算方式,银行、企业可直接在链上完成相关操作,实现多部门业务协同。

(4)案例评价。该数字票据交易平台是区块链技术在票据金融领域应用的代表,其将区块链技术的不可篡改、支持多方查看等特点显现得淋漓尽致,最大程度地保证了票据有关交易的规范性、安全性。

三、基于区块链的贸易金融系统构建

1.贸易金融概述

贸易金融是商业银行在贸易双方债权债务关系的基础上,为国内或跨国交易提供贯穿全流程的金融服务,不仅包括贸易结算、贸易融资等基础服务,还有信用担保、财务管理等增值服务。

贸易结算是最基础的贸易金融业务,主要目的是促进企业交易,降低成本。以企业为基础进行的贸易交易结算,仍是商业银行贸易金融服务的起点和重要内容。贸易融资则为贸易活动提供各种资金支持,进而起到润滑和催化的作用。避险保值、信用担保等业务则为企业提供多样化的金融支持。前者是在波动频繁的市场环境下帮助客户有效规避风险的专业服务,后者则是商业银行为贸易参与者增强信用、促进贸易进行而提供的服务。但值得注意的是,无论是哪一种业务,商业银行贸易金融都只服务于实体经济。

2. 痛点梳理

痛点一:效率低。在贸易中需要通过邮寄的方式进行信用证传递,这不仅耗时还增加相关成本。

痛点二:不规范。贸易过程中所需要的文件样式一般不统一,可能造成不必要的麻烦。

痛点三:不便利。跨境贸易过程中需要通过SWIFT发送确定电函,但SWIFT不支持中文。因此对我国的参与方可能造成不便。

痛点四:风险多。贸易的交易流程完全依靠企业及银行的信用,容易产生拒付纠纷,加大贸易的风险性。

痛点五:信任弱。传统信用证容易造假,造成信任问题。

3. 区块链赋能逻辑框架

(1)适用性分析。综上所述,贸易金融的痛点可以归结为相关业务流程中的效率问题和风险问题。

区块链数据不可篡改、数据公开透明等特征能够有效解决贸易流程中的风险问题,并在此基础上建立多主体可信协同的业务模式,从而解决贸易系统的效率问题。

此外,贸易金融模式与区块链应用四大准则相符合。区块链技术实现贸易金融业务数据可信存储和动态更新,有效防止他人入侵数据,使贸易业务流程得以更加透明、清晰和快速地进行。

(2)解决方案与价值梳理。区块链分布式数据存储、数据不可篡改等特征最大程度降低跨银行贸易业务数据泄露风险,打通参与主体间数据可信流通渠道。贸易金融相关参与方成为区块链网络重要节点参与相关业务流程,同时智能合约技术实现相关业务智能化处理,减少人为参与,降低人为因素对业务准确性带来的干扰。

4. 民生银行福费廷项目

(1)案例介绍。民生银行从2016年开始对区块链技术在商业银行领域应用进行探索,早期推出一个基于以太坊的星球挖矿营销项目,本质为私有链,但真正商业化运用的区块链应用产品是2017年与中信银行协同搭建的联盟链平台。而民生银行在此基础上,联合中信银行和中国银行共同设计开发了区块链福费廷交易平台。随着平台用户规模的扩大,该平台扩展了更多应用场景。

(2)解决方案。

①此交易平台基于分布式架构,业务环节全流程上链,各环节智能化衔接,为福费廷业务打造预询价、资产发布后询价、资金报价多场景业务并发、逻辑串行的应用服务流程。

②相比于信用证,新增一个包买商的身份,包买商可以是银行,也可以是任何有资质购买这种资产的金融机构,通过区块链实现报价、询价,乃至资产发布,从而形成从信用证到资产买卖、债权转让

的完整闭环。

(3)业务流程。图14-11所示为民生银行和中信银行联合开发的联盟链技术平台。目前,这一平台仅用于金融同业业务,未来还会拓展供应链金融、智慧零售等业务。

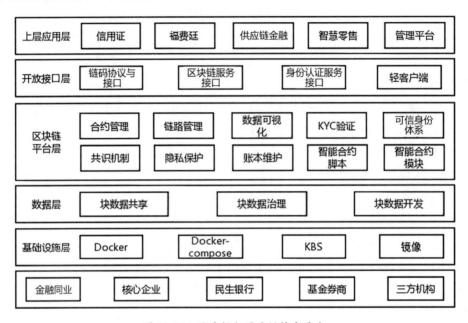

图14-11　民生银行区块链技术平台

(4)案例评价。民生银行基于区块链的福费廷项目可以有效节省时间,降低成本,创造新的业务模式。此外,这次民生银行的项目有利于金融机构调整业务方向,贴近市场的真实需求,更深一步地提升电证系统的服务水平,有效促进国内福费廷市场的健康、稳定发展。

14.2.4　基于区块链的中间业务系统构建

一、商业银行中间业务概述

中间业务是商业银行为客户办理收款、付款和其他事项而收取手续费的业务,主要包括汇兑业务、信用证业务、代收业务、信托业务等。中间业务是指银行以中间人的身份代理客户承办事项,提供金融服务并以此收取手续费。

二、基于区块链的资金清结算系统构建

1. 资金清结算系统概述

资金清算是以商业银行为代表的金融机构间处理资金调拨、划拨,支付结算款项,并就由此引发的资金流动进行清偿的过程。

资金结算一般发生在单位或个人之间,是指由商品交易、劳务服务等经济往来活动所引起的货币收付行为,包括现金结算和非现金结算两类。前者主要指用现金进行的直接支付;后者则是通过金融机构划拨转账或票据流通进行的收付。

因此,资金清算和资金结算都属于商业银行的中间业务。

2. 痛点梳理

痛点一：人为因素影响。资金清结算业务操作流程为登录银行系统，进入个人账户，再发起转账申请。整个流程十分繁杂，耗时长，并且需要人工干预。

痛点二：效率低下。在资金清算业务中发起转正申请后，资金结算和清算流程需要多方参与，特别是银行审批环节。除此之外，银行间转账耗时长、步骤多，造成资金清算业务流程效率低下。

3. 区块链赋能逻辑框架

(1)适用性分析。综上所述，资金清结算业务的痛点可以归结为流程申请、受理和执行过程中的效率问题和隐私安全问题。

区块链分布式存储、数据不可篡改等特征有效保障资金清结算业务数据可信安全存储，降低隐私数据暴露的可能性。区块链智能合约等技术能够有效简化业务流程，减少资金清结算流程人为参与的环节。基于参与方间可信数据共享通道实现商业银行清结算业务协同体系，提升业务效率。

此外，商业银行资金清结算业务模式与区块链四大应用准则相符合。区块链可信数据存储、点对点网络等特征有效实现资金清结算业务协同体系，提升资金清结算效率。

(2)解决方案与价值梳理。图14-12所示为构建基于区块链的资金清算系统。

针对痛点一，区块链智能合约等特征能够有效实现资金清结算业务智能化，减少人为参与，简化业务流程。区块链分布式架构实现相关参与方数据实时同步，提升业务参与方间业务协同效率。

针对痛点二，区块链数据不可篡改、数据真实可信等特征能够有效保障资金清结算数据安全可靠，提升交易的安全性。通过各步骤的独立运作及区块链的可追溯性，可以减少信息不对等的情况，从而大幅降低资金清结算业务的风险性。

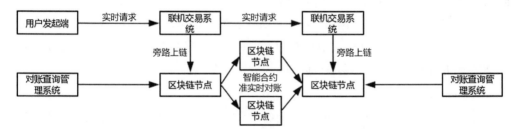

图14-12　"区块链+清算系统"解决方案

4. 基于区块链的资金对账平台

(1)案例介绍。北京众享比特科技有限公司基于区块链技术搭建资金对账平台，快速存储企业账本信息及相关数据，参与方仅需链上操作即可完成企业间对账事项。此外，区块链智能合约等特征可更进一步地使资金交易的对账更加快捷、便利，有利于提高对账的完成度和精确度。

(2)解决方案。区块链点对点网络、智能合约等技术实现业务流程智能化处理，简化业务流程，提升业务效率。同时，区块链分布式数据存储、加密算法等特征实现在隐私数据安全保障的前提下参与方间数据的有效共享，构建业务协同体系。

(3)业务流程。参与方在链上操作，区块链网络智能执行每一笔相关交易的审核和检验事项及精准的对账处理。该对账平台全流程无须人工参与，极大地提升业务效率。

(4)案例评价。区块链技术可有效降低数据出错的风险。通过区块链相应节点,各个企业可将对账所需的相关数据储存在区块链网络中,实现加密数据有效共享,多方数据验证,降低数据造假的可能性。

三、基于区块链的信用证系统构建

1. 信用证业务概述

信用证业务属于国际结算方式,是典型的逆汇。信用证本质为银行有条件的付款承诺。具体流程为开证银行依据申请人的要求,基于受益人作出的书面保证文件,在一定期限和合适金额内,只要受益人的单据与信用证条款符合,那么开证银行就一定会向受益人付款。

信用证根据是否附有单据条件可分为跟单信用证和光票信用证,前者主要用于国际贸易,后者则多用于母公司与子公司间的结算。信用证也可按照开证银行承担的付款责任进行分类,分为可撤销信用证和不可撤销信用证。此外,信用证还可以依据付款方式、是否可转让、金额使用次数等进行分类。

以信用证进行结算,实际属于单据买卖,只有付款结算后,买方才能得到提取货物所必要的单据。这种方式在国际贸易和公司贸易结算中是十分安全的。

2. 痛点梳理

痛点一:安全性问题。在传统信用证业务流程中,纸质形式是信用证在多方传递的常见方式,导致该项业务风险较高。

痛点二:信息不对等问题。跨银行信用证业务尚未实现电子形式的消息传递,在相关信息改动时,多方信息无法及时传递,造成信息不对等问题。

痛点三:不自主问题。银行间国内信用证目前很多都使用SWIFT MT799、MT999或二代支付的报文,而MT799与MT999不支持中文,二代支付报文较短不能满足要求。因此,信用证业务基本不支持中文,给我国的办事人员造成了不必要的麻烦。

3. 区块链赋能逻辑框架

(1)适用性分析。综上所述,信用证业务的痛点可以归结为流程申请、受理和执行过程中的数据安全性问题和效率问题。

区块链数据不可篡改、真实可信等特征保证信用证业务相关数据真实可信,降低商业银行信用证业务风险。同时,区块链智能合约、点对点结构等特征简化业务流程,减少人为因素的干扰,提升业务效率。此外,信用证业务模式符合区块链应用四大准则。

(2)解决方案与价值梳理。针对痛点一和痛点二的安全问题和信息不对等问题,基于区块链技术搭建信用证可信数据存储系统,保障信用证业务相关数据隐私安全,同时分布式存储实现参与方可信数据共享。参与方可在链上实现信用证信息实时写入、随时读取,减少信用证及相关资料的传递时间,加快业务速度。

对于痛点三的不支持中文的不自主问题,区块链智能合约等特征使相关业务智能化处理,有效解决不自主问题带来的效率损失。

4. 基于区块链的国内信用证信息传输系统(BCLC)

(1)案例介绍。云象区块链协同中国民生银行共同创建基于区块链的国内信用证信息传输系统(BCLC),有效完善传统商业银行信用证业务流程。

(2)解决方案。通过区块链的技术和特点,信用证的不同业务流程(从开立到付款的全部流程)都可以在该平台上实施。因此,BCLC把各个不同的银行连成了一张网络,让整个信用证的流程更加开放和透明。

(3)业务流程。各个银行可在链上通过BCLC进行相关流程的操作。BCLC中的不同节点都有信用证业务相关流程的程序、资料和数据,比传统信用证业务更加有效率和安全,最大程度降低伪造的可能性。

(4)案例评价。通过区块链结合信用证业务,BCLC创立信用证有关流程电子化、智能化的传递体系,大大减少信用证及其有关资料传递所需的资源和时间,充分提升信用证业务效率。同时区块链的可追溯、不可篡改等特点也大幅降低信用证业务风险。

14.2.5 基于区块链的国际业务系统构建

一、国际业务概述

商业银行的国际业务是相对于国内业务而言的,主要指涉及外国客户和外国货币的活动。开展国际业务是银行拓展业务领域、提高国际影响力的有力方式。国际业务主要包括国际结算业务、国际信贷业务和外汇交易业务。

国际结算包含4个方面:汇款结算、托收结算、信用证结算和担保业。

汇款是付款人把应付款项交给往来银行,请求银行代替自己将款项支付给收款人以实现债权债务结算的方式。国际汇款结算业务一般分为电汇、信汇和票汇三大类。汇款结算涉及4个主体:汇款人、收款人、汇入行和汇出行。

托收则是债权人为了向国外债务人收取款项,从而开出汇票并委托银行进行代收的结算方式。托收一般分为光票托收和跟单托收,其中,前者是不带任何商业单据的托收,后者则为有商业单据的托收。托收结算业务也包含4个主体:委托人、托收银行、付款人和代收银行。

信用证结算则是指买卖双方在签订合同后,进口商主动请求银行向出口商开立信用证,从而对自己的付款责任作出担保。待出口商依据信用证条款履行责任后,进口商再将款项通过银行代交给出口商。信用证结算业务主要包括3个主体:开证申请人、受益人和开证银行。

商业银行在国际结算业务中,除了使用上述3种方式,还会以自身信誉作为进口商的担保,从而促进结算顺利进行。以此提供的担保主要包括银行保证书和备用信用证两种形式。前者又称保函,是银行根据委托人请求,向受益人开出的担保文件;后者则是一种具有银行保证书性质的凭证,是开证行对受益人开出的担保文件,以保证申请人履行自身职责。

国际信贷业务主要指商业银行的进出口放款业务。对进口商提供的贸易融资包括进口押汇、票据承兑、买方信贷和承兑交单托收4种。类似的,对出口商提供的贸易融资也包括4类,即出口押汇、票据承兑、卖方信贷和打包放款。

外汇买卖业务是商业银行国际业务中的重要形式,包括外汇寸头、即期外汇买卖、期权交易和套利等。外汇买卖可以为进出口商提供融资服务,也可以调整银行自身的外汇寸头,同时还能赚得投机利润。

二、痛点梳理

痛点一:效率低。跨境支付的交易都必须在银行储存,而且交易还有资金清算的过程。因此,跨境支付的效率较低,并且人工成本较高。

痛点二:支付风险大。很多出口企业出现了大量的海外应收账款、坏账等问题。传统电汇支付风险较大,在货到付款模式下,可能财物两失,而在预付货款模式下,存在款到无物等情况。

三、区块链赋能逻辑框架

1. 适用性分析

综上所述,国际业务的痛点可以归结为业务流程中的安全性问题和效率问题。

区块链数据不可篡改、安全可信等特征能够有效保障国际业务相关数据隐私安全,并在此基础之上建立多主体可信协同的业务模式,从而解决信用证业务痛点中的效率问题。此外,区块链应用四大准则也和国际业务痛点的解决相吻合。

2. 解决方案与价值梳理

如图14-13所示,跨境支付交易的多个参与方成为区块链网络节点,参与国际支付网络。此外,区块链中的数字资产和线下的货币可以被绑定在一起,有利于实现线下货币的数字化,从而实现链上支付转账。

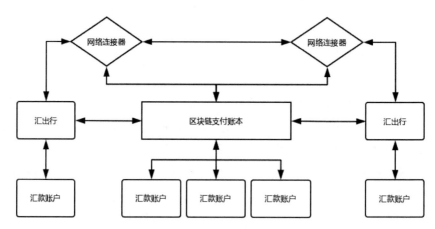

图14-13 "区块链+国际业务"解决方案

另外,区块链支付网络将多个参与方连接在一起,从而让中间环节剥离出交易流程,让交易更加高效,成本更加低廉。

值得详述的是区块链的四大功能模块。

(1)网络连接器:它可以和传统跨境支付系统绑定,使商业银行可利用区块链技术进行跨境支付。网络连接器使汇款方和收款方绑定在一起,用以实现进出口双方有关数据和资料的交换。在参与方确定了交易有关资料的准确性后,网络连接器可帮助区块链支付账本进行最终的结算,并告知所有参与方确定有关交易。

(2)区块链支付账本:不同的参与方(如银行和做市商)可以作为节点进入区块链支付账本。

(3)做市商客户端:做市商通过区块链支付账本发布外汇牌价。

(4)交易客户端:客户直接在交易客户端进行区块链支付,或和传统模式一样,经由金融机构进行支付。

四、中国银行基于区块链的跨境支付系统

1. 案例介绍

中国银行基于区块链技术搭建跨境支付系统,简化跨境支付流程。2018年中下旬,河北雄安和韩国首尔基于该平台实现跨国国际美元汇款,这是我国银行第一次通过区块链平台实现跨境汇款。

2. 解决方案

传统跨境支付业务里,支付交易有关的数据和资料要在多个国家的不同银行间进行传递和审批等。因此,数据传递流程很长,从而导致参与方没有办法及时取得交易的状态和相关信息。此外,由于人工和管理上的局限性,跨境支付业务成本也有提高。

中国银行利用区块链技术作为支持,建立跨境支付系统。银行即可在区块链上完成跨境支付,并迅速完成各个参与方间的交易数据和资料共同获取,并且可在短时间内进行客户结付,迅速获取交易状态和资金走向。

3. 业务流程

通过中国银行研发的跨境支付系统,各个交易参与方可在系统中迅速进行有关操作。此外,银行也可在链上进行实时销账,取得账户有关信息,让管理流程更加方便、快捷。

4. 案例评价

中国银行的跨境支付系统把区块链的分布式数据储存、共识机制和点对点传输等特点发挥得淋漓尽致。通过安全共享交易有关资料和各个银行间的系统整合,跨境支付系统让区块链技术和现有的传统业务完美结合。此系统冲破了传统国际支付流程烦琐的限制,让区块链在应用中体现自有特点,并为相关业务发展提供坚实的技术后盾。

《14.3　区块链在保险中的应用

一、保险业务概述

保险是投保人根据合同约定,向保险人支付保险费,保险人根据合同对可能发生的事故造成的财产损失承担赔偿的行为。商业保险主要可以分为财产保险、人身保险、责任保险和信用保险。保险业务也因保险种类的不同而出现差异化。

财产保险是投保人财产及财产相关利益因自然灾害或意外事故而造成损失时,保险人需要承担赔偿责任的保险,主要以财产及其损害赔偿责任作为保险标的。该保险面向个人、企业、组织等。

人身保险是以人的生命或身体为保险标的,需在被保险人发生事故时依照合同进行赔偿。人身保险还分为人寿保险、伤害保险和健康保险3种。与财产保险不同,人身保险中承包人承担的是给

付责任,无论具体的损失情况。因此,人身保险多半为定额保险。

责任保险是以被保险人对他人依法应负的民事赔偿责任作为保险标的,没有保险金额,而是规定了赔偿限额。责任保险有两种承保方式:一是作为其他保险的附加组成或部分承保;二是作为主要险种单独承保。责任保险适用于各种单位、家庭或个人。

信用保险是指权利人向保险人购买的信用风险保险,当债务人无法清偿其债务时,保险人对经济损失进行赔偿。信用保险主要有出口信用保险、投资保险和抵押信用保险等形式。需要特别注意的是,信用保险的投保人是企业而非个人。

二、痛点梳理

痛点一:性价比低。和海外相比,我国的保险性价比较低,客户与保险公司之间的沟通较少,保险业务透明度不高。此外,保险行业产品的创新性也比较低,难以满足客户的多种诉求。

痛点二:监管不到位。欺诈问题普遍存在,导致了保险行业的风险性较高,以及安全性不够。

三、区块链赋能逻辑框架

1. 适用性分析

综上所述,保险业务的痛点可以归结为流程中的信息不对称问题。

如图14-14所示,区块链数据真实可信、不可篡改等特征可有效解决保险业务流程中的监管问题和安全性问题。此外,区块链应用四大准则也和保险业务痛点的解决相吻合。基于区块链公开透明的可信数据传输通道,保险业务得以透明、快速地进行。

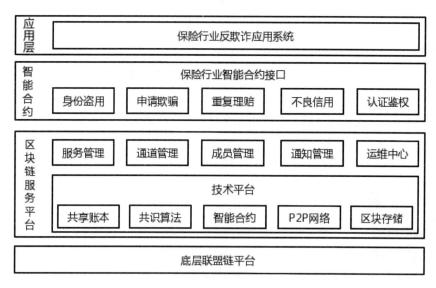

图14-14 区块链与保险

2. 解决方案与价值梳理

针对第一个痛点,通过引入区块链并运用其安全共识机制,将投保人信息数据在链上进行储存使保险业务的流程变得更加便捷和方便。比如,保险公司可将投保人资料和数据上链。在投保人购买保险的时候,由区块链作支撑的系统可以绑定投保人和对应的保险产品。通过这种流程,保险公司完成了数字化、便捷化和效率化地管理客户数据,让数据和资料匹配的环节简单化,提升投保效率。

此外,区块链的技术还让投保人和保险公司的联系更加紧密,提升投保人和保险公司的互动性。通过更加频繁的互动,诈骗等行为可以被更加有效地遏制。假设有关的事故已经发生,由区块链支撑的智能合同即被激活,后续事项将会自行被处理。在事故出现后,区块链可以让系统更加迅速地进行理赔,大幅提升赔偿速度,客户的权益得到了进一步保护。

针对第二个痛点,区块链使保险偿付流程更加简便,最大程度解决监管不到位的问题。比如,在整理保险信息的流程中,区块链可以把多个参与方(如保险公司、投保人、监管方)绑定在一起,并利用其可追溯性和数据不可篡改的特点,通过信息共享,使信息更加透明化、流程更加安全。

四、阳光保险"阳光贝积分"项目

1.案例介绍

阳光保险基于区块链搭建"阳光贝积分"平台,使阳光保险成为中国第一家革新传统保险行业的公司。

2.解决方案

阳光保险把客户的积分和交易信息在区块链上进行记录,以此保证积分的可追溯性和真实性。除了记录最基本的交易信息,阳光保险在项目后期还可以把客户的个人信息等资料在区块链上进行储存。区块链分布式技术使这些信息被快速、精准地记录。

3.业务流程

传统的保险积分只能是公司发放,积分转换相对较难。阳光保险推出的"阳光贝积分"除传统保险功能外,还支持使用QQ、微信等社交媒体对积分进行转赠,使积分在不同的用户间进行传递。同时,"阳光贝积分"允许积分在不同积分兑换平台上兑换礼品。

4.案例评价

对于阳光保险而言,"阳光贝积分"可以让用户更加活跃,并增加用户对该公司的忠诚度。此外,区块链还让用户的信息可以被更加精准和快速地记录,降低阳光保险的运营成本,并提升保险业务效率。

《14.4 区块链在证券中的应用

一、证券业务概述

证券是多种经济权益凭证的统称,是用来证明持有人具有某种特定权益的法律凭证。它主要包括资本证券、货币证券和商品证券。证券业务主要有公开市场业务和证券化业务。其中,证券化业务是指传统储蓄机构和银行资产被转变成可转让证券的过程,也可以说是各式新型票据市场化,主要包括资产证券化和融资证券化。

资产证券化是指将某一资产或资产组合作为证券资产的资产运营方式。它包括四类:实体资产证券化、信贷资产证券化、证券资产证券化和现金资产证券化。我们重点关注信贷资产证券化,这是一种将原本流通性低或不流通的金融资产转换为可流通证券的过程。

融资证券化是指将银行贷款转变为更具有流动性的有价证券、股票和商业票据等。该过程主要表现在两个方面,首先是融资工具的证券化,即通过资产证券化进行融资;其次是金融体系的证券化,即降低银行和其他金融机构的借款比重,提高发行第三方转让金融工具的比例。

二、痛点梳理

1.证券发行过程中存在信息披露问题

首先,证券发行过程中可能会因信息不对称而产生欺骗行为,发行人相对投资者更具备信息优势,投资者无法很好地进行监督;其次,同一家证券公司同时担任承销机构和股票保荐机构,将会导致利益冲突,前者是为了销售证券以实现利益,后者则是为了监管发行、履行信息披露义务,两者目的存在潜在冲突;最后,IPO(首次公开募股)因其融资环节多、耗时长,导致信息展示不够完整,甚至出现造假。

2.证券登记与存管较为分散

首先是证券登记过程不存在统一的保管机构,发行人自行保管股东名册等,或由证券经纪商和信托银行自行维护。其次是证券实物化,因为缺乏电子账本或数据库而带来的成本提升和繁重的工作。最后是证券登记过户需要依靠人工操作,消耗人力资源,效率低下。

3.证券清算与交付问题

证券清算通常体现出过程复杂、环节多样、周期冗长等问题,在交付过程中更是会因为人工差异而产生错误。此外,证券清算需要消耗大量人力资源和时间,成本较为巨大。同时,清算和交收业务的集中统一度不高,经常存在碎片化问题,难以将相关环节完整连结。

4.资产证券化问题

在传统证券资产化过程中会涉及诸多参与方和资产。因此存在信息不对称、信息披露不透明等问题。这不仅降低工作效率、加剧成本,还对金融环境信息的稳定性造成威胁。

三、区块链赋能逻辑框架

实际上,证券行业的痛点可以归结为基于证券发行平台、证券交易者和证券监管部门间的信息不对称和数据处理冗杂问题。区块链具有的中心化、自动化、隐私化等特点,都可以为解决以上痛点作出贡献。此外,区块链的智能合约功能尤其可以针对性地解决信息不对称问题。

通过区块链数据共享体系,将IPO业务数据和过程信息公布给市场交易商和监管部门,使市场参与者进行有效的投资可行性分析,而监管部门对其数据等内容进行审查,从而确定其合法性。如此,由信息不对称带来的欺诈和造假问题可以得到有效的解决。与此同时,区块链可在一定程度上取代传统承销机构,弱化其与保荐机构间的矛盾,减少客户造假的可能性。进一步地,利用区块链的协同作用,将中介机构和监管部门连结,通过技术拓宽信息渠道,丰富数据来源,从而有助于审查,达到缓解人力资源消耗、节省成本、提高效率的目的。

对于证券的登记与存管问题,可利用区块链的分布式账本技术,将证券信息登记在总账本,并通过区块链网络进行更新与传播。这样不仅可以减少大量的人力消耗,还可以大幅降低成本,提供清晰、高效的数据支持,保证证券业务流程的有序进行,维持市场的稳定性。

区块链可以解决证券清算问题。将资金交收和证券交收设置为一个命令,即两者的交付会同时成功或失败,不存在一方违约的问题,由此降低交易风险。区块链还可以简化结算流程,通过将账单记录在分布式账本上,在短时间内进行全网传播,对数据和信息进行完整公开,从而遏制造假和操作风险。最后,还可以通过区块链直接和交易方对接,跨过传统的中间机构,实现高效、快速的服务。

区块链的智能合约技术可以很好地解决资产证券化的各种问题。通过部署区块链,交易各方可作为节点,互通信息、共享数据,进一步提高交流效率,消除信息不对称。同时,利用智能合约,对交易业务设置阈值,对违反阈值的业务自动终止处理,从而保护交易者的利益,有效降低交易风险。

四、纳斯达克将区块链技术应用于场外交易

1. 案例介绍

2017年7月,纳斯达克与瑞士证券交易所(SWX Swiss Exchange)签订协议,将为场外交易(OTC)产品业务部署基于分布式账本技术的解决方案,并强调使用纳斯达克金融框架来进一步实现区块链的商业化。

2. 解决方案

利用区块链技术,可以把证券交割和资金交收包含在一个不可分割的操作指令中,交易同时成功或失败,实现货银同步,减少因某交易方违约导致另一方受损的风险。证券结算不再完全依赖中央登记结算机构等中央对手方,每个结算参与方均拥有完整的账单,实现交易在短时间内向全网的传送,分布式账本确保系统安全性。区块链技术克服当下业务流程长、资金占用久的问题,实现"交易即结算"模式,基于区块链技术的分布式登记结算系统,可降低系统风险和成本,提高结算效率。此外,区块链技术的智能合约可以实现股票的分红派息等流程的自动化,减少人工操作。

3. 业务流程

建立货币电子钱包,以存放数字货币,实施数字货币转移,保障数字货币安全;建立区块链浏览器,利用分布式账本技术等保障数字货币创立;建立交易平台系统,数字货币在交易平台中交易和流通;创建货币发行系统,以进行原始数字货币的认购发行。

4. 案例评价

该方案利用区块链技术简化操作流程,减少业务成本和结算时间,可以克服证券交易运行过程中存在的时间长、风险大、操作难的问题。而且区块链技术减少了应用于解决风险的额外款项,提升了反洗钱的标准,通过智能合约将证券变为智能资产,提升业务处理效率,加强系统的安全性。

14.5 区块链在金融监管中的应用

一、金融监管概述

金融监管是指政府通过证券交易委员会、中央银行等特定金融机构对金融交易主体做出限制和规定,是政府对金融领域进行监管的重要手段。

金融监管分为金融监督和金融管理。前者指金融主管当局对金融机构实施的经常且全面的督促和检查,以促进金融机构依法稳步经营;后者则是金融主管当局依法对金融机构及其活动进行领导、组织、协调和控制的一系列过程。金融监管的主要对象是银行业、非银行金融机构和准金融机构。政

府通过公告监管、实体监管、规范监管的形式对上述对象实行监管。

在中国,金融监管由中国人民银行、中国证券市场监督管理委员会、中国保险业监督管理委员会和中国银行保险监督管理委员会4个机构实施。这一政策的执行有助于维持金融业的稳定发展、减少银行业的风险、保护金融消费者的权益等。可以说,金融监管是实现金融市场安全、稳定的必要手段。

二、痛点梳理

1. 监管目标不够明确

在我国,金融监管的目标具有多样性和综合性,监管部门不仅要保证国家宏观调控和货币政策的有效实施,还要防治金融风险、保护人民利益、维护金融市场稳定和金融体系安全。这实际上是将监管目标和货币政策等效看待,从而弱化了监管机构在金融监管方面的能力。

2. 监管机构协调性差

我国的监管机构实际上是分业监管模式,这就导致了许多问题。首先,在该模式下,监管部门的责任划分不够清晰,容易出现混淆,在实际中更是容易出现无法落实的现象;其次,不同部门之间缺乏协调。由于义务界定和业务差异,相关部门在实际中很难彼此协调,起到共同促进的效果。金融监管部门因此经常出现监管过程脱节、分散、责任划分不清及监管漏洞等问题。

3. 金融监管措施不到位

我国金融监管采取的是自上而下的行政管理,主要体现为以计划、行政命令和适当的经济罚款作为处罚手段,但缺少充足的实施细则,难以依法执行。此外,我国的金融监管部门基本都是外部监管,自我机制不够健全,自我约束能力不足。同时,我国监管工作中的风险监管极为薄弱,主要都放在机构和业务审批上。

三、区块链赋能逻辑框架

可将金融监管的痛点归结为监管部门间的业务可信协同问题,区块链的多中心化和开放性特点可以帮助监管部门进行协同和数据共享。

通过区块链网络中的节点,可将数据完整、准确地发送给每一个监管机构,实时共享信息,并对数据信息作出反应。针对监管目标不明确的问题,一方面,需要由人民银行进行牵头,构建稳定的金融监管机制,明确监管的责任和目标;另一方面,也可以利用区块链的多中心化特点,提高货币政策的执行效率,从而给予监管更大的空间。此外,区块链的信息实时共享也可帮助监管机构快速找到监管对象,明确监管内容,从而进一步地进行政策的制定和执行,提高整体监管效率。

对于监管过程中的协调性问题,可通过区块链建立协同工作网络,即使不同监管部门的责任界定不够清晰,也可通过技术网络进行快速沟通,明确自身义务。而数据共享和信息分类更可以帮助不同监管部门进行协同合作,从而完善监管环节,弥补可能出现的漏洞和脱节问题。

最后,考虑到金融监管措施实施不到位,我们可以通过区块链的多中心节点将监管细则发布给每一个金融市场层级,并借助节点网络取得可能需要监管的企业或机构的信息,从而快速进行调查并建立监管手段。与此同时,也可以通过设置风险阈值,在某一金融领域的结算或资金交易量达到阈值后,就自动提醒监管机构,从而降低金融风险,提高风险监管的能力。

四、广东省地方金融非现场监管区块链系统

1.案例介绍

该系统是利用区块链技术对地方金融行业进行非现场监管的新型系统,可以实现对金融机构的资金、资产、交易等核心信息的实时同步,并实时发现、及时预警突出风险。

2.解决方案

将区块链技术自身分布式共享账本、去中心化、透明性、隐私保护、节点控制、信息的不可篡改与可追溯等特性充分应用于监管系统中,实现数据信息互联互通,减少多头报送,降低监管成本,推动风险防控从事后向事前、事中转变,做到监管效能最大化、监管成本最优化、对市场主体干扰最小化。

该系统实现了产品实时登记、信息及时披露,可以对接银行存管数据,数据的真实性、完整性及安全性可以高效交叉验证。在实现有效监管的同时,向被监管机构提供黑名单共享、业务数据修改留痕、引入银行和行业协会等相关方共建等增值服务,可有效解决传统监管手段中存在的金融机构与监管者信息不对称、不可靠等痛点,辅助监管部门强化监管力度,引导金融机构合规合法经营,维护地方金融稳定。

3.业务流程

广东省地方金融非现场监管区块链系统业务流程如图14-15所示,商业银行、政府部门等相关参与方只需链上操作即可实现金融监管等相关功能。

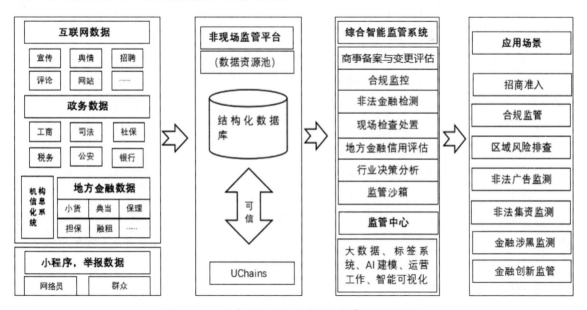

图14-15　广东省地方金融非现场监管区块链系统

4.案例评价

该平台的应用深化了在金融监管、金融风险防控方面的区块链技术运用,更好地为地方金融风险监管贡献力量。

《14.6 区块链在货币当局中的应用

一、货币当局概述

货币当局是一个国家所有金融机构、与金融业务有关的从业者的管理者和货币政策的制定者、执行者。在中国,货币当局一般被认为是中国人民银行,它是中国具有发行货币权利的唯一机构。货币当局的主要职能包括货币发行、制定与执行货币相关政策、对金融活动进行监管、作为金融机构的最后借款人等。但严格来讲,中国的货币当局是中国人民银行和国家外汇管理局,国家外汇管理局在一定程度上执行中国国际货币政策等职能。

现阶段,中国人民银行试点发行数字人民币。数字人民币是数字形式的法定货币,与现在经济社会中流通的人民币等值,同样是以国家信用为支撑的流通货币。但值得注意的是,虽然现阶段第三方支付的情况下货币也以数字形式流转,但其本质只是流通渠道的数字化,仍需人民币纸币与之相匹配。因此,数字人民币不仅具有发币成本低、方便可携带等第三方支付的优点,同时具有安全快速交易、小额匿名支付等优势特征。

然而,值得关注的是,数字人民币的特点虽与区块链有联系,但数字人民币并没有采用区块链作为技术支持。

此外,与比特币这类虚拟货币相比,数字人民币具有更高的法律效应和更低的风险。这是由于数字人民币作为法定货币,与经济社会中流通的货币具有同等价值,但比特币这类虚拟货币并没有任何主权信用背书,因此价格会有较大幅度的波动。

二、痛点梳理

痛点一:纸质货币成本高。传统的纸质货币的成本往往比数字货币高(印刷成本、运输成本、税收等问题),且不方便携带,交易较烦琐。此外,货币当局还需要对纸币进行管理、回收等。

痛点二:汇兑风险。传统的纸质货币一经增发,很可能造成通货膨胀问题,而通货膨胀又会影响各个国家之间不同的汇率,进而对国际贸易等产生影响。

痛点三:跨境支付与换汇效率低。在进行跨境支付的流程中,换汇的手续流程较为繁杂。传统的纸质文件和线下流程让跨境支付和换汇的效率低下,并且容易出现错误。

痛点四:国际外汇兑换的流程复杂。传统的国际外汇结算方式都较为复杂,第一种是以交易两国的货币进行交易,第二种是在SWIFT系统上以美元进行媒介交易。两种方式的中间环节都较多,需要人工参与,且环节中可能出现失误。因此,传统国际外汇的流程不仅复杂,安全性和便捷性也不高。

三、区块链赋能逻辑框架

针对痛点一和痛点二,以区块链为技术支持的数字货币可有效解决传统纸币带来的成本高、交易不便捷和汇兑风险等问题。首先,区块链的可追溯性和高度透明化使数字货币体系中的每一笔交易都有迹可循和公开透明,以此降低交易过程中的风险,并在一定程度上解决了多方交易的信任问题。其次,区块链的去中性化可以解决现实金融市场中支付寡头垄断现象,使人们的支付更有保障,显著降低系统性金融风险。区块链的匿名性还可以满足人们对匿名小额交易的需求,在一定程度上保护隐私权。最后,建立全球数字货币区块链网络可有效缓解由于汇率异常波动带来的汇兑风险,保障国家货币主权安全。因此,使用以区块链为支撑的数字货币,不仅可以使人们的生活更加方便,还可以解决货币当局有关成本和外汇的一系列问题。但应当注意的是,以公有链为底层技术的法定数字货币造成货币政策在很大程度上失效,国家货币主权受到很大的威胁。因此法定数字货币应当采用联盟链底层技术。

针对痛点三和痛点四,区块链技术可以有效帮助货币当局优化外汇兑换流程。首先,区块链技术本身就具有安全防御机制,区块链上的每一个数据节点都包含与密钥关联的数据模块及相关的交易信息。因此,区块链的安全防御机制及其可追溯性和不可篡改特征可使外汇交易更具备安全性。其次,相关参与方数据实时上链,区块链系统进行自动化验证等流程,从而减少人工验证成本,降低人为干扰的可能性。使用区块链为支持的"智能合同"能有效避免外汇交易参与方出现违约的情况,大大减少货币当局在监管上所需消耗的成本,并使监管流程更加透明。最后,区块链网络把信息记录在各个节点中,通过副本方式实现信息共享,使交易更加透明,并降低造假风险。

四、国家外汇管理局跨境业务区块链服务平台

1. 案例介绍

跨境金融区块链服务平台是国家外汇管理局创新应用区块链技术,通过建立银企间端对端的可信信息交换和有效核验、银行间贸易融资信息实时互动等机制,搭建跨境金融领域信用生态系统。

2. 解决方案

(1)如图14-16所示,利用中钞区块链研究院的区块链底层技术,采用许可联盟链,以白名单管理协作方式,建立银企间端对端的可信信息交换和有效核验、银行间贸易融资信息实时互动等机制,实现资金收付、质押物凭证、融资申请、放款等在内的多种信息共享,进行融资业务流程优化再造。

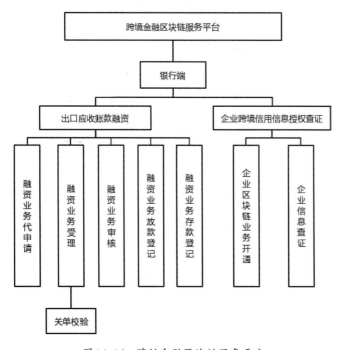

图14-16 跨链金融区块链服务平台

（2）外汇局作为发起者，牵头建立一套联盟链管理机制，新增的节点需要通过联盟的准入，保证区块链平台的安全性、可靠性、可用性。

（3）通过各方数据最小化上链、企业授权查询自身经营信息、使用国密算法等实现机制提升安全保障，技术层面风险总体可控。

3. 业务流程

货币当局作为跨境业务区块链网络重要节点，可实时获知参与方数据信息，实现对货币流通全过程的有效监管。

4. 案例评价

截至2020年7月20日，跨境区块链平台试点范围已扩展至全国所有地区，参与法人银行250多家，累计完成融资放款39048笔，放款金额折合360亿美元，服务企业共4183家，其中，中小企业占比超过75%。

14.7 区块链在其他金融中的应用

14.7.1 其他金融概述

其他金融主要是指区别于银行、保险和证券的其他金融市场的组成部分，主要包括信托、投资、咨询、租赁和代理。这些金融模式和其所构成的金融机构虽然并非主流，但却在金融市场和资本市场中发挥重要作用。随着现代金融体系的完善，更多类型的金融模式加入，促进了金融市场整体发展。

14.7.2 基于区块链的信托系统构建

一、信托业务概述

信托是委托人基于对受托人的信任，将财产权委托给受托人，并由受托人按其意愿以自身名义，为受益人利益或特定目的进行管理和处分的行为。信托既是一种理财行为、法律行为，又是一种特殊的金融制度。它与银行、保险、证券构成了现代金融体系。一般涉及三类人群：投入信用的委托人、受信于人的受托人和受益于人的受益人。

信托是一种富有内涵的法律和金融行为，可以按多种标准进行划分。从关系角度，可以将信托分为任意信托和法定信托。前者是由当事人间的自由表达而成立的信托；后者则是经由司法机关确认当事人关系后成立的信托。从财产角度，又可划分为金钱信托、动产信托、不动产信托、有价证券信托和金钱债券信托。还可以按目的划分为担保信托、管理信托和处理信托。此外，还可依据事项、收益、区域等标准进行划分。

信托的基本职能就是财产管理职能，体现在内容广泛性、目的特定性、方法限制性和行为责任性4个方面。此外，信托还具有多种派生职能，包括金融职能、协调经济关系的职能、社会投资职能和服务社会公益事业的职能。

二、痛点梳理

1. 信托业务信息透明度较低

在信托计划设立、管理和清算阶段,信托公司的具体信息披露往往不够充分,对于资产状况、风险提示和管理方法等方面的展示往往较少,容易误导或诱使委托人获得虚假信息,从而损害其利益。此外,委托人对信托公司的信任程度是和公司的信息披露程度呈正相关的。委托人更愿意与信息透明度高的公司进行合作,过低的信息透明度会削弱委托人的合作热情和信任。

2. 信托管理数字化程度不高

相比于银行、证券等金融领域,信托业务的数字化程度普遍较低。信托行业仍不能有效地借助大数据、区块链和人工智能等金融科技手段进行处理和决策。数字化的缺失也使信托业务仅能依靠人力进行经验性的评定和处理,从而导致效率低下、操作落后和管理风险。此外,在市场波动因素不确定的情况下,缺乏数字化和系统化的信托业务具有较高风险。

3. 信托内部控制能力不足

信托机构一般规模较小,从业人员也不够多,对人才的选择也会受到较大限制。同时,与银行业相比,信托业的管理约束性不足、漏洞多、内部监管也不够强。这将导致信托管理质量低、业务风险高,委托人的利益或将受到损害。这种结果必将影响到信托未来的发展与成长。

三、区块链赋能逻辑框架

综上所述,信托行业的痛点可以归结为委托人和信托公司之间的可信数据割裂问题。根据区块链的数据不可篡改、智能合约、多中心化等技术特点,可以有效解决信托业务的痛点。

首先,如图14-17所示,区块链具有数据不可篡改和基于节点的分布式账本特性,可以保证各区域的数据信息的一致性和可靠性。由于交易者和信托公司可共享数据和信息,这将有助于两者的协同合作,提高信息透明度,增强委托人对信托公司业务过程的了解。

其次,根据分布式账本技术的信息溯源作用和记忆储存功能,委托人可以直接了解到交易的金额及资金运作流向,从而对自己的投资过程有所感知。这不仅消除了委托人和信托公司之间的信息壁垒,还有助于委托人实时跟进项目,起到监督的作用,进一步提高信息透明度。

最后,智能合约功能可以确保相关义务的履行。信托公司经常由于流动性或资金周转困难导致失信,智能合约可设立条件,只有满足该资金条件才能够继续进行交易,否则交易将被终止。这不仅可以提高信托公司的自我约束能力,加强对资金和交易的监管,还可以保护委托人的切身利益。

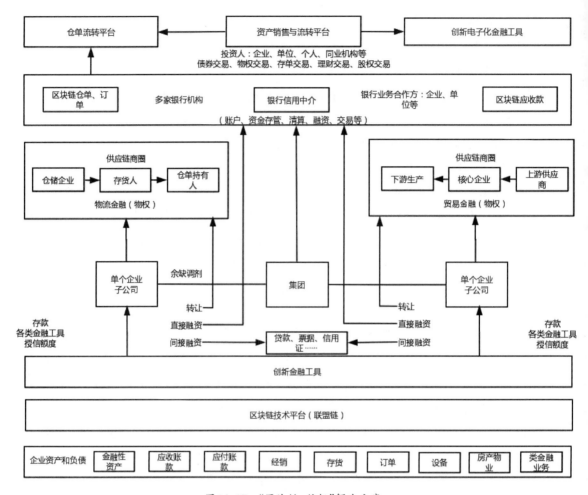

图 14-17 "区块链+信托"解决方案

四、华能信托协助百度金融发行国内首单基于区块链的 ABS

1. 案例介绍

2017 年 5 月 16 日，百度金融与佰仟租赁、华能信托等在内的合作方联合发行国内首单区块链技术支持的 ABS 项目，发行量达 4.24 亿元。此项目为个人消费汽车租赁债权私募 ABS，这也是国内首单以区块链技术作为底层技术支持、实现 ABS"真资产"的项目。在该项目中，区块链主要使用了去中心化存储、非对称密钥、共识算法等技术。

2. 解决方案

区块链技术可以减少产业中的融资成本，有效打造多级供应商融资体系，以实现全链条的信息共享，达成金融业务"可视化"，加强资金流转的效率和资源的挖掘使用。通过区块链分布式账本技术，可以实现对业务过程的穿透式监管；监管部门可以设置区块链节点，有助于随时检查。区块链拥有不可篡改、可追溯的特性，有助于强化风险防控。区块链技术有助于对"链"上金融进行风险监控，提高对金融机构事中、事后的风险管理水平，确保资金流向透明。

3. 业务流程

在投资类信托业务中,以区块链对客户的交易指令和信托公司依据客户指令所进行的投资行为进行存证;在融资类信托业务中,信托资金贷款分期发放的具体时间和金额也可以记录在区块链平台上,方便信托公司内部管理人员和有授权的融资企业随时进行查询。

4. 案例评价

该案例将区块链技术应用于信托行业,有助于信托财产确权的创新、交易创新、清算和结算的创新,区块链技术的去中介信任、防篡改、交易可追溯等特性,可以提升业务过程中的管理能力、运营能力、深化信托业务转型和创新,促进普惠金融类业务资产的数字化,从而推动信托业实现转型发展。

14.7.3　基于区块链的投资系统构建

一、投资系统概述

投资是国家、企业或个人为了特定目的,通过签订协议实现互惠互利,输送资金的过程。同时也指特定经济主体为了在可预见的时期内获得收益,或在一定时期内向特定领域投放资金或实物货币等价物的经济行为。投资可以分为实物投资、资本投资和证券投资等,主要是通过将货币投入企业或购买股票债券,从而参与利润分配的过程。

投资的参与主体可以是个人、企业、国家等社会的各个群体,被投资的对象种类繁多,包括房产、债券、股票、金属、基金、信托等。因此,投资与经济增长关联十分密切,从一定程度上说,投资是经济增长的基本推动力。但投资也会带来诸多风险,如何规避风险并获得收益一直是投资的焦点所在。

二、痛点梳理

1. 信息不对称较为严重

由于投资品类十分广泛,许多客户在投资之前并没有对各类投资品有充分的了解。即使有所尝试,也会被投资机构或产品机构误导,从而可能导致损失。客户和投资人员之间存在着较强的信息不对称,客户希望了解产品的收益及风险的具体情况,但销售人员可能更倾向于夸大收益,对风险避而不谈。同时,销售人员还会进一步推荐客户选择,导致客户承担较高的损失风险。

2. 业务范围狭窄

在我国传统金融体系中,各证券公司和信托机构基本集中于一级和二级市场,它们对投资银行的需求层次较低,需求水平不高,这导致投行业务范围相对较窄,如基金管理、衍生金融交易等领域很少涉及。

3. 融资渠道不够顺畅

在投资过程中,经常出现需要进行过渡性融资的情况,这使银行或其他机构本身也面临巨大的资金需求。然而,我国的融资渠道不畅通、限制较多,经常使证券机构处于缺乏资金的状态。这不仅束缚了证券机构的能力,还导致了资金流通不足、投资难以为继等后果。

三、区块链赋能逻辑框架

投资行业的问题主要体现在客户与投资机构的信息割裂及投资机构自身的业务发展瓶颈。区块链具有的智能合约和多中心化技术特点或有助于解决此类问题。

首先,如图14-18所示,面对信息不对称问题,可通过智能合约技术设立交易条件。客户和投资机构可对预期收益范围、预期本息回收时间等内容进行条约规定,一旦出现违约的情况,便可立即停止交易并悉数偿还本息和。此外,区块链的去中心网络也可使信息具有快速传播、实时共享的能力,有效防止机构对数据进行篡改或对信息进行掩藏,从而提高信息真实性。

其次,面对业务范围狭窄的问题,可建立多节点的链条网络,通过数据信息共享的形式拓宽自身业务。一方面,需求端可有效了解自身业务的类型,并将自身诉求与机构公司快速匹配,通过链条与相关公司及机构联络并进行交易;另一方面,供给端也可通过实时信息进行业务匹配,从而起到提高业务搜寻效率的效果,拓宽自身业务范围。

最后,通过区块链的多中心化特点,投资银行或企业可以找到多种融资渠道,并进行匹配。如果有融资补偿问题出现,也可迅速移交业务,免除烦琐的手续,提高整体的工作效率。

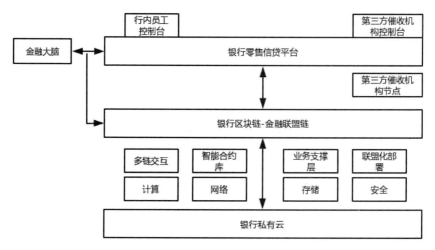

图14-18 "区块链+投资"解决方案

四、京东数科ABS标准化解决方案

1. 案例介绍

2019年6月,京东数科推出市场首个区块链ABS标准化解决方案。通过京东数科自主研发的JDBaaS平台,帮助资产方、计划管理人、律师事务所、评级机构、会计师事务所、托管行等ABS业务参与机构优化业务流程,提升ABS发行业务效率。区块链组网方案完成后,2天内就可以完成一个新的ABS业务节点接入。与原有技术方案相比,可减少85%的部署时间,每年每个业务节点可节约超百万元的运维成本,同时还有效提升了业务参与机构间的系统透明度和可追责性,更好地保障了金融相关数据的安全性。

2. 解决方案

京东数字科技利用区块链技术推出的"区块链ABS标准化解决方案",可以实现为各交易参与方快速部署区块链节点、快速搭建ABS联盟链的流程;通过区块链技术实现信息同步共享,确保资产信息的安全和不可篡改;利用智能合约技术,减少人工成本,能够为律师事务所等ABS业务中介机构节省数百小时的信息传递和审核时间,将人力成本降低30%,;该方案还实现了数据的加密上链,通过对底层架构的优化,能够保障ABS在高并发情况下的稳定运行。

通过该方案,资金方可以穿透查看ABS底层资产,实现对资产池的透明化管理,有效监控资产风险;同时这种透明化管理也有利于资金方提高资产发行效率,降低发行成本。应用该解决方案后,将有助于强化基础资产穿透管理,提升产品的系统化运作效率,更好地保护投资者权益。

3. 业务流程

在底层资产形成的过程中,将资产信息上链,保证信息真实性;产品设计和发行时,将交易结构和评级结果由评级机构和券商确认后共识入链,将发行信息确认上链;存续管理的过程中,由智能合约监控资产质量,自动生成循环购买对账结果;在二级市场交易流程中,从链上获取底层资产现金流,利用智能合约监控资产质量。

4. 案例评价

该方案基于区块链构建了基于区块链的ABS联盟,通过自动账本同步和审计功能,极大地降低了参与方之间的对账成本,解决信息不对称的问题,通过多方共识机制,有效降低由于人工干预造成的业务复杂度和出错概率,显著提升现金流管理效率;同时便于监管针对ABS底层资产进行穿透式管理。

14.7.4　基于区块链的咨询系统构建

一、咨询系统概述

咨询是指专业人士通过知识经验和对信息资料的加工而进行的综合性研究开发。在金融领域,咨询业务则专指金融机构依据知识、技术、经验等,接受客户委托并对指定企业、项目、市场、产品等进行专业调研、分析,进而形成可行性报告的业务。

咨询业务包括资信调查、投资咨询、金融咨询、财务管理咨询等。资信调查是对指定对象的资信状况进行调查,以决定是否开展业务;投资咨询是对投资项目的可行性和投资方案进行调查和研究;金融咨询是为委托人提供金融政策、市场状况等方面的分析;财务管理咨询则是对委托企业的财务问题进行分析调研并且提供解决方案的过程。此外,咨询还可以分为3个层次,即信息咨询业、管理咨询业和战略咨询业。

咨询行业在我国处于发展起步阶段,与外国的成熟咨询业相比,本土咨询业相对年轻且竞争激烈。国内企业对咨询缺乏认知,从事咨询的企业自身存在能力不足、手段落后、人才缺乏等问题。

二、痛点梳理

1. 信息资源匮乏、质量不高

咨询本质是对各种信息进行搜集、提取、处理、分析和传递,而缺乏良好的信息来源和优秀的信息质量,咨询就会产生较高的风险。如今,咨询行业信息资源匮乏,即缺乏最新数据、信息资源不够完善等,严重影响信息后期的处理和加工。此外,信息资源的质量不高,主要体现为信息失真度大、统计口径混乱,导致咨询过程中出现较大的误差。最后,信息资源的利用也不够充分,信息通常呈现碎片化和割裂状态,难以有效实现信息共享和信息整合。

2. 行业认知和专业能力不足

实际上,咨询行业是一个规范化和技术层次都应当较高的行业。但我国的咨询行业起步较晚,许多咨询人员对专业领域的问题缺乏认知,缺少核心竞争力。许多咨询公司不具备系统培训过程,导致业务进展缓慢、效果不佳等问题。此外,咨询行业的知识产权保护意识较为淡薄,侵权现象严重。

三、区块链赋能逻辑框架

基于上述分析,咨询行业的主要问题是咨询人员自身的业务能力和信息获取存在漏洞,以及业务风险。区块链可以帮助咨询赋能信息资源,有效提升信息获取的质量和速度。同时,借助区块链的信息共享,也可以为咨询企业人员提供系统培训。

首先,区块链的多中心节点特性可以有效帮助咨询人员获取信息,这不仅可以实现信息共享,还可以回溯信息渠道的来源以确保其质量和合理性。区块链的数据不可篡改功能更可确保信息的安全、可靠,同时规避欺诈风险,有利于咨询人员对数据进行搜查和筛选,大幅提高工作效率。

其次,借助区块链的信息共享能力可建立有关企业人员的信息数据库,进行整体培训设计和个性化的培训定制,从根本上提高咨询工作人员自身的业务素养。企业也可借助区块链节点对咨询人员进行分配,进行有针对性的咨询服务,提高企业的资源利用效率。

五、智能策略管理平台智投宝IICPay

1. 案例介绍

2018年6月19日,全球首款全生态金融策略管理平台智投宝IICPay上线。智投宝IICPay是由智投链IIC团队倾力打造,基于区块链技术、人工智能、大数据算法分析、机器学习等技术,并集钱包功能与金融投资为一体的分布式智能策略管理平台。以无数基金经理和策略师的信息输入和行为及金融大数据沉淀为基础,通过机器学习,输出包含一级市场、二级市场、股权投资等投资品种的投资策略组合,供投资者复制和决策,是基于区块链技术和人工智能的智能投顾平台及金融信息共享平台。

2. 解决方案

智投宝IICPay采取基于区块链技术的分布式管理模式,链上信息透明、全面,杜绝"非透明"操作,为数字资产存储保驾护航;区块链拥有完善的数字证书加密技术、多种背书升级、钱包备份方案,防止账户丢失。通过区块链技术和大数据算法的融合,为缺乏专业知识和经验的客户提供一键购买、一键调仓的智能投顾服务,推荐投资组合后,客户也可以对投资策略进行调整后再投资。

3. 业务流程

当客户设立账户后,根据客户投资意愿,以大数据进行投资模型设立,流程主要有资产配置,研发投资组合模型,对各种资产基金进行投资交易,采用区块链技术进行投资后风险监控,最后进行调仓。

4. 案例评价

智投宝IICPay的案例通过区块链和智能投顾技术的结合,集中解决了金融投资领域集中存在的一些问题,诸如资产管理准入门槛高、非专业投资者缺乏相关知识而且学习成本高、市场参与者互信度低导致交易效率低下等问题,有效实现投资者财富管理的意愿。

14.7.5　基于区块链的租赁系统构建

一、租赁系统概述

租赁是指在约定的期间内,出租人将资产使用权让与承租人以获取租金的行为。

租赁发展至今可划分为融资租赁和金融租赁。前者是设备租赁的基本形式,以融通资金为主要目的;后者则是以获得租赁物使用权为主要目的的租赁方式。此外,还可以根据征税角度划分为正式租赁和租购式租赁。按交易程度分类,则有直接租赁、杠杆租赁、回租租赁和转租赁等。

租赁的意义在于可以融通资金、提高资金流动性、降低投资风险和扩大投资规模。租赁作为新兴行业,为金融体制多元化改革注入了活力。

二、痛点梳理

1. 租赁市场信息不对称问题严重

对于客户而言,最关注的就是租赁品的质量和租金。然而,租赁市场经常出现信息不对称问题。租赁供给方提供的物品经常与描述不符,出现诸如造假、欺诈等问题,这对于已交付资金的客户来说是一笔损失。这种信息不对称将削弱客户与供给商的信任程度,同时也会限制租赁市场的发展。

2. 租赁比率较低

目前看来,租赁业务的整体市场实力都比较薄弱,市场覆盖率较低。这是由于民众对租赁观念的不了解所导致的。与此同时,这也表明租赁市场存在着相当的利润空间和市场需求。因此,如何改变民众观念、扩大租赁信息传播渠道、拓宽业务领域,将成为值得考量的问题。

3. 监管制度有待完善

实际上,在租赁行业中,传统的交易模式并不能实时有效地获取相关信息,经常会出现重审批、轻后续管理等问题。这可能导致难以察觉的租赁风险,同时因为监管的滞后性,进一步造成难以弥补的损失。

三、区块链赋能逻辑框架

租赁行业的问题可以归结为客户和供给者的信息壁垒及行业具体运行中的风险溢散问题。我们可以通过区块链的智能合约、去中性化等特点对相关问题进行针对性解决。

首先,如图14-19所示,基于信息不对称问题,可从两个方面入手。一方面,通过区块链设置的多节点,可将产品相关信息实现共享并与实物进行匹配。信息渠道的拓宽可防止供给商信息造假,同时也可让客户提前了解产品的真实情况。另一方面,可通过智能合约设计合同条款,以此约束供给商。一旦实物与描述相差较大或交易过程中存在欺诈行为,就可立即终止交易并对资金进行退还处理,最大限度保障客户权益。

其次,还可利用区块链智能合约自动匹配需求端。对于需求量大的地域,可自主匹配扩大业务范围。企业也可利用区块链网络发布租赁公告信息,并在全网传播,从而实现需求端匹配,以此来拓宽市场份额。

最后,可利用区块链和监管结合的方式,对数据和交易过程进行实时监控,做到全程监管,避免因监管不力而导致潜在风险。同时,区块链也可保证监管的及时性,以此降低客户损失风险。

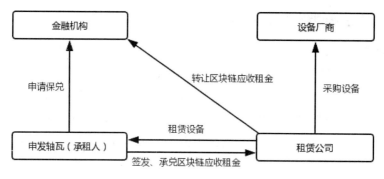

图14-19 "区块链+租赁"解决方案

四、蚂蚁金服区块链可信存证解决方案

1.案例介绍

蚂蚁金服采取区块链技术可信存证解决方案,把信任体系扩展到数据、资产等更多样、更广泛的场景中去。以免押租赁为例,利用区块链可信存证解决方案,可以充分减少企业风险审核的投入、提升用户下单转化率、减小坏账发生的可能性。从实际数据来看,采用区块链免押租赁技术的效果显著,不仅用户转化提升了6倍,而且订单通过率提升了3倍、回款及时率提升了2倍。2019年12月20日,司法区块链智能合约技术应用于民事诉讼审判程序的全国首例案件,基于租赁业务的电子商务领域首例交易全流程上链存证的诉讼案件完成在线宣判。

2.解决方案

蚂蚁金服区块链技术通过身份认证、智能合约等,把租赁物设备信息、交易流程上链,使全流程权威节点真实、透明、不可篡改,为保险、资金方输出可信租赁交易订单。采用区块链+IoT技术、数据安全可信网络环境等技术,实现租赁资产流转全过程的数据上链,打造全生命周期可信资产。通过智能合约提供一体化的电子合同签约服务、丰富的一站式API接入,支持多种签署方式和身份认证方式,面向资产端、资金方开放共享技术、产品、生态等资源和能力;高度集成的智能执行能力,保证合约维权高效通达,合同履约更强保障。

3.业务流程

在租赁行业的可信存证业务中,租赁厂商和企业签约、下单、支付、发货等流程信息即时上链;将保险机构进行投保、理赔等业务的流程也记于链上;设备信息、地理位置、其他日志文件等消息也保存在区块链中,在进行诉讼等流程中可及时调用信息。

4.案例评价

该方案采取基于区块链技术的智能合同,提供更加可信智能的数字化合同服务,可以实现企业机构数字化升级,提升效率和保障参与方权益;基于区块链透明信任的原理,助力资方解决租赁交易真实性的问题,提升租赁资产配置和资产流转业务操作效率。

14.7.6　基于区块链的代理系统构建

一、代理系统概述

代理是指在委托人和代理人间签订协议,从而授权代理人在合理范围内代表委托人进行贸易等相关事务,其本质是商品所有权的暂时转移。

代理主要包括商业代理、人事代理和产品代理。商业代理是指参与方签订协议,在规定时间和地域内,将指定商品交给客户代销的贸易方式。人事代理是一种人力资源外包形式,是企业根据需求将人力资源管理工作外包,由第三方代理的过程。产品代理就是通过代理的形式推广和买卖产品,从而实现产品交易和流通。

代理在解放人力资源、促进商品流通和市场拓展、提升社会分工深化等方面都具有十分深远的影响。

二、痛点梳理

1. 传统代理中心化程度过高

一般来说,代理业务的信息是从核心发布者处向下层层传达,这就可能导致数据信息造假问题。此外,传统代理记账中,业务信息的处理和记录是间断的,对于连续性的记录缺乏准确性和实操性。这些都有可能导致代理业务出现漏洞,从而引起风险,进一步造成损失。

2. 代理信息获取缺乏可靠性

代理记账人员经常会为了满足客户服务需求,对其所代理的企业进行一定程度的数据修改,使其他相关人员难以对代理提供的会计凭证进行实质性判断,增加了不确定性。

3. 数据信息相关性和及时性不足

代理行业缺少数字化技术创新,专业技术更新和专业技能经常保持僵化,不能满足多样化诉求。同时,缺乏专业化培训的代理工作人员对信息判断不足,难以及时记录有效信息,导致工作效率低下及人力资源消耗。

三、区块链赋能逻辑框架

基于上述分析,代理行业具有信息孤岛和业务协同薄弱的问题。利用区块链的数据共享和不可篡改等功能,可以有效解决代理行业痛点。

首先,针对中心化程度过高的问题,可使用区块链的多节点拓宽信息数据来源,并不将核心发布者的信息作为唯一标准,有助于提高信息真实性和准确度。同时,借助数据信息共享,也可帮助代理人员对业务信息进行实时连续性的记录,进而规避由操作问题带来的风险。

其次,区块链的不可篡改特性也可防止代理业务人员对数据进行可行性修改,为参与方提供较为真实的数据基础,减少不确定性,使整体运营更为稳定。

最后,区块链具有的协同效用可以促进代理人员之间、代理人员与企业人员之间进行数据实时交流更新。由此,代理业务可满足多样化的市场诉求,提供针对性的服务,进一步提高人力资源利用效率,强化不同分业的协同作用,提高整体市场的运营能力。

四、中国银行基于区块链的西藏扶贫资金支持保障系统

1. 案例介绍

2017年1月,西藏扶贫资金支持保障系统一期投产并上线。系统投产以来,在线审批近400笔监管项目,预计今年将通过系统投放120亿元扶贫资金,"十三五"期间,扶贫资金投放量将突破300亿元。2018年5月21日,中国银行宣布西藏扶贫资金支持保障系统二期项目正式投产,这是国内首次将区块链技术用于精准扶贫的金融领域创新尝试,该系统投入使用后,将实现扶贫资金审批使用全流程上"链",确保扶贫资金的使用投放更精确高效。

2. 解决方案

区块链技术拥有"去中心化"的分布式账本数据库技术,在区块链中,买卖双方的交易无须第三方中介,而且无人能篡改账本,可以应对扶贫工作中的扶贫款项监管、贫困户识别、扶贫项目的融资贷款等领域的问题。区块链技术拥有点对点、分布式存储的特性,将扶贫信息上传到区块链上,打通困难群众的个人信息、家庭信息和扶贫款领取信息,区块链技术将保证扶贫款项从源头到最终全流程的公开透明流转,实现对扶贫款流转的充分监督,让每一笔资金的流向都清晰可见,保证每一分钱都精准到达贫困户手中。

3. 业务流程

将待选贫困户的相关数据录入区块链系统,建立基于区块链技术的扶贫大数据管理平台,采用多维动态识别贫困户;对目标贫困户进行建档立卡,提供扶贫资源,改善贫困状况;在区块链系统中及时更新用户情况和资金使用,对参与各方进行全程管理和跟踪监督,考核脱贫成效。

4. 案例评价

把区块链技术运用于精准扶贫领域,是金融科技助力扶贫事业的一次成功尝试。通过组成银行和用款单位的多节点联盟链,扶贫资金审批使用全流程上"链",对接扶贫资金保障系统,利用区块链技术交易溯源、不可篡改的特性,可以实现扶贫资金流转更加公正、透明,扶贫资金的点对点发放,确保精准使用、精准投放、高效管理,有助于我国贫困地区的群众早日脱贫。

延伸阅读:区块链创新金融生态体系

长久以来,金融系统高度中心化程度作为金融保护膜的同时,也制约着金融业长远发展。现有金融痛点都可以归结为现有作为金融业支撑作用的支付体系的制约。支付体系作为连接各金融市场主体的网络,但在现阶段高度中心化、数据真假难辨等特征下,难以真正发挥其数据、价值连通的作用。

区块链技术本质为一种分布式账本技术,而金融系统的核心要素为可信账本(集合)与稳定货币。因此,金融的本质是区块链技术与之天然结合的基础。比特币等数字货币的出现看似为金融系统提供货币要素,但因限量资产缘故而具有一定的价值,其市场价格一般随投资热度而不断变化,缺少稳定性(市场上商品与货币之间的比例处于相对稳定的状态)。因此,区块链技术对金融系统最大的贡献在于可信账本(集合)的提供。

如图14-20所示,从金融的本质而言,科技对于金融的变革主要有4个维度:客户、信息、账本及流程。下文将从这4个维度探讨区块链创新金融生态体系的路径,如图14-21所示。

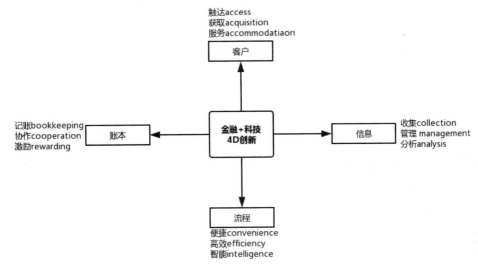

图 14-20　金融+科技:4D创新

(1)客户:当多数客户、金融机构及相关参与方均成为区块链金融网络节点时,基于区块链可信数据公开、共享等特征,金融机构可高效触达客户需求,获取客户信息,进而为客户提供个性化金融服务。

(2)信息:区块链算法型账本为金融体系内数据信息提供可信流转网络,一方面方便客户获取金融机构运行信息,降低客户对金融机构资金不良运作的担忧;另一方面金融机构可实现对客户数据信息的收集、管理与分析,降低金融机构与客户之间的信息不对称程度。

(3)账本:基于前文所述区块链算法型账本的3个本质特征可知,区块链可信账本将变革传统中心化系统架构。虽然现有区块链技术在金融领域的落地仍然主要为金融中心化体系下垂直领域的应用,如区块链+证券、区块链+支付清结算等,尚未触及金融中心化本质,但区块链在金融领域的应用趋势必将是变革中心化架构,构建去中心化的可信账本网络,实现从CeFi到DeFi的转变,可以将这一个过程形象地理解为传统驾驶向无人驾驶的变化。

(4)流程:共识记账、权益通证与智能合约三者的配合将极大简化传统金融业务流程,共识记账保障账本的准确、可信,权益通证实现权益数字化流转,智能合约精简业务环节。

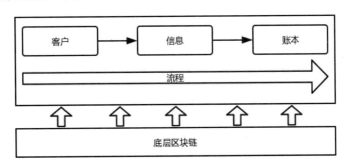

图 14-21　"区块链+金融"整体方案

进而言之,相关监管、司法体制可与金融底层区块链或算法型账本对接,甚至直接上链运行,对一切链上的金融活动进行事前的把关和事后的核查处理,大大提升监管的效率、透明度和公正性。

区块链+金融的意义不仅在于行业效率的提升,更是为金融回归产业、回归实体开辟一条全新的道路,其强调的透明高效、高流动性、开放性、低准入门槛等价值,也符合金融服务实体、普惠金融的时代潮流。

本章小结

本章从金融业本质即资金融通视角,运用第十三章总结的区块链应用的基本逻辑,剖析区块链技术与金融领域各职能部门如商业银行、保险、证券、金融监管、其他金融等结合应用的本质,得出区块链的四大原则能很好地解决金融各项业务的痛点,通过区块链的集成分布式动态更新、透明的可追溯性和隐私保护特点,金融业务的流程可以透明、清晰和快速地进行。那么,了解区块链在金融领域的应用后,想必读者已经建立起区块链金融价值体系,下一章将分析区块链在公共服务领域的应用,从社会价值角度探究区块链落地应用的可能性。

习题

一、思考题

1.区块链技术如何应用于商业银行业务?

2.保险业如何应用区块链技术?

3.区块链技术如何赋能于证券业?

4.区块链如何助力金融监管?

5.传统货币当局存有哪些痛点?

6.区块链技术如何完善传统信托业务?

二、思维训练

试探究区块链为什么在金融领域率先得到较为成熟的落地应用。请从区块链技术本质及金融本质两个方面加以分析。

第十五章

区块链在公共服务领域的应用

2021年6月,《工业和信息化部中央网络安全和信息化委员会办公室关于加快推动区块链技术应用和产业发展的指导意见》正式对外发布。该指导意见绝大部分是围绕公共服务领域展开,在深化行业应用方面提出了具体举措。一方面,公共服务本就是区块链应用发展的先行先试领域;另一方面,区块链技术应用,离不开多主体的协同,政府起到的重要作用不言而喻。对于国家和民族而言,公共服务是社会稳定的基础之一,也是保障和改善民生的重要方式,公共服务质量的好坏决定着人民群众生活质量的高低。然而,目前基本公共服务存在很多困境和痛点,急需"新鲜血液"的注入来刺激并改善现状,而区块链联盟链具备的多中心化、开放性、自动化、隐私性、不可篡改等特征恰好契合公共服务事业的转型问题。本章将分析目前各个公共服务领域存在的问题,包括教育、医疗、社保、养老、公益、住房、文体,并在此基础上全面研究"区块链+公共服务"的理论可行性和具体应用。

《15.1 公共服务概述

15.1.1 公共服务概念

如图15-1所示,公共服务在学界的定义一般分为两类。

一类是基于物品性质定义的公共服务。按照传统西方经济学的观点,以物品特性解释公共物品的思维逻辑定义,"公共服务"和"公共产品"被看作等同可替代的概念,将公共服务认作一种非排他性、非竞争性的公共产品,其核心是物化的产品和服务,如"公共服务,就是提供公共产品和服务,包括加强城乡公共设施建设,发展社会就业、社会保障服务和科技、教育、文化、卫生、体育等公共事业,发布公共信息等"。

另一类是基于行为方式定义的公共服务。把公共行政和管理这两个领域中,所有涉及为全体公众利益服务的事务称为公共服务,这种公共服务,由各级政府为主的公共部门,从公民角度出发,以各种模式进行管理。这种观点把公民拥有的权利和政府的服务性的义务作为核心,如"所谓公共服务,广义上可以理解为不宜由市场提供的所有公共产品,如国防、教育、法律等,狭义上一般指由政府出资兴建或直接提供的基础设施和公共事业,如城市公用基础设施、道路、电讯、邮政等。"

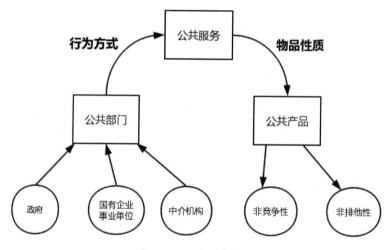

图15-1 公共服务定义

基于公共服务的这两大特点,可以将公共服务定义为"公共部门为了满足社会成员的公共需求,管理、生产并提供公共产品的行为、活动和全过程"。其中,公共部门有3个主体:最核心的是政府部门,其次是拥有公共服务职能的事业单位或国有企业,最后是其他有公共服务职能的中介机构。

15.1.2 公共服务分类

如图15-2所示,按照从高到低的层次,公共服务可以包含3种类型:常规性的公共服务、针对性的专项服务、委托性的特约服务。本章将介绍常规性的公共服务。

常规性的公共服务又被称作基本公共服务,是"由政府主导、保障全体公民生存和发展基本需要、

与经济社会发展水平相适应的公共服务。"根据政府提供服务的性质和类型,基本公共服务可以分为
四大领域:底线生存服务、基本环境服务、公众发展服务、
基本安全服务。其中,底线生存服务指保障公民生存权
的公共服务,如社会保障、就业服务、社会福利和社会救
助等;基本环境服务指保障公民最基础的日常生活和自
由出行的服务,如公共通信、公共交通、居住服务、公用设
施和环境保护等;公共发展服务指保障公民发展权的服
务,如公共卫生、基本医疗、公共文化体育、义务教育等;
基本安全服务指保障公民生命财产安全的服务,如国防
安全、消费安全、公共安全等。

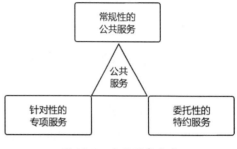

图 15-2 公共服务分类

针对性的专项服务是指政府等公共部门,针对某具体领域、具体问题、具体地区而提供的,旨在满
足某种特定的公共需要而提供的公共服务。

委托性的特约服务,则是个人或单位直接联系公共服务的提供者,提出特殊要求,专门定制的一
类公共服务。委托性的特约服务比较少见,大多数情况下无须考虑。

上文提到的公共服务三大分类,本章探讨的重点是基本公共服务,本节将对基本公共服务的相关
领域进行分类,探讨"区块链+"应用的适用范围、应用逻辑及具体案例。

15.1.3 基本公共服务领域分类

我国国务院在《关于印发"十三五"推进基本公共服务均等化规划的通知》中,将我国基本公共服
务分为公共教育、医疗卫生、社会保险、劳动就业创业、社会服务、残疾人服务、住房保障、公共文化体
育八大公共服务领域,如图15-3所示。

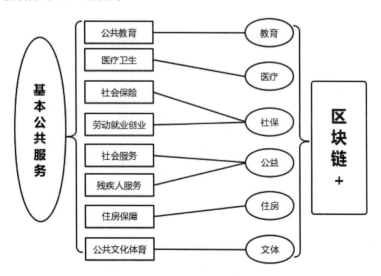

图 15-3 "区块链+公共服务"分类

本章根据区块链在各领域中的实际不同运用,进一步将公共服务分类为"区块链+教育(公共教

育)""区块链+医疗(医疗卫生)""区块链+社保(劳动就业创业和社会保险)""区块链+公益(社会服务
和残疾人服务)""区块链+住房(住房保障)""区块链+文体(公共文化体育)"6个部分进行叙述。

15.2　区块链在教育中的应用

15.2.1　教育概述

　　如图15-4所示,中国教育制度可以划分为正规教育和非正规教育两种。正规与非正规教育这两
种体制的主要不同之处在于证书与官方认可度。接受正规教育的学生可获得中国政府颁发的毕业证
书,其学历受到普遍认可,而接受非正规教育的学生仅可获得修业证书,很多时候都无法得到官方认
可。按照接受教育的年龄段来划分,正规教育又可分为基础教育、中等职业教育、高等教育、成人教育
等几个阶段。其中,基础教育包括学前、小学、初中及高中教育;高等教育包括专科学院(大专)、本科
学院(大学)及研究生学院。

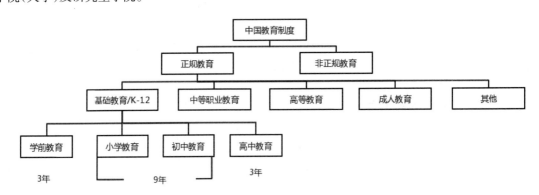

图15-4　中国教育制度

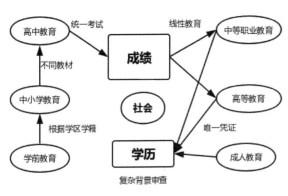

图15-5　传统教育模式

　　如图15-5所示,一名普通学生在一生中将
要经历这样的教育过程:在家附近完成学前教
育,在所属学区完成中小学教育,在中小学都
将使用当地或本校特有的教材,经历当地的中
考,再根据成绩进入高中,进行全国统考,进入
大学或大专,获取学历并进入社会,而社会中
的单位需要进行复杂的背景审查才可以确认
学历。可以说,基础教育的目标是争夺教育资
源,获得较高的考试成绩,从而能够进入更好
的大学。但是基础教育的流程是线性的,一旦
某个环节出错,就只能抱憾终生。基础教育之后的目标是进入社会,教育的目的是获取学历这一需要
复杂背景审查才可证伪的唯一凭证。

15.2.2　痛点梳理

传统的教育模式中,存在以下几点问题。

一、学籍管理混乱

很多地方的中小学采用统一的划片分区上学制度,这往往意味着好学校片区的孩子能够获取到更高质量的教育服务。在对有限的高质量教育资源的争抢过程中,资源完善的学校周边的学区房的房价远远超过市场应有的价格,在学区房竞争之外,又引发了篡改户口本住址和年龄信息及由于学籍管理系统不完善钻空篡改学籍等多种问题。同时为保证有限的教育资源能够合理分配,又不得不迫使学生不断更新学籍信息,然而档案保存机制又并不完备,不仅管理混乱,丢失损坏等事件也常有发生。

二、学历造假

随着城市化进程不断加快,社会资源竞争日益激烈,教育领域"学历造假"新闻时有发生。学历造假的根源是获取学历的途径是单向的线性流程,而学历本身也具有唯一性,没有办法立体地表现学生在校经历,企业只能通过学历的有无筛选人才。学历成为工作的硬性门槛,而这种门槛往往也不能真正辨别人才,获取学历失败的人才即使后来通过自己努力拥有了较强能力也很难进入匹配自己能力的企业。同时由于尚未广泛应用能够快速验证的学历审查系统,并不是所有企业都愿意进行复杂的背景审查,一些人为满足入职、晋升、落户等存在高学历限制的条件,进行学历造假。造假往往不容易被发现,且成本较低,一旦企业审查不仔细,造假者入职成功后也不会有复查机制。这样一来,通过正常渠道获取学历者的利益也将被严重损害。

三、教育资源较为散乱

为什么家长打破头也要将孩子送往更好的学校呢,学习不应该主要靠个人努力吗? 这个问题的核心痛点在于教育资源较为散乱,教育资源较少的学校不能提供完备的教学资料,师资也存在明显差距。一名新入职的老师很难有机会学习到其他好学校经验丰富的老师的教学经验。解决这个问题的方案是整合教育资源,即共享教育资料、教学师资(如课件、讲课视频)。但为什么没有共享呢? 这是因为存在确权难、知识产权的问题。

15.2.3　区块链赋能逻辑框架

一、适用性分析

总结来看,传统教育领域的痛点集中在数据资源管理方面,教育部门和需要审核学历的企业、机构之间存在可信数据孤岛问题,学历造假和学籍篡改等违规违法行为往往很难发现。不同地区、不同年级教育资源不适配,本质是不同的教育主体间的协同问题。

利用区块链联盟链信息多中心化、不可篡改的特征,可以将教育资源上链,解决教育领域可信数据孤岛问题,为教育资源确权,增进教育领域信任,并在此基础上建立多主体可信协同的教育模式。

基于此,将区块链应用到教育系统中,可以实行教育资源协同网络,不同地区、不同学校的老师通过该网络同步交流教育资源,实时更新优化教学模式,建立新型教育体系,提高教学资源更新效率,既能提高学生成绩,又能平衡资源,缓解竞争。同时,可以建立学籍学历信息的数据协同网络,对接企业

与教育机构,减少审核成本,增强学历信任;学籍变化信息实时上链,不可篡改,解决篡改学籍问题;通过教育资源协同网络,缓解学区房恶性竞争;也可以建立新的评判体系(如区块链成绩单),弱化学历唯一性弊端。

二、解决方案和价值梳理

区块链模式为教育领域提供的解决方案,其核心点是基于区块链建立的更为全面、安全的信息管理系统。如图15-6所示,首先,教育机构配合当地户籍管理中心将学生学籍信息上链,并招取按照当地政策合规的学区学生。同时教育机构建立公开的档案学历系统,将学生档案学历信息上链,为企业、政府机关等用人单位提供查询入口。教育部门整合教育资源,建立数字化教育系统,对接一线教师,更新教育资源,为所有的公共教育机构提供服务,实现教育服务均等化。建立公开透明的区块链成绩单系统,记录学习者的学习过程、成长经历和学习结果,课程成绩中包括本学期学生完成的学习项目、考试成绩和教师评价等详尽数据。企业可以通过成绩单快速、准确地了解申请者掌握的技能。

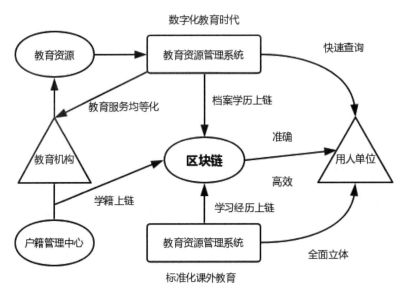

图15-6 "区块链+教育"模式

(1)教育机构与当地户籍管理中心将学籍信息上链,能够保证教育资源正确分配,将家庭的生活地点与教育地点合理匹配,缓解学区房恶性竞争。

(2)教育机构将档案学历信息上链,与企业、政府机构进行对接,确保学生背景真实可信,保护正常渠道获取学历的学生利益,降低审查成本,避免低质量人才以次充好。

(3)运用数据化手段,增加线上教育覆盖,推动我国教育进入数字化时代。教育资源分布式共享,全面提高教育质量,平衡教育资源,缩小教育机构之间的差异。

(4)区块链成绩单打破了长期以来学生档案掌握在学校手中的传统,赋予了学生本人关于自身学习的话语权。其使用者能够自主选择、管理、判断学习内容,并在需要时出示学习记录作为证据,证明其学习过程和学习成果。

(5)"学历+区块链成绩单"重新提供了一套更立体、更标准化的价值评判体系,将学生在校情况全面评判,弱化学历唯一性,使教育领域的失败成本正常化,任何学历的学生都可以为更好的未来公平竞争。

15.2.4　小豆科技区块链教育应用研究中心正式成立

2018年1月17日,小豆科技区块链教育应用研究中心于深圳正式成立。该项目由小豆科技、北京大学深圳研究生院和中科院云计算中心电子学研究所分中心联合打造,是我国教育行业引入区块链技术的巨大创新。

中心负责人蒋敏迪表示,该项目将立足于2016年工信部颁布的《中国区块链技术和应用发展白皮书》,不断探索和实践区块链技术在教育领域的应用。《中国区块链技术和应用发展白皮书》指出"区块链系统的透明化、数据不可篡改等特征,完全适用于学生征信管理、升学就业、学术、资质证明、产学合作等方面,对教育就业的健康发展具有重要的价值"。

据悉,该项目主要在以下3方面进行了探索。

一、学生综合素质评价记录

小豆科技利用区块链基础重新构建了学生综合素质评价体系。学生学习数据全程上链,不可篡改,改变了传统素质评价不受重视的情况。成绩为主的各项数据不会被人为因素篡改,去中心化的网络也克服了传统教育服务器易被攻击的弊端,通过广播更新节点的分布式网络模式也杜绝了通过人际关系改写档案的可能性。

二、教育数字资源版权保护

通过区块链技术确权,将教育数字资源上链,有效保护了教育资源版权。从此,一线教师可以将自己创造的高质量课件、课堂视频等数字资源自由地共享与流通,不用担心侵权问题,有助于促进一线教师创造更多高质量的教育数字资源,推进国内教育资源均衡。

三、教育数字资源交易

构建低交易成本的教育数字资源交易平台,利用区块链的分布式账本技术,将教育资源分布式存放在不同的区块中,通过点对点的传播方式,根据达成共识的协议进行教育资源流通。以市场化的方式处理教学资源,这样一线教师有充足的动力和激情创造教育数字资源,师资较弱的学校也可以通过购买其他优质资源来提高教育质量,形成良性自治的合理互动,学校、老师都将得到提升,教育资源得到均衡,最终受益的是全体学生。

15.3　区块链在医疗中的应用

15.3.1　医疗概述

医疗卫生事业关系到广大人民群众最根本的身体健康,是福泽万民的长久事业,我们国家发展的一个重点就是医疗卫生服务。全面建成小康社会、推进社会主义现代化建设的重要目标之一,就是不断提高人民群众的健康水平,人人享有基本卫生保健服务,这也是人民生活质量改善的重要标志。

在我国大力支持下,医疗卫生领域一直在进步,群众"看病难、看病贵"的问题不断得到缓解,城区与农村的不同人群享有均等卫生服务的目标也越来越近。医疗卫生对经济和社会发展具有促进和保障作用,社会发展的前提就是医疗卫生领域在背后保驾护航。我国一直在努力健全公共卫生服务体系,基本实现了为居民提供全面、快速、便宜的基本公共卫生和基本医疗服务的目标,成为广大人民群众生命安全的第一道防线。

然而,医疗领域依然存在很多问题,传统医疗卫生体系有时并不能满足新时代快节奏的新要求。医疗领域与区块链技术最相关的问题是医疗数据管理问题。如图15-7所示,在医疗数据管理方面的核心问题是病历问题,病人的病历分为纸质病历和电子病历。纸质病历有建立与保管、封存与启封、长期保存3个传统流程。电子病历需要存入电子数据库,并有数据的建立与储存、数据检索、数据更新等过程。患者往往不只在一家医疗机构问诊,且每家医疗机构各有擅长,所以患者转院的情况也时有发生,涉及与其他医疗机构交流时,纸质病历需要借阅与复制,但这个过程非常麻烦,也容易出现抄错等现象,影响未来诊断;电子病历保存在电子数据库中,但各机构电子数据不互通,彼此之间存在数据孤岛的问题。同时,电子数据库经常成为黑客的目标,存在一定的数据泄露风险。

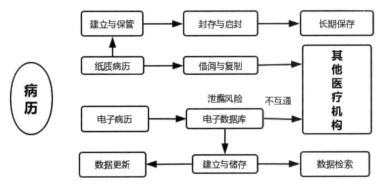

图15-7　传统医疗数据管理模式

15.3.2　痛点梳理

传统的医疗数据管理和使用存在四大痛点。

一、医疗数据容易泄露

医疗记录中包含全面的个人身份数据,除此之外,还包含可以进行身份欺诈的更多详细信息等,因此,医院的电子数据库一直是黑客攻击的目标。数据泄露风险也是医疗行业不得不面对的难题。

而传统医疗行业使用的中心化数据库并不能保护这些关键数据。2017年,美国全年共报道15次重大医疗信息泄露事故,在这些事件中至少有300万名病患的医疗信息被泄露;浙江省松阳县人民法院一审判决一起特大侵犯公民个人信息案件,有8000余万条信息被贩卖,超过7亿条公民个人信息遭泄露。

二、医疗信息难以分享

一个常见的现象是,患者的医疗数据分散在不同医院,在每家医院都有不同的病历,无法提供完整的病史记录;患者作为非专业人员,也无法利用记忆为医生提供帮助。缺乏完整的病历对医生来说也是难题。如果这些医院能将数据共享,那么每位患者无须四处奔波多家医院,就可以形成一条完整的病史记录。这不仅降低了病患的信息成本,同时医生有了全面的参照,也能提供更高质量的医疗服务。但目前中心化的医疗行业体系无法做到这一点。

三、信息数字化程度不高

医疗数据库面对的第一个问题就是数量庞大的病历资料。我国广泛使用的纸质病历并不能在患者手中得到很好的保存,医院本身也难以查询。纸质病历的内容是医生书写的自由文本,很多情况下,医生的字迹也许难以辨认;根据不同医生的习惯,病历内容也会以不同的方式省略,尤其在大量患者的病历压力下,医生当时的表意和病历上的内容也许有出入,而当病患需要转院或重病患者病情需要科学分析时,又需要将病历内容转抄,这个过程容易出现人工书写难以避免的潜错误。同时,保存纸质病历,需要一套完整的留存制度,包括存放地点、存放时限等。长时间保存后,还要解决纸张总会出现的磨损、老化问题,存放地点也需要消耗大量人力、物力进行防潮、防火、防蛀等工作。

四、小病患者多,大病患者拖

医生诊治的病例大部分是可以很快痊愈,不需要吃药或只用吃一些非处方药的病患,他们有时并不需要去医院,这部分业务只需要其他的次级医疗平台(药店、小诊所、网络等)就可以分担,但患者往往不相信其他平台的专业性,占用了很多优质医疗资源。同时,很多真正需要来医院的人却抱有小病自己扛的心态在家拖延,耽误了最佳问诊时机。因此,专业的分流渠道非常重要。

15.3.3　区块链赋能逻辑框架

一、适用性分析

总结来看,传统医疗领域的痛点集中在数据资源管理方面,医疗部门之间存在物理性的可信数据孤岛问题,虽然各医疗机构都拥有自己的电子数据库,大量的病历信息由于其隐私性又无法使用公开的方式交流,纸质病历能解决隐私问题但又效率低下,不易保存,容易错漏。另外,针对"小病患者多,大病患者拖"的问题,需要智能合约,一方面,直接解决小病患者的问题并完成配药发送;另一方面,及时告知大病患者病情及重要性,引导大病患者前往医院。

区块链联盟链具备多中心化、开放性、自动化、隐私性的特征,区块链上信息本身也具备不可篡改的特征,因而可以解决可信数据孤岛问题,并在此基础上可以构建数据协同网络,建立多医疗机构可信协同新模式。其隐私性特征又可以保护患者信息安全。

基于此,区块链应用到医疗系统中,首先可以将所有患者信息数据化,从而解决传统纸质病历使用成本高昂的问题。医疗系统全面数据化后,可以实行医疗数据协同网络,使各个医疗机构都可以获得可信数据,降低信息成本,提高医疗体系效率,又可以保障患者信息安全,增加医患间信任。利用新系统,患者可以提供更加全面的信息及历史病历,医疗机构拥有更全面的信息后,也可以与同业更高效地交流疑难杂症,有效提高治愈率,降低误诊率,获得更多患者的信任,整个医患交互体系良性运行,形成系统自治,并利用智能合约完成分流,精确投放医疗资源,提高系统效率。

二、解决方案和价值梳理

如图15-8所示,区块链为医疗领域提供的解决方案是,医疗机构将病患终生病历信息上链,即使在不同医疗机构,也能保障每次就医时医生都可以获取全面的病史信息,同时提供智能合约远程问诊上门送药服务,满足病人小病问诊需求,减少部分业务量。按照地区建立多医疗机构共享的联盟链,提供高质量的转院服务,将地区医疗化作一个整体。各地区链之间再形成共享系统,将疑难杂症及解决方案公开上传,在全国范围提高复杂病例确诊率。建立医生专用的专业医疗问题咨询网络,降低误诊率。

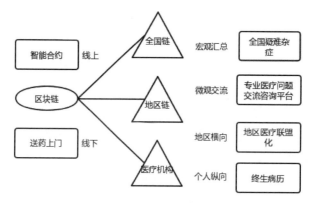

图15-8 "区块链+医疗"模式

(1)纵向来看,医疗机构实施全面数据化,保障患者历史病历可追溯。

(2)横向来看,医疗机构病历信息上链,在保障患者隐私的基础上,与本地区其他医疗机构互通,不可篡改,真实可信,保障患者跨院医疗行为正常进行,全面提高地方医疗质量。

(3)宏观来看,疑难杂症病历分布共享,完成全国汇总,总体增强医生病历知识储备,提高医疗机构诊断能力。

(4)微观来看,为医生提供了专业的咨询网络,为复杂病例提供建议,减少误诊可能,增加医患间信任。

(5)在线问诊,远程购药,全方位为病患提供无接触就医条件,快速解决小病患者多的问题,同时及时为大病患者提供专业分析,引导他们前往医院接受诊治,争取最关键的诊治时间。

(6)区块链算法的加密安全性,可以避免医疗信息泄露问题。

15.3.4 阿里健康区块链项目——医联体

2017年8月17日,阿里健康宣布与常州市医疗体系开展"区块链+医联体"合作项目的试点。该合作项目把区块链技术融入常州市医联体结构体系,用这样的全新模式解决医疗机构不得不面对的数据隐私安全和"信息孤岛"问题。基于区块链技术的阿里健康医联体项目的基本思路:首先,实现区块链信息上链,并且保证区块链内的数据均经过加密处理,即便数据泄露或被盗取也无法解密;其次,通过智能合约的方式,约定了常州医联体内上下级医院和政府管理部门的访问和操作权限;最后,审计单位成为其中的节点之一,它可以利用区块链防篡改、可追溯的技术特性,全方位了解医疗敏感数据的流转情况。

据悉,阿里健康的医联体项目目前已经在常州武进医院和郑陆镇卫生院落地实施,以后还会逐步推进到常州天宁区医联体内所有三级医院和基层医院,从而在常州市部署完善的医疗信息网络,以点带面,促进江苏省医疗体系的可信化、智能化建设。

15.4　区块链在社保中的应用

15.4.1　社会保障概述

社会保障是指国家通过立法手段,积极鼓动社会调度各方面资源,保证没有收入或收入较低及遭遇各种意外灾害流离失所的人民大众能够维持生存的最基本限度的制度。社会保障使劳动者在年龄衰老、罹患疾病、因工受伤、失去工作、生产养育时能够保障基本生活,同时根据当前经济和社会发展,向公众提供应有的福利水平,提高公民生活质量。

社会保障的本质是国民收入再分配,这种分配是通过社会保障制度实现的。社会保障制度是在法律的保障下,按照特定模式实施的与社会保障相关的措施和政策的制度框架,其具体内容随着社会发展不断灵活变化,对于不同国家乃至同一国家的不同历史阶段可能都不尽相同。但社会保障制度内容的唯一原则是确定的,政府等公共部门安排不同形式、不同层次的社会保障项目,来满足公民不同形式、不同层次的需求。

社会保障中最突出、最重要的是社会保险和养老问题。

15.4.2　区块链在社会保险中的应用

一、社会保险概述

社会保险是指一种社会和经济制度,这种制度也是一种社会转移支付,其主要目标是为暂时失去劳动岗位(失业)、因年龄增长或健康问题失去劳动能力(失能)的人口提供社会补助(基本收入或损失补偿)。社会保险也是一种再分配制度,由政府组织,以类似税收的方式,从劳动人口的收入中抽取一部分作为社会转移,来保障失业、失能人口的基本生存。被抽取的收入形成社会保险基金,满足条件后,参保人可以获得固定的基本收入或(失业、失能的)损失补偿,这既能够保障社会稳定,也能够维持劳动力的可持续发展,为劳动人口提供未来的保障。如表15-1所示,社会保险分为养老保险、医疗保险、失业保险、工伤保险、生育保险。

表15-1　社会保险构成

种类	基础用途	派生用途
养老保险	退休后领取养老金、丧葬费、抚恤费	买房 买车 子女上学 落户 商业贷款
医疗保险	医疗保险、退休后享受医保待遇	
失业保险	失业后领取失业保险金、医疗费用补贴	
工伤保险	支付治疗费用、生活护理费、伤残补助、伤残津贴	
生育保险	产假、生育津贴、生育补助金	

二、痛点梳理

社会保险在社会保障体系中位于核心地位,是社会保障体系不可缺少的基础建设。社会保险基金是其他社会保障活动能够施行的重要基础。从劳动者的角度讲,社会保险是一种缴费性的社会服务,劳动者在享受社会保险待遇前,必须先按照相关法律要求履行缴费义务。社会保险由劳动者本人和用人单位在政府补贴下共同缴纳,政府承担资金管理和最终的责任。虽然有用人单位和政府补贴的同时帮助,很多情况下社保也占据个人工资的很大比例,个人与企业并不总是配合,这也引发了很多社会问题。

1. 社会保险征收部门收缴问题多

法定社保费率相对较高,对于中小企业是极大的负担。因此部分企业宁可违法也要减少或避免缴纳巨额的社保费用。这就造成社会保险征收部门征收困难,未缴社会保险和社会保险缴纳不足额的历史遗留问题也长期存在。同时,费率居高不下的一个原因是,社会保险缴纳覆盖不全,只有将更多的企业纳入监管,把社会保险收缴全面化,才能真正降低社会保险费率。而现在的中心化体制下的社会保险部门并没有足够的能力与资源扩大监管范围。

2. 中心化的数据存放机制,容易被篡改

所有社会保险的参保人都需要在社保服务中心办理业务,所有的个人资料和业务信息都中心化储存在社保服务中心数据库里。根据社保服务的不同需求,这些数据将在社保部门业务系统网络中流转,不能在固定的库中加密储存。这些业务数据存储在社保服务中心系统,分散在全国城乡的社保系统管理员都拥有更改权限。从技术上存在篡改的可能,从涉及人群广泛这一点来看也难以集中管理,现实中也有"篡改数据领取养老金"等案件。

3. 传统数据稽核需要大量人工成本和资金成本

社会保险经办部门管理体系存在问题,资源分散,甚至存在两部门分别管理的问题(社会保险基金由人力资源社会保障局经办部门和税务部门共同管理,城乡居民医保由人力资源社会保障局和卫生局共同管理),造成漏保、重复参保等现象,严重影响了社会保险经办机构的服务质量与水平。不同地区、不同险种直接的信息数据也互不相通,同时存在物理性和逻辑性的数据孤岛问题,给社保经办部门稽核工作带来了很大的困难,不得不耗费大量的人工成本和资金成本进行反复核对。

三、区块链赋能逻辑框架

1. 适用性分析

在传统的中心化社保数据存放模式中,社会保险经办各流程环节中涉及的多个主体对系统中流转的经办数据的信任来自对社会保险经办部门的信任,但这种信任经过上文痛点梳理已经证明是有缺陷的。"区块链"模式作为一种去信任的技术手段,可以有效解决这个问题。区块链中的信用是通过算法实现的"算法信用",业务数据经过加密,在去中心网络的各区块中分布存储,通过算法提取和修正,业务数据不属于任何一个中心,每个中心也需要向整个网络申请广播才能修改数据。

技术透明、不可篡改等特性带来的算法信任能够代替原本的存储机制,降低社会保险系统的信任风险;利用"区块链"技术的智能合约,可以将原本复杂的收缴过程改为自动支付流程,社会保险进入自动化时代;因为业务数据上链,社会保险经办过程中的所有信息都具有可追溯性,社保经办部门可

以以很低的成本(无须人工核查)完成社保稽核,降低人力成本,减少自身管理费用;去中心化的社会保险业务网络将会大幅度提高社保交易和清算效率;"区块链"技术可以保障社保数据在不同利益相关方及不同机构间安全流转和使用,推动社会保险社会化的进程。

区块链通过在社会保险领域构建的自动支付智能合约、数据流传的共享网络、去中心化的分布账本和可追溯的信任机制的四大机制,全面增进了社会保险领域信任,简化了社会保险流程,提高社会保险效率,最终全面提高社会保障管理和服务水平。

2.解决方案和价值梳理

如图15-9所示,区块链为社保领域提供的解决方案是,社保管理部门、各经办环节参与者等将社保业务数据上链,建立去中心化的分布账本。社保征收部门使用智能合约来完成社会保险智能收缴,无须介入即可保障交易的真实性。交易过程全程上链可追溯,社保经办部门只需验证链上的历史数据即可完成社保稽核。各社保数据相关部门间建立数据共享网络。

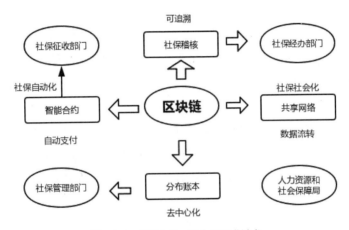

图 15-9　"区块链+社会保险"模式

(1)社保数据上链,不可篡改,真实可信,即使在各部门间的流转过程中更改也需要其他节点审核与同意,最大限度地保护了参保人的数据安全。

(2)智能合约的使用,将社保缴纳过程变得简单、高效,也避免了企业与个人的逃保、少缴等行为,方便社保征收部门监管征收,推动了社保自动化的实现。

(3)缴纳过程全程上链,全程可追溯,大大提高社保支付、交易和清算效率,高准确性且低成本地满足社保经办部门稽核要求,降低人力成本和资金成本。

(4)建立共享网络,保障社保数据在各部门间安全流转,推动形成社保数据社会化。

(5)智能、高效的社会保险体系将释放出大量系统中的资源,社会保险部门将有能力扩大社会保险覆盖范围,推动社会保险全面社会化,从而降低费率,增强全社会社保基金服务能力,而个人缴费压力减弱,形成良性互动。

15.4.3 区块链在养老中的应用

一、养老概述

老龄化社会是人口经济学的一个人口结构模型,主要是指老年人口占全体人口比例超过某固定的比例。联合国认为,进入老龄化社会的最新标准是,当一个地区中的65岁的老年人口(原标准为60岁)占该地区总人口的7%(原标准为10%)。可以看出,其标准根据社会发展不断变动,随着人口平均寿命的增加也有所提高。

老龄化问题是我国21世纪最大风险之一。为了应对不断加剧的人口结构变化,预防人口老龄化危机,我国从2009年开始就不断采用新的人口战略以应对危机。而由中国发展基金会发布的《中国发展报告2020:中国人口老龄化的发展趋势和政策》也进行了预测:预计到2022年前后,中国的老年人口(65岁以上)将占到全体人口的14%,我国人口老龄化问题已经日趋严重,将正式进入老龄化社会。

目前,养老成为我国不得不及时面对的严肃话题,对于政府和整个社会来说,也是巨大的问题。人口结构的改变导致子女无法负担养老,养老服务的稀缺导致养老资源昂贵,现行养老模式已经无法负担,也许创新养老模式才是解决问题的唯一办法。目前我国倡导"9064"养老体系,该体系分为三个部分:一是居家养老,利用社会服务和子女赡养在家中养老;二是社区养老,在政府补贴下购买社区服务,并以社区为单位进行养老;三是机构养老,入住养老院等机构,花费更多费用,但是集中享受更高质量的养老。这三者的比例目前为90%居家养老、6%社区养老、4%机构养老,即"9064"养老体系。

养老服务社会化是以构建居家养老为基础、社区养老为依托、机构养老为补充的运转协调、服务高效的新型老年社会福利服务体系和养老服务模式。当前社会节奏加快,子女本身就有很大的生活压力,很可能无法为自己的父母提供充足的养老服务。人口结构中,老年人占比增加,少数的年轻人缴纳的养老保险无法负担多数的老年人的消耗。中年人现在在缴纳养老保险,但很可能当他们老了的时候,养老保险资金已经被消耗一空。

在居家养老方面,子女在外工作,独留老人在家的情况也越来越常见。空巢独居老人的生活中存在很多原本可以避免的风险,对他们的生活质量与健康甚至生命安全都是很大的威胁。空巢老人的生活状况与质量需要全社会的广泛关注与伸出援手。为解决空巢老人问题,目前的做法是成立老年人互助服务中心,老年人之间互相帮助,社区人员提供基础服务,保护老年人的身心健康。而在老龄化社会中,并没有那么多年轻人可以提供社会服务,而年轻人长大后会面临更严峻的老龄化形势,在缺乏激励的机制下,会构成恶性循环。

对于这个问题,提出的解决方案是提倡"时间银行",激励现在的年轻人为老年人提供服务,倡导"今天服务,明天享受",将服务时间保存在时间银行,未来自己老了也可以用自己在银行中储存的时间享受新的年轻人的服务。

时间银行的概念由美国的埃德加·卡恩教授于1980年提出,发展至今已有30余年历史。时间银行是基于"每个人付出的时间是同质的,人们可以用自己的服务换取他人相同时间的服务"这一论点提出的,是用来储存和兑换服务时间的机构。

双向原则是时间银行最重要的一个原则。时间银行和其他公益机构不同,它并不直接提供补助,其主要起到的作用是平衡时间服务的供求,将现在能够提供时间服务的人的服务,提供给曾经付出了时间服务而现在需要他人付出时间来服务的人。因此时间银行的成员除了将自己的时间服务存入时间银行外,没有其他成本。一般情况下,时间银行会为每位成员发放10张时间支票,这些支票代表了时间服务,自己可以接受其他人给的支票从而向其提供时间服务,同样的,自己也可以使用这些支票来换取其他人的时间服务。而要完成这个双向的过程,要求时间银行的每个使用者遵循双向原则,可以接受其他人提供的时间服务,同时也要随时准备向其他人提供他们需要的时间服务。只要每个成员在时间条件合适时遵循原则,就可以形成时间银行的良性互动。

二、痛点梳理

传统的社会保障中的养老保障有以下痛点。

1. 社区居家养老目前模式难以满足养老需求

社区在养老体系中作为公益机构为老年人提供福利,在目前缺乏激励机制的体系中,社区的资源是极其有限的。社区人员有限导致服务供给有限,这与不断增长的老年人口的需求是矛盾的。有限的供给终将被不断扩大的需求压垮,无论是质量还是数量都不能达到标准,养老基础服务建设的增速远低于老年人口需求的增速。同时,与后文将提到的公益机构相同,社区监管问题也将成为很大的阻碍,老人无法全面信任社区,购买社区服务的意愿也相对较低。在这种不利的背景下,可以说社会化养老是必然的趋势。

2. 机构养老资源配置问题大

机构养老能否作为高收费、高质量的养老服务机构满足高层次养老需求呢？答案也是否定的,养老机构社会认可度低,老人往往认为子女将自己送入养老机构是一种抛弃,养老机构中的养老资源多数没有得到有效配置。在老年人口不断增长的社会背景下,民办养老机构甚至无法生存,这是非常矛盾的。民办养老机构由于社会认可度低导致入住率低,入住率低导致低价格维持经营,而低价格又导致了设施建设不充分,从而带来低质量的服务,形成了恶性循环。而公办养老机构床位供给反而不足,不能满足社会需求。

3. 养老数据存在盗取风险

老年人由于年龄的增长,判断能力下降,对最新诈骗新闻消息缺少了解,对新技术也更难接受,加上其他多方面原因,更易成为骗子集团的下手目标。养老数据中存放了老人的身份信息、电话、住址、病历等复合信息。如果这些信息遭到泄露,不法分子可以轻松地利用信息不对称完成诈骗。养老数据往往存放在第三方数据库。为了防止不法分子入侵数据库、盗取信息、篡改数据,第三方数据库不得不花费大量的成本。

4. 时间银行作为被广泛关注的解决方案,但成效甚微

我国时间银行起源于1998年上海市虹口区一居委会开办的"老年银行",在全国各个城市陆续也进行了诸多零星的实验。尽管经历了长达20多年的成长,我国时间银行依然处于幼童阶段:机构体

量小,只能满足很少需求;时间银行受众少,甚至大多数人从未听说过时间银行;需求少带来资金来源少、基础设施建设不完善,全国各地乃至各城市各区的时间银行基本处于独自经营的困境,彼此间缺乏联系交流;各类时间银行普遍存在组织管理机制不健全、"时间货币"很难交易、时间服务的提供者往往也不能受益、双向原则不能成立,没有激励机制、多种因素导致行业发展动力不足等多个问题。

三、区块链赋能逻辑框架

1. 适用性分析

基于对痛点的分析可以知道,养老的痛点主要有3方面,代替居家养老的机构养老在资源配置与管理方面有缺陷、养老数据安全问题和时间银行难发展问题。

基于区块链的特点,区块链可以通过分布式存储轻松储存大量的养老数据,通过高冗余存储配合去中心化和私钥公钥加密来保障养老隐私数据的安全。

而时间银行这套体系虽然包含延迟交换,但本质上也是点对点的双向交换,可以定义为一种P2P的时间服务交换机构。同时,区块链本质上也是一个基于P2P而建立的技术框架,具有去中心化、集体维护、分布式等特点。对于时间银行来说,区块链比中心化的数据存储体系更适合运用于P2P的交换,有助于减少人力投入和管理成本,实现时间银行在社区范围乃至于更大范围的组织体系的建立。

2. 解决方案及价值梳理

第一,养老机构养老数据上链,不可篡改,公钥私钥加密确保数据储存及安全。第二,养老机构改用智能合约建立管理系统,有利于减少养老服务所需人力,精简整个管理框架和从多方面降低养老组织成本。第三,利用区块链解决时间银行中存放的时间货币"通存通兑"问题。第四,区块链作为由算法运行的系统,不仅安全高效,而且比中心化数据管理系统更加透明。更快的处理速度可以轻松解决养老数据存放难题,高效率的信息管理体制也能避免很多重复的核对工作,缓解人力不足的压力。

四、南京建邺"时间银行"引入区块链技术

南京是全国最早进入人口老龄化的城市之一,目前60岁以上的老年人已达147万人,占户籍人口的21%;65岁以上的老年人100万人,占户籍人口的15%。自2012年起,南京已在建邺等地探索出一些行之有效的"时间银行"新型养老模式。

2019年11月20日,南京建邺桃园居社区携手支付宝,首次在时间银行中引入区块链技术。志愿者可在支付宝里存储公益时间,为自己兑换养老服务。"区块链+时间银行"可确保"时间"的存储和兑换公开透明,永久在链,防止丢失或被篡改,还可以跨机构、跨区域通兑。

五、上海市创建首个"区块链+养老"项目

上海市首批民营养老机构在六安市公共资源交易中心拍卖获得"六裕出2019-59号地块",这一举动标志全国首个"区块链+养老"项目正式落户在六安市裕安区狮子岗乡。项目预算总投资为10亿元,建成后将呈现"一苑、两馆、三中心"的丰富业态。据悉,这一项目同时启动了国内首个"区块链+养老"科研研发项目,实现区块链技术在养老、医疗健康、公益等多领域运用。

《15.5　区块链在公益中的应用

15.5.1　公益概述

公益服务是个人或社会团体公益组织,自发聚集起来,主动完成对社会整体或困难群体的帮助行为。公益以行为人的价值导向作为动机,不求任何回报地进行社会活动,其结果是社会整体或社会中的弱势群体接受公益产品,整个社会的福利水平增加。

公益活动自古以来就有,早期的公益是自发的以个人或基于人道主义无偿地提供各种服务为主,现代化的公益活动是公民参与精神的体现,是社会经济生活水平增长和思想观念水平提高的产物。公益活动中提供的公益产品要以提高社会福利为目的,而同时公益活动的行为人作为非组织性的群体,也要保证公益活动进行的过程中不影响社会公共安全。综上来看,公益活动是公民为了公共利益,按照公共意志,基于公共德行组织进行的公共活动。公共活动包含五大要素:公民、公(共利)益、公(共)意(志)、公(共)德(行)和公共。

公益活动的主要实行者是社会公益组织。社会公益组织一般是指那些非政府的、不把利润最大化当作首要目标,且以社会公益事业为主要追求目标的社会组织。

社会公益组织并没有完全统一的定义,一般来说,社会公益组织是一种合法的、非政府的、非营利的、非党派性质的、非成员组织的、实行自主管理的民间志愿性的社会中介组织,其主要活动是致力于社会公益事业和解决各种社会性问题。传统公益模式如图15-10所示。

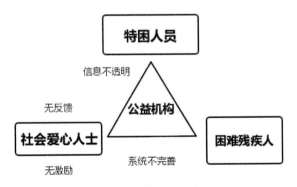

图15-10　传统公益模式

本节讨论的公益是基于公共服务理论的公益,主要指慈善捐助和社会救助(社会服务和残疾人服务)。所谓社会服务和残疾人服务,主要是对生活不能自理的特困人员和困难残疾人进行集中供养和补助服务。随着社交媒体的普及,这些社会弱势群体的困境也将被更多人知晓,从而得到一些社会爱心人士的慈善捐助。而所有的慈善募捐几乎都通过公益机构进行,公众难以获取有效的捐助过程信息。而公益机构因其公益性,以志愿者和兼职者作为主要成员,缺乏专业的管理人员,往往在管理方面缺乏专业性。

15.5.2　痛点梳理

传统的公益领域存在以下痛点。

1. 公益机构缺乏可信信息源, 也没有通畅的信息传递查询渠道

公益机构缺乏可信信息源, 数据造假现象严重, 大量资源无法有效传递至真正需求者手中, 实际最困难的人群却不能得到应有的捐助。而社会爱心人士的付出也不能得到反馈, 一旦接收到慈善丑闻, 很可能就会失去动力, 无法形成良性循环。如果建立通畅的信息传递查询渠道, 既可以使爱心人士第一时间知道自己捐助款项的去向, 又可留下记录随时追查"骗捐""诈捐"的不法分子。

2. 缺乏完善的管理系统

慈善丑闻接连不断, 慈善机构声誉受损, 群众对慈善机构产生信任危机。慈善机构缺乏完善的数据查询管理系统, 在信息的统一公开和透明查询上有着明显缺陷。慈善机构以中心化的管理服务模式运作, 效率低下且不对外公示, 组织人员以大众组织、社区工作、志愿者等为主, 成分复杂, 缺乏专业的管理机制, 即使存在中饱私囊者也难以追溯和追查, 造成数据整合散乱, 缺乏扎实的数据基础, 以致丢失的款项难以追回。

3. 激励机制不健全

社会公益领域没有健全的激励机制, 虽然公益的初衷不是为了回报, 但志愿者付出了时间与精力, 理应得到相应的社会认可, 不存在激励的体制无法形成良性互动, 也就无法长久。同样的, 助人者在遇到困难时按理应得到更优先的救助, 但有多优先, 何者更优先, 需要信用评价机制, 这也是目前非常缺乏的。利用信用评价机制为志愿者的志愿服务提供反馈, 有助于志愿者进行自我定位, 形成价值激励; 也有助于向提供了高质量志愿服务的志愿者提供回馈, 形成非金钱的物质激励。

15.5.3　区块链赋能逻辑框架

1. 适用性分析

总结来看, 传统公益领域的痛点集中在数据开放性和管理系统方面, 前者是公益机构与社会爱心人士间存在的可信数据孤岛问题, 后者是公益机构中心化的管理模式环节过多、参与人员复杂造成的难追溯性带来的问题。

区块链联盟链具备多中心化、开放性、自动化、隐私性的特征, 区块链上信息本身也具备不可篡改的特征, 因而可以解决可信数据孤岛问题, 并且其分布式机制可以改善公益机构中心化管理的不透明问题, 其数据的可追溯性可以保障任何时候公益机构都可查可追溯。

基于此, 将区块链应用到公益系统中, 可以实现公开透明的捐款信息追踪网络, 对于任何一条捐款都可以保障随时可查可追溯, 重新建立社会爱心人士与公益机构之间的信任。建立公益信息协同机制, 引导慈善捐款合理调度, 真正帮助到最困难的人群。建立公益管理系统, 全面记录公益活动的相关人员及其贡献, 人员调度智能化, 改善原本的管理乱象。在公益生态中引入信用认证机制, 按照特定标准进行信用等级评分, 激励大众助力公益服务, 促进行业良性发展。

2. 解决方案和价值梳理

如图15-11所示,区块链技术为公益领域提供的解决方案的核心是公开透明的区块链信息追踪网络。第一,公益机构将捐款信息上链,为所有爱心人士提供款项去向追踪查询。第二,地方与公益机构组织联合,将生活不能自理的特困人员和困难残疾人信息上链,建立智能化的分配系统,建立"算法公平"的分配体系。第三,建立公益管理系统,全面记录公益活动的相关人员,采用智能化人员调度方案。第四,引入信用认证机制,将公益平台、公益志愿者、求助人等公益数据全部记录在区块链系统中,并按照特定标准进行信用等级评分。

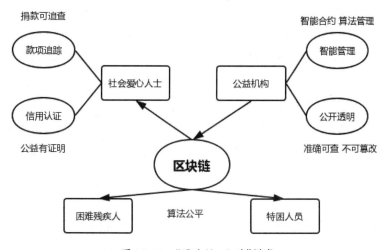

图 15-11 "区块链+公益"模式

(1)利用分布式账本技术建立公开透明的捐款信息追踪网络,确保每一笔捐款公开可查可追溯,爱心人士也能切实知道自己的捐助的切实用处,有助于形成良性循环。

(2)将公益活动的相关人员及其贡献上链记录,志愿活动真实可查,出现问题好追责,突出贡献有信用认证,一方面保障志愿人员素质,另一方面使志愿活动具有更高含金量,鼓励更多人参与志愿活动。

(3)激励社会爱心人士和公益机构积极参与公益活动。

(4)建立智能化公益管理系统,提高公益机构效率,使资金调度更加合理。

(5)建立"算法公平"分配机制,更准确地将公益资源投入最需要的地方。

15.5.4 成都首家青年志愿服务区块链联盟

2018年4月,我国首家青年志愿服务区块链联盟于成都正式成立。区块链联盟新建立的系统能够将志愿者参与志愿活动的所有信息录入系统,根据志愿者的志愿项目类别、总体服务时间等多方面因素计算公益积分。当积分积累到一定数量之后即可颁发志愿服务区块链证书,证书有区块链中的信息作为证明,具有很高的含金量,解决了当前志愿者难认证、志愿服务数据难保存、志愿服务无证明的难题。成都青年志愿服务区块链联盟已经颁发了首张青年志愿服务区块链证书。

区块链概论

15.5.5 支付宝搭建区块链爱心捐赠平台

中国红十字基金会是我国传统公益机构的代表,中国红十字基金会目前正积极与支付宝合作,探索新时代新公益。蚂蚁金服旗下的支付宝基于区块链技术建立的爱心捐赠平台,已经开始向公益机构开放,中国红十字基金会和壹基金已经率先提交申请,经审核后,均可自主发布基于区块链的公益项目。中国红十字基金会的首个区块链公益项目"和再障说分手"已在支付宝爱心捐赠平台顺利上线,支付宝用户已经可以在手机上查看该项目,进行募捐或查询项目账户实时信息。

网络募捐平台不是一个新概念,告别了传统的去公益机构直接捐款的复杂流程,每一个人都有拿出手机打开APP进行捐款的能力,公益不再是大户人家彰显财富的工具,也走入寻常百姓家,成为每个人献爱心的平台。然而,传统的网络募捐也无法避免公益一直以来的痛点,自己捐的钱去哪里了依旧是困扰每个捐助者的问题。而区块链技术保障每一笔善款去该去的地方,将原本复杂的善款公示问题直接在每个人的手机中予以解决。

进入支付宝爱心捐赠平台中,捐款后打开"和再障说分手"项目,捐助者可以通过进入"爱心传递记录"查看捐款流向,上面记录着捐款项目上线时间及目前的状态(筹款中或筹款结束),打开"捐款记录"就可以看到每一个捐款人经部分打码隐私处理后的捐款金额与捐款时间。整个项目的筹款结束之后,每一笔款项的拨付时间及每一位捐款受益人收到资金的时间都将一并公示。

15.6 区块链在住房中的应用

15.6.1 住房概述

如图15-12所示,在中国,一个普通的购房者将要经历以下几个阶段:在长期的工作中存储公积金(或不使用公积金直接购房),认为自己具有购房能力后与房屋中介对接以确定合适房源(卖方),聘请律师保障交易过程,确定房源进行支付。支付分为直接支付和按揭支付,其中按揭支付占绝大多数。按揭支付需要缴纳定金后办理按揭申请,经银行全面审核办理按揭贷款,按月偿付并在贷款结清后撤销抵押房产并取回贷款合同。

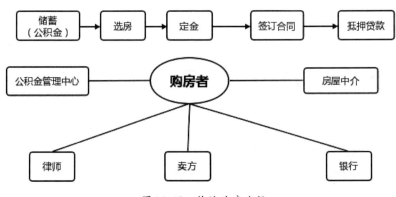

图15-12　传统购房流程

294

15.6.2　痛点梳理

住房领域的传统模式存在以下三大痛点。

一、交易复杂，过程不透明

传统上，一桩典型的居住地产买卖至少涉及 8 个利益相关者：土地登记处、买卖双方、双方律师、金融机构的调查人员、资金提供者和房地产经纪人。由于各方之间缺少信任，存在很高的交流成本，买卖过程中的任何一个环节都可能出现意外的拖延和风险。

二、信息成本巨大，中介公司作用有限

众所周知，房屋中介是买方和卖方之间不可缺少的桥梁。房屋中介掌握着大量房源，熟悉市场行情和房价，能够提供专业的购房指导，保障交易的进行。然而，在这个体量巨大且信息管理不成熟的市场中，房屋中介也面临着严重的房产列表曝光率低、数据获取困难、交易延迟等问题。同一处房产，往往在不同门户网站以不同名称出现。

三、住房公积金缴纳流程复杂

住房公积金，是指国家机关和事业单位、国有企业、城镇集体企业、外商投资企业、城镇私营企业及其他城镇企业和事业单位、民办非企业单位、社会团体及其在职职工，对等缴存的长期住房储蓄。

在使用住房公积金进行房屋装修或购买住房时，需要将公积金缴存证明纸质化，再提交给各地方所属公积金管理中心，在公积金管理人员核验真实性后，再进行下一步业务办理，需要办理者花费较长的时间。如果用户需要进行异地公积金办理业务，则需要更多时间成本。

15.6.3　区块链赋能逻辑框架

一、适用性分析

总的来说，传统住房领域的痛点较为复杂，公积金由于数据化程度不高，存在数据孤岛问题。且购房过程参与主体很多，具有最具代表性的多主体协同系统的信任机制问题。购房中的信息成本极其高，即使有房屋中介参与，也无法避免房屋拥有者发布的房源信息非标准化导致的逻辑性的可信数据孤岛问题。

区块链联盟链具备多中心化、开放性、自动化、隐私性的特征，区块链上的信息本身也具备不可篡改的特征，因而可以解决可信数据孤岛问题，并在此基础之上建立多主体可信协同的业务模式。

基于此，区块链应用在住房领域，首先，可以通过公积金缴存数据系统保障公积金的缴纳和事后审查均高效、真实、可查，解决异地公积金办理难题，保障人口正常流动。其次，智能管理房地产房源信息，使房屋中介信息公开透明化，形成行业协同机制，利于房地产资源合理分配，满足更多人的住房需求。建立房地产交易协同网络，降低房地产交易各参与主体间的信用成本。

二、解决方案和价值梳理

如图 15-13 所示，区块链在住房领域的解决方案的核心是降低信用成本，提高效率。公积金缴纳信息上链，为住房公积金持有人开具公积金缴纳证明，各地区公积金办理中心形成联盟链，解决异地公积金问题。形成房屋中介联盟链，建立智能房地产管理系统，将房源信息标准化。交易阶段使用房

地产交易协同网络,采取智能合约的方式进行合同签订,减少各方之间的信用成本,形成点对点的信任关系,减少信息不对称。征信系统上链,准确、真实地查看购房者信用记录。利用区块链进行资产确权,精准判断购房者房贷负担能力,便于银行高效、合理地分配房贷资源。

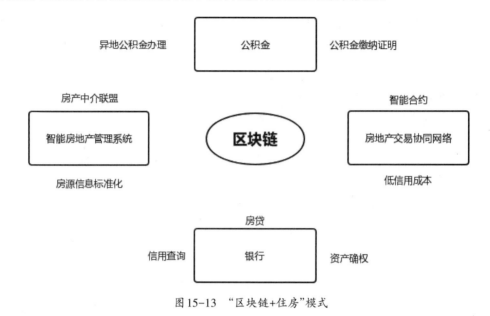

图15-13 "区块链+住房"模式

(1)公积金缴纳信息上链,解决公积金异地办理难题,有助于管理中心高效快速查询。

(2)运用智能化手段管理房产信息,减少信息搜寻成本,形成行业规范,方便买卖双方精准匹配。

(3)房地产交易业务上链,确保交易真实、合规合法,增强各主体间信任。

(4)可信数据分布共享,增强银行抵押贷款风控能力。

15.6.4 蚂蚁金服构建"缴存证明平台"和"失信惩戒云平台"

2018年9月,"联合缴存证明及失信惩戒云平台"于海南正式落地。该项目由蚂蚁金服金融科技与华信永道合作,使海南成为我国首先完成构建公积金缴存证明体系的省份,利用区块链技术解决了异地缴存、多中心共享的难题,填补了住房公积金领域的空白。

"缴存证明平台"使异地买房简单化。如果你在其他城市缴存了公积金而打算在海南购房,只需要登录支付宝,在缴存证明平台上申请填写公积金缴存证明。证明通过后,就不需要像传统异地公积金流程中那样到原居住地公积金中心确认,也不需要携带厚厚的纸质文件,直接前往海南公积金中心,工作人员可以直接查询确认公积金缴存情况。如果公积金缴存证明通过,缴存证明平台不仅能开具电子签章,而且可以下载缴存证明编码,并可以将所有信息储存到二维码中,运用多种技术手段在验证合法性的同时保障流程的便携性。

"失信惩戒云平台"与缴存证明平台相反,是记录公积金黑名单的平台。公积金管理中心将黑名单写入区块链中,全国所有使用区块链技术的公积金管理中心都可以查询。链上的黑名单作为不可篡改的可共享可信数据,减轻了公积金部门的监管难度,在减少监管成本的同时提高了监管效率,实现了对失信黑名单中人员的联合惩戒。此外,政府相关部门也可接入区块链中,与监管部门之间互联,增进信任,减少交流成本。

《15.7 区块链在文体中的应用

15.7.1 文体概述

在文化体育方面,比较具有代表性的是文创企业。文化创意产业是在经济全球化、网络全球化、文化全球化多种浪潮交替中催生的全新产业。文创产业以创造力作为发展的核心动力,其行为人通过对某种文化的共同认可,以个人或集体的方式,通过不断创造新的文化产品,形成知识产权。文创企业通过这些知识产权,利用技术手段或营销手段进行产业化开发获利。

文化创意产业,主要包括广播影视、雕刻、音像工艺与设计、服装设计、视觉艺术、动漫、计算机服务、广告装潢、环境艺术、表演艺术、传媒、软件服务等方面的创意群体。我国文化市场日益兴旺,国家政府也在不断支持文化产业,促进文化输出,建设文化自信强国。

15.7.2 痛点梳理

如图15-14所示,传统的文创企业,由于其产品形态特质,往往面临着以下问题。

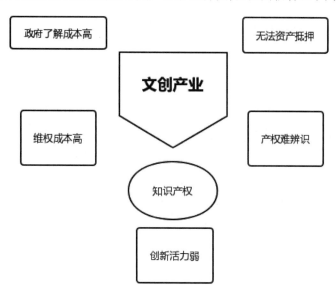

图15-14 传统文创痛点

一、政策落地难题

现有政策执行一般采取公告发布形式,且政府对企业了解成本较高,难以针对企业特征个性化发布。由于数据孤岛的存在,使政策执行落地的流程较为烦琐、周期也较长。

二、文创产业融资难、融资贵

文创企业的产品形态多为创意性质,知识产权是其核心资产,产权确权难,估值难,导致文创企业没有资产可用于抵押,难以从银行获得资金融资,遭遇融资难、融资贵的问题。

三、版权滥用、创新乏力

文创行业存在大量的侵权行为,如仿冒、抄袭,以及游戏产业中的私服等行为,在一定程度上抑制了文创产业的创新活力。

四、文化产品版权保护不到位,维权成本过高

侵权问题一直是知识产权拥有者主要关注的问题之一。侵权者侵权成本非常低下,受害群体广泛,而知识产权拥有者维权却需要大量的时间成本和法律成本。文创企业知识产权纠纷、政府关系等解决周期长,处理成本高;由于取证难、证据公信力不足,导致司法效率难以提升。知识产权拥有者急需高效透明、能落到实处的方式保护自己应有的权利。

五、知识产权难以辨识

我国互联网的一个现状是,知识产权侵权现象常常发生,侵权成本低,处罚小,对受害者损害严重,而当受害者试图用法律手段维权时,又有维权成本过高、举证困难等诸多问题。知识产权的所有者往往并不能证明自己是创作的源头。同时,存在版权信息的作品也往往在传播中丢失相关信息,在无法追溯的情况下难以确定侵权者责任,从而带来无法简单评判的纠纷。

15.7.3 区块链赋能逻辑框架

一、适用性分析

总的来说,文创企业的痛点在于内容确权难,容易被剽窃,造成原创者利益损失。同时无法确权就无法抵押,自身融资难,而政策保护由于政府了解成本高又难以及时落地。

基于区块链的时间戳特性,原创作品究竟何者为先的难题也将得到解决,在可信验证的基础上,实现内容确权,打击盗版侵权文字与视频,解决融资难、融资贵的问题。同时,区块链也提供了政府建立监管平台直接介入的可能性。

基于此,区块链应用于文体领域,首先是利用区块链时间戳的性质,建立审查机制,提供确权服务,为文化作品作者证明自身原创性提供服务。利用分布式账本建立信息透明、节点共享的可信验证网络,提供全面的版权保护与内容交易服务。为政府建立监管平台提供技术手段,助力知识产权领域法治建设。

二、解决方案和价值梳理

区块链为文创领域提供的解决方案有两个重点,一是打造区块链文化产业交易中心;二是构建区块链司法链。

图 15-15 所示为文化创意产业集聚区。打造区块链文化产业交易中心,通过提供应用场景及文化版权、艺术产权的锚定资产、实物,应用区块链、大数据、人工智能等技术推动,打造文化及艺术品版权的溯源上链智能合约、确权流转交易平台。通过移动互联网多媒体社交营销工具,在文化产品传播、定制、

收藏和流通过程中,提供售前鉴赏、售中体验、售后溯源一体的深度垂直服务,以创新商业模式推动文化产业的消费升级。

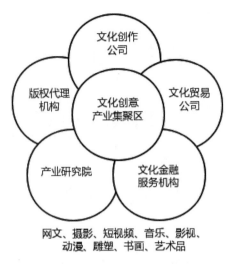

图15-15　文化创意产业集聚区

如图15-16所示,以去中心化的数据中心为核心,将文化创作公司的文化产品上链,以提供资产确权、版权保护服务;向产品研究院提供可信数据并获取产品服务;与文化金融服务机构进行投融资的合作;版权代理公司将版权代理信息上链以形成代理凭证;帮助意向购买者溯源、查询、购买;提供售前鉴赏、售中体验、售后溯源一体服务。

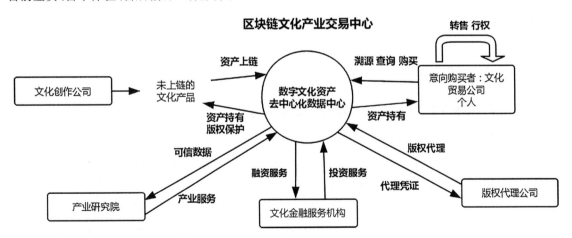

图15-16　区块链文化产业交易中心

如图15-17所示,形成利用区块链技术为知识产权问题形成司法链,知识产权相关信息全部上链,形成证据链。具体到全链路的每个过程都采取数据化、自动化处理:实名认证阶段权利人信息上链,作品内容登记阶段确保内容审核,全网监测阶段自动检测授权信息,电子取证阶段整合证据信息,司法诉讼阶段提供诉讼服务。司法鉴定中心、国家授时中心、人民法院、公证处等形成司法公正节点,全节点见证,快速受理。

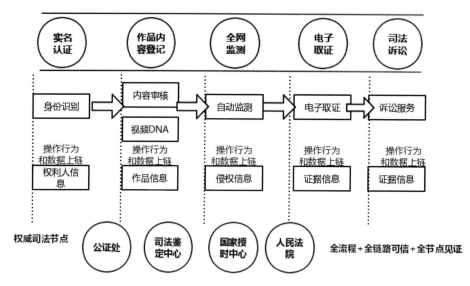

图 15-17　"区块链+文创"之司法链

（1）文化创作公司资产上链，形成版权，完成资产确权，有利于文化创作公司资产资产化、货币化、证券化。

（2）为购买者提供售前鉴赏、售中体验、售后溯源一体的深度垂直服务，推动文化产业转售行权，为文化产业注入活力。

（3）直接与文化金融服务机构对接，助力文化产业投融资，解决文创产业融资难、融资贵难题。

（4）为版权代理公司形成代理凭证，提供有法律效力的电子证据，直击文化产业诉讼难困境。

（5）网络文创过程重要节点全部上链，形成证据链，不可篡改。

（6）文化作品传播全链路可信，全过程记录，全节点见证。

（7）各公正节点联合，高效受理侵权案件。

15.7.4　各地法院构建区块链知识产权司法链

2018年9月，杭州互联网法院率先引入区块链技术，成为全球首个推出区块链司法存证平台的法院。经过这么长时间的发展，杭州司法链已经拥有了成熟的运行机制，中国网络作家村等相继上链，杭州文化创意企业日益兴旺，杭州网络知识产业迎来了最好时刻。2019年，江苏、浙江、上海、安徽四地法院与蚂蚁链合作，陆续引入区块链技术，成立长三角司法链，推动长三角司法一体化。

2018年12月6日，网络作家"倾城日光薇娜"登录司法区块链平台，只需在屏幕上点击几次，然后稍做等待，她就对原创小说《大明锦衣公子》完成了确权存证和侵权取证。利用侵权取证和确权存证，她的作品有了司法保障，不用担心像传统创造者一样遭遇盗版问题。如果所有的原创作者都可以以这样高效快捷的方式维护自己的权利，那么又何怕我国文创产业激情不足、创新力不足？作家的文字有了保障，版权意识全面增进，网络文化生态持续净化，这是创作者最好的时代。

有了确权存证和侵权取证，作家就可以实现足不出户，一键维权。这一举措将进一步激发原创作家的维权热情，持续净化和维护版权生态，优化网络文学的发展环境。

延伸阅读：区块链与社会治理

在中共十九届四中全会中，"科技支撑"一词首次进入国家构建的治理体系的核心表述。区块链技术作为一种新兴的技术，为社会治理的发展提供了新的方式，其自身的去中心化、去信任和价值性对于社会治理来说十分重要，是现阶段社会治理不可缺少的组成部分。

区块链技术本身为社会治理带来了诸多优势。例如，区块链技术加强行业产业细分、促进社会数据共享、优化社会业务流程、降低政府及企业运营成本、完善征信体系等。顺应数字化转型时代，在社会治理和公共服务方面，区块链技术将切实推动社会治理的数字化、智能化、精细化和法治化水平。

数据是数字时代的基础要素。数据在被应用于金融、医疗、版权保护等领域时，区块链能为领域提供可信数据。比如，区块链有助于政府监管部门全程监管商品从生产到销售的信息，降低监督成本。

区块链技术驱动社会治理包括主体、主体的理念、社会治理中存在的机制，以工具创新为内容，以提升社会治理的效能和绩效为目标，充分利用区块链具有的去中心化、开放性等特征，增加民众、企业与政府等多主体间的信任度，让各个主体都能积极参与社会治理，实现政务信息和政府工作的权威性、透明度，转变政府职能，深化简政放权，构建高效化、便捷化、互动化的治理方式，向全社会提供新载体、新理念、新模式、新实践的应用活动。[①]总的来说，区块链技术更新了社会治理的手段，推动社会治理进一步完善，使其向"善治"的方向靠近。

2019年8月，南京江北的泰山街道试点区块链技术，通过"链通万家"小程序智能化管理社区。小程序将区块链与社会治理相结合，应用区块分布式记账技术的不可篡改、全程留痕的特性，对社区管理费的使用情况做实时广播。这样不仅保障了居民的管理权、知情权、参与权与监督权，还提高了社区治理效率。同时，南京泰山街道人口众多，总人口达40万左右。庞大的人群每天将产生巨大体量的数据，给社区治理带来难度。区块链的使用能帮助社会治理实现精细化，从海量数据中深度挖掘、交互分析，做到对社区、社会的实时监测与动态分析，在此基础上还实现了精准预警。

本章小结

本章从公共服务视角，探究区块链技术在公共教育、医疗卫生、社会保险、劳动就业创业、社会服务、残疾人服务、住房保障、公共文化体育8个领域的应用，区块链以其信息整合、记录可信、数据追溯、公开透明及不可篡改等特征，能够以技术优势赋能社会治理，优化治理流程，提高治理绩效。但本章所剖析的公共服务局限于针对社会全体的服务类型，尚未探究公共专项服务即针对社会特定群体的服务。通过本章的学习，使读者建立区块链在公共服务领域应用的基础认知，下一章将从公共专项服务领域视角补充、完善区块链在公共服务领域的应用逻辑。

---

① 曹海军，侯甜甜. 区块链技术驱动社会治理创新：价值审视、可能性挑战与路径展望[J]. 东南学术，2020（4）.

习题

一、思考题

1.区块链如何应用于教育领域?

2.从个人、地区、国家3个层面分析区块链在医疗领域是如何应用的?

3.为什么说"区块链+公益"带来的是算法公平,有哪些好处?

4.如果你是一名普通的购房者,在传统的购房过程中你会遇到什么问题,如何用区块链的方式解决?

5.区块链技术是如何保护知识产权的?

二、思维训练

你认为区块链社会治理模式与传统社会管理模式有什么区别? 政府在其中分别担任什么角色?

第十六章

区块链在公共专项服务中的应用

公共专项服务是指国家针对具体领域、具体问题、具体目标,专门设计出来的具有特定指向性的专项服务。区块链技术,以其不可篡改、公开见证、分布存储、点对点传输、高效溯源等优势,在具体的专项领域里有许多实际的应用。本章我们将从区块链在重大科技专项服务和社会问题专项服务的角度切入,分析区块链赋能逻辑框架,并列举丰富、具体的前沿应用案例,梳理区块链在公共专项服务领域的应用价值。

《16.1 公共专项服务概述

在上一章中我们讲过公共服务的3种类型,本章我们将着重阐述针对性的专项公共服务。针对性的专项公共服务是指政府等公共部门,针对某具体领域、具体问题、具体地区提供的旨在满足某种特定的公共需要而提供的公共服务。这些服务主要是为了实现国家目标,在一段时间内通过核心技术的突破与重点目标的攻关,在短期内达成显著成效,并将其转化为长期成果。通过专项服务,可以解决部分"卡脖子"的科技问题及重大风险防范问题,突破国外技术封锁,提高综合国力和国家核心竞争力。

公共专项服务主要可以概括为三大部分,分别为重大科技专项服务、重点社会问题专项服务及重大风险专项服务。

重大科技专项服务是指紧紧围绕提升自主创新能力,实现科技的跨越式发展,努力进入创新型国家前列而提出的专项服务。具体包括量子计算机、5G技术、AI人工智能、区块链等内容。

重点社会问题专项服务主要以人民群众最关心、最关注的问题为核心,是为了促进社会的安定及提高人民的幸福感而提出的。具体包括脱贫攻坚、污染防治等一系列重大社会问题。

重大风险专项服务则是在国家和社会遇到重大风险时提出的防范型专项服务,主要针对各种难以预料的洪涝灾害、地震、疫情等。

本章就区块链在重大科技专项服务、重点社会问题专项服务及重大风险专项服务三大板块中的应用逐一介绍。

《16.2 区块链在重大科技专项服务中的应用

16.2.1 重大科技专项服务概述

国家的重大科技专项服务内容涉及国民经济发展、科技及社会进步的科研项目,一般是指由国家科技部下达或委托高等院校和科研单位进行科研的项目。

一、特点

1. 长期性

该类项目一般需国家和社会各界人士花费大量的人力和物力才能完成,项目周期长,但一旦研发成功,对整个国家和社会的价值非常巨大。

2. 关键性

该类项目涉及的内容一般为科技性前沿项目,一旦研发成功,不仅能够有效突破国外技术封锁,提升国家技术自主创新能力,而且将显著促进国内经济发展。

二、典型模式

一般程序是先由国家科学技术委员会制定一个相关的长期性规划,然后由相关部门前去征求相关专家、学者等的意见,随后提出该计划的研究方向和发展蓝图,接着各部门、各地区根据该纲要提出相关课题,进行审核、细化等工作,最终形成相关草案,并予以执行。在这一过程中,国家科学技术委员会还会组织相关部门进行同行评议、科学技术评价及财务审计。

三、痛点梳理

(1)项目申请及执行环节的数据信息真假难辨。在项目审批阶段,相关审批人员和项目人员对科研内容的认知和接收的信息不同,易产生信息不对称。审批人员的信息缺失导致各种不明不白的花费被认可与通过。在这之后,其他与科技研发无关的支出(如餐饮等)都以科研费用的名义报销,甚至出现公款旅游的现象,这种尸位素餐的腐败现象对国家未来科研创新发展的危害是不可估量的。

(2)监管环节难以追责。由于监管人员的专业素养缺乏及相关数据的溯源难度大,导致监管环节的追责难度很大。例如,2003年,上海交大某教授谎称造出"汉芯一号",并说明该芯片性能已经超过国外的芯片水平,借此骗取国家数亿元的科研资金。这一学术造假的现象体现了我国科研监管环节的诸多漏洞。由于上一级的监管人员和资金审批人员对芯片等高科技的项目了解过少,甚至对造假的内容没有任何辨识度,同时缺乏一个可实时跟踪、可溯源、具有可信度的数据动态的科研项目平台,致使这样的现象常常发生。

16.2.2　区块链赋能逻辑框架

一、适用性分析

基于上述痛点,我们发现处理好此类问题的关键在于如何监督好每一笔科研资金的使用、如何让每一笔科研资金都用到实处,以及如何跟踪好每一个项目的科研进度。

而区块链由于具有去中心化、数据公开透明、不可篡改、可溯源的特性,故其可以保证每一笔资金的来源和去向真实、可靠,同时每一个项目的具体进度及其在过程中所使用的资金也可以被监督。这使财务数据有效、可用,项目数据真实、可靠,同时底层的核心机制使这些资金可以被跟踪溯源。

基于此,将区块链应用到科研专项服务中,可以建立一个巨大的可信协作网络,保证每一个科研项目、每一笔资金都可以上链,并且各个地方政府的数据可以同区块链形成一个共享机制,得以形成一个全国性的科研区块链网络。各个同类型的科研项目可以进行对比,从而发现异常。最终形成一个全国性的科研区块链网络。

二、解决方案与价值梳理

如图16-1所示,我们归纳出如下的解决方案和逻辑框架。

首先由高校、科研机构和一些创新型企业将科研项目和科研预算等相关信息进行上链,随后由国家科学技术委员会派遣专业人员对其具体内容进行审批,同时公开在区块链上的项目和项目资金也会被同行看到,同行之间可以进行互相监督。审批完成后的执行阶段,以上单位的数据也会同步更

新,相关资金的流向会被同步监督,区块链上的其他成员也可对可疑项目进行溯源分析,对相似的项目进行对比分析,确保每一笔资金都落到实处。将区块链应用到科研专项服务的具体优势如下。

(1)由于资金的使用状况都在链上,可以节省相关的重复性查核工作,提高了效率。

(2)这种公开透明的信息可以清晰地溯源,避免某些人员谎报冒领科研经费,节省了大量成本。

(3)由于可以查询资金是否用于学术方面,因此确保了科研资金的使用落到实处,有效杜绝了将项目资金用作他途的可能。一些重大科研项目的资金是被骗取用作个人还是被实际地应用于科研一目了然,保留了更多的信用。

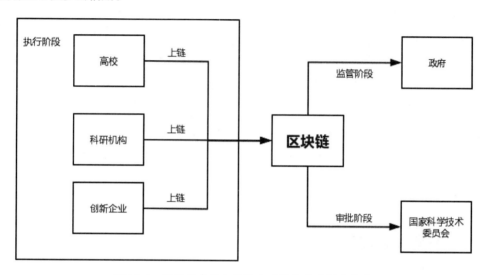

图16-1　区块链在重大科技专项服务中的解决方案

16.3　区块链在重点社会问题专项服务中的应用

16.3.1　重点社会问题专项服务概述

重点社会问题专项服务指对国家在一段时间内迫切想要解决的社会问题进行专项突破,如扶贫问题、乡村振兴问题、污染治理问题等。这些问题一般都和人民的生活密切相关。如果能够改善这些问题,将提高人民的幸福感,对提振民族自信和民族自豪感有着极其重要的作用,因此国家一般将这类问题放在国家级战略中。

本部分将从金融扶贫、乡村振兴、污染治理三大方面战略展开,并对其进行分析,而后将区块链技术同这三大方面进行有机地结合,使区块链能更好地为社会问题服务。

16.3.2　区块链在金融扶贫中的应用

一、金融扶贫概述

精准扶贫指的是面对不同区域和不同的贫困户,有针对性地采用科学方法和有效方案对其进行一对一帮扶的扶贫策略。

　　金融扶贫与精准脱贫息息相关,它采用金融手段和资金帮扶,以及引入良好的金融市场体系,帮助贫困户脱离贫困,帮助当地产业脱离发展困境。在脱贫问题的研究中,有专家认为,在贫困地区的金融行业动力不足,使当地的企业资金融通出现较大的困难,从而导致企业更加难以发展,当地的经济也就难以发展起来。这是一个恶性循环。而通过市场这只无形的手激发地方内在动力的金融扶贫,可以促进当地产业的发展,挖掘当地产业的潜力,帮助当地形成良性的金融循环。

1. 特点

　　第一,金融扶贫的项目精准且聚焦。金融扶贫以发展当地特色产业为核心,激发当地企业的内生动力,促进当地企业的发展,通过核心产业的扶持,打通周边产业的发展,同时提供海量的就业岗位,带动当地居民共同富裕。

　　第二,金融扶贫可以促进当地产业链条良性发展。金融扶贫保障了当地企业与贫困户之间的就业关系,同时建立相应产业链融资体系,在稳定就业的同时可以稳定供给,保障供应链和资金链的稳定。

2. 典型模式

　　传统金融扶贫流程如图16-2所示。金融扶贫的典型模式可以概括为以下三大类。

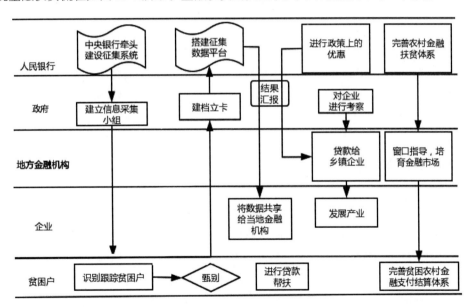

图16-2　传统金融扶贫流程

　　(1)政府主导的金融扶贫模式。该模式是由政府相关部门、地方金融机构协同建立,不追求引力,且扶贫范围全面。首先是由中央银行牵头搭建征信体系,之后推动当地政府建设征信体系。当地政府在收到上级的指示后,会首先成立居民信息采集小组,对当地的贫困户进行相关信息的收集,随后对其长期跟踪,仔细甄别其是否为贫困户。当地政府将贫困户信息上报给中央银行,中央银行会根据接收到的信息档案搭建一个相关的征信数据平台。随后中央银行会将数据共享给当地金融机构,由

当地的金融机构贷款给贫困户,进行贷款帮扶。

(2)产业引领的金融扶贫模式。该模式通过发展当地的核心产业和特色产业,带动经济的发展,提供就业岗位,激发内生动力,成就"造血式扶贫"。当地金融机构对当地的产业及相关的企业进行考察后,对企业的贷款给予一定的优惠。根据当地的地理环境和相关产业状况,因地制宜,进行放贷,扶持当地产业。

(3)开发性金融扶贫模式。该模式是指通过开放式协调政府、企业和贫困户三者之间的关系,加强基础设施建设,建立起相应的开放金融体系,实现当地经济跨越式发展。中央银行以完善农村金融扶贫体系为中心,大力促进当地经济的发展。在政府的支持下,配合当地金融机构,通过相应的金融经济基础设施建设带动当地经济的发展。

二、痛点梳理

第一,扶贫档案管理工作过于繁杂混乱。精准扶贫首先要做的工作就是根据扶贫标准进行建档立卡。但是,在建档立卡的时候,很多部门将任务重点放在了如何从大的层面上推进脱贫整体进度,而对个体的贫困户档案识别工作不够重视。此外,贫困档案建立后,如何系统协调地处理好数量众多、内容不一的扶贫档案,在提高综合利用效率的同时,又能够保护好贫困户的隐私性,这也是精准扶贫档案管理工作的一大难题。

第二,征信数据平台是中心化平台,容易出现数据孤岛问题。同时,由于数据的不对称性,会导致重复征信的产生,消耗大量人力物力。

第三,扶贫后易返贫。贫困问题的解决绝不是一个短期成就,而是一个应该长期给予关注的问题。很多时候,建档立卡的贫困户短期内收入水平有所提高,基本生活需求得到了保障,走出了贫困的境地,但是,由于个体的心理怠惰或自身没有一技之长,又或因为地域、当地自然条件的限制性,致使脱贫后返贫的现象时有发生。在这种背景下,就必须考虑借助各种手段,建立健全返贫阻断长效机制。

三、区块链赋能逻辑框架

1.适用性分析

通过以上三大痛点可以发现,导致扶贫档案管理工作繁杂混乱的根源在于:海量贫困户的建档立卡容易出现数据丢失、前后数据同步错乱,以及数据真实性降低。数据孤岛的出现是由于各地政府和机关缺乏相关的工具实现数据共享。扶贫后易返贫问题则涉及一个数据的长期追踪问题。因此,金融扶贫的三大痛点可以集中概括为繁杂数据的处理问题、数据孤岛问题及数据跟踪溯源问题。

区块链是一种链式数据结构,可通过分布式多节点的数据校验,检验数据的有效性。同时,区块链的该机制保留更多的信用,使数据更加有效可用,底层的核心机制使这些数据可以被跟踪溯源。

基于此,将区块链应用到金融扶贫中,可以建立一个巨大的可信协作网络,保证每一个贫困户、每一个相关企业都可以上链,并且各个地方政府的数据可以同征信平台形成一个共享机制,一个辐射全国的区块链网络得以形成。

2.解决方案与价值梳理

区块链在金融扶贫中的解决方案,如图16-3所示。区块链赋能金融扶贫的核心要点便是将地方金融机构、当地企业及当地的贫困户信息上链。地方政府在收集完成贫困户、企业和金融机构的数据后,将其上链。当地企业得知贫困户的信息后,分析相关信息,给贫困户提供有效岗位。而当地金融机构在得知贫困户和企业的信息后,可以更好地为其提供贷款和风险控制。同时政府和央行可以通过区块链了解相关信息,提供政策优惠,并通过相关政策扶持当地产业。

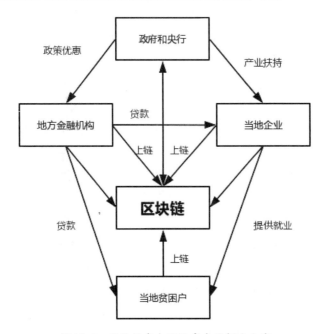

图 16-3　区块链在金融扶贫中的解决方案

由于贫困户的发展情况也会被记录在区块链上,可以形成长期的数据跟踪和风控,确保贫困户脱贫之后不返贫。

下面是对区块链金融扶贫的解决方案的解释。

(1)贫困户、企业和金融机构上链后,政府和央行都可以进行查阅,节约了各部门之间数据调取、重复分析的时间,使重要的信息可以很快被得知。

(2)基于区块链的信息平台的搭建可以避免当地政府进行调研后,当地金融机构和企业再次进行调研,节约了调研成本。同时有价值的结论共享后,节约了重复分析的成本。

(3)金融机构和企业可以凭借真实、可靠的信息,减少信息不对称,研究出更好的策略,实现利润额的提升。

(4)准确、可信的分布式数据可以改变企业的投资方案和雇佣方案,创新业务流程。

(5)高效的区块链架构可以避免企业和贫困户出现道德风险的问题,保证其实现长期的收益增长。

四、中国银行创立首个"区块链+金融扶贫"项目

1.案例介绍

2017年1月,西藏扶贫资金支持保障系统一期投产并上线。自扶贫支持保障系统投产以来,完成

了易地扶贫搬迁、水利建设、棚户区改造3个年度监管项目,5个地级市项目、30个县级市监管项目,西藏各地市积极通过该系统发起扶贫项目申请,在线审批近400笔监管项目,实现监管扶贫资金累计82亿元,惠及当地26万贫困人口,目前二期已经开始投产。

随后为进一步提升扶贫资金的使用效率,中国银行优化了"区块链+扶贫项目",将扶贫与区块链技术紧密结合起来。

2018年5月,中国银行将升级后的西藏扶贫资金支持保障系统进行实践应用,该项目为国内"区块链+金融扶贫"的第一次实践应用。该系统详细记录了扶贫资金的审批和使用,并将其全部上传到区块链,使每一笔资金都得以高效利用。

2. 解决方案

中国银行、农业发展银行、扶贫资金使用单位三者形成联盟链,将扶贫资金的使用过程和审批流程全部记录在链,具体到每一笔资金和每一个项目,确保资金被正确使用。

同时,区块链技术具有交易可溯源、数据不可篡改的特点,这将使扶贫资金审批和使用具有相当的可信度。

3. 业务流程

首先是建立一个包含中行、农发行、用款单位等多个单位的区块链,随后这些单位将扶贫资金的收款和用款记录进行上链处理,由于区块链具有不可篡改性和可溯源性,这些扶贫资金的使用记录都是透明的。每个单位的每一笔资金用到什么地方了,都可以清楚地查询到。

4. 案例评价

高效的区块链架构可以避免企业和贫困户滥用资金,挪用扶贫资金去做其他的工程。扶贫资金被胡乱使用,不仅影响了扶贫工作的进展,而且损害了党的信用。而区块链的使用不仅提高了效率,而且增加了透明度,保留了更多的信用。

16.3.3 区块链在乡村振兴中的应用

一、乡村振兴概述

中共十九大报告指出,乡村振兴战略事关我国农村、农业现代化的长期发展。自此以来,我国党和政府对农业问题的聚焦就上了一个新的台阶。以近年来的粮食产量为例,2018年粮食产量为13158亿斤,相对1949年增长了4.8倍;而人均粮食产量为472公斤,相对1949年增长了1.3倍,这保证了国家的粮食安全。2020年,中央发布1号文件,强调要加快区块链、AI、5G、物联网、大数据等技术在农业农村方面的应用。由此可见,乡村振兴战略在我国的实施可谓前景巨大、成就巨大、意义巨大。

1. 特点

乡村振兴是一项决定中国农村前进方向与国家经济前途命运的战略,乡村振兴战略的特征宏观上可以概括为系统性、长期性及融合性。

(1)系统性。乡村振兴战略是对乡村全面发展和城乡关系重构提出的总体规划,在战略目标、战略内容和战略实施主体等方面都有着明显的系统性。乡村振兴战略不但要实现农业农村的经济发展,同时需要保障产业体系、经济体系、生态体系之间的互相融合。换句话说,乡村振兴战略不仅包括现代农业的发展和新农村的建设,还包括农村经济、文化、社会等。

(2)长期性。乡村振兴战略不仅是在2020年全面建成小康社会时段的战略,它贯穿于整个社会主义现代化建设的过程。

(3)融合性。乡村振兴战略既包括了产业发展、基础设施、生态环境、城乡布局等方面的融合,又包括了政府、企业、社会组织、金融机构、农民、农民集体组织等相关主体的利益联结。

2. 典型模式

乡村振兴的典型模式可以概括为两大类,如图16-4所示。

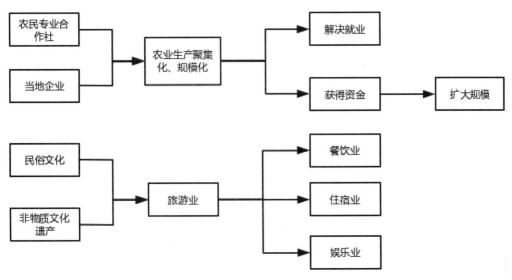

图16-4　乡村振兴典型模式

(1)产业振兴模式。产业振兴的主要特色是通过明显的产业优势,以及农民的专业合作社、当地企业良好的基础,大力发展产业化,促进当地发展比较优势产业,为当地解决就业问题,同时促进当地农村和农业的发展。

(2)文化旅游模式。文化旅游模式是指挖掘当地的民俗文化及非物质文化遗产,推进旅游业的大力发展,从而带动餐饮业、住宿业及娱乐业的发展,同时促进当地居民的就业,保证当地产业的良性发展。

二、痛点梳理

首先,乡村的特色产业仍有待挖掘,大部分乡村依然保持着最原始的粗放式经济发展方式。

其次,当地居民的文化生活不足。大部分乡村举办的类似戏剧、篮球等的文化体育活动不多,精神生活匮乏。

最后,农村集体经济发展不平衡,产权改革困难。农村的财务数据混乱及产权纠纷严重,导致产权改革进程缓慢。

三、区块链赋能逻辑框架

1.适用性分析

在上述分析中,我们可以发现,乡村特色产业难以挖掘、群众文化生活缺乏、农村集体经济发展不均衡等痛点可以概括为产业信息缺失问题、群众需求信息难以共享问题、农村财产信息虚假混乱问题。

区块链上的数据是规范化后的数据,可以很方便地同数据挖掘技术连结在一起,并通过相关的特征工程技术发掘出有价值的信息。同时,运用区块链技术可以提供真实、可靠的信息,并进行平台共享。

基于此,区块链可以建立起相关的可信协作网络,对当地的企业进行信息和数据挖掘,挖掘出值得发展的特色产业,提高信息的搜寻效率。同时,区块链可以共享群众有价值的需求,当一个文化需求被大多数人认可,村集体便可以调用资金建设公共基础设施,提高效率。同时村集体的财务信息上链可以保留更多信用,逐步实现系统自治。

2.解决方案与价值梳理

基于上述赋能思路,我们可以提供如图 16-5 所示的区块链在乡村中的解决方案。首先,当地企业的信息可以上链,之后村委会等相关部门通过一系列的大数据及数据挖掘的方法,进行相关的数据内容分析,得出当地适合发展的特色产业和旅游业。同时将居民的文化需求加入区块链,信息的共享使村委会可以更加清晰地看到居民的文化需求,从而提供相应的策略去满足其具体需求。当地企业也可以通过该信息开展文化基础设施的建设工作,实现经济有序、和谐的良性循环。而农村居民集体将自己的财务信息进行上链操作,这些真实可溯源的数据将有效促进产权改革。

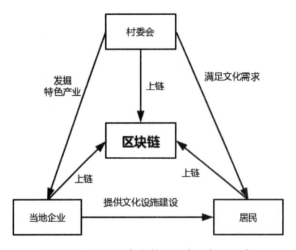

图 16-5　区块链在乡村振兴中的解决方案

接下来我们运用五大判别标准,对上述解决方案进行分析。

(1)运用区块链技术可以有效节约对单一企业进行逐个访问的成本,并串联企业信息从而发掘当地特色产业的时间。

(2)文化需求的共享机制可以保证文化设施的建设满足绝大多数人的需求,而不是盲目地胡乱建设,节约了大量的成本,避免了资源的浪费。

(3)针对当地文化和非物质文化遗产的发掘,将有助于当地企业创造新的利润增长点,同时使餐饮业、住宿业和娱乐业形成一个良性互动。

(4)特色产业的发掘将有利于新的业务模式的发展。

(5)大数据和区块链的结合运用为数据挖掘提供了强有力的工具。

四、安徽省砀山县"区块链+乡村振兴"项目

1. 案例介绍

2020年9月,安徽省砀山县政府、农行、蚂蚁链共同签订框架合作协议,成为国内第一个"区块链+乡村振兴"项目。砀山县的主要产业为电商、农业等。这次合作发挥了蚂蚁链与安徽省农行各自的优势,围绕优质的农业相关产业,在区块链的支持下,共同建设政府服务平台、供应链金融服务平台和数字品牌运营中心,形成乡村振兴的"砀山模式"。

2. 解决方案

砀山电商发达,传统电商企业采购农产品时由于缺少信任,需要现款现货,导致电商企业和其供应链企业的流动资金需求非常大。在此次合作中,蚂蚁链和安徽省农行将共建区块链金融创新中心,基于蚂蚁链(商流链)实现农业全产业链的"商流、物流、资金流、信息流"四流合一,为涉农主体提供"数据资产、可信自证"服务。

砀山农行在安徽省农行的指导和支持下,结合砀山县资源禀赋,围绕"大三农""新三农""特色三农"等,积极参与涉农主体生产经营体系建设,加快金融产品和服务模式创新,高效解决涉农主体"融资难、融资贵"等问题,携手砀山县政府,蚂蚁链为砀山县乃至安徽省农业产业和乡村振兴注入科技金融力量。

3. 业务流程

首先由蚂蚁链和安徽省农行共同建设区块链金融创新中心,之后电商企业和其供应链企业等相关机构加入区块链,使一个可信的供应链数据网络形成。同时,有了蚂蚁链技术的溯源认证,保证了良梨村正品梨的销售全链路可查询。蚂蚁链提供一级支付宝入口,通过官方扫码背书为消费者传递可信正品的产品。

4. 案例评价

消费者可以放心购买,吃到甜甜的正宗砀山梨。蚂蚁链通过农产品品质保障、品牌营销升级实现了砀山梨品牌升级,也帮助砀山梨产品扩展线上线下的新零售模式和渠道。在"蚂蚁链村"里,生产交易的商品流转、资金流转和信息流转会同步在链上发生,形成生产经营主体的可信数据资产,不仅可以带来融资等金融服务,提升流动资金效率,让各方都提升收入和利润,同时为政府的精准服务和监管提供了可信的数据依据,助推政府服务效率提升,构建了完整的产业、金融和政府服务的数字经济新模式。

16.3.4 区块链在污染治理中的应用

一、污染治理概述

环境治理是国家或地区通过一系列的政策和手段,对当地的环境问题采取针对性治理,以达到改善生态环境的目的的一系列方案。

我国的环境治理,肇始于改革开放后。总体来看,我国环境治理经历 3 个阶段:第一,邓小平、江泽民时期的起步阶段,邓小平重视林业资源的作用,主张植树造林;江泽民时期首提可持续发展战略;第二,胡锦涛时期的发展阶段,2003 年科学发展观首次被提出,2012 年生态文明建设被写入党代会的报告里;第三,习近平时期的深化阶段,2014 年通过的《中共中央关于坚持和完善中国特色社会主义制度,推进国家治理体系和治理能力现代化若干问题的决定》中首次提出了建立系统完备的生态文明制度体系,之后进入了新时代,提出了两山论的观点,明确了生态环境和经济效益之间的关系。

1. 特点

(1)时间分布性。环境污染排放和环境受污染的程度随时间变化。例如,噪声污染在早晚的污染程度不同,工厂的废气排放随气象的变化也会形成不同的结果。

(2)空间分布性。污染物被排放到环境中后,会不断被稀释。不同污染物的稳定程度和扩散速率与其本身的性质有关,这会造成空间分布上的差异。

(3)污染因素综合性。环境是一个复杂体系,其污染形成的原因和导致的结果都是由多种环境要素结合造成的。

2. 典型模式

我国的污染治理模式可以简单概括为如图 16-6 所示的典型模式。由环卫局结合政府通过市场机制委托相关企业按照"统一收集、统一清运、集中处理、资源化利用"的原则进行污染和垃圾的处理,同时对相关的污染排放企业进行监督,保障资金投入,确保环卫一体化。

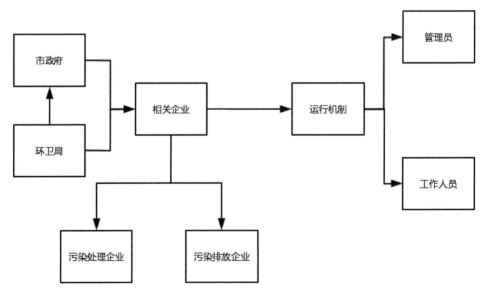

图 16-6　污染治理典型模式

二、痛点梳理

（1）治理任务的权责分配模糊。由于治理主体的模糊性，政府的治理部门对自己应该管理哪些地方模糊不清，缺乏整体感和边界感，导致环境治理的部门权责分配模糊。

（2）不能联合治理，过度专注于单一的领域，忽视了其他领域。由于环境问题的综合性、系统性，治理环境不应该只关注于单一领域，而应该多个领域联合治理，否则容易出现治理单一问题，同时也容易出现新问题。

（3）相关的治理制度和治理策略缺失。随着时代的进步和生态环境的变化，旧的治理体系和治理环境显然不适合新时代的环境，传统的治理机制面对新的环境问题时无从下手。

三、区块链赋能逻辑框架

1.适用性分析

可以将治理责任不清、治理领域割裂、治理机制不全等痛点概括，并进行探本溯源，发现这是一个政府、企业的信息孤岛问题，以及公众的监督缺失问题。

区块链具有分布式、防篡改、可追溯性的特点，这些可以应用到企业环境治理中，保留更多的信用，提高效率，使环境污染治理能力大大提升，形成多元化的环境治理格局。

基于此，我们可以构建出一个企业和政府的协同网络，避免政府部门和企业权责不清。基于区块链上的数据，能够降低政府与企业的信任成本，从而提高业务运转效率，并让这个网络留有更多的信用，实现系统自治。

2.解决方案与价值梳理

根据上文区块链赋能思路分析，我们得出如图16-7所示的区块链在污染治理中的解决方案。

对企业而言，可以把生产的各个内部环节设置成各个区块，各个区块运用数据监测和数据分析，实现环境数据的智能化控制。运用区块链的不可篡改、可溯源性，对周边的环境质量数据进行长期保存，分析其未来的趋势。同时，群众和政府可以通过公开渠道，对环境问题和环境治理工作进行监督。

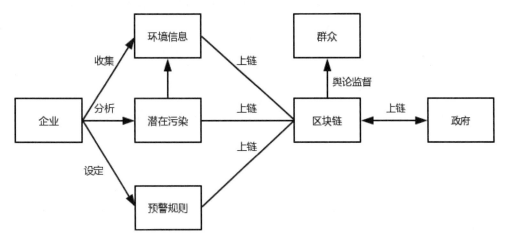

图16-7　区块链在污染治理中的解决方案

基于五大判定标准，我们针对上述解决方案可以得出以下结论。

（1）政府的信息上链之后，将有利于各个部门之间的权责分配，避免相互扯皮、领域割裂的现象出现，节省了时间成本。

（2）企业将环境数据上链后，通过一系列的数据分析，将有效节约环境治理成本。

（3）企业可以通过对潜在污染问题的分析，做好早期的污染防范，提高自身收益。

（4）政府可以与企业进行一个信息透明的有效沟通，双向促进构建新的运营模式。

（5）区块链和环境信息为潜在污染的挖掘提供了工具。

四、山东省滨州市区块链生态环境监管平台

1. 案例介绍

2020年12月22日，由山东省滨州市生态环境局邹平分局牵头建设的全国首个以智慧执法为中心、以监管预防为抓手的区块链生态环境监管平台正式发布上线。据了解，邹平区块链生态环境监管平台自试运行以来，已经实现5家以上部门协同共享，链上治理企业超1000家，上链监控点位覆盖6000个终端设备，实时上链存证量达上百万条。

2. 解决方案

在环境监管过程中，生态监管数据易失真、易篡改；在线监测设备固证难、司法认定难等痛点问题突出，缺乏对企业责任的有效监管。传统的物联网虽然具备数据可溯源的功能，但在安全可靠性上还存在很大不足，甚至很多数据平台还停留在手工填报阶段。如果这些数据上链，鉴于区块链的去中心化、共识性及不可篡改性，将保障环境数据的安全性和可用性。

3. 业务流程

由邹平市政府牵头建成的智慧执法平台，通过全流程数据上传，实现了信访处理、现场执法、行政处罚等主要执法工作模块的信息化、数据化。在此基础上，新搭建的区块链生态环境监管平台利用区块链可信智能合约技术，将全市企业用能监控数据统一纳入平台，实现监测监控数据、违法证据实时上链，形成完整的污染源执法证据链条，进一步提高了执法效能。邹平市区块链生态环境监管平台在已有生态环境监管平台的基础上，以区块链机、时间戳、北斗定位、多重数据加密等多维度先进技术支撑，构建"一链两平台"，即生态环境保护联盟链、协同执法电子证据共享平台及生态环境监控监测平台，实现环保部门与排污企业、设备厂商等24小时链上治理。同时邹平市区块链生态环境监管平台将司法证据规则与数据采集规则前置，通过自建区块链节点，并链接法院、公安、鉴定等司法链节点，实现与监管机构、司法机关等共治共享。利用区块链技术的高效共识机制建立环境监管集群共享通道，使监测证据材料全流程"原装"上链固证、全流程流转留痕，有效提升联勤联动、协同执法效率，实现执法与司法链接。

4. 案例评价

邹平市通过将生态监管数据纳入生态环境监控监测平台，凭借区块链具有的分布式、不可篡改和协同共识等特性，大大提高了环保数据的真实性和可追溯性，同时提高了环境监测效率和政府执行效率，降低了监管成本。

16.4 区块链在重大风险专项服务中的应用

16.4.1 重大风险专项服务概述

重大风险专项服务是指国家在面对重大灾害风险或者预防重大灾害风险时采取的一系列战略服务。这一方面的服务关系到社会的稳定,如果处理不当就可能影响社会的稳定,动摇国民对国家政府的信心。一般而言,大多数情况下,这类服务主要是为了应对自然灾害,比如1998年的洪灾、2008年的汶川地震等,这些都是依靠国家动员才能解决的社会紧急问题。当然,除了这一方面,其实还有其他方面,比如2008年的金融危机、2020年的"新冠"疫情,也是事关全国的社会大问题。

因此,本部分将从自然灾害、金融风险、疫情防控三部分展开,并梳理区块链可以在其中发挥的作用。

16.4.2 区块链在自然灾害防控中的应用

一、自然灾害概述

自然灾害是指给人类生存带来危害或损害人类生活环境的自然现象,包括地震、火灾、洪水等。自然灾害发生的主要原因包括自然变异和人为影响两个方面。根据发生的根本诱因,自然灾害分为两种:自然变异造成的自然灾害和人为影响造成的自然灾害。

1. 特点

(1)普遍性和特殊性。从普遍性角度来看,无论是海洋还是陆地,有人的地方就有自然灾害。从特殊性角度来看,不同自然地理环境会发生不同的自然灾害。

(2)频繁性和不确定性。随着人类活动的增加,近几十年来自然灾害发生得越来越频繁,并且难以预测。

(3)联系性。不同的自然灾害之间具有一定的联系性,比如有些地区的地震往往会导致海啸。

2. 典型模式

自然灾害形成的过程长短不一。有些自然灾害在几天以内就形成了,这类自然灾害被称为突发性自然灾害,如地震、火山爆发、洪水等。针对这种灾害的应急模式,通常是以国家和政府为主要引导力量,企业和社会各界人士的支持为辅助力量来帮助渡过难关的。

另一些自然灾害是自然因素长期发展的产物,这类自然灾害被称为缓发性自然灾害,通常是人为影响造成的,包括土地沙漠化、水土流失等。这种长期发展形成的自然灾害则是由当地政府进行预防监控的。

自然变异造成的非人为自然灾害难以避免,但是人类活动诱发的自然灾害却可以通过防范措施进行避免并降低其损害。我国作为世界上自然灾害种类最多的国家之一,为了更好地防控自然灾害,于2002年建立了国家减灾中心。

根据我国的自然灾害救助和应急处理预案,我国目前对于自然灾害的防范和处理措施可以分为自然灾害发生前、自然灾害发生时和自然灾害发生后。

　　为了预防自然灾害的发生和将自然灾害的损失降到最低,在自然灾害发生前,需要进行一系列的应急准备,包括资金、物资、通信准备等。在准备过程中,不仅需要各个部门进行配合,而且需要从中央到地方等各级行政单位的协作沟通。以资金准备为例,民政部组织协调发展改革委、财政部等部门安排中央救灾资金预算,并监督各地政府,使其加大救灾的资金投入力度,中央和地方各级财政都应安排救灾资金预算。除了应急准备外,国家减灾委员会办公室还需要进行灾害预警并汇总通报至相关地区。

　　在自然灾害发生时,及时进行相关的信息管理,内容包括灾害发生的时间、地点、背景、造成的伤害等。在灾情初报、续报后,各级部门要联合国土资源部、农业部等相关机构部门进行分析、核定并核实灾情。根据突发性自然灾害的危害程度等因素,分别启动相应的响应等级。

　　在自然灾害发生后,县级民政部门会立即调查灾民的生活情况并建立政府救济人口台账。之后,县级民政部门会将情况反馈给省级单位,省级单位组织专家开展评估、核算费用,随即制定救助方案,并向国务院请求拨款。

二、痛点梳理

　　通过以上对于我国自然灾害救助应急处理流程的分析,目前我国自然灾害救助应急措施存在以下痛点。

　　(1)各方工作协调不到位。由于自然灾害种类多样且往往存在共生性问题,自然灾害的防范和应急救助通常需要多职能部门、多层级组织进行协调合作,有时甚至需要跨省、自治区或直辖市进行各部门的协调联动。由此一来,形成一张巨大的联络网,任何一个部门"掉链子"都可能导致网络的瘫痪。

　　(2)防灾准备不充分。由于自然灾害的发生存在突发性和不确定性,我国自然灾害救助应急处理预案中规定了由民政部组织协调其他部门进行应急准备,并进行灾害的预警。但是,相应的应急准备措施没有相应部门进行监督,从而无法保证各部门将应急准备措施贯彻落实到位。

　　(3)信息传送时间差问题。我国面临的自然灾害种类多样,需要由多部门进行协调合作,共享灾害信息,但是由于信息传输共享存在时间差,可能导致灾害处理决策失误。

三、区块链赋能逻辑框架

1. 适用性分析

　　我国自然灾害救助应急措施存在的痛点可以抽象归结为不同职能部门之间的数据孤岛问题和跨行政区域部门之间的数据孤岛问题。另外,由于自然灾害发生前的应急准备监督缺失,数据的可信程度和信息的透明化程度也存在问题;由于信息传送存在时间差,存在信息传递不通畅的问题。

　　区块链联盟链具备多中心化、开放性、自动化、隐私性、不可篡改的特征,并且高效性是区块链技术应用的核心应用原则之一,即应用区块链技术,可以减少业务流程及所需的时间和成本,从而实现效率提升。区块链可以实现效率提升和环节简化,便利多方业务中的不同参与主体的互相衔接,而不需要专门核心机构管理业务过程,从而提高了各行政区域部门在自然灾害应急救助过程中的效率。由此,可以解决数据孤岛问题和信息传递不通畅问题。此外,区块链的应用还有自治的原则,即区块链可以通过自身机制实现自我监督和自我治理功能,并在不同业务链之间信息交互的情况下,引入验证者和监督者机制,从而快速实现信息自动交换和核验,使更多业务主体加入其管理和监督的过程。应用区块链技术可以对自然灾害发生前的应急准备工作进行数据核验,从而起到监督作用。

2. 解决方案与价值梳理

自然灾害应急救助是一个十分复杂的系统,因为救援涉及许多职能部门,专业救援人员和志愿者,还包括政府输送或企业及社会爱心人士捐赠的大量的钱财或物资。因而,如何对大量人员和物资进行合理、有效地调配是应急救助的关键。

区块链在自然灾害风险中的解决方案如图16-8所示,区块链技术能够保证各部门之间信息的迅速传输,各部门会根据最新数据了解灾情,然后进行物资和人员的调配,实现灾害的响应,并提供相对应的救援服务、人力资源和财务资源。另外,救援展开后,来自应急准备和社会捐赠的大量装备、资源、物资都被投入救援应急,但是各地具体需要物资的数量却不得而知。而区块链则可以对物资进行详细、全面的追踪,使各部门可以根据统计数据得出应急准备物资和社会捐赠物资的比例,并向社会公示物资使用记录。这样一来,不仅实现了对应急准备执行有效性的评估和监督,而且实现了社会捐赠物资使用信息的透明公开,增强了政府的公信力。

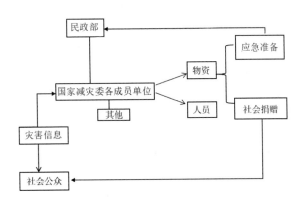

图16-8　区块链在自然灾害风险中的解决方案

五、锐特信息打造自然灾害应急供应链

1. 案例介绍

区块链在自然灾害中的应用,主要为应急物资的供应。

在2020年抗疫过程中,武汉封城,随即导致了医疗物资缺乏。但是社会各界人士通过互联网,快速组织起一批救援物资。然而,物资的物流运输成为难题。对此,锐特信息技术有限公司结合了应急供应链和区块链技术,打造出自然灾害的应急供应链。

2. 解决方案

由于区块链技术有去中心化、透明性、不可篡改、可溯源性等特点,我们可以通过区块链技术搭建一个应急供应链体系,实现该体系中各种物流信息的快速传递,增强各部门的协同效应,保障每一笔物流的信息都能准确、快速且长期性地被跟踪。

3. 业务流程

如图16-9所示,首先由政府、物流方、供应方、公益组织、捐赠方将信息公开上传至区块链,随后

结合自然灾害地区的相关数据信息进行分析,为物流的运输规划出一条最优的路径。同时针对捐款和捐赠物品,可通过区块链系统记录在案,使每一笔资金都可通过区块链查询,每一笔资金源头和去向都可以被知晓。

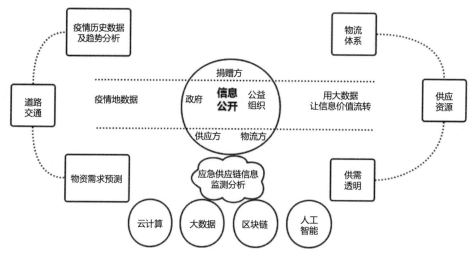

图16-9　应急供应链信息监测业务流程

4. 案例评价

由于各方都将数据上传至供应链,使信息更加透明,保留了更多的信用。而这些数据的使用问题也可交由大数据和人工智能来解决,数据的使用更加高效、便捷,大大降低了人力成本。

16.4.3　区块链在金融风险规避中的应用

一、金融风险概述

金融风险指的是与金融有关的风险,如金融市场风险、金融产品风险、金融机构风险等。一家金融机构发生的风险所带来的后果,往往超过对其自身的影响。金融机构在具体的金融交易活动中出现的风险,有可能对该金融机构的生存构成威胁;一家金融机构因经营不善而出现危机,有可能对整个金融体系的稳健运行构成威胁;一旦发生系统风险,金融体系运转失灵,必然会导致全社会经济秩序的混乱,甚至引发严重的政治危机。

所谓系统金融风险和全局性金融风险是相对个别金融风险或局部性金融风险而言的。

1. 特点

金融风险具备如下基本特征。

(1)不确定性:影响金融风险的因素很多,难以对其完全把握。

(2)相关性:金融机构经营的是特殊商品,即货币,而货币是日常生产经营活动不可缺失的一部分,因而金融机构同经济和社会是紧密相关的。

(3)高杠杆性:金融企业负债率偏高,财务杠杆大,导致负外部性大。另外,金融工具创新,衍生金融工具,也伴随高度金融风险。

（4）传染性：金融机构承担着中介机构的职能，割裂了原始借贷的对应关系。处于这一中介网络的任何一方出现风险，都有可能对其他方面产生影响，甚至引发行业的、区域的金融风险，导致金融危机。

2. 典型模式

较为常见的金融风险分类方式为按照风险的形态划分，由此可以将金融风险划分为以下6种。

（1）利率风险：市场利率波动给市场和机构带来的风险。

（2）汇率风险：由汇率变化造成的风险。

（3）信用风险：由于交易对手或借款人发生违约的情况，而对商业银行造成损失的可能性。

（4）流动性风险：由于流动性的不确定变动使商业银行造成损失的可能性。

（5）操作风险：由3个方面的因素，即金融机构的交易系统不完善、管理失误或其他一些人为错误，导致金融参与者潜在损失的可能性。

（6）法律风险：指商业银行在日常经营活动和各种交易过程中，因法律纠纷造成的风险。

二、痛点梳理

没有风险就没有金融活动。因此，想要避免金融风险是不可能的。虽然风险无法避免，但是我们可以采取恰当的措施规避风险，具体表现为事前减少风险事件发生的各种可能性，事中和事后进行风险控制，减少风险事件发生时造成的损失。

对于事前风险控制，为了防范信用风险，采取的做法往往是建立信用评估和信用等级制度。最普遍的一个例子便是银行贷款。在向客户提供贷款前，银行会审查客户的信用，信用等级较高的客户往往能以更低的利率获得数额更大的贷款金额。而信用等级低的客户能获得的贷款金额不大，而且常常需要将自己的资产抵押给客户。除此之外，还存在欺诈风险，这往往是针对投资者而言的。对于投资者来说，应当多学习金融知识，增强风险防范技能。对于事中风险控制，国家监管部门需要加强投资风险提示，建设信息预警平台。对于事后风险控制，可以运用财务工具，对已发生的损失及时给予补偿。若是出现欺诈风险，及时向公安机关报警，执法部门可利用大数据技术等现代信息技术追回赃款。

目前，防范金融风险的痛点有以下3个。

（1）信息孤岛现象严重，数据缺乏开放共享，征信机构与用户信息严重不对称。

（2）正规市场化数据采集渠道有限，竞争尤为激烈，数据源头耗费大量成本。

（3）隐私保护和数据安全问题突出，传统架构难以达到数据隐私保护的要求。存在数据少、质量差和信用相关度太低的问题，且数据的真实程度也有待确认。

三、区块链赋能逻辑框架

1. 适用性分析

上述痛点可以概括为金融市场信息孤岛问题、数据安全性问题和数据质量问题。

区块链使用分布式核算和存储，同时具有开放性，数据对所有人公开，任何人都可以通过公开的接口查询区块链数据。而且区块链的分布式核算和存储，以及信息的不可篡改性，保证了数据受到每一个节点的监督，减少了单一节点造假的可能性，提升了信息的准确性和权威性。而信息的共同维护记录及实时互通，提升了信息的覆盖度和及时性。最后，区块链作为一个去中心化的数据库，每一笔

操作调取数据的行为都会被所有节点记录,从而加强对数据泄露的监控,同时关键信息都有私钥进行加密处理,逐一匹配,用于交易过程中的签名确认,即使信息泄露,没有私钥也无法破解。

基于此,区块链可以有效地解决数据孤岛问题,使信息公开透明地传递给所有金融市场参与者。例如,假设 A、B 两家机构加入同一区块链,那么基于区块链开放性的特性,A、B 两家机构实现了数据的实时互通,如果用户有重复贷款的行为,A、B 两家机构能够快速识别并标识风险。同时,监管部门也可以通过区块链对金融机构的交易行为进行实时监管,更好地维护金融市场的秩序。信息的互通可以有效改善数据质量不佳的问题。而区块链的难以破解性提升了数据安全性,可以有效地防范信息泄露问题。

2. 解决方案与价值梳理

根据上文区块链技术应用于金融风险防范的适用性分析,我们得出如图 16-10 所示的区块链在金融风险防范中的解决方案。

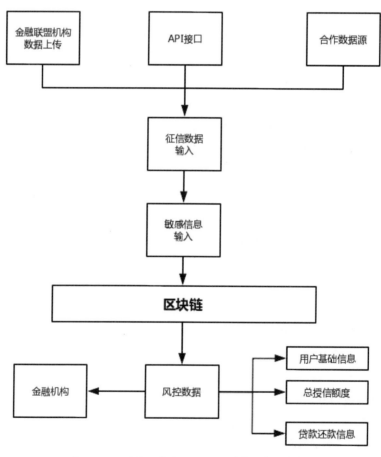

图 16-10　区块链在金融风险防范中的解决方案

首先由金融联盟机构上传数据,其他机构可以通过 API 上传,同时获取联盟外机构的合作数据源,将三方面征信数据输入后,对敏感的信息进行脱敏处理。接着,将数据上传至区块链,并对这些数据进行数据分析,针对其中的用户基础信息、总授信额度、贷款还款信息进行数据建模,研究用户的贷款还款能力等,最后将这些结论交给金融机构进一步处理。

(1)降低风控运营成本。实现信用评估、定价、交易与合约执行的全过程自动化运行,降低人工与柜台等实体运营成本,大幅提高业务处理规模。

(2)提高征信公信力。区块链的节点信任机制能提高征信的公信力,全网征信信息无法被篡改,不会由于系统中某个组件发生问题而影响全局。

(3)提升行业运行效率。以低成本方式拓宽数据采集渠道,规模化解决数据有效性问题,还可去除不必要的中介环节,提升整个行业的运行效率。

(4)打破信用数据孤岛。有助于风控机构作为一个网络节点,以加密的形式存储及共享用户在本机构的信用状况,实现信用资源的共享共通。

四、蚂蚁链摩斯多方安全计算平台

1. 案例介绍

2020年,蚂蚁链推出了摩斯多方安全计算平台,并运用于金融、电信、汽车等10多个行业。这一平台基于多方安全计算、隐私保护、区块链等技术,能够实现数据可用不可见,解决企业之间数据协同计算过程中的数据安全和隐私保护问题。

对银行等金融机构来说,风控是最重要的一项内容。而单一数据源带来的风控一般是不准确的,这个时候多方安全计算就可以大显身手了。

2. 解决方案

重庆富民银行利用摩斯安全计算平台,和合作方实现了多方联合风控,在保证数据安全的同时,实现模型预测效能提升25%,有效降低了业务风险和不良资产率。目前,平台上类似重庆富民银行这样的合作伙伴已有上百家,能够支撑实际生产环境下的复杂数据安全计算任务。

3. 业务流程

首先由多个企业和用户将自己的数据上传至蚂蚁摩斯安全计算平台。平台方通过计算任务、机器学习任务、数据检索,对用户进行画像,分析其风险等级,最后将其回传给企业。

4. 案例评价

避免单一企业因为只能看到片面数据所造成的损失,有效防止了连环贷现象的出现,单一用户以贷养贷的情况将得到缓解。这种技术避免了企业大量的因信用造成的金融损失,提高了企业的利润。同时联合风控,帮助企业开发出新的借贷模式。

16.4.4　区块链在疫情防控中的应用

一、疫情防控概述

疫情,一般是指疫病的发生和发展情况。重大突发疫情可造成公众生命健康的损害,极大地影响社会的正常运行。

1. 特点

从2002年的"非典"、2009年的甲型H1N1流感、2014年的埃博拉病毒等事件可以看出,重大突发疫情事件主要有如下特点。

（1）传播的快速性、广泛性：尤其是在当今时代下，交通非常便利，人员跨区域流动频繁，使疫情多地区、全球性的传播极为容易。

（2）危害的严重性：疫情的发展造成的危害不仅包括威胁人的生命健康，而且对全球的经济、政治、文化都会产生严重的影响。

（3）治理的复杂性：疫情治理需根据国情综合考量，既要尽快控制疫情，又要尽可能保障社会、经济的稳定运行。

因此，研究及时、有效的应对策略及实施方法是非常必要的。传统的信息系统对于已发生过的疫情能起到预警作用，而新的病毒在小样本时存在临床识别困难，临床与临床、科研与临床交互不足的问题，很容易失去控制的最佳窗口时间。因此，需要构建一个有效共识机制来应对重大突发疫情事件。

2. 典型模式

如图16-11所示，我国的疫情防控模式可以简单概括为如下4个方面。

首先，疫情信息的收集由政府人员、相关工作人员、志愿者等协同合作，对当地的居民及当地的生活环境进行相关的信息收集。

其次，将对信息进行相关的筛查工作，同时将信息上传到各个相关平台及媒体机构，进行信息的发布。部分企业将疫情的分布情况利用地图进行更直观地可视化展示，颜色的深浅代表疫情的严重程度。根据地图，公众可以直观地了解各地区"新冠"确诊病例、疑似病例及累计治愈数量等信息。

再次，对重点关注的人群进行密切监控，通过相关技术实现重点关注人群的移动踪迹追踪。根据他们的移动踪迹，可以建立起个体关系图谱，进而可以据此预测疫情扩散趋势并采取相应措施进行防范。同时，利用大数据实现个人行踪追查，根据确诊患者的行动轨迹追踪密切接触患者，并根据个人健康码的颜色对人员流动踪迹进行查证。这样一来，就可以为疫情防控筛查提供精细化的数据支持。

最后，央地、政企等各部门间注重数据共享，对相关人群进行隔离、治疗等操作。由疫情指挥中心对医疗物资进行统一管理和统一调配，既要根据各地区的疫情严峻程度做好重点医疗物资的分配，又要配合重点医疗物资的生产、调拨、收储、运输等工作，进一步保障医疗物资的供应。此外，为了便利医疗物资的运输及进一步强化"居家隔离"措施，各交通部门可以采取一定的交通管制措施，为医疗物资运输提供便利。

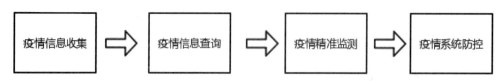

图 16-11　疫情防控典型模式

二、痛点梳理

在全国各地投入战疫的过程中，虽然取得了十分显著的成效，但也出现了一些比较突出的问题，或者说目前疫情防控中存在的痛点。

（1）公众对于红十字会等慈善组织的信任危机。疫情之中，许多社会爱心人士向红十字会等慈善组织或基金组织捐赠钱财和物资。承担接收和分配医疗物资的湖北红十字会本应该将大量医疗物资及时运送分配至各医疗机构,将其用于抗疫一线,发挥巨大的作用。但是公众从网络社交媒体上了解到,前线的医护人员因物资缺乏,只好用垃圾袋制成防护服,或者"抢"医疗物资。公众纷纷发难湖北省红十字会。湖北省红十字会因物资分配效率低下和分配信息不公开、不透明等原因而被诟病,引发了一场信任危机。

(2)关于疫情的谣言四起。疫情暴发以来,人们从报纸、电视新闻和网络社交媒体等渠道关注疫情信息,而获取信息最主要的渠道就是网络社交媒体。疫情期间,在各类媒体都积极报道关于抗疫的最新进展、宣传防疫知识的时候,却有少部分人为了吸引眼球而捏造事实,在网络社交平台散播关于疫情的谣言。

(3)医疗信息共享问题。由于新冠疫情救治的复杂性,医疗信息的共享对于治疗确诊患者十分重要,尤其是在疫情初期,缺乏对感染者的诊断依据和检测方法,其间甚至出现误判的情况。

(4)应急物流问题。在疫情初期,武汉市是疫情最严重的地方,确认和疑似病例最多,对于医疗物资和人员的需求最大,许多物资和人员被调往武汉。然而,随着疫情的暴发,其他地区也出现了物资缺乏的情况,应急物流却不能及时响应,导致应急物资不能及时有效地输送到迫切需要的地方,而医疗物资的缺乏又进一步造成医疗过程的延误,进而影响了治疗效果。

当前区块链的发展趋势,除了底层技术的稳步发展外,目前正在非金融领域等更广泛的行业进行细分应用场景的积极探索。在新冠肺炎疫情防控中,区块链技术已在疫情监测预警、舆情信息管理、抗疫物资管理及社区疫情防控等方面取得了较好的应用效果。

三、区块链赋能逻辑框架

1. 适用性分析

针对上述疫情防控中突显的问题,疫情防控的痛点可以抽象归结为信息和效率方面的问题。其中,信息问题体现在慈善机构的信任危机、医疗信息难以共享及散播谣言,而效率问题则体现在物资的运输分配上。

将区块链技术运用于疫情防控,可以有效地解决上述问题。区块链技术的运用原则之一是高效原则,即通过应用区块链技术,缩短业务流程及所需时间,降低成本,从而实现效率提升。疫情期间,对于物资的需求呈现集中式的爆发,但是资源地点分散,对于运输时效的要求高。这样一来,就需要众多的第三方物流参与,然而第三方承运主体呈现多、小、散的特征。区块链技术应用的另一大原则是协同原则,即区块链可以实现效率提升,各系统在实现本职工作的同时,通过诸如共享业务行为、共享资源等方式进行相互协作,获得比各系统分别单独运行情况下更大的效益。结合高效原则和协同原则,可以很好地解决应急物资物流问题,并且可以解决医疗信息共享问题。区块链技术运用还有信任原则,即经过各个节点交互核验,保证数据真实性、准确性和全网可验证性,并实现交易信息透明、隐私保护,建立多方信任体系。通过区块链提供信用的方式,实现点对点信息运输,不同参与主体充分获悉链上的所有信息,从而减少慈善机构选择性公开数据、数据造假的倾向,增加了信息透明度,减少了信任成本,并提高了人们对谣言的辨别能力。

2. 解决方案与价值梳理

接下来我们将提出相关的逻辑框架。

（1）"区块链+公益"：解决信任危机。区块链+公益的解决方案如图16-12所示。区块链技术的重要特征之一是分布式账本，这一特征使物流捐赠的全过程即从物流运输、仓储、分发、派发到公示环节都可以进行存证。链上信息不可篡改，是区块链技术的另一重要特征，再结合智能化记账和多方参与的特征，区块链上各个节点的信息实现交互核验，实现数据的可验证性。基于此，便提高了通过区块链技术进行数据公示的机构的数据造假成本，从而提高了数据的真实性和准确性。由此，区块链技术应用于物资和善款的溯源和公式，便可以有效地解决信息不公开透明的问题，从而解决公众对于慈善机构的信任危机。

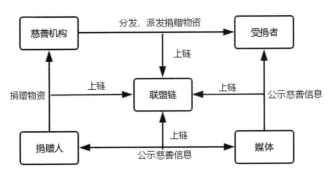

图16-12　"区块链+公益"解决方案

（2）"区块链+信息存证"：抑制谣言传播。区块链+信息存证的解决方案如图16-13所示。利用区块链技术，信息不仅可以溯源，而且链上信息不可篡改，由此建立区块链存证平台，将所有新闻信息保存证据。另外，利用区块链技术能够有效地标识网络事件参与者身份，将其身份与现实世界中发布者身份进行关联，此关联关系不仅唯一且不可篡改，从而实现信息追溯，大大地降低了捏造谣言并传播的追查成本，抑制谣言传播。基于区块链技术建设的信息验证平台，可以用于检验新闻信息是否上链存证。将区块链存证平台、区块链数字身份标识平台、区块链验证平台三者相结合，便可以有效地制止谣言，提高新闻消息的管控效率。

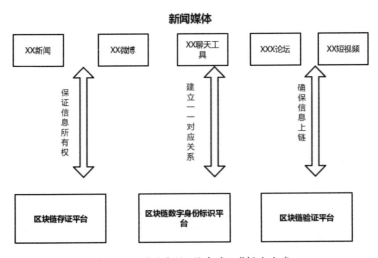

图16-13　"区块链+信息存证"解决方案

（3）"区块链+医疗"：助力医疗信息共享。区块链+医疗的解决方案如图16-14所示。通过分布式存储、共享机制等，区块链技术使医疗信息实现横向和纵向上的共享。横向共享是指不同医疗机构之间能够共享诊治确诊患者的有效治疗方法和药物等信息。在疫情暴发初期，对于患者的救治手段和方法并不成熟，加强各医疗机构之间的交流能够传播好的治疗方法。纵向共享是指医疗人员能够获取患者从过去到现在的全部医疗信息，方便医疗人员在救治确诊患者时能够根据患者的健康状况对症下药。

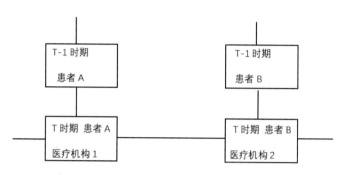

图16-14　"区块链+医疗"解决方案

（4）"区块链+物流"：实现应急物流高效保障。区块链技术分布式的结构和共识机制使应急物流各方实现点对点的通信，优化了烦琐的层级信息传递结构，可以有效地提高应急物流信息流通速度，从而解决物流信息流通不畅和传送不及时问题。另外，要充分运用区块链技术改善传统应急物流指挥机构过于依赖指挥中心的情况。为了解决过度依赖指挥中心的问题，可以通过区块链技术提高信息透明化程度，从而打破传统应急物流指挥机构中心化的规则，进而实现多层级、多区域和多中心的标准化应急指挥工作，并充分利用第三方物流运输主体提高物资运输效率。

四、链飞科技区块链疫情监测平台

1. 案例介绍

链飞科技在2020年2月5日推出了全国首个区块链疫情监测平台，可以实时追踪全国各省市新型冠状病毒肺炎情况。此疫情监测平台可以建立起透明化监督和事件追责的数据链条，从而保证疫情信息的公开和透明。

2. 解决方案

基于区块链技术和链下P2P网络，可以构建跨机构的可信数据交换环境，对数据共享进行细粒度的权限控制。既能实现敏感隐私数据不出库，保护隐私数据，又能通过实现数据共享，降低数据提供方与需求方的协作成本。链上授权、链下交换，通过智能合约实现对数据共享进行细粒度的权限控制，数据需求方获得授权后才可获得访问权限，保证权限控制。数据交换记录上链，基于区块链不可篡改的特性，保证后期可进行数据主权的追溯，解决共享数据的正确性纠纷，实现数据确权。

3. 业务流程

链飞科技实时追踪全国各省市的疫情状况，并综合国家卫健委、各省卫健委及权威媒体报道，将数据上传至区块链。不仅是疫情数据，"疫情辟谣信息"及"防疫知识"等都将通过数据上链操作，并被写入

链飞科技 WingChain 区块链平台中,对应唯一交易哈希。这样一来,公开透明的原始数据可被用户查看。

4.案例评价

链飞科技打造的区块链疫情监测平台,将充分发挥区块链网络不可篡改、可溯源等技术特征,使数据信息来源透明、可追溯,增强数据的可靠性。数据的真实性和准确性提高,将获得群众的信任,从而为防疫控疫打下坚实的群众基础。同时,由于区块链构建的数据具有可追溯性,也将为后续谣言内容传播定责、追责提供闭环证据链条。可追溯性数据不仅降低了警方追查造谣者的成本,而且能对造谣者起到震慑作用,从而减少谣言。最后,由疫情数据、疾病知识等构成的疫情数据库,还将为疾病防治提供必要的参考文献,降低疫情防治的难度。

延伸阅读:区块链在数字农业领域的应用与探索

一、数字农业成农业发展新趋势

1.发展数字农业成全球共识

信息技术的发展日新月异,各个国家都想在全球新一轮科技革命中立于不败之地,相继推出了数字农业发展计划。

2.中国进入加快发展数字农业的新阶段

(1)数字农业发展得到国家战略性支持。"数字中国"是国家的重大战略,其基础之一便是数字农业,故数字农业成为国家重点关注项目。国务院发布了《促进大数据发展行动纲要》,旨在为发展农业农村大数据提供具体的发展方向。

(2)数字农业发展的"土壤"正在形成。2019年,我国数字经济的规模达到了31.3万亿元的高峰。根据工信部数据,2019年我国农村通网率已超过98%。农业相关的数据不断诞生,数据土壤也将孕育出新的生命。

3.农产品流通问题制约中国数字农业发展

中国数字农业发展已经初见成效,然而其发展受到了农产品流通问题的制约。农产品从田间到餐桌,需要经历诸多环节,整个产业链条上参与的主体众多,主体间信息完全不对称,农产品流通时间长。

二、"区块链+数字农业"

1.农产品的质量安全问题

随着生活水平的日益提高,对食品质量安全的要求也逐渐提高,但是传统的农产品质量安全溯源系统存在以下问题。

第一,农产品从生产到消费需经历多个环节,生产、供应、加工和物流等各个环节的信息未能实现有效的共享。

第二,传统的农产品质量安全溯源系统对不同行业或地区采取不同的中心化溯源系统。这将导致数据存在可篡改性,且各个中心化溯源系统之间也难以进行数据共享。

区块链具有分布式存储、不可篡改、可追溯等特征,保证了数据的可靠性。此外区块链通过共识机制和智能合约,打破了行业或地区中心化的规则,实现了数据有效地进行共享。

2.农村金融

融资困难仍是农村发展的一大障碍。

由于信用体系不完善,银行难以评估风险,向农户发放贷款的可能性较低。此外农权资源难以流转,且需要协调不同主体,难度高,成本大,进一步降低了农户成功贷款的可能性。

利用区块链技术,可以建立林木、国土及银行等主体之间的信任关系,实现信息流通,并且加密算法等技术可同时保障数据在共享过程中的隐私问题。此外,区块链还能将农权资源进行数字化,使银行对其进行实时监督,从而降低了放贷风险。

三、"区块链+数字农业"发展面临的挑战

目前,虽然区块链技术在数字农业领域已经开始应用,但是应用程度不高,且并不普及。"区块链+农业"发展仍面临着如下挑战。

1.农业农村数字化程度较低,区块链的数据来源偏少

我国目前小农户占大多数,而小农户经营模式的集约化程度低,数据获取能力弱。另外,大部分农户的知识水平不高,对数字技术陌生,在一定程度上阻碍了数字技术与农业的融合。

2.区块链大规模的应用成为难题

一方面,区块链系统对于数据存储提出较高的要求;另一方面,应用过程中的多样化需求也是应用的一大难题。由于区块链上存在多个节点,而各个节点又都拥有记账权,各个节点的交易结果和支付记录要求全网同步,这会消耗大量的计算资源。这样要不了多久,就会导致存储空间被占用完毕。此外,多样化的业务常常要求进行跨企业的数据共享,但是目前区块链技术并没有采用统一的通信协议等,因而难以实现"跨链"共享。

四、未来展望

区块链助力数字农业发展的程度虽有待加深,但是"区块链+农业"的模式已经受到了广泛关注和重视。

1.区块链助力形成"区块链农业园区"体系

运用区块链来整合我国呈现长链条和分散生产经营特征的农业资源,提高协作效率,将使产业链更加高效。目前,阿里巴巴的"盒马村"就是一个很好的例子。

2.区块链助力乡村治理和产权交易

区块链技术在乡村的应用将由于其数据共享机制和高度的可信度而使产权交易健康发展,增强乡村治理能力和办事效率。

本章小结

公共专项服务作为公共服务的补充,针对社会特定全体,旨在实现更加公平的社会福利分配,提升社会整体福利水平。而区块链技术分布式架构、数据真实可信等特征,有效弥补了现阶段公共专项服务领域信息不对称、道德风险等痛点,助力公共专项服务真正落实到每一个需要的人。本章从重大科技专项服务、重点社会问题专项服务及重大风险专项服务3个维度,剖析区块链在公共专项服务领

域的应用逻辑,帮助读者完善区块链公共服务应用认知体系。但政府作为社会治理的重要主体,在之前章节尚未剖析。因此下一章将剖析区块链在政务服务领域的应用,以期使读者形成完善的区块链应用逻辑体系。

习题

一、思考题

1. 区块链如何应用于重大科技专项服务中?

2. 金融扶贫领域与区块链技术如何结合?

3. 区块链技术如何助力乡村振兴战略?

4. 区块链如何实现群众、企业及政府共同参与的污染治理体系?

5. 区块链如何实现自然灾害有效防控?

6. 在金融风险规避领域区块链技术将发挥怎样的作用?

二、思维训练

通过第十五章和第十六章区块链在公共服务领域和公共专项服务领域应用逻辑的学习,试探究区块链赋能下,公共服务各相关部门间的业务关系及区块链推动社会治理协同体系建成落地的路径。

第十七章

区块链在政务服务领域的应用

作为分布式多主体协作，区块链技术与政府系统在组织结构上不谋而合。"十四五"规划明确指出，要将区块链服务平台与政务服务体系有机融合，推动政务服务体系创新发展。一方面，利用区块链数据特有的存储方式，为参与各方建立数据交易的信任基础，打通政务"数据孤岛"；另一方面，区块链具有的不可篡改、可溯源的特性可以保证链上数据安全，有效解决传统政务服务体系存在的显著问题。本章将从现有政务服务体系出发，探讨区块链技术应用的可能性，具体包括"区块链+个人及法人服务""区块链+部门服务""区块链+政务公开"和"区块链+涉公监管"4个方面。

《17.1 政务服务概述

政务服务是指,政府及下属行政部门根据有关的法律法规、审批期限,为个人、企业、社会各种组织提供诸如信息登记、业务监管、身份认证等行政类服务。狭义的政务服务主要包括有关于公众生活的惠民服务,涉及范围非常广泛,覆盖医疗、食品、工商、税务、教育等诸多领域;而广义的政务服务,还包括关于公共服务的政府宏观决策、政务公开、监管执法等职能。

政府提供政务服务主要以窗口办事的方式进行。服务对象向相关窗口提交申请材料后,由受理窗口接收资料,交由有关部门进行业务办理。办理完成后,信息将被返回受理窗口审查,受理窗口按规定核费,服务对象缴费,经项目办结审批备案后,受理窗口通知服务对象领取证件。为便利办理人的申请,政府一般规定行政部门在一个集中地点进行办公,即政务服务中心。政务服务中心是政府下属的一个行政机构,可以对需要集中办理的事项进行协调、监管、指导等,也负责对有关的工作人员进行能力审查和技能培训,还可以通过在线提交一些建议来促进政务服务质量的改善。

从全球现状来看,政府在推动区块链政务服务及社会治理等方面的发展起着极其重要的作用。许多国家的政府机构对采用区块链技术进行数字政府建设采取积极态度,探索以区块链技术赋能社会治理,在多个政务服务场景中实施区块链政府建设方案。英国政府在2016年初发布了《区块链:分布式账本技术》,首次从国家层面出发,分析区块链技术的发展与应用,并特别指出区块链技术可以革新现有的政府公共事务体系;另外,英国政府也首次提出了“监管沙盘”模式,以规范区块链技术的发展。美国各州对于区块链技术的态度不一,但多数州政府采取积极探索的态度:伊利诺伊州鼓励区块链政务服务应用的开发,以期重新定义政府部门与公民间的关系;科罗拉多州推出两党方案,来促进区块链技术在政府档案记录存储中的应用;西弗吉尼亚州将区块链技术运用于选民投票的场景中;德国在2019年9月发布了国家区块链策略决策,强调区块链技术的产业应用,特别是在建立数字身份、搭建信用体系等领域的应用。

在中共中央政治局第十八次集体学习中,习近平总书记指出,要探索利用区块链数据共享模式,实现政务数据跨部门、跨区域、跨领域共同维护和使用,促进业务协同办理。在群众进行业务办理方面,强调群众少跑路,数据多“跑路”,落实“最多跑一次”改革,使人民群众拥有更好的政务服务体验。在政务数据治理和政务服务协同应用方面,近些年来,通过各级政府大力推进政务信息系统整合共享,政务数据“烟囱林立、条块分割”的问题已有所缓解,可以支持某些具有实效的政务业务的应用场景。不过,目前采用的大数据系统更加强调对数据处理流程的优化,忽略对各参与主体的责任、权利、利益关系的界定与明晰,难以保证数据的实时分享、精准溯源,不同部门间难以达成业务协作的问题并没有得到根本解决。基于区块链3.0的可编程政务提供了一种新的解决思路,有助于真正破除数据孤岛与价值孤岛,实现政务服务的智慧化转变,开启数字政务3.0时代。

如图17-1所示,政务服务体系包括个人及法人服务、部门服务、政务公开、涉公监管4个服务领域。本章将具体阐述区块链在以上四类政务服务中的应用逻辑及模式。

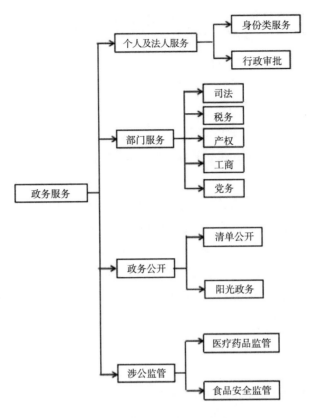

图 17-1　政务服务体系框架

《17.2　区块链在个人及法人服务领域中的应用

17.2.1　个人及法人服务领域概述

个人及法人服务是政府部门针对个人主体和法人主体提供的服务,主要包含身份类服务、行政审批等。

身份类服务是政务服务中的重要组成部分,这些服务关系到个人与法人生活的方方面面,是政务服务领域业务数量巨大的服务事项之一。

行政审批覆盖的办事群体广泛,办事流程复杂,审批部门众多。行政审批关系到个人与法人生活的方方面面,是政务服务领域业务数量巨大的服务事项之一,尤其是关于各类资格的核查、审批,是政府部门所做的工作中极为重要的环节。

17.2.2　基于区块链的身份类服务系统构建

一、身份类服务概述

身份类服务包括:个人户籍办理、身份认证、生育收养、婚姻登记、证件办理、资格认证等;法人设

立、变更、注销、资质认证等。身份类服务是政务服务的基础性业务,涵盖范围涉及公众生活的各个环节,包含了法人能够成立、注销的决定性业务。基于其具有业务数量大、办理人数众多的特点,身份类服务一直是我国政务服务工作的重点领域。

办理身份类服务时,个人需要携带身份证、户口本及相关证明,当涉及户籍转移等复杂业务时,进行业务办理需要分别去往目的户籍地派出所、户口所在地派出所、居委会等多个部门。由于身份类服务涉及公民隐私,为保证信息安全,政府部门对业务所需的资料要求很高,不仅需要携带多种证件验明自身身份,根据办理业务的区别,还需要开具种类繁多的材料,由国家权威部门进行认定和核对。

二、痛点梳理

(1)办理前准备材料分散:业务办理所需的各类材料、信息通常较为分散,以个人为例,常涉及身份证件、婚姻关系证件、亲属关系等数个证件,有些证件由于办理时间较为久远,没有及时存档有关信息,一旦证件丢失,便难以获取相关资料,使相关业务的办理无法继续。

(2)办理流程中程序复杂:由于身份类服务是基础性服务,其业务流程环节较多,通常需要经过严格的审查流程确认身份,才能最终完成业务办理。审批过程中涉及多个部门,通常不能实现"一窗办理",办理业务需要多次往返政务大厅,多次递交重复的材料,每项审批环节都需要等待时间,导致整体流程复杂、办理时间较长。

(3)办理后数据不易留存:以个人资质证书的办理业务为例,如果办理电子版资质证书,传统模式下的电子系统不能保证储存其中的数据百分百安全,其数据有被篡改的风险;如果采取办理纸质资质证书的方式,则会加大工作人员的工作量,纸质证书也难以长久保存,如果时间久远、证书版本更新,还可能引起对原有纸质证书真伪性的质疑。

三、区块链赋能逻辑框架

1. 适用性分析

身份类服务的主要痛点在于准备材料类型分散、办理流程复杂、数据不易保留且容易被篡改的问题。

凭借智能合约的特性,区块链可以根据事先设定的规则查验资料是否符合需求,不需要许多工作人员对信息进行反复核验,能够缩短业务流程,削减重复环节。同时区块链可以将个人信息编写上链,使各节点的主体均能获得所有链上信息,增加信息透明度,办理业务时可以直接利用储存在系统中的原有信息,不必重复提交。再者,区块链技术能够有效打通政府各部门政务系统,解决信息无法共享、互通的问题,也能将各部门政务系统与相关企业、机构系统连通,从而增加政务服务的便捷度。

2. 解决方案及价值梳理

法人服务办理流程如图17-2所示。

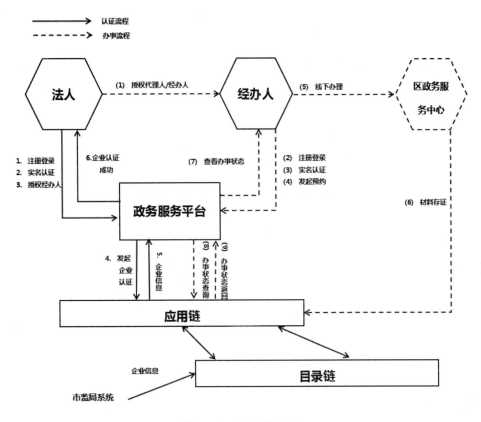

图 17-2　法人服务办理

完善身份信息库,快速验证身份:区块链技术可以将个人信息、名下资产、相关的证件等信息迁移到链上,形成专属的"数字身份证"。将实名的身份信息纳入认证系统,建立更为先进、完善的身份信息库,还能储存更多的相关信息。即使一次业务中缺失相应证件,如果证件信息已经储存在系统中,就能实现及时调用,克服因证件丢失导致无法办理业务的困难。在生活中,某些日常类 APP 使用需要对用户进行实名认证,以确保账号持有人的身份。用户进行人像拍照后,区块链技术可以立即联系到相关服务器,将所有资料与权威数据库进行比对,帮助用户在手机端快速完成身份认证,便捷账号开通;利用金融类 APP 进行转账、贷款等风险较高的业务时,必须确认是否为本人进行当前操作,可信身份认证可及时准确地校验操作者的身份,保障用户的财产安全。

减少成本,提高效率:智能合约技术的应用,能够缩短业务流程,提高业务办理流程的效率。将相关审批资料电子化,编写审批条件进入合约,系统会核查提交的材料是否符合设定的条件,如果满足要求便自动进行业务流程;如果信息完整度不能满足所设条件,便把相关信息反馈到用户那里,当用户补充信息后,系统再次审核,直至满足条件时,审批结束。系统的自动运作能够大大减少工作人员人为核查流程的人力、物力,降低操作失误的可能性,提升业务效率。

防止信息泄露:区块链运用非对称加密机制,可以充分保护储存在链上的信息不被泄露。由于信息具有不可篡改、即使试图篡改也会留下痕迹的性质,可以降低数据篡改和泄露的风险,增加可信度。

利用区块链技术进行数据加密,使用私钥加密并对证书进行签名;将信息同步到涉及方组成的联盟链中,在保证数据的真实性的同时,也便捷其使用。

四、北京市金融监管局基于区块链的企业电子身份认证信息系统

企业电子身份认证信息系统(eKYC)于2020年3月15日上线,当日即完成了首个试点案例,如图17-3所示。需要办理贷款业务的企业提出申请开立结算账户,eKYC系统协助该公司精简开户数据录入项,通过相关可信数据的整合、梳理,实现新客户开户信息的自动填写、报送,以及系统内多维度信息验证,缩减客户核实身份和核验信息的时间。

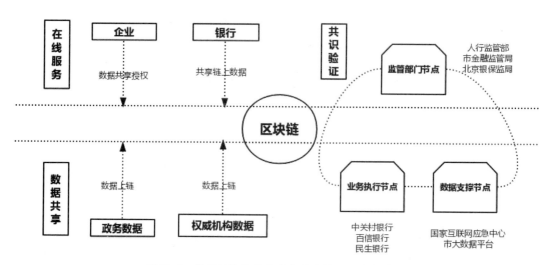

图17-3 基于区块链的企业电子身份认证信息系统

eKYC系统将权威可信的数据服务、普惠便利的用户体验、实时有效的监督监管落地实现。针对企业用户,利用企业数据共享授权、链上数据管理等功能,不仅做到了企业作为数据主体其合法权益的保障与明确,更大大提升了用户业务办理体验;针对银行等其他金融机构,利用数据信息的共享、实时获取及更新等功能,做到了业务办理时自动预填写及多维度验证所需相关材料,加速推进业务办理流程、显著降低业务办理风险。

单个银行进行确认的企业数据,利用eKYC区块链系统收集、整理并共享后,能够升级为各银行间互相承认、共同认可的企业数据,做到可信共享企业数据。金融监管局等监管部门节点、金融机构等业务执行节点、国家互联网应急中心等系统数据支撑节点共同构建起可信的联盟链,将链上共识验证与可信传递业务流程、业务操作、关键数据落地实现,助力实时有效的事中监督成功实现。

17.2.3 基于区块链的行政审批系统构建

一、行政审批概述

行政审批是指行政机关(包括有行政审批权的其他组织)根据自然人、法人或其他组织提出的申

请,经过依法审查,采取"批准""同意""年检"等方式发放证照,对其资质进行批准、允准其进行指定的活动,或者对特定民事关系、特定民事权利能力和行为能力进行确认的行为,主要包括:个人就业补贴申请、购房审核、社会救助申请;法人投资审批、准营准办、年检年审、印制发票审批等。

　　行政审批流程主要涵盖:预受理、权籍调查、受理、审核、登簿、缮证、收费、发证、归档共9个环节。申请人在办理一项业务时,需要在多个窗口提交材料进行审核,审批通过后到窗口领取证书。办理审批可能涉及房地产开发商、中介机构、银行、税务部门、公安部门、公积金社保中心等相关机构。

二、痛点梳理

　　(1)信息共享不足:许多地区的国土、房产、地税部门均使用本部门的专用操作系统,在业务办理的过程中,不和其他业务部门共享办理业务所需的个人信息材料,也不进行业务对接和数据交换。特别是目前的地税部门系统,大部分是由省级单位统一进行建设,数据库存在省一级地税部门,地税与相关政府部门的信息共享存在很大的对接难度。

　　(2)业务办理审批流程复杂:行政审批业务涉及多个部门进行场景交换,需要分别前往政府和相关机构,重复提交材料。审批流程时间长,一次业务的办理需要在大厅往返2~3次,消耗办理人大量的时间和精力。行政过程中,专项业务审批流程繁多,政府还要在多个部门间进行协调,不断整合数据,以搭建线上和线下的互动桥梁。

　　(3)数据泄露风险:传统模式下各部门拥有各自信息储存系统,互不交换信息,信息储存总量大、重复信息储存多,数据维护成本极高,并难以为数据储存提供百分百的安全保障,个人和企业的隐私信息有被泄露的风险,接收的纸质资料也有占空间、难保存的问题。

三、区块链赋能逻辑框架

1. 适用性分析

　　行政审批系统的痛点类似身份信息服务,也拥有传统个人及法人服务所具有的缺陷,即信息透明程度欠缺的问题、流程复杂的问题、存储的数据存在泄露和遗失的风险的问题。

　　区块链技术具有独特的数据共享与共识机制,能够有效实现监管生产流程、商业交易、个人社会信用活动等环节的优化。区块链增加信息共享的透明度,点对点的信息运输方式使不同部门可以根据需求直接向其他部门提出获取资料的要求,有利于不同部门间实现业务协同和信息获取。

　　借助区块链技术联结不同部门的内部数据,上链锁定部门间的共享关系和业务办理流程,构建起全新的数据储存、共享规则,真正做到共建共管,形成部门业务、数据、履职的全新"闭环"。根据不同场景需求建立政府类服务节点及其他可信节点组成的联盟链,形成一个多方共同监督的生态,打通信息孤岛,降低校验时间成本、节省人力。

2. 解决方案及价值梳理

　　"区块链+跨部门"的多流程审批解决方案如图17-4所示。

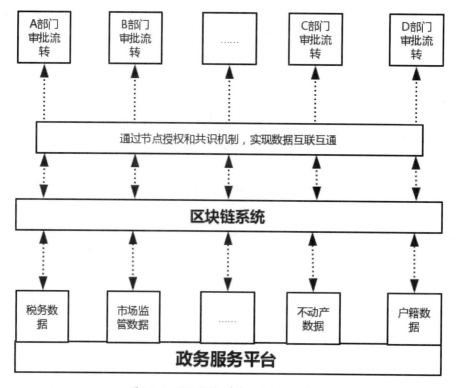

图 17-4 "区块链+跨部门"多流程审批

信息并联:每当个人或企业通过政府部门构建的线上业务平台从事生产、贸易、社会活动时,所有数据都会被录入区块链系统,通过节点授权等机制,实现数据的实时更新、公开可查,进行新的业务办理时,通过调取原有信息,可在短时间内确认对象身份,不必重复审核数据。

缩减环节:区块链使信息传递更加高效,减少审核材料的环节,削减冗余机构,减少人力物力成本。利用区块链数据共享模式,可以实现政务数据跨部门、跨区域共同维护和利用,促进业务协同办理,并能深化"最多跑一次"改革,为人民群众带来更好的政务服务体验。

实时追踪:由于区块链具有去中心化和非对称性的特性,所有信息变更将会被记录和追踪,在实现信息共享的情境下,最大程度上保证信息的安全,建立牢固的可信任链条,提升政府部门的数据处理能力,也能阻止在行政审批中因相关人员的腐败行为导致的环节中断或时间拖延。

四、北京市经济技术开发区政务服务区块链应用

北京市经济技术开发区政务服务区块链平台如图 17-5 所示,兑现"一站式"服务平台、"审管执"管理平台 2 个场景。在共享政务相关的数据、减少需要审批的材料、简化材料审批的流程、降低申请的成本、提升部门的协同效率、建设可信体系等方面加大工作力度,实现"行政审批最多跑一次",助力经济技术开发区打造国际一流的营商环境。

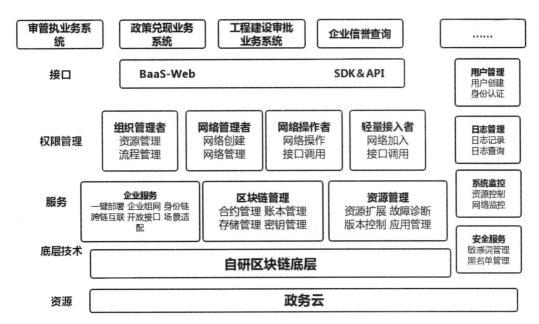

图 17-5 北京市经济技术开发区政务服务区块链应用

利用区块链分布式、可追溯、不可篡改等技术特性,结合经济技术开发区 3 个政务系统应用情况,提炼出 5 个通用政务区块链场景,主要包括:建立企业数字身份与信用体系;利用区块链电子证照,实现材料精简;利用区块链电子存证,保障资料真实性;在核验资料时,智能获取跨部门数据支撑;审批信息全程上链,可追溯。

将区块链技术应用在企业数字身份中,经过长时间、全应用的业务数据积累和信用评价模型的不断调整,构建科学、全面的企业信用评分体系。以该体系为支撑,推动政务审批工作从条件审核逐步演变到依托企业综合信用信息的审核,更好地适应政务信息化简政、廉政的发展要求。

《17.3 区块链在部门服务领域中的应用

17.3.1 部门服务概述

部门服务是政府职能部门日常工作中为办理各种业务提供的全流程服务,分为司法部门服务、税务部门服务、产权部门服务、工商部门服务、党务部门服务。由于政府部门的特殊性,由它们提供的服务往往是公共服务,根据自己的法定职责为公民或组织机构办理相关服务,其服务内容与公民生活息息相关,是确保惠民便民工作落实、维护群众权益的重要领域。

在传统部门服务的过程中,各级单位各自独立处理业务,各部门拥有独立的操作系统和信息储存系统,各职能部门间缺乏完善的信息共享机制,不同信息系统的数据不能共通共融。

17.3.2 基于区块链的司法部门系统构建

一、司法概述

司法部门提供的服务,主要是国家司法机关及司法人员依照法定职权和法定程序,具体运用法律处理案件的专门活动。如图17-6所示,司法部门由公安机关、检察院、法院、司法行政机关构成。在司法实践中,司法部门主要指审判系统和检察系统。公安机关负责执法和侦查,检察院负责对刑事案件进行批捕、审查和提起诉讼,法院对刑事、民事、行政案件进行审判,司法行政机关则负责行政处罚、执行刑罚等。

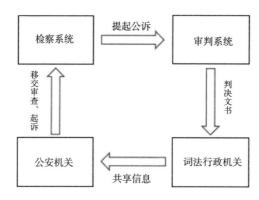

图17-6 司法业务流程

二、痛点梳理

(1)诉讼前取证难:以公益诉讼为例,互联网时代下各事件首先通过网络发酵,由于网络平台中的数据更新速度快、信息种类复杂,很难及时获取有效线索,任务量大;在取得证据后,某些证据分别存在不同业务系统中,要对获取到的证据进行整理,还需要在不同的系统中操作,数据整合存在较大困难。

(2)诉讼中证据验证难:在法律诉讼中往往需要对所提交的证据和相关文件的真实性进行核实,诉讼流程中各方信息无法共享,必须向有关部门申请获得信息,在校验证据合法性、身份验证、多方联动等方面存在效率低、时间长的问题;而且由于证据类别复杂,需要非常细致、严谨的审查核验流程,使司法审理的周期延长。

(3)诉讼后信息查找难:传统的信息存储系统往往不能将诉讼过程中所有细节均留存下来,之后的案件调查中需要调取历史案件的卷宗,需要经过审批,往往不能迅速查询到关键信息。电子卷宗的信息存储不能确保信息安全而不受篡改、不会丢失,纸质卷宗还同时存在难以保存、难以调用的问题。

三、区块链赋能逻辑框架

1.适用性分析

司法领域的痛点主要是信息难以共享造成的取证难问题,证据真实性核实时间长导致的验证难问题,以及对诉讼后的案件信息难以查询的问题。

区块链技术能够记录有关诉讼、审判、执行等环节的数据信息,包括能够自动进行后续案件管理归档,任何访问、查询和变更行为都会形成日志记录。在司法领域加入区块链的应用,是为了解决电子证据全生命周期的信息存储问题——包括生成、存储、提取和验证。使用区块链技术,将数据添加到链上,各个部门对电子存证的传递、提取都会留痕,从而确保在可信的环境中,实现部门互信、数据互通,互相监督,促进了跨部门协作办公。

区块链由于其可溯源、不可篡改的特性,在电子数据收集、存储等领域已经得到认可,司法区块链平台可以利用区块链分布式账本提供可信的司法服务。在互联网法院案件审理中,通过电子签名、时间戳等进行证据收集,利用电子取证存证平台认证,可以保障真实性和安全性,维护司法环境公正。链上节点信息和链下司法信息互为支撑,提高社会化共治,加强司法信息化中数据安全和流程管控的建设。

2. 解决方案及价值梳理

"区块链+司法业务"的解决方案如图17-7所示。

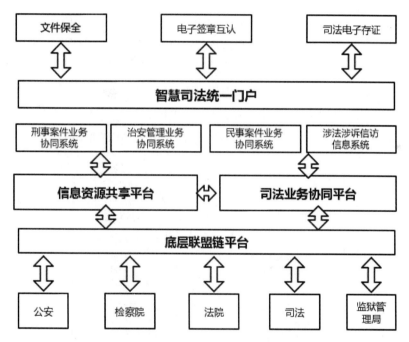

图17-7 "区块链+司法"业务解决方案

在区块链模式下,既有的单向循环流程可以被去中心化流程所取代。

促进业务协同:建立基于大数据、区块链技术的电子系统,可以实现在互联网中爬取、过滤数据,缩短了有效证据的获取成本。通过建立底层联盟链的平台,实现网状多向联系,每一个司法部门将会直接同其他3个司法部门建立双向联系,再加上监狱管理局,信息可以彼此之间即时共享,从而减少证据获取的成本、增进业务协同能力,减少司法运作的程序环节和成本。以公安机关为例,在其提起诉讼的时候,其诉讼信息在区块链中可以实时共享给审判机关,审判机关在接收到办案信息后即时反馈给公安机关敦促其补足诉讼证据和信息,从而加快了部门证据取验过程;而公安机关实时更新的证据,可以作为执法机关的执行参考,在一定程度上引导执法机关的执法行为。

建立多方参与的联盟链网络体系：打通公安机关、仲裁机构、律所、企业等主体的身份信息和数据校验的通道，将各个主体的文件或证书上链。智能合约技术下，依靠电子数据形成证据链，保障证据真实、可信。在链上存储的电子证据可供有关授权部门核查，办案人员可以使用姓名、手机号码等少数关键信息在系统中一键式查找目标对象的资料，既提高办事效率，又减少人力浪费。每项数据查询和使用记录可生成日志存储，保证电子存证的安全性，同时增强司法处置的公正性。此外，也可通过其他链传递电子存证，实现政府内部多部门之间的司法联动，共同提升社会化共治理念。

信息调取，监管追责：区块链技术可以实现对完结案件的卷宗信息分类整理，不仅能储存全部的细节，还能一键导出，不同部门可以依据其所有的权限调取资料，当办案过程中需要调取历史案件信息时，可以起到极大帮助，而且调取资料时会留下相关日志记录，便于监管。由于信息可以溯源，任何环节的差错在追责的时候都可以快速且准确地锁定责任主体。

四、北京互联网法院"天平链"

如图17-8所示，北京互联网法院"天平链"于2018年9月9日正式上线运行，由北京互联网法院联合北京市高院、司法鉴定中心、公证处等司法机构共同组成，也包含不同的行业组织、大型金融机构、大型互联网平台等20家单位作为节点。通过利用区块链本身技术特点，实现了电子证据存证、动态查询、在线验证等功能，降低了案件当事人的维权成本，提升了法官审理和核验电子存证的效率。"天平链"充分利用区块链技术能够实现多个主体参与、信息不可篡改、信息可追溯的特点，解决了电子证据的取证难、存证难、认定难"三难"问题，是区块链技术在司法领域的典型应用。

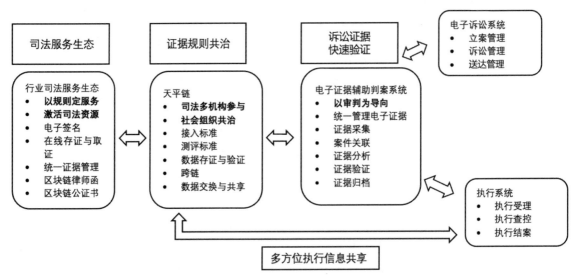

图17-8 "天平链"的应用框架

五、北京市"无讼朝阳"诉源治理平台

"无讼朝阳"诉源治理在线平台于2019年11月13日上线。这个平台是北京第一个采取区块链技术进行矛盾纠纷源头溯源、治理的在线平台。通过运用人工智能、大数据、云计算、区块链等技术，平台可以完成资源整合、矛盾纠纷原因查询分析，还能提供矛盾在线调解的服务。对于调解服务工作人

员,平台还可以提供针对调解业务进行培训指导的内容版块。针对无法调节达成共识的矛盾纠纷,还可以通过在线申请司法确认,实现一站式诉源治理。

17.3.3　基于区块链的税务部门系统构建

一、税务概述

税务是政府财政收入的重要来源之一,也是社会个体参与最普遍的一项责任和义务。通常政府部门的税务大厅提供的服务包括税务登记、税务认定、税收征管、申报纳税等涉税业务。

如图17-9所示,以纳税申报为例,纳税申报最常见的方式有两种,分别为上门申报和网上申报。

上门申报:也叫作直接报税。在规定的申报期限内,报税的企业需要分别在国税和地税的线下业务厅领取业务有关的纳税申报表和缴费申报表等,在填写完所需材料后,分别去国税办理服务厅及地税办理服务厅的纳税申报窗口办理申报手续。

网上报税:企业在选择网上报税方式时,应当向税务部门提前申请,首先需要填写《纳税申报方式申请审批表》,向主管税务机关提出网上报税的申请;然后,税务机关对企业递交的审批表和线管资料进行审查,如果资料满足所需条件,发放《税务事项通知书》,告知纳税人。如果资料不符合条件,在《纳税申报方式申请审批表》上注明理由后,把审批表退回给纳税人。如果纳税人没能通过审批要求,原则上仍需要到纳税申报窗口进行纳税申报。

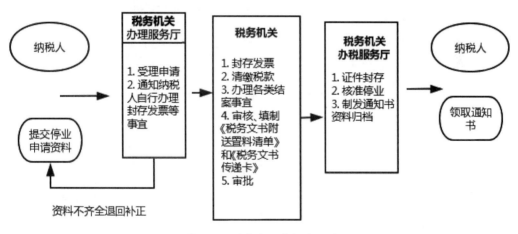

图17-9　税务上门申报流程图

二、痛点梳理

(1)发票报销手续难:"一票多报"和假发票等问题屡见不鲜,多部门报销也导致监管难度加大。企业员工需要自己手动输入发票信息,并需要查验发票真伪、发票适用性、是否重复报销等问题,最后确认报销。整个手续流程复杂,需要耗费大量人力物力,报销周期相应延长。

(2)相关信息难以追溯:发票开出后作为独立凭证,由个人或企业保存。纸质发票存在易损毁、易丢失、易篡改等问题;传统电子发票不能重复开立,如果已开具的电子发票丢失,也会影响报销纳税等财政税务事项;发票开出之后,无法追溯发票流转去向和用途。

三、区块链赋能逻辑框架

1.适用性分析

税务部门存在的痛点主要是存在信息孤岛和数据不通的问题和发票报销手续难、假发票多的问题。

区块链基于分布式账本,有不可篡改、可溯源的特性,可以帮助政府获取、保存数据,提高在工作中的调取和使用效率,使政府服务更具有主动性。在实现区块链技术的信息共享的情境下,建立了牢固的可信任链条,政府部门的数据处理能力提升,使用范围更加广阔,同时也充分保障安全性。

针对税务服务,税务部门可以和有关商家、企业等参与方一起建立区块链电子发票平台,在保证数据安全的前提下,发票相关方均可充分获知载于"链上"的发票信息,使发票在区块链上的产生、存储和流通过程的信息随时可查,各方共同构建以区块链技术为底层的电子发票生态圈。

2.解决方案及价值梳理

区块链+财政电子票据的具体架构如图17-10所示。

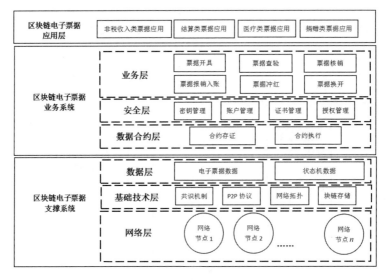

图 17-10　区块链+财政电子票据

安全性保障:由于区块链技术具有加密算法、共识机制、数字签名等功能,可以实现数据的不可篡改性和可溯源,能实现信息存证,有效保护个人用户的隐私信息,杜绝第三方不经授权而使用用户数据,帮助建立信任链条。把发票信息上传到不可篡改的区块链分布式账本,能够确保相关证票据的信息真实可靠。区块链技术保证发票真实,同时也保护企业数据隐私。比如,区块链电子票据通过智能合约层实现合约执行和存证,通过安全层进行账户管理和授权管理等,通过业务层进行票据核销、查验等,从而实现电子票据的合约执行、安全保护、业务运转。

数据共享:税务部门、开票企业和受票企业可以共建区块链电子发票平台,实现自动申领、自动验旧、自动归集、自动交付的强大功能。在保证数据安全的前提下,通过提供统一的电子票据查验入口,各参与主体均可上链查看发票信息,对电子发票的产生、存储和流转状态实时查询,便利公众用户的使用。对于政府部门而言,财政、税务等领域的电子票据的流通过程可以获得全过程的监管,发票流转过程信息加密,提高安全保障,降低企业和监管部门的成本,也便于不同部门之间进行业务协调。普通消费者日常可通过移动设备自助申请开票报销,除了自己保留的电子发票,具体开票信息也能同步到企业,简化报销流程。税务局也能通过开票信息了解税务收入。

四、广州区块链电子发票平台

2018年6月,广州建立了区块链电子发票平台,如图17-11所示,实现增值税电子发票开具,并在税务系统中存储电子发票相关数据,以及一切归集、流转,这些都将在区块链上完成。广州区块链电子发票技术不仅可以在乘车、线上购物、饮食、娱乐等行业进行应用,也能延伸到旅游业、电子商务、乡村农家乐等特色产业,降低小微企业用票成本,实现发票自动申领验旧、发票快速开具交付、发票自动归集等服务,再通过区块链的信息可追溯等技术特性,提高信息的安全性,建立信任,为产业振兴、富民兴村注入强大动力。

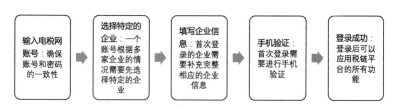

图17-11 "税链"开票流程图

五、深圳区块链电子发票平台

2018年8月10日,深圳区块链的电子发票平台正式发布上线,如图17-12所示。平台是深圳市税务局对电子数据改革的一项创新尝试,由腾讯提供底层区块链技术方案,联合海南高灯计算机科技有限公司等电子发票服务商,共同实现电子发票开具、信息流转记录的链上服务功能。平台发布后,各大银行、交通、物业、零售超市和药店均支持区块链电子发票平台服务。

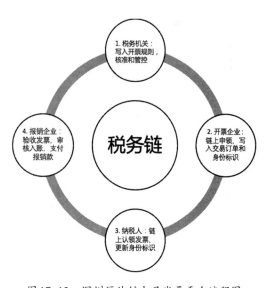

图17-12 深圳区块链电子发票平台流程图

17.3.4 基于区块链的产权部门系统构建

一、产权概述

政务服务中常见的产权业务主要为产权登记和变更业务,包含房屋、土地等有形资产的产权和知识产权等无形资产产权。有形资产包含土地、房屋等,在有效期限内,房屋所有者和使用者按照有关登记办法的规定,向资产所在地的房地产管理机关申请产权登记。

无形资产主要包含知识产权等,知识产权包括专利权、商标专用权、著作权等。图17-13所示为产权业务的传统业务流程,以知识产权登记为例,需要申请人先向国家知识产权局提交专利申请请求和相关的文件,由专利局确定专利申请日、发出受理通知书,受理申请后对专利申请进行初步审查,如

果审查合格,授予专利权。申请人接到授予通知书后,要办理登记手续,缴纳相关费用。

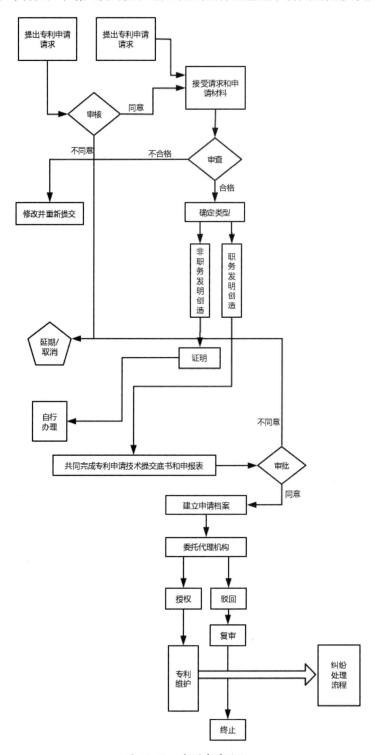

图 17-13 专利申请流程

二、痛点梳理

(1)业务周期长、效率低:受到技术限制,传统产权登记方式手续复杂、审核周期长。此外登记流程涉及多部门管理,重复提交资料,存在行政壁垒,交税和办证在不同区域,无形当中提高了内部和外部成本。

(2)"一证多用"风险:在产权登记后,个人或企业在使用产权证抵押贷款或从事其他经济行为时,有"一证多用"的风险存在。而传统产权登记系统之间无法实现数据共享,提供的数据一致性和真实性无法保障。

三、区块链赋能逻辑框架

1.适用性分析

产权部门存在的痛点,是由于传统产权登记方式复杂导致的周期长、效率低问题,以及"一证多用"的风险问题。

区块链利用分布式账本,同步所有数据,共享所有交易、登记信息,通过授权的主体可以通过自身权限查询实时信息,减少信息不对称性。另外,链上登记信息共享后,所有提交历史资料可查可获得,避免了不同部门之间资料的重复提交,通过移动终端即可实现在线缴费,节约了大量人力物力,达到了便民利民的目的。

区块链用加密算法和共识算法建立了信任链条,保证了数据的真实性,提高了数据篡改的成本,从而降低欺诈行为。同时通过区块链将企业和个人的身份、消费、信贷等信息集中,获得真实的身份和交易信息,通过征信记录强化建立主体信任机制。基于区块链的时间戳的属性,可及时掌握资产的变化、确权和转让的各类情况,了解历史信息。

2.解决方案及价值梳理

"区块链+知识产权保护"的具体架构如图17-14所示。

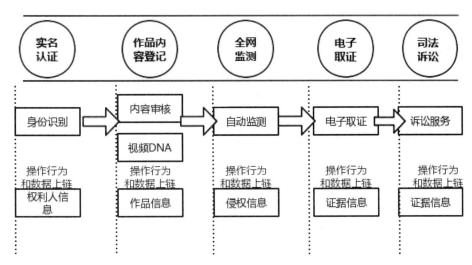

图17-14 "区块链+知识产权保护"

信息共享,简化流程:区块链上产权数据的同步共享,一方面使授权主体在权限范围内获得实时

信息更加便利;另一方面使资料的提交不再需要多部门重复进行,大大节约了人力物力成本。

防范虚假产权登记:区块链的加密算法和共识算法等有效保障了链上数据的真实性,链上数据的及时共享、同步与时间戳等技术使知识产权的交易流转清晰、明确,杜绝了篡改情况的发生。因此,产权登记的真实性有区块链信任机制的保障,对防范与遏制虚假产权登记有重要价值。

四、长沙县区块链+不动产服务平台

基于区块链技术,完成不动产信息可信上链后,用户可通过移动设备应用端,在长沙县区块链+不动产服务平台完成身份验核,如图17-15所示,通过授权后即可实时查询及验证用户在本县的不动产拥有情况,包括房、车交易转让产权变更动态情况,亦可获取相关证明材料,而无须通过烦琐程序进行证明的办理工作。平台系统对用户的查询、授权等操作也会进行记录、上链存证。

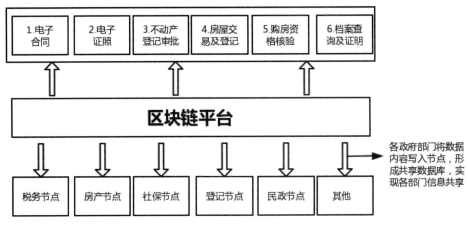

图 17-15 区块链不动产登记平台流程

五、北京市"互联网+不动产登记"信息平台

应用区块链技术实现部门之间数据共享,建立跨部门的信任机制。法院、税务、公安、民政、工商等部门上链,在政治、经济、民生领域提高政府服务工作响应速度和办事效率。北京"互联网+不动产登记"信息平台可以精简房屋转移登记、存量房交易业务流程中反复提交的各类资料,实现跨部门的信息获取。同时在完成与房屋相关的缴费业务时,如水、电、暖气等费用,无须携带纸质不动产权证书,在手机端出示不动产登记电子证照即可完成业务办理。

17.3.5 基于区块链的工商部门系统构建

一、工商概述

工商部门的政务服务由政府和附属部门工商行政管理局提供。工商行政管理局主要负责对市场各企业运营进行监管和行政执法,负责的业务包含规定工商企业运营的政策和有关的法律法规;进行不同企业(也包含外商直接投资的企业)和进行生产经营业务的企业、个人及外国(地区)企业常驻代表机构的注册流程;监管市场,确保没有垄断行为的出现,促进自由化竞争;此外,工商行政管理局也要进行商标注册和商标管理业务活动,并对商标专用权进行保护等,为各类企业的发展提供更优良的营商环境。

以企业设立登记流程为例,传统工商部门的业务流程如图17-16所示。企业设立登记需要设立人首先向公司登记机关提出申请,公司登记机关对申请进行审查后,对符合要求的信息进行记录。设立登记之前,设立人理应向登记机关申请企业名称的预先核准,然后再向其所在地的工商行政管理机关提出设立登记的申请,递交要求的材料,经机关审查后,对于符合要求的企业,15日内决定准予登记,之后10日内颁发营业执照。

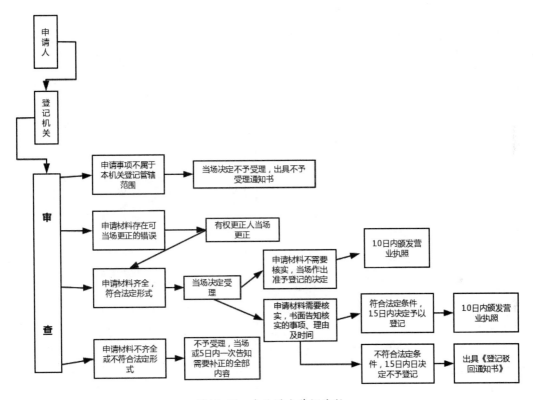

图17-16　企业设立登记流程

二、痛点梳理

(1)业务环节多:工商业务同样面临各部门信息不通、数据孤岛的难题。各个部门只能获得自己业务相关的数据,尽管减少信息交流可以减少线上数据泄露的安全风险,但是业务手续和流程变得更加繁多,无形当中提高了业务办理的内部和外部成本。

(2)中小企业难以管理:中小企业注册后,经营模式和管理能力不完善,信息不透明,缺乏信息公示的方法和渠道。

三、区块链赋能逻辑框架

1.适用性分析

工商部门的痛点,主要是为了保护信息安全导致业务流程繁多的问题和中小企业系统不完善、难以管理的问题。

区块链能够在实现信息共享的同时明晰其所有权归属,实现链上每个节点都有平等的信息存储权和获取权,避免参与主体不与其他主体分享大数据而导致的大数据集中问题,可以打破信息不对称,改变某些企业和平台对信息的垄断。区块链的点对点运输机制、非对称加密验证既保障数据有效传递,又保护隐私数据不泄露,提供更合理、安全的信息公开渠道,即使少数节点故障,整个数据系统也可以正常运营。

2. 解决方案及价值梳理

"区块链+海运进出口监控系统"如图17-17所示。

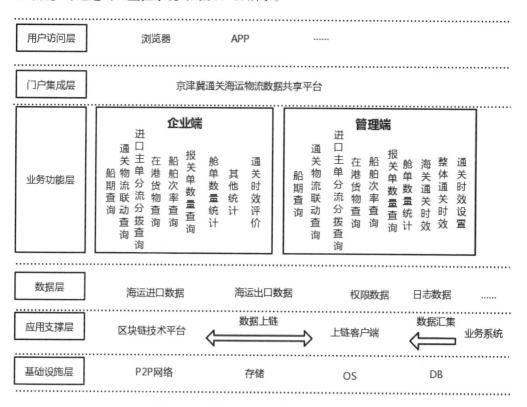

图17-17 "区块链+海运进出口监控系统"

精简流程,优化商营环境:区块链上所有业务在线办理,优化流程和精简审批环节,实现企业办理工商注册一步到位,同步办理公章刻制、发票申领和社保登记,大大缩短了企业开办时间;类似地,企业注销登记的时间也大大缩短,进一步优化营商环境。按照行业、领域等维度,对不同商业体进行分类管理,助力政府了解、掌握、精细化管理线下商业领域,精准施策,有助于减少监管成本。

弱化信息不对称:运用区块链分布式账本,通过授权的主体部门可以查询相关企业信息。政府部门也可以注重运用消息公示和共享等手段,将企业登记备案、资质资格等予以公示,还可以定期公布企业报告,加大对中小企业的管理力度。同时通过汇总商户企业信息、企业信用等实名信息,加强对各类型企业的日常经营活动的监控,减少信息不对称,增强社会信任,为中小企业赋能。以企业海运物流为例,通过建立一站式的海运物流数据搜索系统,可以查询海运进出口通关的数据、货物装卸信息等,降低了物流运输通关的成本。

四、宿迁电子营业执照的区块链应用

2018年9月18日,宿迁工商局连同京东集团,发布了电子营业执照区块链应用。宿迁电子营业执照区块链是全国范围内第一个利用区块链技术运营的平台,它能够达成身份认证所需资质与监管部门所需数据之间的互联互通,帮助企业实现数字化转型。平台也为中小企业进入电商平台提供便利,线上商户进驻京东的平台后,京东通过区块链技术来连通各个领域的数据链,减少对新商户入驻平台后交纳的资质材料的审核时间,减少传统业务模式中进行人工审核的时间成本和金钱成本,同时便于监管。

17.3.6　基于区块链的党务部门系统构建

一、党务概述

党务和党员治理是政府各个部门都涉及的工作,包括党员管理、党务活动、党员学习、组织管理等多项内容,也是政府工作和社会治理的上层建筑。党务工作者的工作包含办理党员组织关系接转、基层党组织的调整落实、做好党组织帮助指导工作、负责区域党建信息网管理工作、选编参考资料供基层进行党员培训等内容。

二、痛点梳理

(1)对人事问题难以监管:由于信息壁垒的存在,基层党员信息不能及时更新和分享,使政务服务的业务流程繁多且复杂。基于中国党员基数大,入党流程严谨、党员管理严格的特点,对于不在体制内工作的非公党员、人户分离党员、流动党员难以及时、全面地获得其信息,存在管理难、培训难的问题,难以形成可持续的党员培训和监督管理计划。

(2)数据安全性保障不足:互联网时代的信息化变革机遇与挑战,提高政府在线服务能力的软硬件基础是政务改革的主攻方向。行政过程专项业务审批繁多,业务涉及多个部门进行场景交换,政府需要不断地整合数据、分析数据,所以也影响了数据安全和数据流通性。

三、区块链赋能逻辑框架

1.适用性分析

在党务部门中存在的主要痛点是不能及时对人事调动和流动党员进行管理的问题;审批流程复杂导致数据安全性难以保证的问题。

区块链技术通过点对点信息传输技术等,促进了组织管理、党员管理平台等人力关系转移的便捷度,也可以惠及党员培训、组织生活纪实、党员教育、党建督查平台等领域。通过区块链技术,相关部门可以追溯每位党员从入党开始的所有档案记录,设立党员管理窗口,将发展党员流程上网,实现全过程在线化,同时可在平台上直接进行流动党员管理、党员关系转接,重点解决该区非公党员较多、人户分离党员多、流动党员管理难等问题,以党建智能化实现党务、政务、服务智能化,打破信息壁垒,实现资源的共建共享,为党员管理赋能。

2.解决方案及价值梳理

"区块链+AI党建云平台"如图17-18所示。

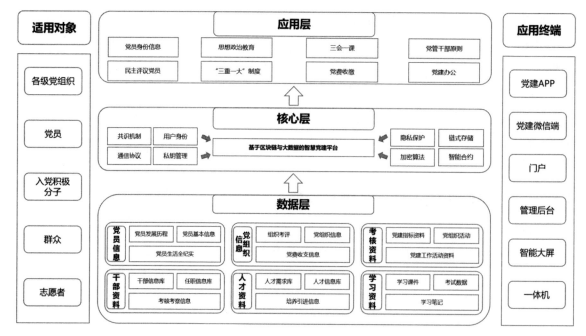

图17-18 "区块链+AI党建云平台"

党务工作规范化:在党务工作的人事管理上,利用区块链等先进技术,通过搭建联盟的应用体系,将整个辖区的党委和党支部的信息管理上链,达成党务公开、支部活动、组织关系转接等业务活动上网,区块链保证党务工作和人事管理上的可管控。例如,利用区块链技术建设线上党务管理平台,强化党员教育、党员发展管理、党员流动管理等;对各党组织的数据进行分析,有助于党组织进行更加精准、快速地决策。

加强数据安全和信息管理:区块链的分布式存储技术,可以实现数据在不同区域的监管部门间有效传输和安全访问,防止党员信息等数据的泄露;将日常的党建工作流程转化为计算机可以识别和分析的数据,可以实现对党建信息的有效管理,把党员管理落到党员自身。

四、基于区块链的重庆智慧党建信息平台

重庆智慧党建信息平台通过区块链、大数据、人工智能、云计算等新式的数字技术,便捷党务相关活动的运营,实现组织关系转接等流程接入网上平台,从而能够利用移动端进行操作。建设信息平台,可以加强对基层党组织体系的建设、党组织书记队伍建设,还能提高对党员队伍管理的效率,推动对党内组织生活严格管理,规范发展党员等基层党建工作。通过建设统一标准的平台,规范工作流程,加强一致性,能够实现各个省区的基层党建工作全面的进步和发展。目前智慧党建信息平台开通了诸如党员管理、党建督查、在线学习与组织生活纪实等六大功能模块,接下来还将开发党建地图、党员教育、人工智能等功能。

五、中国共产党新闻网·人民党建云创立"链"上初心项目

2019年10月26由领主科技作技术支持的"链"上初心上线,这款产品是中国共产党新闻网·人民党建云将党建与区块链技术相结合,提供给每位党员,用于记录自己的入党流程和党内生活,并被保存在链上。"链"上初心的诞生,便捷了广大党员干部对党务活动的运用,也以创新性的方法对党员进行教育,增加不忘初心、牢记使命的相关教育。

17.4 区块链在政务公开领域中的应用

17.4.1 政务公开概述

政务公开是指为了保障我国公众对政务服务信息的知情权和监督权,我国的行政机关通过加强政府平台的建设、政务信息的充分共享,全方位实现政务服务政策的决定、执行、服务、处理全流程的公正公开,以此增强政府部门的公信力和业务执行力,并促进政府治理水平高效发展的制度安排。除了属于国家和政府机密、公开后存在危害国家安全和社会稳定的政府信息外,在履行行政管理职能过程中形成的过程性信息、结果性信息等均应当依法完全公开,包括清单公开、阳光政务等。

传统流程中,申请人若想要申请政府信息公开,需要先确定其要求公开的信息种类,匹配合适的受理机构,去相关的受理机构,填写资料和提出政府信息公开申请,对所需信息做详尽、明确的描述,然后在受理机构处提交材料申请。受理机构接收申请人申请后,首先对提交的材料是否足够完整进行形式审查,退回不完备申请。材料通过审核后,受理机构依据各项申请提交的先后时间顺序处理申请。如果申请人想要在一次申请中同时提出几项独立信息公开的请求,受理机构将对所有请求全部处理完毕后再一齐答复,可能需要较长的时间。

17.4.2 基于区块链的清单公开(权力清单)制度的构建

一、清单公开概述

清单公开主要包含对于行政权力清单、监管清单、负面清单等有关清单的公开制度。在清单公开的过程中,政府及其有关部门对自身行使的权力内容进行整理,明确界定每个部门、每个岗位的职责与职能权限,把整理好的职权内容、实施领域、有关法律法规、业务具体办理流程等各项材料通过清单方式列举出来,并辅以图解。

二、痛点梳理

(1)部门数据不共享、存在信息孤岛问题:目前,各政府部门主要重视自身部门的业务信息系统建设,没有考虑到与其他部门的协作和配合,因而采取的信息储存标准有差异,当遇到要共享各系统数据的业务时,信息往往不能及时调度和使用。由于没有健全的采集、记录、公布及共享政务服务相关信息的制度,导致各个部门只以自身所能获得的数据为基础,根据自身利益和单方面的判断,进行信息有选择的公开和共享,导致不同业务部门间不能建立完善的信息共享与业务协同。而且海量数据存储对于政务部门的能力是巨大的考验,不仅大大增加了成本,而且对容灾备份提出了要求。

(2)信息篡改风险:由于公开权力加强了对权力的制约,缩小了权力寻租空间,相关部门受到的约束和负担增加,导致一些部门对公开清单制度有强烈的抵触情绪,可能在被要求公开信息时对信息内容进行篡改,难以保证公开数据的真实性。

三、区块链赋能逻辑框架

1. 适用性分析

清单公开领域的痛点主要是各政府部门缺乏互相配合导致信息孤岛问题严重和难以预防某些部门伪造、篡改信息的问题。

区块链技术保障存储其中的数据不可篡改,保障了政府进行信息公开时,信息内容是真实可信的。政府主动进行管理过程和相关信息的政务信息公开,使公众可以随时查阅、利用,也有助于更有效地增强公民对政府的信赖。区块链技术拥有以时间戳为顺序的链式结构,能够清楚查找每一笔记录其中的数据,检验其真实性,监管整个审批流程,明确、细化责任人主体。出于数据的不可篡改性,能够形成直接利用的证据,便于举证追责。

2. 解决方案及价值梳理

"区块链+清单公开"的具体架构如图17-19所示。

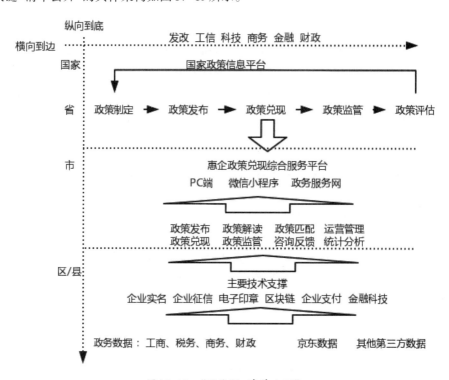

图17-19 "区块链+清单公开"

建立联盟链:区块链技术借助联盟链,使政策监管平台能够将政务信息公开过程中涉及的各个参与方组成闭环网络,进行全方位、精准化、可追溯、防篡改的数字化、在线化管理,大幅提高审核工作效率,增加业务造假成本。通过智能合约,各部门事先统一清单分类标准,在进行信息登记时,区块链技术自动判定过程中的行为是否符合事先设定的条件。区块链提供了时间轴数据库,将存储其中的数据按照时间先后的顺序进行排序,这个措施有效降低了收集、整理数据的人力物力成本。

互通信息,提升效率:区块链技术可以建立政府部门之间的联盟链,将多个主管部门信息互通,使政务服务的协作过程不用经过多个孤岛信息系统,提高效率。全流程自动推进,避免中心化信息篡改问题的发生,切实保障群众、企业和政府部门的权益。区块链技术能够更好地解决信息孤岛问题,使相关政府单位及政府监管部门机构能便捷地利用系统审核、监管、查询相关信息,显著降低了现有模式下需要监管、核对多个系统耗费的人员成本、时间成本,达到公开、公平、公正。例如,利用大数据、区块链技术为政府打造惠企政策制定、发布、兑现、监管、评估等综合服务平台,实现惠企政策的解读、智能匹配及精准触达。通过全面梳理国家、省、市各级惠企政策清单汇总并纳入平台,实现统一性和规范性;并通过动漫、文字、视频进行形象化、通俗化解读。通过大数据分析、AI匹配,向企业主动精准推送政策。

四、连云港基于区块链技术的招投应用

海州大厦施工项目的招投标采取了新式的异地远距离评标系统,基于区块链技术中的数字加密技术,来收集储存评标的专家签字信息。创新性的措施有效减少了过往跨省远程异地评标过程中难以充分获取评标专家建议的问题,构筑了远程异地评标便利化发展的新模式。

本次跨省远程异地评标主会场与副会场通过"易彩虹公共资源交易区域一体化建设——跨区域远程异地评标服务平台"开展异地远程评标活动。该平台采用了区块链作为先进技术,操作便捷。评标专家首先利用人脸识别功能来进行身份验证,成功登上平台后,利用平板电脑或其他电子屏幕进行签字,区块链技术能够自动对评标专家的评标报告签字进行检查验证。借助大数据分析的技术,平台可以重新分析共享数据与信息并进行隐私保护,不仅能够确保评委身份的唯一性,而且能有效增加评标报告的可信性、合法性,更是为异地CA不兼容的问题提出了创新的解决方案。

17.4.3 基于区块链的阳光政务(电子政务)系统的构建

一、阳光政务概述

阳光政务是各省市区以线下政务大厅为基础,创办线上业务管理平台,从事电子政务,是指国家政务服务部门利用现代化信息技术、数字技术从事业务审批、为人们提供公共服务等活动。狭义的电子政务有关主体包含直接承担管理国家公共事务、社会事务的各级行政机关;广义的电子政务主体,还包括有关的国家机构。

通过建立线上电子政务服务平台,提高政务服务信息的透明度、业务的自动化办理水平,落实有权必有责、用权受监督的工作作风,更好推行政务服务信息的公开,让群众办理业务更加方便,增加公众对相关部门的信任度。

二、痛点梳理

(1)信息管理系统不同:国家标准、行业标准和地方标准之间存在差异,导致跨部门信息共享难以达成,而且各部门业务专网间存在物理隔离,为数据传递设置了障碍。由于信息不流通,办理网上业务时可能难以验证个人身份,也造成诈骗事件多发。

(2)业务中参与部门主体多:阳光政务的参与主体涉及审批部门、管理部门、咨询部门等,职权分散问题严重,不仅在业务处理过程中容易受到低效率部门的影响延长业务办理时间,难以增进跨部门

的业务协同,而且协调机构的变迁过快,在一定程度上影响政策演习和协同效果,不利于推动电子政务发展。

三、区块链赋能逻辑框架

1.适用性分析

在阳光政务方面的痛点主要是管理系统不同使信息共享困难的问题和参与部门主体过多、职权分散的问题。

区块链技术可以建立去中心化的机制,消除信息集中化的问题。利用基于区块链的远程解决方案,实现"服务智慧化",着力优化服务质量,确保服务供给能力,利用区块链技术使交易全面的由有形市场转向虚拟化的无形市场,同时保障电子化交易的公开性、透明度、可监管、可查证。创新交易机制,提高交易效率,为进一步提高市场化配置程度打好基础。"监管智慧化",利用区块链技术实现穿透式监管,防止舞弊现象发生。

2.解决方案及价值梳理

"区块链+阳光政务"的具体架构如图17-20所示。

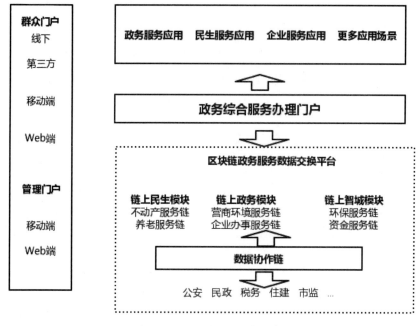

图17-20 "区块链+阳光政务"

保护隐私信息:区块链可以通过散列处理等加密算法保护涉及个人隐私的信息,解决信息公开过程中导致的信息泄露风险,消除群众对于隐私泄露的忧虑。通过建立统一的业务管理系统,将数据协作和应用管理有机结合,使数据的来源、流动、取向可以有效记录,不被篡改,不同部门间可以更加便捷地分享个人和企业的守信情况,在进行商业活动、资金借贷时做出最佳决策,也对人们日常行为形成有利约束。各方在获取数据之前需要数据所有者进行授权,也保证了数据所有者的权力,促进了多方参与下的数据治理工作。

建立"身份证",共享信息:区块链可以形成完整而不可篡改的信息库,为个人和企业建立"数字身份证",在业务办理时,可以通过多方验证过的数据进行"身份自证",使政府部门不需要反复核实资料的完整性和真实性。可以将全区的数据高效汇集到一起,并且信息状态易查找、易使用,可以把不同领域获得的信息联系起来,提供更全面、更可靠的信息资源,取代效率低下、准确率低的线下收集方式,降低人员投入成本,降低数据的收集成本。例如,通过建立线上的政务数据交换平台,可以录入不同模块的相关数据,又可以通过第三方、Web端、移动端等平台充分获得信息。

四、雄安新区基于区块链的工程资金管理平台

基于区块链技术的工程资金管理平台自投入运行以来,已经投入多项相关工程的使用过程中,管理1000余家企业,项目涉及超过20亿元的资金;通过资金管理平台,累计向约4万人次发放了所需资金,资金发放金额约2亿元。

如图17-21所示,雄安新区所用的工程资金管理平台采取CIM(城市信息模型)与BIM(建筑信息模型)结合的技术,通过将相关信息上链,为建筑产业链上的各类参与方(诸如施工方、开发商、监理方、运营方等)及参与的个人提供了数字身份,做好了上链前期准备。在相关工程启动后,项目的各参与主体必须持有私钥,才能够签字确认资金流通的情况,这样可以保障资金流通随时可查、有据可查,签字确认后会自动广播至整个链。工程款项的数额、目前所处的环节、相关的经手人、发放的时间等关键信息能够便捷查询,一目了然。

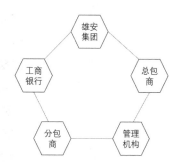

图17-21　雄安新区区块链造林项目建设平台

区块链技术为政府在资金管理和使用方面,提供了显著提升使用透明度、切实解决信息公开问题的创新性解决方案。今后,除了管理工程款项的使用外,雄安新区未来在其他领域的建设与资金管控、使用也将进一步加强区块链技术的运用,尤其是涉及拆迁补偿款等资源分配类项目,更需要做到信息公开。据了解,平台上线两个月后,就进行了相关尝试,雄安区块链资金管理平台创造性地加入了"建设者工资保障金"制度,助力链上治理的完善,切实保障建设者的权益。

《17.5　区块链在涉公监管领域中的应用

17.5.1　涉公监管概述

涉公监管一般指的是涉及政府主体及相关部门基于相关的法律规范权限许可,对公共服务相关

领域的发起、实施等过程进行监督管理,如财政资金支持项目的运营、食品安全监管、药品安全监管等。简而言之,涉公监管的本质为公权力机关基于各自许可权限对相关事务的监督,即一方或多方主体为公权力机关的一般监管行为。

涉公监管包含的范围极广,且在不断扩大。传统封建社会政府职能一般仅限于司法刑罚、重要经济领域服务,如盐铁官营、科举考试等,涉公监管一般局限于实体经济及社会秩序的维护。现代政府职能随着科技及社会的发展逐渐扩张,其中最为显著的便是金融监管及科技监管,特别是新型信息技术的出现,改变了传统经济社会的运行模式,使社会监管的变革变得刻不容缓。

17.5.2　基于区块链的食品安全监管体系的构建

一、食品安全监管概述

食品行业的监管由政府及国家食品药品监督管理总局、国家市场监督管理总局等食品相关部门执行,对食品原材料的采购、食品生产环境和标准、食品冷链运输条件等流程数据进行监管,预防食品安全问题,确保群众生命财产安全和社会利益不受损害。

二、痛点梳理

(1)不同部门协同效率低下:食品监管政策仍处于不停调整的阶段,有时候可能导致某一个职能部门领导其他多个同级的职能部门进行监管的情况,命令执行效率低下,难以形成部门间的统筹协调。

(2)信息披露程度不足,难以执行监管:我国食品行业相关信息对外披露程度不足,某些食品生产机构可能利用食品行业中信息不对称现象,隐瞒自身产品生产中的问题,导致染色馒头、地沟油之类的食品安全事件。而且消费者难以对食品行业进行监管,不利于加强食品安全意识,也不利于建立诚信体系,导致对食品行业的监管很难达到预期效果。

(3)监管环节衔接不畅:我国传统的食品监管体制,是由多个部门针对不同环节进行监管。随着食品行业体系发生变化,监管部门太多,使针对食品生产和供应的一些环节的监管存在职能的交叉,而另一些地方又没纳入监管范畴,存在监管真空地带。各监管环节难以实现有效衔接,重叠监管的环节存在职责不清、互相推卸责任的情况。监管部门多也容易产生部门间利益冲突,加剧部门间协作难度,对完善食品安全监管制度造成阻力。

三、区块链赋能逻辑框架

1.适用性分析

食品安全监管中的痛点包括同级部门之间采用中心化体系使协同效率降低的问题;信息对外披露程度不足、食品安全威胁增加的问题和监管部门太多造成的监管职能重叠、监管环节连接不畅的问题。

区块链的智能合约特性可以基于共同设立的准则规范,自动验证业务环节是否符合条件,从而顺滑管理过程。监管部门制定相关标准后,在业务履行过程中,由区块链自动判断是否存在违背相关标准的情况,若有不符合要求的情况出现,合约自动终止,从而对食品生产机构形成有效约束,并实现监管环节的有效衔接,降低监管成本。

区块链的去中心化特性强化了各主体间的平等地位,通过公开分享相关数据,降低了信息获取的成本,使不同机构可以进行互相监管。

区块链技术允许链上各节点共享底层的信息,除了私有信息被加密,其他数据均为公开,通过信息沟通,可及时发现业务中的不良行为,及时进行纠正;保证消费者的知情权,出现食品安全问题的时候,可以通过区块链查验出问题的环节,从而更快确定责任主体。

2. 解决方案及价值梳理

"区块链+食品安全监管"的具体架构如图17-22所示。

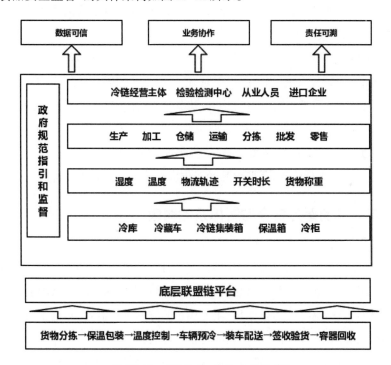

图17-22　"区块链+食品安全监管"

信息共享:区块链可以实现全流程的数据采集,生产、加工、仓储、运输、分拣、批发、零售中的各个环节的信息向所有政府监管部门公开,便于监管部门对所有食品生产链上的信息进行实时监控。区块链分布式存储机制实现信息的多方验证,保证参与主体可信性,不同部门之间可以建立起互相监督、共建共享的监督机制,避免某一个部门领导同级部门使信息不对称问题严重、导致难以协同合作的现象。

责任溯源:区块链技术可以储存和共享所有环节的数据,而且储存在其中的信息可以溯源、难以更改,能够帮助监管部门及时发现食品行业内部操作不规范的行为,而且可以更快地确认责任主体、简化责任认定流程,使食品生产、运输、零售机构更加重视食品安全,造假倾向减弱,并迫使存在安全

隐患的食品企业退出市场。消费者也可以通过区块链构建食品可追溯系统来查询食品的生产、包装、储存、运输、零售等方面的信息,有利于增加消费者对所购买食品的信任,也利于消费者参与监管。

自动化监管:区块链可以构建底层联盟链平台,监管部门制定食品行业的各项标准,比如生产环节的食品添加剂添加量、保质期、生产环境标准等条件,运输过程的包装要求、温度要求,各部门将相关数据传入区块链中、由智能合约自动判断食品生产运输环节中的各项条件是否符合标准,若存在违规现象,则终止业务过程。区块链技术可以覆盖整条业务价值链,实现全过程监管,可以减少监管机构数量,实现各监管环节的有效链接,减少监管职能交叉和监管真空的现象,明确各部门的责任范围。

四、浙江省基于区块链的冷链运输追溯系统

"浙冷链"是浙江省利用大数据和区块链技术建设的食品行业冷链运输追溯系统。通过建立"冷链食品溯源码",监管部门能够达到对食品行业从生产、运输、配送到最终消费环节的全流程的信息追溯管理,可以获得有关冷链食品去向的全方位信息。

在供应链环节采取"进赋码、出扫码"措施,在进口和省外的冷链食品入库前,贴上"冷链食品溯源码",通过扫码将产品数据录入系统,当产品出库时,还需要二次扫码,以记录购买人的信息。

食品行业的经营企业要采取"进出扫码"措施,比如说,食品市场的经营户,先通过"浙冷链",把货物数量、入货时间和途径等有关数据录入系统,食品售出时,再将购买者的信息录入系统。

消费者也可以通过扫描"冷链食品溯源码"获得所购买或食用的进口和省外的冷链食品产地、运输等信息,从而对食品业务进行监管,获取食品冷链供应链业务的所有相关价值。

17.5.3 基于区块链的医疗安全监管体系的构建

一、医疗安全监管概述

政府对于医疗安全的监管主要是通过卫生监督部门执行,根据现有的医疗卫生的法律法规,或者通过颁布新的医疗卫生法律法规,对医疗机构、医疗服务提供者的医疗服务活动进行规范和限制的行为。具体而言,包含对医疗机构的进入、退出、服务质量等方面进行监管;对由于医疗信息不对称带来的社会问题进行监管;对药品、疫苗的生产、运输过程进行监管。

对医疗安全的监管流程,就医疗保险监管而言,我国对医疗保险的审核和报销依旧以医院开出的纸质报销单据和证明作为唯一的凭据,患者要收集有关药品的价格和使用数量、医疗仪器检查等相关的费用证明,递交有关部门后须等待多个工作日的审核后再进行报销;若审核未通过,还要进行二次清单收集、提交,监督部门需要进行大量重复审核工作。

此外,就疫苗等医疗用品的冷链运输而言,如图17-23所示,从供应端获取医疗用品之后,经过一级批发、二级批发商运输,再投入零售端口,最终送到消费者手中。物流链环节多、参与部门多,但是信息沟通不畅,难以对运输过程进行监管。

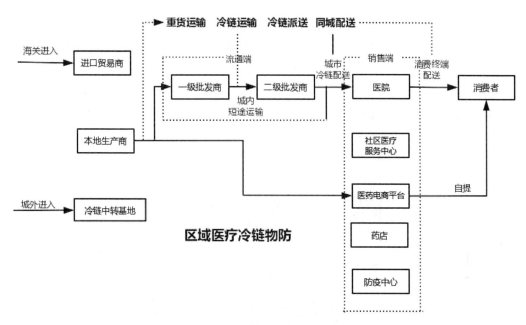

图 17-23　传统医疗冷链运输

二、痛点梳理

（1）信息公开性不足：为了避免激化医患矛盾，卫生监督部门在督查医疗安全事件的时候，往往不对外公开所查的医疗安全问题，可能导致患者因信息不对称，仍到有较大医疗安全隐患的医院就诊；药品运输、流通全环节缺乏数据标准、信息不透明，不仅难以避免假冒伪劣药品的出现，而且药品可能在运输过程中损坏；医保资金的使用情况并不充分披露，群众难以知晓资金的流通和赔付去向，无法对医疗机构的行为进行监督，无法促进医疗机构改善其原有行为，导致医疗监管部门的权威性受到质疑，监管效果大打折扣。

（2）难以进行全过程监管：以药品监管为例，为了保证药品的合格性，应对药品的生产、运输、销售全过程进行信息记录。但是现有药物种类多、产地不同、成分不同，监管技术很难做到对全过程的信息追踪，药品相关数据在储存记录的过程中存在被篡改的可能，消费者难以溯源其产地，辨别药品可靠性。

三、区块链赋能逻辑框架

1. 适用性分析

医疗安全监管方面的痛点，归纳起来主要是医疗、药品流通、资金使用过程中信息缺乏公开性。在此基础之上，因为难以获得足够的信息对医疗机构和药品生产部门进行监管，所以不能确认药品数据的真实性和医疗事件中相关主体的责任。

区块链可以将医疗记录和数据信息储存在加盖了时间戳的区块上，将区块串联成一个总账本，每个参与方都拥有平等的义务和权利，可以看到区块上的所有信息，增加信息透明度，从而使所有参与方都可以对其他对等节点进行监督，维护自身权益。

区块链拥有共识机制的特性，可以在缺乏信任基础的不同主体之间达成业务共识，有利于提高业务效率,减少冲突。而且分布式账本确保药品生产、运输、零售过程中充分储存数据,实现信息可追溯,减少假药在市场中销售的可能性,并避免数据泄露,实现对药品流通过程的动态监管,加强药品安全监管。

2. 解决方案及价值梳理

"区块链+医疗科研"的具体架构如图17-24所示。

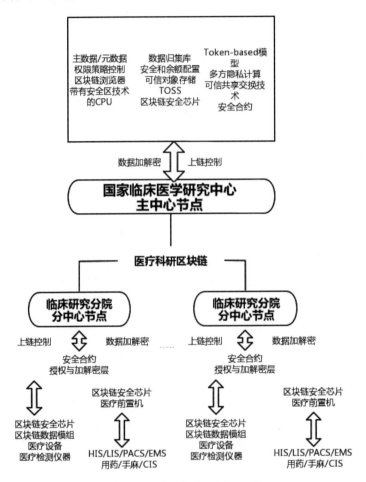

图17-24 "区块链+医疗科研"

共享数据,便于监管:区块链技术通过将医疗数据充分共享,便于卫生监督部门和群众对医疗机构进行监管,制药商也可以利用共享的信息实行药物研发和精准投放。以医疗科研区块链为例,通过本地的区块链节点"指纹",有关医疗科研的研究信息可以上链,计算和交互在数据加密后的多个区块链节点之间独立完成,均有时间戳,结合数字签名技术,可以确保数据拥有足够的真实性和完整性,实现了用低成本、高效率、透明、对等的方式提供医疗科研数据的可信共享能力。

溯源信息:利用区块链技术可以记录药品渠道流通情况和物流信息,一旦货物运输中断或丢失,可以快速跟踪追溯进行处理,而且相关信息不可篡改,确保药物相关信息真实、全面。医疗研究数据产生、使用、交易等全部环节的信息保存在区块链中,利用区块链的电子签名等技术,存证每笔数据的制造者、使用者、管理者等,可以进行全过程溯源,强化数据可信性,促进数据共享。

统一标准:通过共识机制确定统一的业务标准,所有参与者可以使用链上的数据但是不可以进行修改,而且各个环节的管理机制和权限掌控均进行细化,使面对不同的应用场景的时候,可灵活匹配最合适的应用标准。通过量化部门、单位、个人、企业的义务和责任,不仅可以调和医疗监管机构、医院、患者、药品制造商、医疗用品贩售商等行为主体之间的不同诉求,减少医患矛盾,还可以实现透明的共享激励机制,增进各方进行数据共享的积极性。

四、天津市省级疫苗追溯监管平台

2019年12月1日,天津市疫苗追溯监管平台正式对外开放。如图17-25所示,通过使用区块链技术建设疫苗追溯监管平台,能够实现对疫苗生产、运输、调配等过程的监管,也有助于公众及时获得疫苗相关信息。天津市的疫苗追溯监管平台是全国范围内首个充分实践新疫苗法的相关标准,依据高要求建立的省级疫苗追溯监管平台。

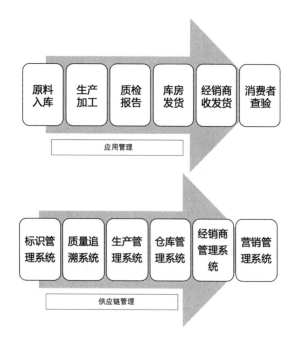

图 17-25 疫苗追溯流程

天津市的疫苗追溯监管平台包含疫苗信息查找系统、主要面向疫苗生产部门的内部信息系统、面对监管部门开放的监管体系3个子系统组成,主要通过对疫苗生产、运输等过程的监管、数据跟踪和信息追溯,更好地服务相关部门,实现更高的管理能力,充分提升基层在医疗领域的服务能力,为群众提供更好的医药健康服务。

延伸阅读:区块链在抗疫中的应用

2020年年初,"新冠"疫情的突然暴发,给全国带来严峻的挑战。面对危机,举国上下迅速展开防

疫抗疫行动。在此次行动中,以区块链为代表的创新型数字科技充分发挥了作用,不仅保障居民健康安全,而且帮助在疫情中遭受挫折的各个行业渡过难关、恢复运作,在保障国民经济平稳运行层面展开了新的尝试。

一、防疫物资哪里找?

2020年2月5日,由浙江省卫健委、省经信厅主导,蚂蚁区块链和CityDO集团共同建设了防疫抗疫物资用品的信息公布服务平台,并通过支付宝上线。这个平台采用区块链技术,解决了当时一线抗疫物资需求和供给信息不能及时更新的问题,凝聚各行各业爱心人士的力量,实现了防疫物资供给端和需求端信息的及时匹配。区别于其他形式的医疗用品信息提供平台,该平台采用蚂蚁区块链技术,将对物资的需求、供给、运输等环节信息进行审核并上链存证,以确保信息及时更新。

二、校园疫情服务

响应科技"战疫"的号召,许多开发者纷纷投身防疫抗疫。在山东省科技厅组织下,依靠筹建中的山东省区块链金融重点实验室,山东财经大学历经两天两夜,推出了采用区块链技术提供的校园疫情相关服务,由阿里云联合蚂蚁区块链开放区块链平台。山东财经大学相关负责人介绍,系统上线后大幅提升了学校疫情服务工作效率,服务信息的安全性和保密性也有了技术性保障。

在当时疫情防控中存在数据信息难以匹配的情况下,山东财经大学选择采用区块链技术解决:借助区块链可建立起可信的校园沟通通道,以保障全校师生的健康,为学校疫情防护提供分析决策辅助。

三、煎药溯源质保,区块链守卫战"疫"最前线

上海中医药大学附属上海市中西医结合医院在本次疫情中被列为上海卫健委的定点发热门诊。医院积极探索中医诊疗方案,同时对疑似患者采取住院观察和相应的中药治疗。为最大程度保障中药治疗和疗效,医院与中药代煎配送单位上海雷允上中药饮片厂紧急开发并上线了基于区块链技术的中药煎药质量管控系统。

杭州唐古信息科技与蚂蚁区块链专家团队会同医院、煎药配送单位进行多轮沟通,结合现有药物管理过程和抗疫需求,基于蚂蚁区块链技术,建设医院、中药饮片厂、患者、监管部门多方参与的区块链联盟链,结合现行中药的煎药管理流程,利用设备系统实时采集配方煎药过程的每个涉及质量控制要求的流程节点数据,从审方、调剂复核、浸泡、煎煮到成品灌装发药流程,以及另包、先煎、后下、浓缩等特殊操作环节,所有流程数据在进行脱敏后(不涉及处方的敏感信息)进行加密,随后生成摘要上传区块链。医院和患者及监管部门可通过授权的账号进行访问和查询跟踪。

本章小结

过去10多年我国逐步铺开"数字中国"国家战略,大多数地方政府已经完成数字政务1.0的建设。但政务系统不同部门、机构间数据共享及连通覆盖广度较低,基层政府机构普遍存在为响应"条线"信息管理而进行数据信息收集与管理,缺乏对相关数据信息的统一处理。因此,催生了数字政务2.0的产生。数字政务2.0的直接需求为数据孤岛问题的有效解决。区块链分布式账本、数据公开透明、数据共享、不可篡改等特点保证区块链技术作为打破数据烟囱的有效工具,实现数据跨地域、跨层级、跨部门高效流转,促进政务体系整体协同。另外,政务数据共享体系的构建,实现政府与民众之间距离的缩短,保障政务服务质量。本章从个人及法人服务领域、部门服务领域、政务公开领域、涉公监管领域4个维度入手,剖析区块链技术在政务服务领域的应用,形成完善的区块链社会治理认知体系。通过这几章区块链赋能模式的学习,想必读者已经建立起较为完善的区块链应用逻辑体系,那么下一章将从区块链产业视角剖析区块链产业现状及未来发展趋势。

习题

一、思考题

1. 区块链如何应用于个人及法人服务领域?

2. 部门服务领域如何实现"区块链+"转型?

3. 区块链如何赋能于政务公开领域?

4. 区块链如何保障涉公监管的执行?

二、思维训练

如何理解"区块链使政府由原先的社会管理者转变为社会治理规则的设计者、监督者"?

第十八章

区块链产业与未来发展

　　区块链与互联网、大数据、人工智能等新一代信息技术深度融合，在各领域实现普遍应用将不断推动集成创新和融合应用，对构建区块链产业生态，培育形成若干具有国际领先水平的企业和产业集群有着重大意义。一方面，可以推动区块链和实体经济深度融合，在促进数据共享、优化业务流程、降低运营成本、提升协同效率、建设可信体系等方面发挥作用；另一方面，区块链能有效支撑制造强国、网络强国、数字中国战略，为推进国家治理体系和治理能力现代化发挥重要作用。本章将首先纵观整个区块链产业，对区块链产业的各组成部分进行具体剖析，并在此基础上分析媒体模块在区块链产业的承接推广作用，同时从技术、应用、产业及社会角度分析区块链发展的方向，最后提出区块链产业发展目标，使读者形成全方位的区块链产业认知。

《18.1　区块链产业概述

18.1.1　区块链产业定义

区块链已成为我国的国家战略,在新一轮科技革命和产业变革中发挥重要作用。随着区块链应用的广泛落地,区块链技术与金融、供应链、医疗、法律、民生、教育、版权、公益等的融合也更加紧密,区块链产业正处于蓬勃发展的阶段。

区块链产业不仅是指区块链与既有产业的融合,更意味着区块链作为主体,与核心的产业生态结构组合。也就是说,区块链产业是围绕着区块链技术在社会经济生活中的应用的产业,是由技术、产品,以及个人、公司、政府部门,还有专利、标准、制度、政策等诸多软硬件、人才与组织因素共同构成的系统,且有相对独立的价值链,同时向各行各业输出其创造的价值。

在中共十九届四中全会前,国内外众多机构早已争相塑造并运用自己的区块链产业模式,诸如京东物流、阿里云等都是传统产业发展催生出的区块链产业。会后数据首次被纳为生产要素,这就倒逼传统产业必须将互联数据信息管理提升为基础行业战略,将自己纳入国家区块链大战略,成为区块链产业结构中的一环。

18.1.2　区块链产业划分标准与基本内容

如图18-1所示,按照在区块链产业中发挥的功能不同,可以将区块链产业链分为3层。

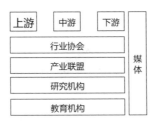

图 18-1　区块链产业的划分

第一层是区块链的上游,主要提供基础技术和基本设施,如基础协议、算法、组件和矿机等,其中底层协议代码和基本硬件的落地是区块链应用的关键。具体地说,上游基础设施层主要参与者有亚马逊 aws、微软 azure 和谷歌云,以及诸如英飞凌和比特大陆这样的硬件制造商。

第二层是区块链产业链中游,其主要提供技术扩展平台和通用服务或协议(如智能合约、BaaS、安全服务等)。同时该层级的区块链平台或协议包括联盟链中的 Hyperledger Fabric、R3 Corda、金链盟 FISCO BCOS、摩根大通 Quorum 等,公有链中的以太坊、Ripple 等。这些平台或协议为开发者提供的区块链技术的基础服务,降低了区块链应用开发门槛,提升了开发的便捷性和应用的可扩展性。

第三层是区块链产业链下游,其主要根据用户需求提供定制化的行业应用,主要面向金融、供应链、物联网、医疗、能源、法律、农业等行业,改变它们的传统商业模式,赋能实体经济。下游的参与者非常多,其中,金融服务和智慧城市领域成为必争之地,在此不一一列举。

此外,区块链产业的组成还包括行业协会、产业联盟、研究机构、教育机构和媒体。行业协会负责

指定规范标准,进行行业自律监管;产业联盟推动区块链产业创设、整合与利用专利、标准;科研机构负责区块链技术的研究与开发;教育机构负责区块链技术的培训与普及,而所有的模块由媒体作为中介承接负责业界资讯的传播,以此来实现政策宣传引导、产业情况跟踪,引流获客、扩大影响力等。

18.1.3 区块链上游产业

一、区块链上游产业界定

区块链上游产业包括硬件、底层技术等基础设施,为区块链的平台建设、应用与服务提供必要的条件支持。具体来说,区块链上游产业以矿机、矿池、芯片厂商与基础协议(提供通用技术与标准)等硬件设施与软件设施为核心。

二、矿机和芯片厂商

以 PoW 作为共识机制的区块链需要各个节点执行数学运算以竞争记账权,这个过程被称为"挖矿",执行这种运算的机器就被称为矿机,而承载这个挖矿过程的处理器就是矿机芯片。二者之间相互补充、相互促进,为满足矿机的需求需要发展更高性能的芯片,更优良的芯片推动者矿机的革新。

早在一开始,人们使用计算机的通用CPU进行挖矿,这也是比特币设计的初衷。但是,由于挖矿主要进行哈希运算,因此存在硬件优化的空间。2010年,一名矿工实现了用OpenCL编程让GPU进行挖矿,由于GPU擅长大规模的并行计算,因此很快就被淘汰了。到了 2011 年出现 FPGA(Field Programmable Gate Array)矿机,虽然该矿机在历史上活跃的时间很短,但这是第一次针对挖矿的专业芯片设计。2012 年 6 月,美国的"蝴蝶实验室"对外宣布准备研发专用集成电路(Application Specific Integrated Circuit, ASIC)矿机。消息传出后,张楠赓和蒋信予分别成立杭州嘉楠耘智信息科技有限公司和Bitfountain,并于2013年成功交付ASIC矿机。截至 2020 年,矿机市场由中国厂商占据主要份额,如比特大陆、比特微、嘉楠耘智和亿邦国际。通常矿机厂商负责芯片设计,芯片的生产外包给台积电、三星等厂商。

可以看出矿机厂商往往也拥有发展芯片相关业务的动机,对于我国来说,很大程度上推动了半导体产业的发展。

首先,矿机厂商能够吸引与培育人才。总体而言我国半导体行业技术水平与国际先进企业有较大差距,利润较低,行业无法给出具有竞争力的薪酬,存在大量人才缺口。至2021年,我国仍有26.1万人的集成人才缺口。矿机芯片厂商为我国提供了芯片从业人员实操的绝佳平台,这不仅是由于其身处区块链产业中并占据全球领先市场份额带来了有竞争力的薪资,更是因为我国矿机芯片的设计工艺全球领先使从业者可以在最前沿的岗位中参与设计和测试。其次,矿机产业能够推动半导体制造、测封产业发展。矿机厂商对晶圆(硅半导体集成电路制作所用的硅晶片)制造厂商与测封厂商的供货需求量巨大,据测算,截至 2020 年,中国矿机芯片垄断了全球90%的市场,矿机芯片市场已经达到十亿级别,且还在迅速增长。这为国内的晶圆制造厂商和测封厂商带来了大量的需求与收益,也推动了工艺的研发进步。

虽然如此,我们也必须正确审视矿机所带来的利与弊。一方面,矿机与芯片是伴生关系;另一方面,矿机的发展面临着能源、营建支出及货币安全问题。

三、矿池

随着比特币挖矿难度值不断增加,"挖矿"早已进入大规模部署的阶段,小型矿机大规模集成为大型机房,集中在电力资源丰富、电价低、通风好、温度低的地区,形成矿场。然而,由于当前全网总算力很高,单个矿场在其中占比非常少,难以稳定出块。矿池则是若干矿机的算力进行系统集群的一个虚拟空间集合,通过将各地的算力汇聚提高挖矿成功的概率,并且根据贡献程度分享出块奖励。矿池业务示意如图18-2所示。虽然对于矿工来说,收益的数学期望没有提高,但是收益更加稳定,避免了因为运气不佳长时间不出块导致的现金流紧张问题。

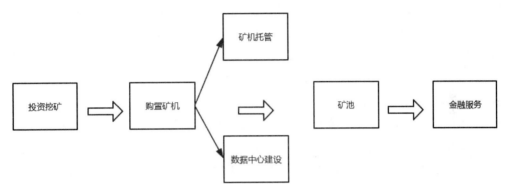

图18-2 矿池业务示意

搭建矿池的方案主要有两种:一种是配置多台完整的矿机形成集群,再将每台矿机的资源进行集中计算,之后把数据分别存储到每台矿机的硬盘中;另一种则是将计算与存储分离,计算模块(worker)负责计算数据并生成复制证明,而存储模块(miner)负责提交时空证明及打包挖矿。

当前的比特币矿池格局如图18-3所示(算力会有浮动,市场形势变化较快,具体以官网为准)。

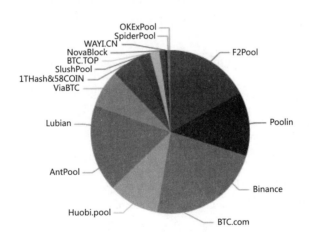

图18-3 比特币矿池实时算力分布(截至2020年底)

从图18-3中可以窥见,F2Pool、Poolin、Binance、BTC.com、Huobi.pool和AntPool等属于比特币矿池中的头部,排名前6的矿池占据了约70%的份额。在此对F2Pool、Poolin、Binance和AntPool这几类典型的矿池进行简介:

F2Pool,即鱼池,是全球领先的综合性数字货币矿池。鱼池的前身私池在2011—2013年运营,为鱼池的创立做了铺垫。2013年,中国最早的比特币矿池——鱼池创立于北京,2014年,鱼池成为全球最大的比特币矿池,拥有全网三分之一的算力。2016年,鱼池入主ETH,占全网算力的25%。如今,鱼池依旧是全球最大的矿池之一。

Poolin,即币印,将自身定位为区块链全生态领航者,在矿池、金融、购机、托管与投资方面均有业务,为客户提供区块链一站式服务。币印总部位于中国香港,在北京、成都、长沙,以及德国柏林和新加坡均设有独立办公室。

Binance,即币安,是矿池中的新人,但势头迅猛。上线于2020年4月的币安矿池,7个月后算力已经排入前三,成为交易所入局矿池的成功代表。

AntPool,即蚂蚁矿池,于2014年11月12日推出,官方介绍其为比特大陆旗下的比特币矿池,但事实上蚂蚁矿池也提供以太坊、莱特币、比特币等多种数字货币的挖矿。

四、基础协议

区块链基础协议类似于计算机操作系统,其主要功能是为区块链应用提供通用技术与平台。类似于Windows和Linux,不同的基础协议会根据不同的应用场景构建出不同的网络环境、信息通道和不同的节点奖励规则。因此,基础协议最大的难点在于满足特定业务场景的设计思路。国内外都有经过了一定的实践检验的相对成熟的知名区块链底层平台,诸如比特币、以太坊、Fabric、Corda、BCOS、小蚁NEO和量子链QTUM等,这些平台开发出各种底层通用的开发协议和工具,进而建立起平台生态。

比特币自诞生起基本处于平稳运行的状态,但其在非数字货币领域的应用较少。以太坊是一个图灵完备的区块链开发平台,诞生于2014年,并取得了令人瞩目的成绩。以太坊是公有链技术的代表,成熟度较高,稳定性和安全性亦有较强的保障。相较于比特币的UTXO,以太坊采用了账户模式。更重要的是,以太坊引入了图灵完备的智能合约开发语言,为区块链应用开发提供了一旦部署就自动执行与校验的协议。

Fabric、Corda与BCOS是联盟链的代表,除了在金融场景下,几乎所有企业层面、政府层面的应用场景都适合其应用,在合规监管、隐私等方面的基础协议与架构设计方面更加巧妙。联盟链基础协议的低风险与高可控有利于业务开展与适应当地司法监管需求。例如,BCOS的物理隔离、逻辑通道设计,以及Fabric的多通道、数据加密的技术方案等在保护隐私数据上有很好的效果。

例如,小蚁NEO是社区化的区块链项目,可以利用区块链技术和数字身份来数字化资产,从而实现利用智能合约对资产进行自动化管理,形成"智能经济"的一种分布式网络;量子链QTUM是一个开源的社区,可以通过价值传输协议(Value Transfer Protocol)来实现点对点(Peer to Peer)的价值转移,据此构建一个支持如物联网、金融、社交、贸易等多个行业的去中心化的应用开发平台。

这些基础协议一方面承载了区块链应用,另一方面在不断更新和开放的过程中给区块链产业的升级提供了可能,带来了便捷,也大大降低了业务融合成本。

18.1.4 区块链中游产业

一、区块链中游产业界定

区块链中游产业包括为区块链的开发与创业者提供的通信协议服务、数据基础服务和区块链安全防护等,包括BaaS平台、数据服务、智能合约、信息安全和解决方案等方面,主要是在底层技术的基础上提供智能合约、信息安全、数据服务等产品化服务上,面向开发者提供基于区块链技术的应用,提高开发者在平台层开发应用的便捷性和可拓展性。

其中通用应用和技术扩展层主要是利用区块链的分布式技术(Distributed Technology)、一致性算法(Consensus Algorithm)、密码学技术(Cryptology)、智能合约技术(Smart Contract)等,更加明确地指明区块链产品的研究方向。

二、BaaS平台

区块链即服务(Blockchain as a Service,BaaS)为区块链开发者、创业者提供一站式服务,根据需求提供完整的区块链服务。实践中,BaaS意味着区块链与云计算基础服务设施的某种结合。

BaaS和BTaaS的区别:BTaaS的全称是Blockchain Technology as a Service——区块链技术服务。这一概念的含义是利用区块链技术,构建新的区块链以取代传统互联网架构的服务。BaaS的产品包括区块链浏览器、数字货币交易平台、存证型应用等,使用的是现有的区块链,更具开放性;BTaaS的产品(如Hyperledger Fabric、Multichain、私有区块链和具体的应用等)通过构建自己的区块链来面向具体场景,更加偏向于技术而非业务。

2015年BaaS概念诞生,至今已经发展出不少较为成功的应用。选取部分BaaS平台如表18-1所示。

表18-1 当前典型区块链BaaS平台一览

机构/企业	采用的开源平台	自主开发项目	对外区块链服务	典型解决方案
蚂蚁金服	Fabric/Ethereum	蚂蚁区块链	阿里云 BaaS	跨境支付/供应链金融/电子票据
JD京东	Fabric	智臻链 JD Chain	京东 BaaS	物流溯源/信贷风控
IBM	Fabric	Fabric	IBM BaaS	供应链溯源/跨行积分通兑
Oracle	Fabric	Oracle 区块链	Oracle BaaS	食品溯源
Google	Fabric/Ethereum	GCP BaaS	GCP BaaS	/
Microsoft	Fabric/Ethereum/Corda	Azure Blockchain Service	Azure Blockchain Service	供应链溯源、资产管理

取其中3个案例,简介如下。

第一,阿里云 BaaS。2018年,企业级应用服务BaaS开放平台上线,针对产品溯源、数据资产交易、供应链金融、慈善公益、资产证券化、资产托管、互助保险等多个场景开展服务。在新西兰奶粉、我国的五常大米的溯源,以及Alipay HK上线区块链跨境服务等方面均有成功案例。

第二,IBM BaaS。2018年,IBM推出了BaaS服务平台,提供了食品安全、供应链金融、广告出版、政府部门业务、保险和物联网等多个场景服务,与沃尔玛、中国银联等有合作关系。

第三，微软Azure。2016年，微软推出了BaaS平台Azure Blockchain Service，提供简单的网络部署与操作、内置联盟网络、使用常用的开发工具开发智能合约等多种服务，客户包括GE Aviation、J.P. Morgan、新加坡航空、XBOX和星巴克等。

总体来说，根据ABI Reaserch对阿里巴巴、亚马逊、IBM、微软、Oracle和SAP的综合评估调查的结论，IBM和微软是BaaS领域的领军者。而国内的腾讯TBaaS，以其提供的210多个云产品服务及超过200万的开发者在中国BaaS市场拔得头筹。

一方面，BaaS在未来有着巨大的发展潜力。云计算正处于蓬勃发展的阶段，IBM、微软、谷歌、阿里巴巴等多家云计算领域的巨头开展BaaS业务，将推动BaaS市场的快速成长。未来，随着区块链技术的进一步成熟及产业对数字化转型的强烈需求进一步上升，越来越多的企业将接受BaaS的服务。在这些BaaS平台的竞争中，由于区块链项目需要开源，技术领域可能会因相互模仿难以拉开差距，服务创新可能成为核心竞争力之一。

另一方面，BaaS还面临许多问题。首先，大部分BaaS节点都是中心化的，虽然符合合规监管与商业信息隐私的需求，但是去中心化程度不足。其次，各国各地区对区块链的监管态度不同，政策导向也不统一，BaaS将面临监管挑战。最后，区块链吞吐量、存储等方面的性能离满足大规模的商业应用还有一定距离，许多场景下的要求都还未能被技术满足，技术的各项参数指标仍有待提升。

三、数据基础服务

数据基础服务的作用是链接起区块链项目的"信息孤岛"，并使区块数据变得有序与方便查询，进而能够将聚合的透明、可信的数据进行分析建模。

为解决链与链之间的信息流通、资产互换等问题，跨链与侧链技术应运而生。随着区块链技术应用的普及，区块链规模逐步扩大，链数目激增，跨链技术无法满足数据互联互通需求，导致数据孤岛现象。因此催生了底层区块链服务网络（如BSN），从根本上实现数据互联互通。

区块链的数据分布式计算与分布式存储业务是在区块链领域应用广泛的重要业务。分布式存储可以将分散的存储资源整合起来，虽然数据分散存储在不同的磁盘上，却形成了一个虚拟的存储设备，使数据存储系统的可靠性、扩展性和存取效率大大提升，典型项目有IPFS、Sia、Storj、迅雷玩客云和暴风播酷云等。分布式计算则可以有效利用每台智能设备的闲置算力，实现原本高性能计算机才可实现的计算效果，典型项目有Golem、Enigma、iExec、Elastic、SONM、Rrchain和迅雷等。

四、智能合约

智能合约的提出者尼克·萨博认为去中心化的记账可以用于智能合约，且合约可以被转换成计算机代码，存储和复制在系统中，并经由运行区块链的计算机网络进行监督，他将智能合约定义为，一套以数字形式定义的承诺（promises），包括合约参与方可以在上面执行这些承诺的协议[①]。区块链技术在智能合约的基础上能够建立一种自动触发的执行机制，拥有数据透明、不可篡改及永久运行的特点。

---

① 贺海武，延安，陈泽华.基于区块链的智能合约技术与应用综述[J].计算机研究与发展，2018，55(11):2452-2466.

更通俗的理解可以参考下面这个例子：假如你向我购买一批货物,可以通过在区块链支付数字货币来实现记账,你将收到我们数字合约里的货物,而我将在指定的日期给你发货。如果货物没有及时送到,区块链将退款给你。如果我在限定日期前发货给你,你签收,系统依照If-Then的函数①作业,并经由上百人群认证,管理资金和货物的函数将在日子到来的时候,同时分别发放货物和货款给你和我。通过这种方式你可以放心无错误交割,即如果A给B货物,A一定会得到付款；如果你支付一定数量的货币,就一定会收到货物。交易使用的代码无法被我们任何一方干扰,因为所作的任何动作双方都会同时被通知到。

在淘宝等网络平台上购物,消费者在软件上下单,支付的费用首先由支付宝临时管制,倘若卖家发货买家正常签收,支付宝将货款按时支付给商家,可以看出双方的交易受限于支付宝这个中介角色。倘若支付宝的角色由区块链网络来代替,就可以实现交易去中心化,在节约成本的同时还能增进交易的透明度和可信度。

因此随着时间的推移,可以明确的是,智能合约将影响当前经济生活的方方面面。它们是真正的全球经济的基本串联,任何人都可以接入这种全球经济,从而免去事前审查的烦琐程序及交易的高昂预付成本,它们移除了许多经济交易中对第三方的信任必要,并将信任转移到可以信任的人和机构。

五、区块链安全防护

区块链的安全问题随着多起数字货币安全风险事件的发生而越发受到重视,区块链的安全防护也成为区块链产业中的重要一环。

第三方托管机构、托管行在很大程度上保障了数字资产的安全。类似于传统的资产管理市场中的托管银行,托管机构和托管行负责数字资产的保管,通过多重签名等方式保障数字资产的安全。开展数字资产托管业务的金融机构主要集中在美国,但日本、韩国、新加坡、德国、澳大利亚、瑞士等国也有金融机构开展此项业务。

除了托管机构,大部分的区块链安全服务企业属于专门从事区块链安全服务业务的企业,业务主要集中在以下四类。

(1)钱包安全审计。钱包存在的安全风险包括客户端RPC API风险、私钥窃取、漏洞攻击、在线钱包账号窃取等。

(2)智能合约安全审计。由于智能合约编写者的疏漏等原因,智能合约代码出现漏洞并酿成资产损失事故的事件频发。当前有不少国内外区块链智能合约安全审计公司提供诸如假充值漏洞审计、设计逻辑审计等方面的智能合约安全保障业务。

(3)安全测评。区块链创业公司大多尚处于初创期,内部组织架构可能尚不完整,缺乏足够的安全测评保障团队。因此有专门的公司提供区块链产品的整体安全测评与建议服务。

(4)监控预警。区块链安全需要防患于未然,通过对链上数据的监控与算法分析,进行监控预警的区块链安全公司可以提前发出警报,争取防范与应对的时间。

---

① 运行逻辑是如果发生了X,那么就执行Y,触发的条件可以任意设定。

18.1.5　区块链下游产业

一、区块链下游产业界定

区块链下游产业主要应用区块链技术与现有行业的结合。2020年的疫情加速了全球各行业的数字化进程,区块链技术因其促进数据这一生产要素合理流动与配置的能力,被视为产业互联网时代不二的技术选择,产业区块链的时代大幕已徐徐拉开。

产业区块链涵盖了供应链金融、跨境金融、电子政务、司法、城市管理、交通、农业、教育、营销、物流、征信、制造等方面,涉及国计民生各领域,这也意味着区块链已融入实体产业和社会治理的框架中。

产业区块链是一系列区块链应用在产业场景下落地的结果,可以总结为"区块链+产业场景"。不同的"区块链+"可能有着重叠的范围,这也体现了产业间交叉重叠的特征。分类来说,产业区块链可以分为面向社会、面向企业和面向个人三大类,并细分为媒体、溯源和金融、商业、政务及身份信息和个人征信等。

二、面向社会的产业区块链

1. 区块链+媒体

什么是媒体?媒体是从事件到接收者之间传递信息的载体,即事件发生—媒体转播—多个接收者的业务流程。传统媒体包括报纸、电视广播、互联网等,其主要作用包括协调社会活动、共享社会信息及传递社会信号等。

区块链时代,媒体的属性正在发生质变。真正的区块链媒体,不仅是报道区块链的媒体(Blockchain Reporter),而是运用区块链的去中心化分布、共同维护和智能合约的技术特征,能够使用线上存证的全新分布式媒体(Distributed Media)。

传统媒体往往受到政治动机、经济激励、企业利益、私人动机等方面的影响,存在不及时、欠缺精准度、缺乏多样性及版权受损等缺点。归根结底就是能不能解决"数字内容如何在网上更好地复制传播""真正的内容所有者如何更公平地拿到报酬"两个问题。

区块链下的新型媒体,继承了区块链技术的稳定性和可靠性的特点,这两个主要特点为实现媒体行业向个性化、货币化方向转型提供了信任基石,使当前存在的区块链媒体能够无后顾之忧地向个性化发展。

相对于传统媒体,区块链下的媒体可以打造去中心化的媒体,赋权创作者。这种模式既可以绕过中间人实现Peer-to-Peer的信息内容传输,又可以大大增强安全性,降低黑客攻击的可能。在区块链的"智能合约"的配合下,即时跟踪版权和著作,实现健康且即时的内容分享,能够最大程度地维护创作者的合法权益。

另外,区块链下的媒体可以倒逼传统媒体行业的结构升级转变。区块链+媒体,正在初步尝试创建一种对信息接收者、内容提供者、媒体公司均有利的商业模式。通过建立这样的直接联系,既促进了新闻的健康传播,又大大降低了内容监督所耗费的人力物力成本。在一定程度上可以充分调动创作者、转载者的积极性,从而规范媒体行业运营,改善媒体管理模式,促进媒体行业的结构性升级和效率改革。2019年7月,人民网与微众银行共同推出了"人民版权"平台,借助区块链技术构建新闻版权

"联盟链"，推动数字版权从确权、监测、侵权取证到诉讼的全流程线上化和自动化，使其能够成为新型一站式的版权保护平台。

2. 区块链+溯源

溯源是通过物品–编码对应技术，实现商品从生产加工、包装入库、区域物流、终端销售、真伪查询、数据分析等产品全生命周期信息记录追溯管理，帮助企业提升商品品牌价值，提高企业综合竞争力，并获取商品市场大数据信息，为企业经营决策提供有利数据依据①。

但是传统溯源存在两大缺陷：中心化和缺乏联系。所谓中心化，是指传统溯源信息由单一或几个节点存储，信息不透明容易引发篡改信息、信息泄露等一系列信息安全问题；而由于信息独立存储，信息共享存在隔阂，当真正需要信息溯源的时候，会耗费巨大的人力和财力成本，甚至会在某一节点中断而无法溯源。

区块链溯源则凭借其去中心化和链式存储的特点，可以完全克服传统溯源的缺陷，每一环节都可以被条形码、二维码等数字编码或其他代号记录在区块链上。例如，京东在区块链溯源领域最早的探索是在2017年5月，随后，京东陆续成立了品质溯源防伪联盟、跨境溯源联盟等，并于2018年3月推出"区块链防伪追溯平台"，在"618"期间，京东总计售出的区块链防伪追溯商品数量同比增长超过200倍②。

可以预见的是，区块链+溯源将会更广泛地运用在公共交通、企业物流、国际贸易及市场跟踪等领域。

三、面向企业的产业区块链

1. 区块链+金融

金融是资金融通的简称，是以银行、证券、保险业为代表的传统金融模式，金融服务是指金融机构运用货币交易手段融通有价物品，向金融活动参与者和顾客提供的共同受益、获得满足的活动，其主要业务包括：金融租赁、支付转移、存款贷款、清算、中介担保及保险等。

而区块链金融，简单来说就是区块链在金融领域的应用，它以密码学、超级账本、分布式共识机制等技术为核心，构建起一套不依赖于任何特定第三方中心机构的交易机制。区块链+金融主要是用区块链技术为金融提供最重要的"信任"。区块链的去中心化、智能合约、可溯源等特性，促进了信用的增强及信用在产业中的传递流转，缓解了中小微企业的融资困难和政府的监管困难。

区块链与金融的结合，精准击中了金融业发展的以下痛点。

（1）事前融资难。传统的金融模式下，中小微企业融资困难。这是因为银行无法有效判断中小微企业的信用与担保能力，基于规避风险的考量而选择放弃大量的低端潜在客户。

（2）事初跨境支付难。传统跨境支付历来是沿用传统转账的结构，由于各国金融支付系统是相互独立的，每一笔转账都需要经过繁杂的审核、确认等流程，需要消耗大量的人力物力成本，阻碍了跨境支付所附带的经济活动。

---

① 郭珊珊.供应链的可信溯源查询在区块链上的实现[D].大连海事大学,2017.
② 张作义,刘彦声.区块链+民生的产业创新发展——以京东智臻链为例[J].清华管理评论,2020(Z1):27-33.

(3)事中风控难。中小微企业的融资单笔额度小但发生频率高,要求较高的审批速度。因此,开展中小微企业的金融业务必须高效且高质地进行风险控制。但传统金融模式无法承担此过程中发生的大量资源消耗,效率跟不上,成本高企。

(4)事后监管难。金融业的发展迅猛,金融创新层出不穷,带来了监管上的困境。2008年的美国次贷危机,就是典型的金融创新在房地产市场的无序扩张且又缺失监管,引发了房地产"坏账",进而诱发了全球经济危机。如何平衡监管与创新,是监管部门必须要解决的问题。

区块链+金融的国内落地案例众多,如链方达的BFC金融服务平台、微企链及招商银行等。

(1)链方达的BFC金融服务平台。链方达的BFC金融服务平台构建了区块链智能合约框架体系,能够利用区块链技术进行资产数字化处理,借助联盟链将交易所和机构连接起来,完成资产的登记与确权,还可提升交易清算、监管、信用积累等的效能。

(2)微企链。2018年,微企链平台建立。该平台的底层技术是腾讯区块链和财付通支付,还结合了贷款证券化(AMS)平台与资产证券化(ABS)①平台,实现了核心信用在供应链中的传递。具体来说,应收账款进行线上电子审核后,被核心企业确权,再完成数字化上链。成为数字债权凭证的应收账款可以实现拆分流转,进行融资变现。

(3)招商银行。2018年8月25日,招商银行广州分行与富融科技签署了全面战略合作协议。双方将积极探索和构建面向物流企业的新型融资渠道,开发支持物流业发展的供应链金融产品和融资服务方案,并通过建立物流区块链风控系统,彻底解决物流企业授信难、贷款难的问题,实现为实体经济降成本、为物流企业增信用、为供应链金融降风险的目的,让金融更好地服务于实体经济。

区块链可将现有交易规则和金融体系的基础制度固化在底层协议中,推动底层逻辑的规范化和智能化、高层业务应用的分布化,实现价值安全转移的去中心化,可大幅降低行业风险、经营复杂度和管控成本,并提升金融机构运行效率。

2.区块链+商业

古典商业模式是生产者-批发者-零售商-消费者的单一运营模式,绝大部分商品都需要经过中间商去销售,商品主要集中在日用百货等平时必需品;而现代商业模式则更多元化,虽然仍旧基于传统交易模式,但在互联网的作用下可以实现P2C(Production to Consumer)和C2C(Consumer to Consumer)的商业模式,实现在更多种类产品、更大范围的区域进行商品互通,即在古典商业模式之下实现跨越式甚至自交式交易,这也对信息交互和物流提出更高的要求。而"区块链+"模式可以在最大限度上满足现代商业的需求。

基于互联网模式,区块链技术将赋能古典商业,为商家与终端消费者提供需求匹配、信任等宝贵价值,同时创造更加高效、公平、稳定与透明的营商环境。以零售业为例,不少零售商已经将战略的触手探向了区块链技术。零售业巨头沃尔玛采用区块链技术,使商品的追踪溯源更加高效与精准;全球最大的钻石开采公司戴比尔斯采用Tracr系统,完成了钻石从端到端的精准追踪。

---

① 贷款证券化是指商业银行通过一定程序将贷款转化为证券发行的总理资过程;资产证券化是指以基础资产未来所产生的现金流为偿付支持,通过结构化设计进行信用增级,在此基础上发行资产支持证券的过程。

区块链可以赋能现代商业。第一,可以升级用户数据管理。新零售行业对用户数据尤其重视,区块链数据共享技术使用户对数据有了更多的权利,同时用户也可以主动分享数据,让商家了解自己的需求,并借助智能合约发送购物清单。在政府与商业的关系方面,区块链可以为工商管理部门提供商业监管与执法的技术支持,对不诚信经营、破坏市场秩序的商家给予精准、及时的处理,同时减少工商管理工作过程中对商家经营的不必要打扰,打造良好的营商环境。第二,可以升级物流管理。为了实现物流供应链上下游企业之间的数据共享与流转,各个企业的中心化的物流系统需要进行烦琐的接口对接工作。同时,在这个过程中也无法保证商品供应链中商品提供方能够共享真实可靠的信息,这就带来了商品溯源防伪问题。商品包装、调取、运输、对接及送达等每一环物流信息都被清晰且及时地反映在区块链上,最大限度地确保了物流数据的真实可靠,实现物流领域的商流、物流、信息流、资金流四流合一。国内外企业,如沃尔玛、京东物流等在食品溯源、金融等领域均开展了项目,实现流程简化、物流追踪、物流金融、物流征信。

3. 区块链+公共服务

公共服务是21世纪公共行政和政府改革的核心理念,指政府主导、社会协同、个人参与提供公共基础服务,包括加强城乡公共设施建设,发展教育、科技、文化、卫生、体育等公共事业,为社会公众参与社会经济、政治、文化活动等提供保障。集中解决市民生活中的各种问题,包括教育、卫生和医疗、社会保障、就业等广大居民最关心、最迫切的问题,这些也是建立社会安全、保障全体社会成员基本生存权和发展权必须提供的公共服务[①]。

区块链+公共服务是指区块链技术在养老、医疗、教育、公益等领域上的应用,可以为百姓带来更加智能、优质、高效、便捷的市民生活。

公共服务需要精准抓住民生痛点,有利于政府和社会更好地发挥作用。相较于传统公共服务运营,利用区块链可以完成对数据管理的优化,进而更加精准、高效地提供公共服务。区块链主要在身份验证、共享信息、公共服务透明和权利确认等方面发挥作用。身份验证是指公民的各类身份证明可以存储在区块链系统中,这些身份证明的使用完全可以在线上完成,从而使证明身份的流程变得简单快速;共享信息是指各个提供公共产品和服务的机构之间可以共享数据信息,实现跨机构的协同能力提升;公共服务透明是指涉及公共服务的政策信息和决策流程等可以通过区块链的方式进行记录和公开,使公民对公共服务更了解、更信任;权利确认是指公民的资产权属、知识产权等可以存储在区块链系统中,需要时可以快速、安全调用,减少产权交易、抵押、转让等过程中的欺诈可能。

区块链+公共服务的实践案例在打造数字身份系统方面非常典型,意味着公民可以更加广泛地参与公共服务提供的过程,公民与政府将会形成积极互动的新型治理关系。在2020年3月,中国信通院联手湖北省建立了基于区块链数字身份的"信鄂通"系统,该系统利用网络标识给每一个人配备对应的永久数字ID,保障其在疫情医疗、交通出行等方面的信息隐私,助力复工复产。

4. 区块链+电子政务

电子政务是政府机关电子化的信息服务和智能信息处理系统,通过互联网、计算机通信、区块链

① 徐宏伟.区块链在我国公共服务平台应用研究综述[J].科技创新与应用,2019(23):62-64.

等技术对政府进行电子信息化升级,从而提高政务管理工作的效率及政府部门依法行政的水平。

随着政府服务的现代化发展,各种人力成本、技术难题、信息甄别等问题使各部门的管理交流阻碍增加。因此,提升政务效能是提升政府社会治理能力的关键之一,区块链技术可以帮助政府实现政务电子化的飞跃,政务的公开透明、办事效率等都将有很大改善。

区块链+电子政务的尝试的典型是广州"秒批"电子政务项目。2019年5月29日,广州市黄埔区、广州开发区推出第二批"秒批"事项,共162项,涉及市场监管、公安、卫生、民政、教育等19个部门,由此,该区"秒批"政务服务覆盖22个部门共300多个事项,约占该区申请办理事项总数的1/4。借助"区块链"技术搭建了"黄埔区商事服务区块链平台"。在此平台上,申请人只需登录微信小程序即可实现企业开办"一个表单、一次采集、一键开办",实现微信掌上"秒批"企业设立登记类部分事项。

5. 区块链+智慧城市

智慧城市是指运用信息和通信技术手段感测、分析、整合城市运行核心系统的各项关键信息,从而对包括对市民生活、市政管理、商业运作、环境保护等在内的各种需求做出智能响应,其实质是利用先进的信息技术,实现城市智慧式管理和运行,进而为城市市民创造更美好的生活,促进城市的和谐、可持续发展。

智慧城市这一概念已经提出多年,但构建智慧城市的过程中遇到了不少阻碍,比如庞杂的城市数据难以安全、高效的流通与共享,最根本的原因就是构建城市智慧网络的技术不成熟。但随着大数据、人工智能、区块链、5G和物联网等新技术应用的进展,智慧城市的建设迎来了突破的临界点。智慧城市是一个复杂的系统,由多个子系统共同组成,城市治理的智能化、精准化需要在市民生活的方方面面得到体现。在智慧城市建设中,区块链可以在公共安全、民事登记、国防政务、健康教育、农业能源等方面做出重要贡献。各国多座城市也在以上方面开展了不少区块链的应用,如江苏常州的医联体区块链试点、迪拜的区块链驱动的政府打造计划和雄安新区的区块链租房系统。例如,江苏常州"区块链+医联体"项目,是同阿里健康携手创建的试点性项目,借助前沿区块链技术实现当地医疗机构信息数据安全共享,解决医疗机构长期存在的"信息孤岛"和"隐私安全"问题。

区块链应用于智慧城市的打造,将提升城市治理水平与居民生活的幸福感,让城市这一大型组织变得更加灵活、安全、高效、透明、可信。

6. 区块链+城际互通

不同城市之间的人力、资金、资源和知识产权等生产要素存在巨大差异,生产要素在城际间的流通和优化配置称为城际互通。但是由于信息障碍和交易成本的存在,资源的配给与需求不匹配的问题较为严重,城际互通的主要障碍是异地数据共享与同步的困难,以及协同管理的效率低下。区块链技术链接起不同城市的"信息孤岛",创造了城际互通的区块链解决方案。

城际互联互通的最终实现需要全方位的数据共享,这中间的信息安全与信息传输效率如何保障、不同城市多个部门机构如何实现互信都是需要解决的问题。地铁多城互通扫码乘车的实现迈出了城际互通的重要一步。"长三角主要城市扫码互联互通"项目中,10余座城市居民可以使用本城市的地铁APP扫码乘车。区块链在地铁多城互通扫码中发挥的作用是,将跨多个城市的交易信息以不可篡改的方式存储,使不同城市的多家地铁运营方可以轻松从链上获取实时上链的数据信息,实现秒级结算。将来,在城际互通方面区块链还有很大的空间施展身手,人才信息、政务信息、公民信息、产权信息等的城际互通还有待进一步加强。

7.区块链+农业

农业是国民经济中的一个重要产业,狭义的农业是指种植业,而广义的农业包括种植业、林业、畜牧业、渔业、副业5种产业形式。传统农业一方面是为了维持自给自足,另一方面则是作为商品用于出售,但是对自然依赖程度很高,农产品很容易受到自然变化带来的影响。随着时代的进步,为了逐渐摆脱受限于自然的困境,农业实现了从人力、畜力、机械到自动化的演变,其中自动化是农业发展的大趋势。这就催生了区块链+农业模式,能够帮助农户实现农业种植数字化,并根据农户需求提供必要、即时的援助。

区块链与物联网结合,农业获得科技助力。在养种植和加工环节,各类传感器、摄像头等构成的物联网设备作为农业物联网节点,采集与存储农户、农作物和养殖动物生长环境、农药化肥使用和饲料喂养情况,农作物和养殖动物生长状况等数据,各农田、农场实现联通,构建起数据共享的"云农场"区块链平台,为每一份农产品提供专属溯源码。农户可以使用数据优化农作管理,消费者则可以通过溯源码对农产品进行溯源。

2017年6月,众安科技推出区块链"步步鸡"项目,按照166天的饲养周期,每只步步鸡都佩戴一个物联设备——鸡牌,作为鸡的"身份证",用来记录每只鸡饲养、屠宰加工、包装运输等各个环节的数据。这些数据会被实时上传到安链云打造的生态联盟链上进行分布式存储,消费者在购买时只需使用手机APP就可以进行溯源防伪信息查询。

区块链还可以帮助农户更容易获得贷款和保险理赔。在全流程记录农作物种植加工交易的区块链系统的基础上,银行可以根据调取的这些区块链数据为农户定制贷款额度。而发生灾祸,农作物减产时,区块链可以提供证明,且可以通过智能合约执行农业保险的赔付。

四、面向个人的产业区块链

1.区块链+数字身份

人的一生中有着多种身份,职位、亲缘关系、财产权属等都创造了不同的身份,身份关系代表了处于其中的人和组织的权利和义务。身份的界定中,客体的确认是至关重要的,对于不同客体而言,同一个人有着不同的身份。传统数字身份包括身份证信息、驾驶证信息、学籍信息、社保信息等,每一种数字身份相互区别,不在必要的时候不能互通。例如,身份证不可以作为驾驶证使用,同时驾驶证不能作为身份证去购买火车票。公民的数字身份在不同的应用平台具有不同的表达方式,许多平台相互独立。

对于身份验证,区块链中的非对称加密技术等使客体可以利用区块链中的身份数据进行身份信息验证,整个过程去中心化并且保证隐私安全。

对于身份管理,在电子合同签署、版权保护、APP注册登录和数字资产管理等方面,区块链技术可以使个人完全控制自己的数字主权身份、数字网络身份和数字资产身份所有权,并利用同一个ID完成不同平台的身份验证。

数字身份不仅是政府和组织的需求,对于公民来说,数字身份在互联网时代也有重要意义。当前同一个人在不同的互联网平台之间的ID无法实现互通,个人身份信息在不同平台之间是一个个身份孤岛,所有权并不在用户手中,并且还面临着信息泄露的风险。区块链系统打造的数字身份的认证、验证与管理应用,可以实现身份的认证、验证、注销和找回,基于区块链的公民身份证明和身份信息隐私保护解决方案搭建起物理上、法律上的个人身份与网络上的个人身份的桥梁,同时个人身份与数字资产、账号资产挂钩也可以满足政府对监管的要求。例如,2019年12月25日,广州市白云区推出了全国首张可信教育数字身份(教育卡),已为9所学校的师生发放第一批教育卡,该教育卡融合了国产密码、区块链等核心技术,可以使学校的学籍、档案管理,学生隐私及学校敏感数据保护等工作更便捷、更安全。

2. 区块链+个人征信

传统个人征信主要是机构采集个人信用报告,并在其他机构需要的时候由该机构申请调出,对个人可以获取的服务进行评估。

过去的征信存在诸多不足,征信信息基本是银行卡、信用卡、贷款记录等少量的借贷与存款信息,不能全面反映个人的信用状况,并且信用信息采集过程中渠道有限、数据成本高,征信信息的隐私保护也面临挑战。例如,央行的征信系统数据基本采集自金融机构,但互联网平台上的大量数据并没有进入体系中。为了解决这个问题,筹备半年之久的中国互联网金融信用信息共享平台开通,组织了30余家具有代表性的互联网金融从业机构,并签约蚂蚁金服等17家会员单位,以"最小够用"为基本特征编制互联网金融行业的违约定义和"疑似名单分类",引入第三方信息提供机构合作和加强信用信息安全管理,构建反欺诈、诚信及有效率的互联网信用体系。

而区块链+个人征信,将纳入电信业务、水电费缴纳、税务、强制执行等司法裁判、行政处罚、执业资格、行政奖励等多方面的信用相关信息。区块链在其中发挥的作用是打造信用信息取证、存证、保全、加密、授信和共享的高效、易用、低成本的信用平台。采用P2P模式,征信数据可以实现分布式存储和数据共享;借助智能合约打造征信数据上传与被查询激励机制,征信数据可以成为一项产权清晰的数字资产,智能合约还可用于征信贷款还款的去信任化。

3. 区块链+精准营销

精准营销(Precision Marketing)是指在精准跟踪定位的基础上,依托现代信息技术提供个性化的顾客沟通服务,实现企业可度量的低成本扩张。但是,营销如何精准地击中潜在消费者,是广告投放者和广告平台一直思考的问题,而区块链技术能够为精准营销提供更有效的广告投放策略。

用户画像数据获取。区块链可以收集用户愿意分享的数据,并提供分享数据的激励以鼓励用户制造与共享数据,从而使广告主可以获得准确而全面的用户信息数据,用以构建更加准确的用户画像。因此,广告可以精准定向投放给最具购买可能性的用户。

中间商消失。通常企业的广告需要经过中介的投放平台送达用户,而区块链可以实现直接面向受众投放广告并向观看广告的用户支付数字资产。

目标受众确认。当前广告投放获得的点击浏览广告的数据可能是买来的或机器人制造的,而区块链中的广告受众是否符合要求、可以被知晓且无法被篡改的。区块链可以建立起目标受众确认的机制,广告展示的整个过程都可以被追踪定位。

2018年,针对程序化广告购买流程缺乏透明度这一问题,小米与利欧数字合作研发了数据营销链。该链可以通过建立流量买方、卖方、中间方和审计方的联盟链,从而将现有的单一数据中心分布式日志系统(HDFS)改造为跨数据中心的区块记账系统,对现有的互联网广告监听、出价、曝光、点击,对后续行为日志进行分布式记录并对各个节点授权监督,从而解决传统数字营销行业的信任问题。

18.1.6　区块链产业其他组成部分

一、区块链产业其他组成部分总览

区块链产业中除直接负责生产的部分外,还需要其他部分负责行业监管、制定标准、技术开发、技能培训和信息传播,它们分别是行业协会、产业联盟、研究机构、教育机构和媒体。

二、区块链行业协会

区块链技术协会是从事区块链技术及相关领域的单位、科研机构和专家、学者、专业人士自愿组成的专业性的非营利社会团体。北京和上海等地都成立了各自地区的行业协会。这些协会以集聚行业资源,推动区块链技术健康、快速、有序发展,促进先进技术的创新,营造安全、高效的区块链生态圈为宗旨,并组织机构开展技术研究,组织技术培训,制定技术标准,提供技术咨询、应用推广、合作交流等服务。它们的主要工作如下。

(1)依法授权,开展区块链行业统计调查,发布行业信息、行业准入资格等工作,制定区块链行业质量规范、技术规程、服务标准。

(2)组织区块链技术咨询、技术转移、行业培训及产品推介等,开展理论研讨和经验交流活动。

(3)孵化区块链应用项目。

(4)促进区域间区块链企业和企业家的交往与联系,学习推广先进的区块链技术应用,加强业务交流,促进技术合作。

(5)建立区块链智库,为国家法律法规的制定打好基础。

(6)监督会员单位依法经营,推动区块链技术与各行各业的应用和落地等。

2017年中国首家区块链应用协会——北京区块链协会宣告成立,先后出版了2017年和2018年两版《中国区块链发展报告》。联系社会区块链机构、借助高校和其他研究机构的理论,以期通过区块链集聚行业资源,跨界融合,共同推进区块链发展,促进先进技术的创新与发展。

三、区块链产业联盟

产业联盟由公司、科研机构、相关产业组织共同发起,以期为区块链企业和媒体等相关机构提供交流与学习平台。联盟主要组织国内外区块链产业、学校、研究机构之间的交流合作,致力于解决在区块链技术发展中遇到的知识产权保护、技术攻关等问题,聚焦区块链技术的产业化及标准化,打造完整、紧密的区块链产业链。

可信区块链联盟是著名的产业联盟之一,是由中国信息通信研究院牵头成立的。2018年联盟会

员单位在一年内增加至225家,而这个数量还在增加,涉及区块链金融、溯源等11个项目,并提出了国内首个可信区块链系列标准。同时,中国通信标准化协会(CCSA)启动"区块链总体技术要求"和"区块链通用评测指标和测试方法"两项行业标准。可信区块链联盟旨在以国家政策为导向,以市场为驱动,以企业为主体,搭建政产学研合作交流平台,围绕区块链基础核心技术研究、行业应用落地、可信区块链标准体系构建和区块链政策监管研究等多个方面,提升联盟成员的研发设计和生产服务水平,构建中国区块链技术产业生态,促进区块链与经济社会各领域的深度融合,积极开展国际合作,提升中国区块链的国际影响力。

四、区块链研究机构

区块链研究机构是指有明确的研究方向和任务的单位,主要作用是为行业内其他主体提供信息与技术支持。在国家对区块链技术的支持与鼓励下,区块链研究机构在多地兴起,可以分为政府主导、企业主导、高校主导三类。

政府主导的研究机构主要是指在与企业和高校合作下,由中央政府设立或地方政府设立的两类研究机构,如央行数字货币研究所、中钞区块链技术研究院和中国区块链(沙盒)研究中心等。央行数字货币研究所是央行旗下从事数字货币应用可能的研究机构。中钞区块链技术研究院是央行内部的研究团队,主要研究分布式账本、密码学等技术。中国区块链(沙盒)研究中心是国务院直属的事业单位。围绕区块链在金融领域应用的技术难点、业务场景、风险管理和行业标准研究,中国互联网金融协会成立了研究工作组,地方政府也成立了相关研究机构。

企业主导的研究机构可分为两类。第一类是传统互联网巨头创立的,如阿里达摩院成立了区块链实验室,京东成立了金融区块链实验室,百度区块链实验室则探索区块链技术在电子商务、知识产权等领域的应用。第二类则是区块链内企业创立的,如火币区块链研究院和万向区块链实验室。

高校历来积极参与高新技术产业的热点,许多计算机类、财经类院校和大型综合性院校都参与了区块链研究。例如,北京阿尔山金融科技有限公司和清华大学计算机系联合成立了研究中心,复旦、浙大、北邮等高校也成立了区块链实验室,并协同区块链企业,开设了特色区块链课程,搭建了众多学生实践平台。

五、区块链教育机构

随着区块链技术的发展,人才匮乏问题逐渐显现,政府和企业牵手高等院校逐步开展区块链相关课程,以期从源头上解决区块链人才匮乏问题。中央财经大学是国内第一所开设区块链相关课程的高校,复旦大学、浙江大学等高校也开设了区块链课程。清华大学x-lab联合清华各院系教授,发起成立了全国高校区块链教育联盟——青藤链盟,在共建院校建立节点,形成高校分布式计算网络,为学生、科研院所、企业、政府提供区块链技术学习、体验、科研、应用等服务,同时建立了科研矿池,搭建了区块链网络实验室及分布式应用体验中心,旨在培养区块链技术人才,为区块链产业化创新提供开放服务,并探索科研体系、未来教育的新模式和新方向。国外的院校如加州伯克利、普林斯顿大学等也开设了网上公开区块链课程。除高等院校外,还有大量企业参与区块链教育活动,诸如火币学院、Linux基金会等机构。

六、区块链媒体

区块链媒体负责为区块链创业者、投资者提供信息交流服务。

巴比特、金色财经门户、区块链见闻和区势传媒都是区块链头部媒体之一，其中巴比特始建于2011年，是国内最早的区块链资讯社区门户。以巴比特为例，区块链媒体的主要作用包括：区块链比特币新闻深度解读、区块链比特币行业会议实时解读报道；实时推送区块链比特币信息和发布严谨的消息，并实时汇总分析信息，进行多维度数据分析，方便查看价格走势；邀请行业关键意见领袖（KOL）做客进行访谈，分享区块链知识科普视频；提供区块链干货、新手入门教程，便于人们深度学习区块链知识。

国外的著名区块链媒体有 CoinDesk、TodayOnChain 等。除此之外，还有许多区块链从业者作为自媒体进行知识普及和资讯传播。随着区块链走进主流媒体视野，许多财经、科技相关媒体也会涉及区块链行业的报道。

《18.2　区块链产业基础设施建设

18.2.1　区块链产业基础设施概述及发展状况

前面我们提到了在"区块链+"的情况下，可以实现传统产业模式的升级改造，从而在很大程度上缩减成本、精炼运营、增加安全性。但是想要发挥区块链在产业层面上的运用，绝对不能忽视区块链产业的灵魂基础——区块链产业的基础设施建设。

同我们所看到的诸如道路、电路、网络之类的社会现实基础设施类似，区块链产业的基础设施是指能够为区块链产业的构建和运作发展提供公共服务的设施，是用于保持区块链产业中经济和社会活动正常进行的承载基础，更是区块链经济赖以生存和发展的基础条件。首先，它具有基础性，这是作为基础设施的题中之义；其次，它具有公共性，这是作为公共品本身所具有的特性；最后，就是外部性，区块链基础设施在自身建设的同时，也为各行各业提供便利。

第三届数字中国建设峰会上，中国电科重磅展示了区块链典型成果——区块链服务基础设施（BSI），揭开了依托 BSI 框架打造的国内第一个城市级政务区块链基础设施建设项目——福州市区块链技术示范应用工程的"面纱"。2020 年 8 月 30 日，在"工业互联网标识主题论坛"上，开展了工业互联网与国家区块链新型协同基础设施——"星火·链网"启动仪式，标志着区块链基础设施建设国家队的加入。该设施的主要承建者中国信通院，计划把"星火·链网"中的超级节点、骨干节点，与该院正在建设的工业互联网标识解析体系的国家顶级节点和二级节点融合起来，形成一套广泛覆盖、全面互联的新型基础设施。充分发挥"链网协同"新的潜能，将会促进新型基础设施的落地和价值发挥。

18.2.2　区块链产业基础设施架构

对应于区块链产业的上游、中游、下游 3 层结构，基础设施建设也应分为技术层、运营层和应用层，如图 18-4 所示。

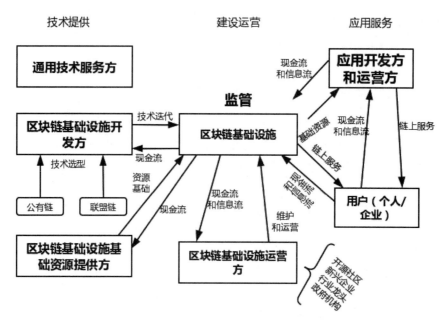

图 18-4　区块链产业基础设施层构

　　首先,监管运营层是整个区块链基础设施各环节的核心。建设运营层可以分为两个环节:基础设施和运营机构。前者顾名思义就是实体设施,一方面在基础设施建立前向技术层和运营层提供发展资金,另一方面由其向应用层提供基础设施资源以换取服务对象的资金报酬。后者则负责对区块链基础设施进行维护和运营,以保证基础设施的正常使用。该运营方主要包括开源社区、新兴企业、行业龙头及政府机构,四者共同承担保证区块链基础设施的正常运营。

　　当然,区块链产业的基础设施必须配备相应的技术部门。该部门的运作模式是在通用技术服务方提供的协议框架下,根据产业基础设施的需求,开发出公有链和联盟链两种技术选型的基础设施。相关必要建设资源由区块链基础设施资源提供方提供。

　　在当前两个层级能够正常运营的前提下,区块链基础设施就可以推向具体行业和单位。用户使用基础设施有两个渠道,一是直接提供一定的现金流和信息流来获取区块链基础设施的链上服务;二是在基础设施上开发的应用所带来的个性化链上服务。

18.2.3　区块链产业基础设施的挑战与展望

　　区块链产业基础设施的发展既面临着机遇,又面临着一定的挑战,从不同的角度去考虑,区块链产业应用在其责任分配、模式多样性等方面均存在着可完善之处。

　　第一,商用存在技术瓶颈。从中共十九届四中全会将数据作为生产要素以来,数据技术迅速发展,但是区块链技术难以同时高效完成去中心化、高系统安全及高交易效率3个目标;区块链产业基础设施技术层底层异构、互操作难,规模化运用可能具有很高的交互成本;区块链产业基础设施要求监管层具有很强的监管能力,能够维护区块链用户的正当权益,我国需要进一步加强顶层和底层设计。

　　第二,责任分配不明晰。由于区块链产业基础设施本身具有的去中心化,很容易产生责任划分不明晰的问题:谁来建,谁来把控成本和风险,谁来维护,谁来估测基础设施效益。作为一种新兴基础设施,各方必须协调推进、统筹规划,把握市场区块链信息供需关系。同时国家应该主动加入区块链产业基础设施建设,提升宏观把控能力,完善微观建设责任机制。

第三,模式单一,场景有限。直到2020年底,"区块链+"产业主要集中在金融、贸易和数字身份等领域,其他场景的运用不太乐观。因此对应场景的基础设施也存在结构单一、模式单一的状况。

第四,顶层设计亦待完善。区块链产业市场规范、智能合约管理、信息内容监管及金融风险管控,都迫切要求国家能够出台更有效、更完善、更成熟的区块链产业监管机制。

区块链作为一种围绕数据而生的技术,具有自信任、共享开放、高度自治等技术特点,对我国货币全球化、技术周期变革与数字经济推动有着重大意义。而区块链产业基础设施作为区块链产业应用和区块链信息技术革命的基础,可以预见,在当前数字化转型机遇和国内国际经济双循环政策的大背景下,区块链产业基础建设必将上升到国家战略层面,必然会成为我国迈入发展新时期的坚实根基。

《18.3　区块链未来发展展望

18.3.1　区块链技术发展

一、技术标准走向统一

在区块链的发展初期,由于技术和监管等问题,区块链技术存在以下问题。首先,区块链技术没有具有权威性的评测指标,因此客户没有办法自行评估区块链技术的好坏。比如,在有关区块链技术的产品中,产品开发者一般不会把相关代码公开,造成了类似项目的可信度无法得到保证,导致市场中"虚假"区块链的出现。这种现象使客户无法评估相关区块链产品的好坏,使市场中有关区块链的服务质量参差不齐。其次,商家把区块链作为噱头,用以吸引客户,而不是脚踏实地地把精力放在产品的研发技术上。这种现象把区块链看作万能的,并在不需要区块链的服务中强加入区块链,反而导致区块链的发展受到阻碍。

根据上述两个问题,我们把问题的本质归结于区块链的发展技术在发展初期并没有被规范和统一化,进而导致了市场中的产品质量参差不齐等现象。因此,区块链市场的监管和规范对于引领区块链的技术标准走向统一具有重大意义。例如,中国工商银行原行长杨凯生就对区块链的技术统一化做出了评价。杨凯生认为建立统一的区块链行业标准和规范非常重要。现阶段,区块链技术相关业务的稳定性和应用安全性等发展得都不够,还没有建立起官方的统一标准。为了推进区块链技术的统一,利用区块链建立有效的信息巩固方法,解决区块链智能合约的安全性问题,以及完善区块链储存数据的流程等都可以帮助推动区块链的技术统一进程。

随着技术的发展,区块链技术逐渐走向统一化和标准化。但是,区块链未来的技术标准还需要从以下几个方面进行完善。在技术上,区块链技术需要统一底层开发的平台及其应用程序接口,为互相访问提供技术支持。目前,区块链底层平台有两种类型:第一种是以以太坊为代表的公链底层平台,第二种是以Fabric、Hyperledger和蚂蚁链为代表的联盟链底层平台。由于不同的底层平台在不同平

台间的接入标准存在差异,同一类型的DApp只能开发类型相同的底层平台。这导致了跨平台信息移植的不方便,也同样意味着区块链的标准化和统一化仍有较大的发展空间。在监管上,对于区块链的监管和规范需要进一步到位。相关机构需创建有关区块链技术的安全可靠的应用环境,并保证区块链技术对企业和个人的安全,最大程度降低区块链技术滥用带来的风险。对于金融相关应用,区块链的标准化需要有关机构建立数字货币相关的会计准则及计量框架体系。对于数字货币在财务中的处理方法,有关机构完善区块链财税标准既可以补充国际会计准则,又对区块链的行业统一化有着推动作用。

二、技术性能不断提升

区块链的技术性能逻辑如图18-5所示。区块链的共识机制、去中心网络、分布式账本和经济激励这四大基础衍生出了对应的四大性能:不可篡改、唯一性、智能合约、去中心化自组织。首先,不可篡改指区块链上的数据不可以被修改而只可以被修正,这是因为区块链的共识机制导致在区块链上修改数据的成本非常高;唯一性是区块链上的信息一旦上链就无法进行篡改,包括每个节点都有一个相同版本的信息(空间的唯一性)及历史上的数据都无法篡改(时间的唯一性);智能合约指通过区块链的分布式账本共建合约,并在线上自动完成合约的触发、执行、清算等流程;其最后一个性能为奖励机制的去中心化。

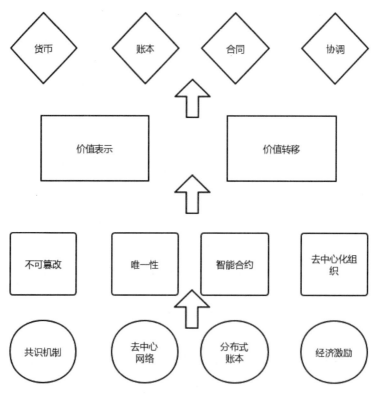

图18-5 区块链的技术性能逻辑

在区块链技术发展后,区块链的有关性能得到提升和广泛应用。然而目前,区块链的主要性能是TPS

（Transaction Per Second，每秒事务处理量），是区块链向传统的主流网络基础设施看齐的重要指标。如表18-2所示，比特币的TPS只有7个字节，升级前只有大约20笔的交易速度。与其他主流网络的TPS相比，EOS可达到成千上万级的数量，但其与传统网络的产品比较仍有差别。比如，VISA支付的TPS可以达到几万个，淘宝可以达到12万个，淘宝系统的峰值能在一秒内达到100万个。而区块链的TPS性能难以提升，原因主要归结于"不可能三角"问题：去中心化、扩展和安全性这3个方面无法同时满足。

表18-2　TPS对比

公链	TPS(字节/s)	出块时间(min或s)	共识算法
BTC(比特币)	7	10min	PoW
BCH(比特币现金)	24～224	10min	PoW
LTC(莱特币)	7～28	2.5min	PoW
EOS(以太坊)	3600	0.5s	DPoS
ETH(以太币)	30～40	15s	PoW+PoS

如图18-6所示，在提升区块链性能上，我们可以深入研究以下几个方面。首先，DAG方法。DAG方法利用了有向无环图的方式，把原先的同步存储改成了异步存储。因此可以使后面的交易直接连接到前面的交易，其应用可以在一定程度上提高区块链性能。其次，共识机制的创新。从PoW到PoS再到DPoS，共识机制的创新都是引导区块链发展的重要因素。目前，各种新型的BFT类算法也可以帮助提升区块链的性能。再次，分片技术（把整个区块链网络划分成不同的"局域网"，从而以个体带动整体）可以把区块链的性能提升到几千甚至数万倍以上。最后，侧链技术（把原先运行速度比较慢的主链上的资产冻结或映射到另一条运行速度更快的侧链上，从而以侧链驱动主链的流动运作）也可以帮助区块链技术提高性能。

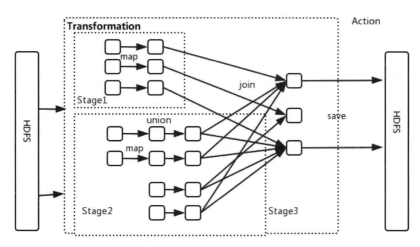

图18-6　DAG技术逻辑

三、技术架构日趋完善（共识机制的改善）

共识机制可以简单地理解为不同的组织寻求在某一方面达成共同想法，而共识机制则是达成和维护这种共识的方式。在区块链中，共识机制指区块链的每一个节点在最短的时间内完成交易，从而

实现去中心化的信任机制。在区块链中,每一种不同的应用场景都对应着不同的公式算法,分别有以下4种:工作量证明机制PoW、权益证明机制PoS、委托权益证明机制DPoS、验证池共识机制Pool。

PoW共识机制,即工作量证明,是指通过各大节点充分利用计算机性能,查看工作结果,就能知道完成对应多少指定量的工作。例如,比特币在生成过程中的挖掘工作使用的就是PoW机制。但是,PoW的缺点在于它会造成资源浪费,使用PoW的区块链交易效率低,共识时间长,且存在弱去中心化的问题。PoS机制,也称权益证明机制,指谁拥有更多的币,谁就拥有记账权。这里的"币"考虑了币的数量和币龄两个因素。PoS的缺点在于拥有币龄越长的节点获得记账权的概率越大,容易使权益更加集中,降低公正性。其他的共识机制包括DPoS即委托权益证明机制,指从所有的节点中选出代理节点以进行挖矿求解的机制;PoA机制即活动证明机制,通过奖励矿工活跃度的方式来刺激区块链运作的共识机制;PBFT类共识机制即拜占庭容错机制,在更高程度上容纳区块链运作出错率的一种共识机制等。

对于共识机制的未来前景,有以下4个方面的角度值得我们考虑。首先,降低共识机制的能耗问题需要解决。现有共识机制虽然能在一定程度上实现区块链网络价值的转移,但是能耗较高。因此,探索低能耗的共识机制非常必要。其次,共识机制可以帮助提高区块链本身的处理效率,因为采用不同共识机制,可以从根本上决定区块链的传输效率。再次,我们需要研究如何避免共识机制最终导致的垄断,从而实现公平。以目前的状况而言,无论是PoW、PoS,还是其他共识机制,其运行后期都产生了较为严重的垄断问题,这严重违反了区块链的去中心化初衷。最后,共识机制需要真正帮助区块链确保其安全性,减少合约漏洞及其他风险。从技术属性上讲,区块链是比传统互联网技术更加安全可靠的,但是区块链仍有形形色色的安全隐患。因此,如何规避风险、提高安全性,也是区块链共识机制需要完善的方向。

四、技术互联合作共赢

1. 跨链技术:区块链链与链间的合作

区块链技术的初衷是解决"数据孤岛"问题。然而,在一个个区块链网络出现而互不相连的情况下,如果区块链之间的联通渠道不被打通,新的"链孤岛"便会出现。就目前的情况而言,各个区块链的基础设施间的联通性及互操作性依然有待提高。未来,区块链需要发展跨链技术,从而实现链下数据和链上应用之间的互联互通。因此,跨链技术是打通不同区块链之间的桥梁。正所谓,不同的区块链是传统互联网领域的"局域网",只有借助跨链技术,才可以使不同的"局域网"连在一起,成为完整的"价值互联网"。

未来,区块链的跨链技术可以从以下4个方面着手。第一,公证人机制。公证人机制可以建立第三方协议,使两种不同的记账系统能够通过第三方进行交互,以此进行连接。比如,假设A与B互相不信任,但在引入第三方公证人后,A与B可以通过此公证人进行连接。第二,侧链或中继技术。侧链或中继技术的目标是将原链上的资产固定在本链上;中继技术旨在锁定原链上的代币,然后在本链中投票决定。这两个跨链技术均采用锚定与映射方式,实现了链和链之间的相互连接。第三,哈希锁定技术。通过哈希时间锁,交易双方可以敲定逾期时间与密钥,在交易时对其进行锁定,交易完成后再进行解锁。比如,闪电网络的底层技术使用的便是哈希锁定。虽然哈希时间锁与哈希高度锁在执行效率上不如其他更先进的智能合约,但哈希锁定胜在操作方便,运行稳定。因此,许多区块链都实现了自身的哈希时间锁,并以此实现了去中心化交易的问题。第四,分布型私钥控制技术。这一项基于跨链信息的自动部署并执行智能合同的技术通过智慧合约实现跨链资产锁定和释放的功能。

跨链技术对于区块链在不同公链之间的自由信息传递十分重要。虽然目前跨链仍然困难重重,但是跨链技术的推进会对区块链的大规模应用提供不可估量的帮助。值得了解的是,由于区块链技术的局限,另一种全新的链间数据共享渠道——区块链底层服务网络应运而生。BSN(区块链服务网络)是一个公共基础设施网络,可以提供一个支持低成本开发、部署、运维、互通和监管联盟链应用的公共基础设施网络。BSN的诞生使区块链的应用发布者和参与者都无须购买物理服务器或云服务来搭建区块链运行环境,而是使用服务网络供应的统一的公共服务并按照各自的需求租用共享资源。BSN的运营不仅为开发者提供了公共的区块链资源环境,而且大大减少了区块链开发、部署、运维、合同和监管的成本费用,使区块链技术的发展更加迅猛。

2. 区块链+技术:区块链与其他互联网技术的合作

区块链在许多新的互联网技术类别中都具有巨大的融合潜力和优势。

第一,区块链+物联网的模式可以从多个维度对物联网产生重大影响。区块链的"去中心化"特质可以降低物联网原来的中心化架构的高额运维成本;区块链的隐私保护特性可以使物联网中的用户数据和资料更加安全;区块链的多方共识有助于识别物联网中的非法节点,促进设备安全;区块链的不可篡改和可追溯性可以帮助构建物联网的电子证据存证;区块链的分布式架构有利于打破物联网中的信息孤岛局面,以此促进信息流动和网间协作。

第二,区块链+大数据可以解决大数据发展中现有的问题,如图18-7所示。例如,交易的监管问题及免费共享的问题。

区块链技术可以有效解决大数据发展面临的瓶颈。首先,区块链的不可篡改性、可追溯性和透明性让大数据可以放心地流动,并使更多数据可以被释放。其次,区块链可以通过其签名私钥、加密技术等防止机密数据泄露,并通过数字签名和智能合约的方式,让只有被授权的人才能访问数据,从而解决数据中的监管问题和因素问题。区块链+大数据应用逻辑如图18-8所示。

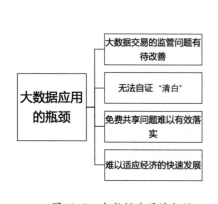

图18-7　大数据应用的瓶颈

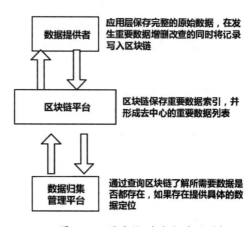

图18-8　区块链+大数据应用逻辑

第三,区块链+云计算也是未来的一个发展方向。从安全性能来说,云计算主要可以确保应用运行上的安全,而区块链可以保证数据的不被篡改和可追溯。通过两者的有机结合,区块链+云计算可以衍生出一个最具有安全属性的产品。从存储上说,区块链的数据块储存不可以被随意篡改。因此,云计算需要用区块链的这种存储方式来保证数据的真实性和安全性。

第四,区块链+人工智能在未来也十分有前景。区块链可以帮助提升人工智能的有效性。因为区块链的公开性、可追溯性、不可篡改性和去中心化的特点,区块链+人工智能的技术可以拓展人工智能对各种数据的应用范围。比如,区块链+人工智能有助于训练出更有效的数据模型,以及允许数据共享等。另外,区块链可以帮助提高人工智能技术相关的用户体验和安全性。区块链的隐私性和公开透明的特点可以防止相关设备的滥用,以此为客户提供更周到的服务。

第五,区块链+5G具有共生和相互赋能的效应。5G与区块链的融合可以使更多终端接入网络,以此促进更多链下数据的链条化。区块链的优点在于其信息的可靠性。因此,它将有可能帮助5G解决部分底层通信协议的短板,比如隐私、安全,以及信任问题。总之,区块链+5G有利于保证数据的安全性及提升数据传输的效率,使更加可靠的连接成为可能。

3. 技术安全共建盾牌

提高传统工业的安全性的区块链技术在自身的安全性能方面也出现了不少问题:合同漏洞、SSL攻击、51%攻击等问题层出不穷。因此,为了更好地保障安全性,区块链技术应进行以下几点的完善。首先,自主控制的区块链网络的建立。区块链需要有自己的核心技术,而并非根据简单的移植代码进行修改,因为一套核心技术对于自身的安全性和稳定性尤为重要。比如,共识机制和智能合同的完善都可以提高区块链技术的安全性。其次,区块链技术可以融入并综合运用网络防御工具(如密码或拟态防护)。这类技术在区块链网络中的嵌入可以更好地提高区块链的安全性。最后,从算法、合约到接口等部分都进行严谨的安全执行,争取在区块链的每一个细节都全方位提高安全性。

此外,围绕以下5点,更能有效地建立区块链技术安全盾牌。第一,物理安全。根据不同的监管要求和业务,区块链可采用VPN专网或防火墙等进行物理隔离的保护。第二,数据安全。在进行区块链点对点的数据传输时,可以使用密钥等算法对数据进行加密,数据提供方也可以进行数据脱敏等操作。第三,应用系统安全。例如,审计参与应用运行的相关人员,以及相关交易节点和数据,对提高区块链的安全性都有重大意义。第四,密钥安全。在密钥出现泄露等问题时,系统可通过账号控制、通信加密等手段使密钥失效,以及定时更换密钥,提高安全性。第五,区块链的风控机制需要谨慎检查周围的风险,实施探测、警告、核查等手段,提升安全性能,组织安全相关的攻击。

最后,区块链技术要想进一步保障自身的安全性,还要与企业、行业、政府共建安全生态,建立协同防护圈。区块链的安全问题需要全社会的共同努力。一方面,未来的区块链技术要像传统互联网行业一样,共建安全数据库;另一方面,区块链也需要遵循和依照国家法律、政策,按其标准行事。例如,《中华人民共和国网络安全法》等相关国家标准的推行,事实上是区块链未来加强自身防护的一个中肯切入点。

18.3.2　区块链应用发展

区块链作为颠覆式的技术,有望引导全球进行一次新的技术改革。区块链应用的推进与普及可以让其成为世界技术创新和模式改革的"策源地",更进一步地推动信息网络向价值网络转变。

如今,区块链的应用已经十分广泛。例如,以比特币为代表的数字货币近来发展迅速,有利于推进全球货币的数字化和便捷化。区块链在金融中的应用也很有优势,如保险业务、资产证券化、数字票据、跨境支付、金融监管、供应链金融等业务都有区块链的身影。IP版权、教育、医疗健康、通信、慈善公益、共享经济、物流、文化娱乐等各色行业都在逐步落地区块链应用项目,使"区块链+"成为现实。

展望未来,区块链与人工智能、5G、大数据等方面也将会有重大突破。区块链的应用发展对科技的推进至关重要。

一、区块链产业应用加快推进,从数字货币到非金融产业的渗透和扩散

根据相关资料显示,区块链在各行业的分布的比例,金融数字资产交易占据了很大一部分。区块链在很长一段时间都与以比特币为代表的数字货币联系在一起。然而,人们一直以来都在试图寻找区块链摆脱数字货币的方法。因为,只有当区块链彻底摆脱了数字货币这个很小的一部分应用后,才能进入一个完全的发展阶段,更加充分地体现其价值。

区块链作为一种通用技术,已经开始从数字货币到非金融领域逐渐渗透和发展,并和各行各业的创新技术融合。随着区块链技术在金融领域的普及和发展,其技术还在其他领域,如IP版权、教育、医疗健康、通信、慈善公益、共享经济、物流、文化娱乐等各色行业被应用。比如,在医疗领域,区块链由于其去中心化、可追溯性、隐私性等特点,最大程度地保护病人的隐私及防止患者的数据出错。根据IBM的报告,全球56%的医疗机构在2020年投资区块链技术。因此,区块链的应用领域正在突破金融的局限性,向其他行业渗透。

二、企业应用将逐渐成为未来区块产业链的主要战场,联盟/企业私人链将逐渐成为主要发展方向

目前,企业对于区块链技术的实际应用主要集中在数字货币领域,属于虚拟经济。而虚拟货币并不是未来区块链的发展方向。在未来,区块链将逐步从虚到实:更多的企业将会使用区块链技术降低运营成本和提升企业工作的效率。此外,区块链在未来一段时间的趋势会是产业区块链,即区块链技术应用于实体经济部门:区块链4.0可以构建区块链底层服务网络,实现数据链间的高效共享及通证经济。因此,促进实体经济增长是区块链未来应用的主战场。

与公共链应用相比,在企业级的区块链应用中,人们需要花更多的时间精力关注基于区块链的隐私保护、权限管理、交易瓶颈和监管管控。因此,企业联盟链和企业私有链这两种强调可管理的新区块链企业部署应用模式更适合企业应用技术落地。企业联盟链及企业私人链是企业级应用技术发展的主流方向。

此外,联盟链/私有链是一个强管理的区块链,适合在企业组织落地运行。联盟链/私有链可以有效管控信息扩散的范围,具有多角色的限制和管理、互信环境,以及监管机构的有效介入,而公有链无法控制消息蔓延,单一角色无权限管理,低频交易处于不互信的环境,且去中心化的组织缺乏有效监

督。因此,联盟链/私有链更可能成为未来的主要发展方向。

三、应用链将催生多种基础技术解决方案,区块链的基础性能也将不断得到优化

区块链发展趋势由单元至多元,从加密数字货币"区块链1.0"到数字票据、证券交易、跨界支付和域名管理,数字货币、供应链和互助保险等"区块链2.0"应用领域,再到现阶段的"区块链3.0"产业区块链。区块链在应用领域也发展迅猛。"+区块链"(从应用场景痛点出发)和"区块链+"(从区块链本身特征创造新场景)在不同行业都有所涉及。此外,区块链技术在不断发展的同时,技术方面也得到很大的提升,并在共识算法、服务分片、处理方式及组织形式等方面都具备技术改进空间。

1. 金融方向

区块链技术的第一个应用场景是金融。因为金融的本质为信用经营,区块链的可追溯性、不可篡改性等特性都赋予区块链形成互信环境的能力。因此,区块链对于信任的作用与金融的本质高度吻合。目前,区块链技术在金融领域有诸多应用,如数字资产交易、贷款融资、金融管理等。按照金融的部门进行划分,区块链在金融中的应用主要可以归结为以下6个方面:商业银行、保险、证券、金融监管、货币当局及其他金融。

首先,对于商业银行,其痛点包括负债业务在KYC步骤中的风险大,存款业务流程中效率低和需要人工干预的问题;中间业务中的业务效率低和人工成本高的问题;国际业务中的跨境支付的效率较低,大量的出口企业导致的大量海外应收账款、坏账等问题;资产业务的信息不对等,人工审批造成的贷款人信息分散及不透明,以及贷款审批和发放的等待时间较长等问题。这些可以被抽象地概括为效率问题和信息的不同步问题。由于区块链联盟链具备多中心化、自动化、开放性和隐私性的特点,区块链上信息本身也具备不可篡改的特征,因而可以解决供应链中的数据问题、风险问题和信息的不同步问题,并在此基础上建立多主体可信协同的业务模式,从而解决商业银行痛点中的效率问题。

其次,对于保险业,其痛点包括客户和企业间的信息不对称、流程效率低下,以及保险业务中的道德风险问题等。通过引入区块链并运用其安全共识机制,可以使保险业务的流程变得更加便捷。同时区块链把投保人的资料和数据在链上进行储存,简化了整个流程。比如,保险公司可以在审阅完投保人的资料和数据后把这些数据上链。在投保人购买保险的时候,由区块链作支撑的系统可以绑定投保人和对应的保险产品。通过这种流程,区块链完成了数字化、便捷化和效率化地管理客户数据的机制,让数据和资料匹配的环节可以被简单化,提升了投保流程的效率。

对于证券业,区块链的协同作用、分布式账本技术和智能合约技术都可以有效解决证券业中的信息不对称问题、人工成本问题、证券清算部分问题,以及资产证券化的各种问题。比如,区块链可以把IPO的相关业务数据和资料传递给市场交易商和监管部门,由此让市场参与者进行分析并让监管部门进行审查。这大大提升了业务的效率,降低了信息不对称的风险。目前证券业很重要的另一个应用是ABS。ABS融资是指以项目所属资产为支撑的证券化融资方式,即以项目拥有的资产作为基础,以项目资产带来的预期收益为保证,并通过资本市场发现债券用以募集资金的融资方式。ABS的痛点具体有如下几点。首先,应收账款ABS存在信息不对称而产生的信用问题,比如信用证、票据等信息无法被多方共享。其次,ABS对底层资产风险存在分散性。因此,区块链的技术能使供应链上的

交易都在链上录入并共享给每个参与者,进而解决信息不对称带来的信任问题;区块链去中心化的特质也和 ABS 的底层资产风险分散性相吻合。区块链技术在资产证券化领域的案例已经不算少见,比如,百度–长安新生–天风的汽车消费贷,德邦证券浙商银行在深交所发行的供应链金融 ABS,都应用了区块链技术作支持。

对于金融监管,区块链的多中心化和开放性性能可以帮助监管部门进行协同和数据共享。比如,利用区块链的节点把相关数据发给监管。此外,通过区块链的实时数据共享及信息分类,可以更加快速地帮助不同监管部门进行协同合作,从而完善监管环节,弥补可能出现的漏洞和脱节问题。因此,区块链的应用可以降低金融风险,提高风险监管的能力。

对于货币当局,区块链的发展可以推动法定数字货币的普及,解决现有货币主权的安全性问题、货币收支追溯问题,以及避免货币犯罪等。此外,区块链还可以在贸易和外汇领域作出杰出的贡献,帮助货币当局降低运营成本,加快监管及相关业务流程,提高相关业务的安全性及效率。

2. 基础平台建设

区块链在底层平台也具有巨大的发展潜力。区块链的基础平台被比喻为传统互联网世界的计算机操作系统。因此,区块链基础平台建设对于其未来的发展十分重要。目前,区块链基础平台的建设未来有两个方面。

一方面,公链底层平台的竞争会越发激烈。2015 年,以太坊的正式落地是公链的基础平台大规模商业化的开端;2018 年,各大公链(如 EOS、ADA、AE、ONT、TRUE 等)纷纷出现,标注着公链底层平台建设的竞争正在加剧。本来,公链基础平台是成为大规模分布式商业应用的基础架构,然而,很多公链现在仍然停留在发币融资阶段,没有太大的影响力。在未来,公链平台的竞争会有两种趋势:首先,大家会更加关注公链本身性能的提高;其次,丰富自身应用场景,打造周边产品矩阵,以此形成生态闭环。

另一方面,联盟链 BaaS 平台也将成为关注点。BaaS,即"区块链即服务",是指把区块链框架嵌入云计算平台,再利用云服务的基础设施部署及管理优势,为开发者提供便捷、高性能的区块链生态环境和生态配套服务,支持开发者的业务拓展及运营的区块链开放平台。目前来说,真正具有落地潜力的是联盟链 BaaS 平台,如 IBM 的超级账本、腾讯的 TbaaS、阿里巴巴的蚂蚁链和京东的智臻链等。值得关注的是,BaaS 平台不仅可以像以太坊、EOS 这样的平台一样提供统一的标准规范,还具备降低使用门槛、节省综合成本、满足个性化定制和安全系数更高等特点。在未来,联盟链 BaaS 平台有 5 个发展方向。第一,提高性能。联盟链 BaaS 平台的 TPS 比公链底层平台高许多,未来还需要努力提供每秒万级甚至十万级的处理功能,以此支持各种场景。第二,更加灵活。当前的 BaaS 平台支持多个共识算法切换,并兼容多种编程语言,因此开发人员和用户可以更加灵活地使用。第三,快速接入。联盟链 BaaS 平台在高效易用上具有发展空间,以此可以降低业务开发、迁移,以及维护的成本。第四,未来的联盟链 BaaS 平台需要在合规的框架下进行发展。第五,随着联盟链数量的逐步增加,链间的数据壁垒将越来越显著,因而催生底层区块链的服务网络。

3.新基建

2020年4月20日,国家发展改革委正式确定了"新基建"这一名词,将其具体划分为信息基础设施、融合基础设施和创新基础设施3类。此外,区块链基础技术指通过去中心化的方式集体维护一个可靠数据库的技术方案,该技术方案让区块通过密码学方法关联起来,按时间序列排序,每个区块包含了一定时间内交易的全部数据信息,并将生成数字签名及验证信息的有效数据链接到上一个区块,由此形成一条主链。这指明了区块链的定位,使区块链在未来的赋能方向上更加清晰。因此,我们在区块链技术赋能未来新基建上有以下3方面的展望。

第一,利用区块链技术,加强海量数据的整合能力。数据是当下社会的新型生产要素之一,在新基建中可以起到重要的作用。然而在现实中,数据的所有权无法得到公认,因此数据的拥有者无法获得相应的权益。此外,数据孤岛问题、数据储存成本问题、数据调用难问题也一直制约着互联网大数据服务于新基建。因此,利用区块链技术对信息数据的分布式储存与点对点的传输机制,可以有效帮助确认数据的归属权及提升数据储存和传输的效率,从而为新基建的建设提供帮助。

第二,区块链技术可以有效减少新基建各个环节的建设壁垒。新基建可以被归纳于基础设施的范畴。新基建建设的关键问题在于打通基础设施建设各个环节之间的衔接(如物流、资金管理、服务平台等)。如果衔接不得当,各个应用场景间的协同效应将很难被彰显,因此推动区块链与新基建的有机结合,并利用区块链技术衔接各个环节至关重要。

第三,利用区块链技术可以加强新基建的安全性问题。新基建与传统基建不同,其融入了数字、网络等。因此,网络信息安全对新基建来说尤为重要。区块链的分布式储存、加密算法和智能合约的特点可以有效保护新基建数据的安全性并降低相关风险。例如,使用区块链技术开发数字身份验证功能可以有效保护用户隐私;区块链点对点的传输机制和无法被篡改的特点可以保证数据的传输安全;区块链的高稳定性可以保证新基建数字网络的网络安全性。

在未来,区块链和新基建将会有更多联系。区块链将成为中国数字经济的底层支持技术,并在新基建这一方面发挥重要作用。区块链将成为中国下一轮信息基础建设的重点,中国也将建设更多融合大数据、云计算、区块链、物联网、人工智能、5G通信等代表未来转型升级方向的"新基建"重大工程项目。

促进项目基金模块化管理,提高工业互联网效率,提高企业融资规模,维护知识产权追溯,以及构建信息共享平台对于建设新基建十分重要。首先,新基建的投资总额已突破万亿,项目基金的模块化管理将帮助提高新基建投资的资金利用效率;其次,工业互联网的发展可以为各个行业提供数字化的公共基础建设,以此推动新基建的技术发展;提高建设新基建相关的企业融资规模对其发展有推动作用;知识产权的保护在新基建的理念中也尤为重要,因为创新知识产权的保护可以为新基建的建设保驾护航;最后,信息共享平台的搭建有助于新型基础设施建设过程中的数据共享及信息相互补充、相互支持。因此,我们将更深入地探讨引入区块链技术对这五大模块的促进作用。

(1)项目基金模块化管理。截至目前,新基建的投资总额已经超过30万亿元。项目基金的用途管理成为政策贯彻实施和系统风险防范的重要任务。区块链的技术可以帮助实现科学、有效的资金使用,最大限度地提高资金使用效率。区块链的分布式数据存储、点对点传输、共识机制和不可篡改等技术特点，均可以帮助管理万亿元的项目基金。比如，基于区块链智能合约形成预算项目，科研人员管理、课题进展、合同管理、发票管理和资金拨付等功能模块可以更快速地执行相关任务。例如，雄安集团于2019年正式推出区块链资金管理平台：利用区块链技术对拆迁、安置及建设等资金进行管理，并通过区块链支持的智能合约和自动资金支付等功能，提高项目管理的效率。此外，区块链的技术改善了雄安集团的资金可追溯问题，进而帮助精准追责。

（2）提高工业互联网效率。目前，工业互联网的发展面临着以下问题。首先，工业互联网的互通性较差。因为工业互联网目前缺乏统一的通信协议和数据访问接口，其数据的流通较为困难。其次，工业互联网中的网络数据安全难以保证。因为每一个行业都有自己特殊的网络安全需求，所以很难制订一套通用的网络安全解决方案。

区块链技术的应用可以有效解决这些问题。首先，借助区块链的分布式数据存储和数据公开透明等特征，可以为工业互联网提供在遵守行业规范和企业协定前提下的数据共享。因此，可以解决工业互联网互通性较差的痛点。其次，区块链的分布式的部署方式可以根据现实中各个产业的不同状况提供分行业、分地域、分阶段、分步骤的发展路径。最后，区块链的安全性和隐私性可以保证工业互联网中的数据安全，在提高工业互联网安全性的同时降低数据泄露或篡改的风险。

（3）提高企业融资规模。企业融资面临着如下几点问题。首先，资金需求方和资金供给方信息不对称。因为资金需求方（如中小企业）掌握着更多关于其财务和经营状况的信息，而资金供给方（如银行）会由于信息不对称要求更高回报，甚至拒绝提供资金。其次，融资流程烦琐和复杂。企业融资的流程往往需要人工干预，并且面临着很多文件审核、人工审批等步骤，导致企业融资的速度慢、效率低。因此，认为利用区块链技术的去中心化记账等特点，可以帮助企业解决融资流程中信息不对称的问题，加强资金需求方和资金供给方的信任度。

区块链技术加时间戳及非对称密钥的方法，可以保证财务信息的安全性和准确性，大大减少了财务信息造假或隐瞒的现象出现，解决了信息不对称的问题。同时，区块链在建立"per to per"技术的基础上，为其打造信息化平台提供了基础，弱化了第三方信任背书的作用，使融资的资金需求方和资金供给方联系更加紧密，以此提高融资效率。此外，区块链的分布式记账可以提高财务信息的可信度，智能合约为履行相应义务或责任提供约束。因此，由区块链创建的开放透明、安全保密的信息化平台可以有效帮助提高企业的融资规模。

（4）知识产权追溯。知识产权的保护在新基建的理念中尤为重要。在传统的互联网生态下，知识产权的侵权现象频频出现。知识产权追溯面临着确权流程繁杂且耗时长、知识产权的估值困难，以及维权效率低下等问题。针对上述痛点，区块链可以有效帮助知识产权追溯。首先，区块链的不可篡改性和可追溯性可以保证记录在区块链上的版权信息真实、可信。因此，只要将所有与版权技术有关的交易环节上链，在区块链上即会出现版权交易的痕迹，并且用户可以在任何时候看到并追踪这些痕迹。区块链可以有效解决确权流程烦琐且耗时长的问题。其次，区块链还支持知识版权信息对多方共享，由此解决因为信息不对等造成的维权效率低下问题。此外，在多方所获得的信息较为平等时，信息共享还可以有效帮助知识产权公正估值。最后，区块链的智能合约技术可以有效助力知识产权自动变现，以此提高价值分配的合理性。目前，已经有北京互联网法院、杭州互联网法院、广州互联网

法院等多家机构全部正式进入中国区块链交易平台,推进知识产权维护的进步。

(5)信息共享平台。区块链技术对建立信息数据共享平台有促进作用。传统的信息共享平台以中心化结构为主,数据来源各不相同,数据可信度较低,且机构之间形成信息孤岛。因此,用户需要自行鉴别数据的可信度,且个人的信息容易被泄露。区块链的安全性和防篡改性可以保证数据共享平台的数据不被泄露和伪造,从而降低平台的风险。此外,区块链的隐私性可以保证用户的个人身份在网络中不会被他人调取或滥用。因此,区块链可以确保各个机构之间数据共享流程安全进行,并增加了数据的可信性。

18.3.3　区块链产业布局发展

随着数字经济的发展和基础设施的日益完善,区块链在历经2.0的泡沫破裂阶段后,将呈现出前所未有的赋能属性。区别于在区块链1.0和2.0阶段中专攻于数字货币的应用方式,这一阶段的主题是区块链和传统产业的结合,包括区块链+供应链金融、区块链+政务、区块链+民生等。这一融合旨在利用区块链的全新技术特性激发传统产业的内生潜力,以此作为自主创新的重要突破方向,促进传统产业进行变革,以达到协同、高效、安全的目的。

在3.0阶段,区块链已经将应用重心从数字货币转移至实体产业,并将以此为基点扩展到其他传统业务,主要包括金融领域、民生领域、司法领域、政务领域、制造领域、能源领域和其他相关领域。实际上,区块链与传统产业的结合,不仅是一种历史契机,更是区块链发展至今的一种必然趋势。2019年10月24日,中共中央政治局早已就区块链的发展现状和未来趋势进行了第十八次集体学习。习近平总书记多次强调,要牢牢抓住区块链技术融合、功能扩展和产业细分的历史契机,发挥区块链在促进数据共享、优化业务流程、降低运营成本、提高协同效率、建设可信系统等各个领域的重要作用。由此可见,区块链不仅具有推动传统产业产生深刻变革的使命,更重要的是其蕴含着促进社会整体进步的巨大力量。因此,无论从战略角度还是社会福利角度,将区块链与实体产业结合都是必由之路。

目前,区块链的产业发展具有四大趋势。

第一,产业区块链将成为区块链实体应用的主战场。无论是在以数字货币研发为主的1.0阶段,还是在以智能合约为主要技术的2.0阶段,区块链都没有将自身的技术优势与实体经济紧密结合。这就导致区块链自诞生以来,总是呈现出一种理论潜力巨大但实际根基薄弱的虚浮之感。但实际上,联盟链本身支持穿透式监管,拥有标准的准入体系,更重要的是得到了国家和传统大型企业的支持。因此,区块链在可见的未来中一定会实现规模化落地,应用方向会更加务实。基于实际需求和现实技术的可能性,区块链将会将自身应用推广到供应链金融、金融监管、实体经济、民生法治等方面。因此,将自身优势与实体产业结合,是区块链未来发展的必然趋势。

第二,传统大型企业将相继引入区块链,对原有业务生态进行改造。目前,摩根大通、沃尔玛、亚洲航空、耐克等商业巨头都在积极探索区块链的相关应用,试图通过区块链赋能原生态产业,提效保质。大型企业根基深厚,具备较强的科研实力和丰富的资金流,更有能力将自身业务与区块链进行融合。因此,传统大型企业利用区块链进行业务升级的趋势会在未来得到进一步扩展。在短期内,通过引入区块链技术,传统大型企业可以优化业务流程、实现数据共享、保证信息安全,从而进一步推进实际业务的发展。从长远角度出发,区块链的加入实际上会引起传统企业对新型组织、运作、管理方式的创新性思考和创造性转化,起到助推企业数字化转型的重要作用。区块链对传统大型企业的意义不只在于对现阶段业务的优化,更重要的是激发企业的内在活力和创造力,使企业在时刻变化的市场环境中依然占据领先地位。因此,若想在未来的企业转型中不处于落后地位,传统大型企业一定要开发创新,积极拥抱区块链。

第三,联盟链试点建设加速,企业角逐激烈。除大型企业表现出对区块链的强烈兴趣外,许多中小型企业也在积极开展区块链的相关研究。在过去的两年内,区块链正在积极进行以联盟链为技术基础的试点研究,与此配套的产品技术也将逐渐形成体系。区块链3.0阶段的最大特点之一就是其具有的底层技术。在底层链稳定且高效地运转和配套基础设施的帮助下,区块链的相关技术才能够进一步与企业业务相融,打造更好、更完善的区块链商业生态。因此,谁能够率先完成技术迭代,打造完整的区块链生态建设,具备领先的技术实力,谁就能够在区块链3.0及未来的发展阶段中脱颖而出。这要求企业不仅需要具备一定的实力,而且需要高瞻远瞩的战略眼光和洞察力。无论是具备雄厚实力的大型企业,还是刚刚起步但却具有高成长性的中小型企业,都会投入区块链应用落地的激烈竞争中。

第四,跨国、跨行业联盟将成为产业区块链的一大趋势。在区块链产业发展的10年中,基于区块链发展协作化、一体化的考量,许多企业主体已经成立了区块链行业同盟。无论是2015年成立的R3区块链联盟、Facebook倡导的Diem联盟,还是宝马、福特等全球顶级汽车制造商合作成立的MOBI区块链联盟,都象征着区块链正在向一体化、区域化和多元化迈进。

2019年10月,由国家信息中心同中国移动、中国银联等单位联合发起的区块链服务网络(BSN)正式开始内测。BSN是一个具有公共基础设施作用的网络,旨在为联盟链提供一个低成本开发、部署、运营和监管的公共基础网络。同时,BSN也是基于区块链技术和其共识机制的公共网络,是面向政府、企业、工业和个人的可控、可信、可拓展的联盟链。因此,跨国、跨行业的区块链联盟最终将形成基于区块链底层技术的服务网络联盟链。

区块链联盟的成立,在统一标准、加强技术合作、促进成果转化与共享方面拥有不可估量的作用。但在区块链行业联盟化的过程中,要注意对可能形成的企业聚合和垄断趋势进行防范,以防区块链与产业融合过程中产生行业壁垒,遏制区块链落地应用的发展。基于以上考量,跨国、跨行业的区块链联盟,势必会成为区块链未来发展的新增长点。联盟化带来的垄断趋势也是需要高度注意的,监管在区块链的发展中是不可或缺的。

除了区块链产业布局的四大发展趋势,区块链在五大领域已经具有较为完备的设施和成熟的发展思路,它们分别是数字资产、互联网企业服务、智慧城市、中小企业的深耕业务和政府数据治理。虽然碍于技术实际,尚未完成区块链与产业的融合,但这四大方向作为目前区块链技术最为重要的应用,仍然具有极强的可塑性和发展潜力。

一、传统金融机构布局区块链——数字资产

传统金融机构一方面在推进区块链和现有业务的融合,另一方面通过在基于区块链的可能技术方案来优化金融产品。实际上,早在2014年,全球顶尖的金融机构就已经开始探索如何将区块链技

术从"比特币"及其他数字货币的相关概念中超脱出来,并进一步思考如何将其用于传统的金融行业。这意味着,区块链和金融领域的融合是较早被发掘也被视为可行性较高的方向。金融业是以信息为基础的,协同的高信用是金融业务最看重的品质。因此,金融领域的专业人士十分看重区块链的重构机制,希望可以借助此项技术刷新金融体系现有的行业特征,从而实现高效、低成本、协同的金融交易。

目前,区块链在金融领域已有多项应用,它们广泛分布在金融市场的各个方向。商业银行、保险公司、证券商业平台、金融技术公司及其他金融领域的企业,都在积极推进区块链应用的落地实践。具体来说,供应链金融、清算结算、数字票据、跨界支付、资产证券化、银行征信、金融监管等方面都是区块链金融的应用场所。

目前,国内许多银行机构已经实现了部分区块链应用落地,并取得了一定的成效。然而,不少金融数字资产应用和金融机构业务布局都处于试点和反复尝试探索的阶段。真正融合区块链技术的成熟应用尚未在生产实践中完全形成。同时,由于部分企业机构对区块链的了解有误,在实际过程中无法正确应用区块链,这也导致区块链尚未实现在金融领域的大规模应用。区块链技术尚不成熟,以及企业对区块链的理解不深刻,都致使区块链无法立刻应用于金融机构的各色产品中。各企业和金融机构需要先经历大规模的外围业务实验应用,才能逐步走进金融中心业务,完成布局。

从长远角度出发,随着金融科技的稳定发展,基础设施的日益完善和产业区块链布局的逐渐成熟,区块链或将在金融系统中发生根本性的深刻变革,用技术信任代替牌照信任,用数据共享代替信息不对称,用"金融自治"模式重新补充金融法治。但在当前的阶段,区块链的任何产业相关应用都必须与传统监管的法律协议达成一致,这是区块链能够合理发展的最基本保障。同时,根据目前发展趋势,金融监管也未必会一直保持高压,或将在区块链技术成熟之后表现出松弛状态。因此,在金融创新先于现有监管体系变革的情况下,我们还是要保持高度的自治和协作,以免监管不力导致市场动荡。

二、大型互联网公司布局区块链——为企业提供一站式解决方案

互联网科技巨头拥有强大的技术研发和创新能力、充足的客户信息流量和完备的金融生态体系。这些都推动了中国企业的各级互联网区块链服务平台的发展,充分发挥了企业区块链赋值功能的支撑作用,为广大企业客户提供了方便、快捷的"上链"服务。

从2016年起,阿里巴巴就开始尝试基于区块链的一站式服务,涉及领域包括社会公益、食品安全和医药健康等。在随后的数年内,阿里巴巴旗下的蚂蚁集团建立了包含区块链、AIOT和智能风控等技术在内的蚂蚁链,致力于打造数字经济时代的新基建。截至2020年,蚂蚁链申请的区块链专利数量连续4年位居全球第一,相关技术已经可以支持数亿账户进行交易。而在实际应用中,蚂蚁链也与合作商建立了区块链产业生态,已经完成了50余个具体场景的问题解决。这些场景包括司法存证、慈善公益、电子发票、物流运输等,真正实现了扎实解决行业问题的目标。类似地,腾讯在2017年也启动了区块链发展计划,次年,腾讯TrustSQL区块链项目在可信标准测评中居于首位。该项目以自主创新、安全高效和开放共享设计理念为原则,旨在促进区块链在互联网及相关领域的应用,并以此为基点将区块链的赋能拓展至更多的实体产业。腾讯在供应链金融、公益寻人、数字发票、游戏资产等多个方面已经取得重大进展。与此同时,百度也不甘示弱,正在加紧推动区块链的落地应用。百度宣布其旗下的金融技术研发团队正在探索并推出一些大众普及程度较高的金融应用,其中就包括莱茨狗、图腾金融等区块链技术应用平台。

纵观BAT在区块链领域的布局,我们可以发现其前期研究和基础平台的建设已经完成,并且正在不断扩大所涉及的行业范围。这意味着BAT已经在互联网科技领域抢占了先机,在面对日益激烈的区块链产业布局竞争中,或将保持领先地位。

基于此,互联网金融企业在区块链的未来发展中,必须要注意以下3个方面。首先,各大企业必须重视核心技术的发展。核心技术是科技企业赖以生存的最关键点,唯有把握住前沿的核心科技,才能在竞争加剧和波动的市场环境中保持优势。其次,技术要以场景服务为基本出发点。在每一个实际存在的场景中,都有非常明确的用户价值来推动科技创造。这需要企业进行不断的探索和积累,利用自身优势和市场环境,将区块链的相关技术和场景应用相结合,实现技术突破。最后,区块链之间的互联不是封闭式的。企业不能仅仅关注区块链本身的协同作用,也不能局限于区块链带来的技术进步,必须要依靠市场整体的生态环境和产业共同的价值目标来寻求发展。

三、电信运营商布局区块链——智慧城市

在推动区块链及其相关技术落地和应用的过程中,电信运营商已然成为与金融机构同样关键的一股力量。他们既具有业务变革的紧迫性,同时又掌握着天然的优势基础资源。

一方面,随着流量红利的迅速释放,国内通信业务收入差进一步扩大。电商平台的业务进步单纯依靠规模增长是难以为继的,它们迫切需要引进创新技术实现业务变革,寻找新的利润增长点。此外,运营商也需要借助区块链等新兴技术,保障基于PBFT下用户的数据安全和财产安全。因此,电商平台对区块链的需求其实是非常迫切的,区块链将为运营商业务发展带来转机。

另一方面,在国家大力发展区块链等新兴技术的战略导向下,运营商因其占据的资源而具备一定的优势。电商运营平台不但可以依托PBFT和下一代宽带网络,为区块链提供基础网络服务,而且可以发挥云网协同优势,为日渐增多的区块链应用提供强大的计算能力和存储服务。这无疑体现了电商平台在区块链领域的重要作用。

目前,5G商用大幕已经开启,人工智能也渗入各行各业,万物互联时代加快来临。终端行业的产品形式、应用、通道、使用者和生态等方面都充满了新的变化和挑战。因此,探索并实现区块链、物联网与PBFT的融合应用,是电商业务获取发展契机的重要手段。

在未来的数年内,中国电信网络运营商将广泛应用区块链通信技术,主要应用包括防范网络欺诈、管理身份信息等多个方面。实际数据表明,以上领域都在几家典型运营商的创新业务重点探索范围之内。基于电信行业的巨头垄断特点,想要推动整个行业的革新和发展,无论从标准的制定和推行,还是到大规模应用实践,都要依靠电信巨头及官方机构的核心力量。唯有在实力雄厚的电商运营平台的带领下,电商业务才能够完成与区块链的融合。但总体来看,国内三大运营商在区块链的产业布局,还多处于技术积累、市场培育和应用探索的阶段,距离区块链技术应用的真正爆发还有较长的路。

区块链通信技术对中国电信网络运营者来说不仅是一个新的商业契机,更是一项艰巨的技术挑

战。区块链和其他电信业务之间的深度融合绝不是一蹴而就的,区块链单个应用技术也不能直接促成我国电信业的高效持续发展。电商业势必需要将区块链与其他网络通信领域的新兴技术相结合,实现互补,推动行业变革。

四、中小型区块链企业布局区块链——深耕细分应用场景

目前,区块链技术的应用领域不断展开,从金融、产品溯源、政务民生到数字身份与供应链协同,应用场景的深入化和多元化在不断加深。中小型区块链企业也在不断地进行应用深耕,积极推进区块链与各类应用场景的融合,推动区块链产业布局发展。

然而迄今为止,区块链的产业应用仍处于初级探索阶段。即使各大中小型区块链企业都在积极推动相关领域的研发,区块链和实体经济的融合及应用场景的深耕细分仍需较长的时间演进。

自2016年国务院将其列入《"十三五"国家信息化规划》后,区块链就进入了一个不同于以往的全新发展时期,以区块链技术为基础的各类场景应用开始蓬勃发展。为响应政府强调运用新技术模式改造传统产业、推进深化改革的号召,中小型区块链公司努力开创新的发展思路,积极推进区块链技术在实体产业中的深层应用。通过打造"区块链+实体经济+人工智能"的价值交换系统,实现区块链应用的落地。

在产业应用落地方面,中小区块链企业可以将数据共享、版权溯源等领域作为主要发展方向。一方面,政府要起到推动区块链场景应用的领导作用,培育行业龙头和产业生态;另一方面,在推动区块链与实体产业深度融合的同时,也要注意中小区块链企业出现的过度竞争,防范因区块链应用可能引发的对传统机构业务模式、商业运营管理等的结构性冲击,警惕行业企业聚集和技术垄断等潜在风险。

五、政府部门布局区块链——数据治理

党的十九大报告中明确指出,要善于运用互联网技术和信息化手段开展工作,这是党对政府工作提出的新的要求。实际上,随着数字信息化进程的加快,政府治理的工作模式和重点领域已经从单纯的人力治理向数据治理演化。同时,区块链、物联网、云计算等大数据处理技术为政府部门的数字化演进提供了必要的科技手段支持。因此,政府部门数据治理发展必将成为区块链发展的重点领域。

区块链赋能政府部门,必将为政府机构的治理理念、制度、机构布局带来深刻的变革。这主要体现在两个方面,即区块链在政府治理方面的应用研究和风险研究。首先,政府治理应当从传统的责任机制进行思路转变,深化民众导向思维,建立多中心多节点的治理体系,实现政务数据信息共享,创设高效智能的数据治理平台。同时,借助区块链的协同效用,政府在治理过程中应当形成互相协助、互通共享的责任机制,以对数字化时代的大量数据信息进行有效处理,强化决策和政策的可行性和有效性。其次,区块链也为政府部门在产权登记、版权溯源、票据检验、金融监管等领域的机制发展带来了新的契机,将进一步加强政府的监管和风险防范能力。但与此同时,区块链自身的监管问题也将成为政府部门的重要关注点。政府在运用区块链赋能业务的同时,也应当设立相应的准入门槛和法律风险机制,以实现对区块链带来的风险的可控治理。

此外,由于区块链技术尚未完全实现与实体产业融合,区块链对政府治理的赋能作用也尚在起步阶段。政府现阶段的数据治理仍存在许多问题,主要包括数据质量管理差、数据安全管控能力较弱及

数据开放共享困难。实际上,这些问题都可以随区块链的发展逐一得到解决。政府在利用区块链赋能业务的同时,也要对其中可能蕴含的风险和监管问题进行关注,如此才能更好地实现智能化数据治理。

18.3.4　区块链政策未来发展

近几年来,区块链行业发展跌宕起伏,从数字货币的狂热到区块链技术泡沫破裂,再到产业布局应用,终于进入稳健发展。在国家和大型网络企业中,越来越多与区块链相关的应用模式逐渐落地,各种创新产业应用技术也在积极探索之中。

区块链有着推动产业升级变革和重塑社会生态的巨大潜力,但这种对社会的改造作用若不加以引导,将有误入歧途的巨大风险。区块链在民间的一个炒作热点就是金融化、虚拟化和泡沫化,而实际上区块链应该在国家政策的指导下用于服务实体产业和人民大众。只有将区块链与实体产业相结合,将区块链的定位落到实处,才能够防范区块链的恶性风险,从而实现推动社会变革的目的。

中央和地方政府都将区块链视为一种新兴的技术产业,与诸多变革与风险共存的科技一样,区块链也需要各方面的严格监管。国家对区块链的定位:利用有关技术,在社会组织方式、治理制度和运行规则方面进行的一次创新尝试。这就要求区块链技术的发展必须属于国家主权的范畴,必须要在国家法律的监管下进行。

主权区块链将成为社会治理的一种工具,同时伴随着区块链的价值交换需求,国家也将发行法定数字货币,即央行研究推出并进行试点的数字货币——DCEP。在主权区块链的建设体系下,其他各类链将依附于主权区块链。同时,各个分链具有超级节点,可以对所有节点、资金和数据的流动进行穿透式监管和干预。这进一步保证了技术的安全性、可信度和低风险性。

一方面,区块链技术的发展本身就需要国家的强力监管。首先,区块链技术如若向ICO、炒币甚至新型金融诈骗的方向发展,必然会对社会经济的正常运行造成巨大损害。因此,必须要对打着"区块链"幌子进行的各种投机、传销、诈骗行为进行严打严防。其次,区块链技术在运行方面也存在诸多问题,具体表现为标准不统一、方向不明确、实际落地不顺畅、政策框架不明朗。在这种情况下,国家必须制定相应的发展与监管战略政策,以引导这一潜力巨大的新兴产业朝着正确的方向顺利发展。

另一方面,区块链自身就是一种公开透明的技术,其发展还可以反哺国家、社会的监管。借助区块链技术,监管部门可以实施监督企业的资金流向、缴税纳税情况、用工合同具体条款等方面。同时,区块链可以简单、公开地将各类数据呈现出来,以方便国家监管部门指正缺点、帮助改进。对于个体而言,通过结合物联网、人脸识别等技术,区块链可以在数字身份识别方面大显身手。这一技术的进步有助于推动警务通缉、跨国追捕等方面的发展。

在明确了区块链现阶段的发展状况、区块链对社会的发展意义及其监管重要性之后,我们将对区块链的具体规范政策进行阐述。监管政策一共包括3个方面,分别是技术规范政策、区块链监管政策和区块链+产业设计应用示范场景政策。

一、技术规范政策

无论是在行业规模还是在产业化发展中,相关标准的制定都具有重要作用和指导性意义。国际

标准组织对区块链或分布式账本领域的相关规范进行了关注,并成立工作小组专门负责基础标准和应用程序的制定。2019年,ISO成立区块链及分布记账技术委员会,启动了包括参考结构、使用例、安全性和身份智能合同在内的系列标准制定工作。目前,该组织已经发布了有关隐私信息保护和智能合约交互两方面的标准,其余数个标准仍在制定中。

此外,电器与电子工程师协会IEEE所在的区块链标准委员会BSC也成立了P2418、P2140、P2144、P2145、P2141等数个工作组,负责进行有关供应链金融、医疗、政务等方面的区块链应用、数字资产管理、数字货币交易平台、数据治理等领域的标准制定。2016—2017年,国际电信联盟ITUT(专门负责建立相关领域管理体制和国际标准的联合国信息与通信技术机构)分管的sg16、sg17和pg20小组开展了分布式账本的整体需要、安全性和物联网应用性等相关研究。ITUT还成立了3个焦点组,即分布账本焦点(FG DLT)、数据处理和管理焦点(FG PDM)、法定数字货币焦点(FG DFC),负责制定和推广区块链在实际应用过程中的相关标准。与此同时,ITUT也启动了区块链参考架构、监管技术架构、评测准则等多项标准的制定。

二、区块链监管政策

通过推出监管沙盒进行创新探索,开展标准规则的制定是目前主流的区块链监管方式。与此同时,政府也应当在立法、政策制定、发展规划等方面提供支持,推出实质性措施促进技术研究和应用,以抓住区块链技术带来的发展机遇,促进相关领域的数字化发展。

实际上,除了英国、新加坡、日本等国,许多国家和地区都已纷纷推行沙盒制度。2019年土耳其发布了2023年的数字战略计划,该计划包括在云计算、物联网(IOT)和开源项目中建立"国家区块链基础设施"。同时,该项计划还涉及区块链试点的测试环境和允许项目成长的监管沙箱。即使是之前对区块链持谨慎和观望态度的国家,也开始尝试创建沙盒进行试点。例如,俄罗斯曾严令禁止加密货币交易,但目前的情况是,俄罗斯经济发展部正在起草法案,计划创建区块链的监管沙盒以支持区块链技术和商业创新探索。

而日本、韩国、法国等采用渐进监管方式的国家,拥有着区块链相关经验和数字资产领域的研究积累,其监管方式将更加规范和成熟。2019年5月,日本国会众议院通过了新的加密资产法,该法案将ICO融资过程中可享受收入分配的通证归为证券,并将其纳入《金融工具与交易法案》的监管。此外,所有涉及加密货币衍生品交易的业务都必须注册为金融工具业务。可以看到,日本一开始将数字货币视为支付工具,而随着加密生态本身的发展和丰富,监管当局越发意识到加密资产的金融属性,并就此在监管上做出调整和改进。

2020年3月5日,韩国国会通过了《关于特定金融交易信息的报告和利用等法律(特别金融法)》的修订案,该法案将为虚拟资产服务提供商(VASP)提供韩国反洗钱(AML)和反恐融资(CFT)框架。该法案规定,所有VASP都要在监管部门进行登记,并与银行联合进行存款和取款业务。此外,虚拟钱包必须与用户真实姓名和世界银行账户绑定,以保证监管部门能够确切地追踪非法资金流向。

三、区块链+产业设计应用示范场景政策

自国家发改委将区块链纳入新基建后,全国便迎来了区块链政策的热潮。中央及地方政府纷纷颁布区块链相关政策,把区块链作为新经济技术领域的主要突破口。为构筑未来战略竞争优势,区块链的相关应用场景是必须要探索的重点领域。

全国30多个试点省市陆续发布了与区块链相关的行业政策布局指导文件,并开展了多项区块链产业布局政策试点工作。2020年全年各试点省市累计出台了179项相关行业政策。从数量分布上来看,北上广深等一线城市是出台政策最集中的地区,共出台47项政策;而西安、南京、杭州等新一线城市共出台25项政策;此外,其他非一线城市共出台69项政策。目前的整体趋势依旧是沿海及其他一线城市发布的经济政策文件居多,但同时我们也应当注意到,内陆省市政府、各机构组织对尽快抓住推动本地经济发展的巨大机遇的渴望。

2020年,我国区块链政策表现出持续利好、标准规范完善、产业规模不断增长的特点。此外,技术继续创新开发、重点区域应用示范等实际效果提速显著。同时,反思我国过去在区块链开发中存在的问题,各省市未来将加速顶层设计的制定、建立健全的监管系统、加快核心技术的创新研发、推动第三方评估认证、加强专业人才的培养、加速各领域的应用落地。通过详尽的政策规划和监管规范,各省市将在合理的范围内积极推动区块链和产业布局的相关建设。

18.3.5 结语

任何技术发展和演进的最终目的都不是谋取个人利益,而是要以广大人民群众为基础,为每个人谋求福利,并最终推动社会的健康、良性发展。从区块链技术的潜力来看,一旦区块链产业布局真正落地,势必可以推动社会治理,提高社会福利。

从技术维度来看,区块链技术的出现,为社会行为提供了一种可靠的度量、记录和证明手段。过去,社会上的各种正义行为,大多数都是依靠自觉,社会能够对其给予的激励并不多。这是因为在区块链技术诞生之前,各种正义、良善的行为都缺乏一种有效的自证或他证手段。而以区块链技术贯穿社会整体治理框架之后,通过区块链网络在社会上的建立,人们的义言善行便会很容易地经由物联网技术捕捉,传递至人工智能进行大数据分析,并最终由可信区块链储存和调用。在未来,由社会舆论带来的模糊,都会因此而得到解决。行善之人将会得到回报,作恶者也绝不会逃脱法律制裁。

从协作机制来看,区块链技术为多部门共同合作提供了良好的技术手段。在实践中,如果各方能够实现信息互传、资源同调、决策共商、成果共享等,不同参与主体之间的欺诈行为将会减少很多,互信、共商将会变成一种常态。因此,区块链将在协同方面发挥重要的作用,这一转变无疑是极具意义的。

从监管层面来看,区块链技术为国家的监管和引导提供了更加有效和精确的手段。这种穿透式的监管,对于引导社会的良性自治是必要的。在国家引导、社会自治、个人自觉的统一中,以区块链为纽带,便能促进可信社会的实现,拥抱更加光明的未来。

《18.4 区块链产业发展目标

18.4.1 区块链发展趋势总览

区块链成为大国战略竞争要地,已被多国政府纳入国家战略。2020年,疫情倒逼全球区块链产

业加速升级,各行业数字化进程加快。从消费互联网到产业互联网,区块链产业需要满足民众日常生活、工商业与公共部门对信息服务的要求。区块链产业应对数据这一生产要素流动与配置的能力,使产业区块链进入加速发展的新时代。2020年10月,美国国务院发布《关键与新兴技术国家战略》将分布式账本技术视为美国保持全球领导力的关键与新兴技术之一。2020年9月,欧盟委员会在数字金融、零售支付、加密资产与数字运营等方面提出立法建议。各国政府鼓励、支持区块链技术与产业的态度日益明朗清晰,而对区块链产业的监管也日趋严格。自2019年10月24日中央进行1024讲话以来,区块链已经被纳入新基建中的新型信息基础设施,成为中国核心技术自主创新的战略突破口。2020年4月,发改委进一步明确将区块链纳入"新基建"的范畴。在中央层面的战略部署指引下,各地政府支持区块链产业发展的步伐也进一步加快,纷纷制定区块链产业发展规划、出台产业扶持政策和专项扶持资金政策。

随着数字化转型的深入及各行各业对区块链技术认可度的提升,区块链市场保持着高速增长的态势。

2015年以来,联盟链吸引的资本保持稳定的增长走向,这意味着企业区块链的发展被资本看好;此外,2020年DeFi项目获得较多关注,不过是否能够持续发力还需要时间检验。

18.4.2 区块链产业的任务是"脱虚向实"

金融是区块链产业最早涉及的领域之一,尤其是在供应链金融领域有许多较为成熟的应用。但区块链产业不应止步于此,脱虚向实是其发展的必然趋势。

积极引导区块链产业脱虚向实,要继续加大打击数字货币投机行为的力度。严厉打击借助区块链概念进行炒作,发行没有实际价值的虚拟货币、非法集资等扰乱金融市场秩序、不利于金融为实体服务的行为。2017年以来,我国对数字货币炒作进行了严厉的整治,遏制了区块链投机风气,但代币交易所转向境外、炒币行为转入地下,对监管提出新的考验。监管部门需要不断提升监管能力,对区块链概念的炒作投机给予精准、严厉的打击。

区块链产业脱虚向实,要引导区块链产业与社会治理、实体经济的深度融合。人才、资金、项目和数据,要在政策的引导下进行优化配置,服务于生产效率、服务效率提升,使区块链产业切实改善营商环境、生产制造,切实推动政务水平提升、公共服务水平提高。

区块链产业脱虚向实,要稳扎稳打,避免盲目追求大项目上马的速度。区块链产业需要扎扎实实地研究论证,不能够脱离地区和组织的实际需求。区块链技术尚处于快速创新发展的阶段,必须科学规划区块链产业的布局,把握实际存在且区块链产业可以解决的痛点问题,合理上马项目。

18.4.3 区块链的旨向是"分布式商业"

分布式商业是指一种由多个具有对等地位的商业利益共同体建立的新型生产关系,是通过预设的透明规则进行组织管理、职能分工、价值交换、共同提供商品和服务,并共享收益的新型经济活动行为。

分布式商业以分布式网络结构为基础技术架构,经济活动参与方是点对点的交流模式。由于数字化规则下边际成本很低,就容易引起网络效应,即某种产品对单一消费者的价值与该产品的其他使用者的数量呈正比,在越过某个临界点后,价值呈指数级增长。其组织结构呈现出社区自治、平台化和生态化的特点,依靠共识机制进行协作并共享利益。

分布式商业的模式与数字化共生紧密联系在一起,分布式商业需要以数字技术为依托,重构价值链和生态体系,以共识机制为基础进行协作并共享创造的价值,各利益主体之间在数字化的生态中共生共享。

区块链产业的旨向是分布式商业。区块链技术的分布式、数据透明和高度信任的特点,契合了分布式商业的特点,而分布式商业相较于传统线下店铺和电商模式更能够激发协作的积极性,是商业与人类组织结构的未来。

18.4.4　区块链的最终目标是可信社会

我们将自己的信任交付给互联网并享受它带来的便捷生活,但现有的社会环境不足以支持轻松的信任。我们时常怀疑网络对面的人是否可信,看到的新闻是否真实,网购的产品质量是否过关……因而建立一个可信社会就显得尤为重要,区块链解决此问题的方案是利用数字孪生技术:将所有信息上链,充分利用链上信息建立模型,在数字世界中完成映射,从而还原一个真实的现实世界,最终在两个世界之间形成信用反馈的闭环。

前述谈到的所有区块链产业的落地,总结起来就是建立一个信息数据上链、共识协作、链上信息反馈的系统。随着区块链产业落地的应用不断发展,区块链技术将涵盖越来越多的场景,每个人、每个组织都将形成自己的数字生命,最终打造出理想的可信社会。可信社会或许是一个遥远的理想,但人类总是在尝试不断接近这样一种理想,区块链是推动人类接近可信社会的强大助力。

延伸阅读:区块链创新商业模式

商业模式一般指的是企业整体方案,包括运营性模式、策略性模式等。而区块链技术赋能将通过以下3种路径影响传统商业模式。

一、弥补式创新

弥补式创新指的是通过区块链技术的优越性来弥补现有经济缺点和漏洞,激发经济的新活力。弥补式“区块链+”商业模式创新主要用于弥补经济中存在的安全问题,包括数据的消失和泄露,可以通过区块链的方式,用技术对数据进行加密,从而达到安全储存、降低风险的目的。在数据的所有权、使用权和收益权方面,“区块链+”商业模式创新与以往并没有不同,只是在选择权上有所突破。供需双方的数据可以实现在平台之间的完整传输,不用从头开始,本质上为拥有自身数据应用于其他平台的选择权。

二、取代式创新

取代式创新指的是传统经济在互联网中的作用被极大削弱,进而被提供技术支持和交易辅助的区块链技术所替代。这样的创新方式能够极大地降低经济成本,在隐私权和数据权方面都有了较大

的进步,划分更清晰、更明确。从区块链技术角度分析而言,取代式创新相较于弥补式创新并没有直接意义上的技术进步,只是在互联网平台上各种商业模式相互竞争、优胜劣汰的结果,但这些竞争却促进了点对点技术传输信息的发展。取代式"区块链+"商业模式创新措施的去中心化程度较高,但该去中心化的过程并不是摒弃中心区块的过程,而是将这些区块由担任主要功能变为担任辅助功能,从而保证商业模式的有效展开。

综合来看,这种取代式"区块链+"经济创新模式只是互联网在竞争中的一个过渡过程,凭借自身技术的优越性来扮演保障交易顺利进行的集成商角色。

三、颠覆式创新

颠覆式创新指的是在经济互联网平台的中心区块作用被完全覆盖,即互联网平台的作用被经济供需双方各自独立经营的区块,以及其他辅助区块所覆盖,例如,提供查询、验证等功能的区块也会以独立区块的形式参与到共享经济中,一起组成一个完整的经济体系,来达到覆盖原有互联网平台的作用。这种模式也被称为分布式商业模式,如图18-9所示。

从区块链的特征角度分析,颠覆式创新不同于取代式创新的地方在于,颠覆式创新实现了真正意义上的去中心化及取代互联网的作用转而直接作为交易的中介,甚至还可以将金融、监管等平台作为提供服务的一个辅助区块而不再是重要的中间区块,能否成为中间区块仅仅取决于其在经济中发挥的作用重大与否。

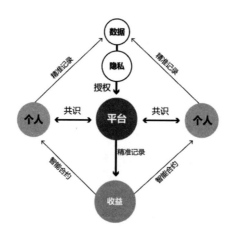

图18-9 区块链分布式商业模式

"区块链+"商业模式创新的实质是重塑分配体系,使虚拟世界的分工走向有序化、专业化,保证每个参与者在不损害他人利益的前提下将自己的利益最大化,从而激励新的创新研究成果,促进"区块链+"商业模式的持续、健康、稳定发展。

本章小结

区块链产业是围绕着区块链技术在社会经济生活中的应用的产业,是由技术、产品、个人、公司、政府部门,还有专利、标准、制度、政策等诸多因素共同构成的系统,且有相对独立的价值链,同时向各行各业输出其创造的价值。因此区块链产业不仅是指区块链与既有产业的融合,更意味着区块链作为主体与核心的产业生态结构组合。本章对区块链产业各组成部分及基础设施建设进行具体剖析,搭建区块链宏观认知体系,并基于区块链产业现有不足指出区块链产业发展方向,使读者从时间维度全方位认知区块链产业。通过全书的学习,使读者形成从理论、技术到应用,从区块链本身到区块链产业,从过去到未来3个维度全方位的区块链认知体系,推动区块链促进可信社会构建。

习题

一、思考题

1. 简述区块链产业。

2. 阐述区块链上游企业、中游企业及下游企业。

3. 区块链产业基础设施存在哪些挑战?

4. 论述区块链未来发展趋势。

二、思维训练

区块链产业如何与其他产业共同构建更广的协同体系,促进可信社会构建?

参考文献

[1] Stallings W.密码编码学与网络安全:原理与实践(第七版)[M].王后珍,李莉,杜瑞颖,等译.电子工业出版社:北京,2017.

[2] Narayanan A,Bonneau J,Pelter E,et al.Bitcoin and Cryptocurrency Technologies[M].New Jersey:Princeton University Press,2016.

[3] 斯万.区块链:新经济蓝图及导读[M].新星出版社:北京,2016.

[4] 安东诺普洛斯.区块链:通往资产数字化之路[M].林华,蔡长春,译.中信出版社:北京,2018.

[5] 瓦唐霍费尔.区块链核心算法解析[M].陈晋川,薛云志,林强,等译.电子工业出版社:北京,2017.

[6] 穆贾雅.商业区块链:开启加密经济新时代[M].林华,等译.中信出版社:北京,2016.

[7] Antonopoulos A M.精通区块链编程:加密货币原理、方法和应用开发[M].郭理靖,李国鹏,李卓,译.机械工业出版社:北京,2019.

[8] Antonopoulos A M.精通以太坊:开发智能合约和去中心化应用[M].喻勇,杨镇,阿剑,等译.机械工业出版社:北京,2019.

[9] 维格纳.区块链:赋能万物的事实机器[M].凯尔,译.中信出版社:北京,2018.

[10] 姚前.中国区块链发展报告2020[M].社会科学文献出版社:北京,2020.

区块链概论期末考试题

A卷

考试方式：___闭卷___　考试日期：_____　考试时长：_____分钟

学生所在院(系)：_____　专业班级：_____

学　号：_____　姓　名：_____

题号	一	二	三	四	总分
分数					

说明：本试卷共19题。其中，1～10题为单项选择题，分值为每题2分；11～14题为简答题，分值为每题5分；15～18题为论述题，分值为每题10分；第19题为案例讨论，分值为20分；本卷共100分。

一、单项选择题(每题2分,共20分)

分　数	/20
评卷人	

1. (　　)是区块链最早的一个应用,也是最成功的一个大规模应用。

    A. 以太坊　　　　　B.联盟链　　　　　C.比特币　　　　　D. Rscoin

2. 用户无须注册就可以匿名参与、不需要授权就能访问的区块链称为(　　)。

    A. 公有链　　　　　B.联盟链　　　　　C.私有链　　　　　D.数据链

3. (　　)能够为金融行业和企业提供技术解决方案。

    A. 以太坊　　　　　B.联盟链　　　　　C.比特币　　　　　D. Rscoin

4. 区块链最底层、最基础的网络结构是(　　)。

    A. 网络层　　　　　B.共识层　　　　　C.应用层　　　　　D.数据层

5. (　　)是我国自主设计并推广应用的一种哈希算法。

    A. SM3　　　　　B. MD5　　　　　C.SHA-1　　　　　D. SHA-256

6. 以太坊的共识机制为(　　)。

    A. PoW+PoS　　　　　B. PoW　　　　　C. PoS　　　　　D. AuxPoW

7. (　　)是指通过应用区块链技术,可以缩短业务流程及所需时间,降低成本,从而实现效率提升。

    A. 高效原则　　　　　B.协同原则　　　　　C.信任原则　　　　　D.自治原则

8. 供应链融资业务中存在的3个问题为信任问题、数据问题和(　　)。

    A. 安全问题　　　　　B.效率问题　　　　　C.质量问题　　　　　D.沟通问题

9. 区块链(　　)产业包括硬件、底层技术等基础设施,为区块链的平台建设、应用与服务提供必要的条件支持。

    A. 上游   B.中游   C.中下游   D.下游

10. 公共服务包括常规性的公共服务、针对性的专项服务和(　　)。

    A. 金融服务   B.重点社会问题专项服务

    C.重大科技专项服务   D.委托性的特约服务

二、简答题(每题5分,共20分)

分　数	/20
评卷人	

11. 区块链的4个核心技术是什么? 请简答并选一个进行详述。

分　数	/5
评卷人	

12. 请列举出两个区块链3.0的代表性底层技术,并选一个进行详述。

分　数	/5
评卷人	

13. 请列举出哈希函数具有的4个特征和一个应用。

分　数	/5
评卷人	

14. 请简述 PoS 的定义及作用。

分　数	/5
评卷人	

三、论述题(每题10分,共40分)

分　数	/40
评卷人	

15. 请论述智能合约的定义及使用场景。

分　数	/10
评卷人	

16. 请论述分片技术的风险。

分　数	/10
评卷人	

17. 请论述工业互联网与区块链的结合点。

分　数	/10
评卷人	

18. 请论述数字货币的职能和意义。

分　数	/10
评卷人	

四、案例分析题(共20分)

19. 请根据以下案例分析票据业务的痛点,写出区块链赋能此业务的逻辑框架,并根据上述分析写出对此案例的详细解决方案。

分　数	/20
评卷人	

案例:2018年初,上海票交所推出并试运数字交易平台,并允许众多其他银行(如中国银行、浦发银行等)在平台上进行以区块链技术作支撑的数字票据有关业务的流程。例如,数字票据的贴现、转贴现、签发和承兑业务都可以在此平台上进行。该平台进行了结算方式的改革,通过"链上确认,线下清算"的结算方式,实现了区块链技术和支付系统的对接。银行、企业可以通过此平台以非伪造的信息和管理所需直接进行系统操作,完成在线的票据交易。此数据交易平台是把区块链相关的技术在票据金融领域进行应用的重要体现,把区块链技术的不可篡改、支持多方查看的特点体现得淋漓尽致,最大程度地保证了票据有关交易的规范性。